普通高等教育"十二五"规划教材

信息理论与编码

主　编　齐　华
副主编　陈　红　张艳玲
编　写　刘　军　姚红革　杨　超
主　审　廉保旺

U0260630

中国电力出版社
CHINA ELECTRIC POWER PRESS

内 容 提 要

本书为普通高等教育"十二五"规划教材。

本书重点介绍经典信息论的基本理论,基本覆盖了信息论基本理论的主要内容。全书共9章,主要内容包括信息论概述、信息的度量、离散信源及其度量、连续信源及其度量、信道与信道容量、信源编码、信道编码、密码学基础、信息理论与编码的应用等。为了便于教学和读者自学,每章后都有习题。本书用丰富的例题和图示深入浅出地阐述基本概念、基本理论及实现原理;注重理论与工程实际相联系,给出了教材中有关问题的分析思路、方法、MATLAB源代码和处理结果,给出了一些可供学生自学和研讨的MATLAB习题。

本书可作为普通高等院校信息科学与信息技术等专业的教材用书,也可作为从事通信、雷达、导航、计算机、系统工程、生物工程、管理工程等相关领域的科研和工程技术人员的参考用书。

图书在版编目(CIP)数据

信息理论与编码/齐华主编. —北京:中国电力出版社,
2014.8(2020.11重印)

普通高等教育"十二五"规划教材
ISBN 978-7-5123-5843-0

Ⅰ.①信… Ⅱ.①齐… Ⅲ.①信息论-高等学校-教材②信源编码-高等学校-教材 Ⅳ.①TN911.2

中国版本图书馆CIP数据核字(2014)第083167号

中国电力出版社出版、发行

(北京市东城区北京站西街19号 100005 http://www.cepp.sgcc.com.cn)
北京九州迅驰传媒文化有限公司印刷
各地新华书店经售

*

2014年8月第一版 2020年11月北京第二次印刷
787毫米×1092毫米 16开本 18.25印张 446千字
定价36.00元

前　言

　　美国科学家香农（C. E. Shannon）在 1948 年发表了"通信的数学理论"的学术论文，信息论随之而诞生。它是一门应用概率论与随机过程等方法研究信息的获取、传输、存储、处理、再生、控制和利用等一般规律的科学。随着信息论的不断发展和完善，它的研究已经冲破了香农狭义信息论的范畴，几乎渗透到自然科学与社会科学的所有领域，向多学科结合的广义信息论方向发展，从而形成了涉及面极广的新的学科——信息科学。在现代科学技术高速发展的过程中，人们已经普遍意识到，学习和掌握信息论的相关知识已经成为一种必不可少的需求。

　　本书是编者根据"信息理论与编码"课程的特点，在总结多年的教学经验和科研实践积累的基础上编写而成的。由于信息论的理论性较强，同时对数学基础有一定的要求，因此最初接触这门课程的学生难免有枯燥之感，且在繁杂的数学公式面前望而却步。针对这种情况，本书在编写方式上采用通俗易懂的文字，强化对物理概念的理解，用丰富的例题和图示深入浅出地阐述基本概念、基本理论及实现原理，帮助读者更好地理解和掌握信息理论与编码技术的精髓要义。并将计算机技术和仿真技术相结合，采用 MATLAB 作为虚拟实验室，对重要的知识点通过仿真技术来增强读者对相关知识的理解。同时为了适应不同层次及不同专业的需求，本书中对重要的定理还引入了一些较深的严谨证明，作为提高部分并加"＊"以示区别，读者可根据自身需要加以选择。

　　本书注重理论与工程实际的联系，给出了教材中有关问题的分析思路、方法、MATLAB 源代码和处理结果，并附有可供学生自学和研讨的 MATLAB 习题。书中汇集信息理论在热力学、统计学、生物学、经济学以及医学等其他学科交叉结合的应用内容，以拓展读者的知识视野，激发读者对该课程的兴趣。对信息论中新发展的若干重要课题（如信息失真理论的发展及在数据压缩和图像处理中的应用、信息安全等），本书也做了专题介绍。

　　本书遵照由浅入深、循序渐进的教学规律，系统介绍和论述信息论的基本理论、基本技术、基本方法。其内容包括理论基础篇、基础应用篇和专题应用篇。第 1～5 章为理论基础篇，主要介绍信息论的基本理论和基本概念，包括信息度量、信源熵、互信息、信道容量等概念、性质与计算；第 6～8 章为基础应用篇，主要介绍优化信息系统的手段和方法，包括信源编码、率失真函数、信道编码及保密通信的基本理论与方法；第 9 章为专题应用篇，主要介绍信息理论在语音、图像、信息传输与安全及其他学科上的应用示例。

　　本书由西安工业大学的老师编写，齐华担任主编，陈红、张艳玲担任副主编。第 1、2 章由齐华编写，第 3、4 章由刘军编写，第 5、6 章由陈红编写，第 7、8 章由张艳玲编写，第 9 章由杨超编写，书中仿真实验由姚红革制作。

西北工业大学电子信息学院廉保旺教授担任本书主审，并提出了许多宝贵意见。在本书的编写过程中，引用和参考了大量国内外专家学者的著作和文献，编者所在学院的研究生也协助做了许多工作。在此一并致谢。

限于作者水平及时间紧张，书中难免有疏漏之处，希望广大读者批评指正。

编　者

2013 年 12 月

目　录

1　信 息 论 概 述

本章重点

（1）理解信息的概念和性质。
（2）了解信息理论的发展概况。
（3）理解和掌握通信系统模型。
（4）了解信息理论与编码的主要研究内容。

在当今高度信息化的社会，信息几乎渗透到人类活动的所有环节中，信息概念在自然、社会和思维等不同学科领域中被广泛应用，并与物质、能量一起构成了现代文明的三大支柱，对信息的产生、处理、储存、传输和显示成为重要的产业，研究这方面的科学就是信息科学。而信息理论（也称信息论）与编码是信息科学的主要理论基础之一，它研究信息的存在性和可能性问题，为具体实现提供理论依据。与之相对应的是信息技术，主要研究如何实现，怎样实现的问题。

随着信息和信息科学对现代社会生活各方面影响的不断加大和深化，人们对信息理论的认识和价值的估计也在不断深入。

本章首先阐述了信息的定义、特征及性质，简要回顾了信息理论的形成和发展历程，然后结合通信系统模型介绍模型中各部分的作用，最后阐述了信息与编码理论的主要研究内容。

1.1　信息的基本概念与特征

1.1.1　信息的一般概念

自从1928年美国学者哈特莱（Harily）提出信息的概念以来，信息一词就与社会生活和经济发展产生了不解之缘，很多学者从不同的角度和侧面给"信息"下过定义，流行的说法不下百种，他们都试图从不同的侧面和不同的层次来揭示信息的本质。例如："信息是事物的变异度"，"信息是系统结构的有序性"，"信息是被反映的事物属性"，"信息是负熵"，"信息是谈论的事情、新闻和知识"，"信息是在观察研究过程中获得的数据情报、新闻和知识"，"信息是使概率分布发生改变的东西"……这些定义都或多或少地从某种程度上描述了信息的一些特性，但是都不够全面、系统和准确。美国数学家、控制论奠基人，维纳（Wiener）在其著作《控制论：动物与机器中的通信与控制问题》指出："信息就是信息，不是物质，也不是能量。"维纳利用排他法告诉人们：信息不是物质和能量。这是对信息本质的最有原则性和最深刻的宣示，是把信息、物质和能量放在同样地位上的最早科学论断。

正因为信息一词定义形式繁多，所以当前还没有一个公认的关于信息的定义，但人人都能感觉到它的存在，也并不影响我们对信息基本特征的认识。我们暂时可以把这种目前尚难明确定义的信息称为广义理解的信息。下面采用一种比较普遍的说法来描述广义信息。

信息是认识主体（人、生物、机器）所感受的和所表达的事物运动的状态和运动状态变化的方式。以这种定义为基础，借用语言学中的术语，我们把广义信息分成 3 个基本层次，即语法（Syntactic）信息、语义（Semantic）信息、语用（Pragmatic）信息，并把语法信息、语义信息和语用信息的有机整体称为全信息，它们分别反映事物运动状态及其变化方式的外在形式、内在含义和效用价值。

语法信息是"事物运动状态和状态改变方式"本身。语言学领域，研究"词与词的结合方式"的学科称为语法学。

语法信息是信息的最基本层次，又称句法信息，是认识主体感知或表述的事物运动状态和特征的形式化关系，它只涉及事物运动的结构，即只考虑状态和状态之间的关系，也就是说，只表述客观事物运动状态而不考虑其意义。语法信息不是对某一类信息的称谓，而是按照信息的性质划分信息的最基本、最抽象的一个层次，也是理论上探讨最多的一个层次。按照事物运动状态和特征的不同，语法信息包括有限状态语法信息和无限状态语法信息，连续状态语法信息和离散状态语法信息。

语义信息是"事物运动状态和状态改变方式的含义"。在语言学里，研究"词与词的结合方式含义"的学科称为语义学。语义信息是信息认识过程的第二个层次。它是指认识主体所感知或所表述的事物的存在方式和运动状态的含义；换言之，语义信息不仅反映事物运动变化的状态，而且还要揭示事物运动变化的意义，涉及信息本身的含义及其逻辑上的真实性和精确性，但不考虑信息使用者个人的主观因素。人们常说某个信息是"真实的"、"确切的"，这就是一种语义评判。

语用信息是"事物运动状态和状态改变方式的效用"。语用信息是指信息内容对信宿的有用性，是信息最复杂、最实用的层次。信息的有用性取决于信宿对信息的需求状况，也就是信宿的信息状态与信源发出的信息间的相关性所决定的。任何信息的语用特性都与发信者和收信者个人过去的经验、现在的环境、他们的思想状态以及其他个人的因素有关。人们说某个信息是"有用的"、"无用的"、"有价值的"，则是语用性的判断。

因此，广义信息是把信息的形式、内容等全都包含在内的最广泛意义上的信息。

信息作为技术术语使用最初是源于计算机技术的出现和发展，人们为了把计算机处理的对象，如数据、记录、报表、文字等，用一个统一的、全面的、高层次的术语表达，而选择使用"信息"这一名称。作为技术术语的信息实际上是指一切符号、记号、信号等表达信息所用的形式或载体，其意义要比前面广义信息的含义具体得多，但仍然是比较笼统和含混不清的。

信息作为一个可以用严格的数学公式定义的科学名词最先出现在统计数学中，之后又出现在通信技术中。无论是在统计数学中还是在通信技术中定义的信息，都是一种统计意义上的信息，简称为统计信息。统计信息是一种有明确定义的科学名词，它与内容无关，且不随信息具体表达形式的变化（如把文字转换成二进制码）而变化，因此也独立于形式。它反映了信息表达形式中统计方面的性质，是一个统计学上的抽象概念，同时其适用范围要比广义信息狭隘得多，我们在本书中讨论的信息论正是关于这种统计信息的理论，即狭义信息论。

下面通过对"信息"、"消息"与"信号"这三个概念的对比进一步阐述信息的定义。

1.1.2　信息、消息与信号

日常生活中，人们往往对消息和信息不加区别，消息被认为就是信息。例如，当人们收到一封电报，或者听了天气预报，人们就说得到了信息。实际上信息和消息是有区别的。信息是一个抽象的概念，它往往不能直接被感知，而要通过某种具体形式（如语言、文字、图像等）才能被感知。而这些具体形式就是消息，所以我们说，消息是表达信息的工具。消息是用文字、符号、数据、语言、图片、图像等能够被人们感觉器官所感知的形式，来表述客观物质世界的各种不同运动状态和主观思维活动。消息是相对具体的概念，而信息是抽象化的消息。换句话说，消息是信息的携带者，信息包含于消息之中。例如，人们看到一则标题为"上海成功主办了 2010 年世博会"的新闻消息，就得知了上海主办 2010 年世博会的具体情况，内容"上海成功主办了 2010 年世博会"是对上海主办 2010 年世博会的状况的一种表述。再例如，电视中转播世界杯，人们从电视图像中看到了足球赛进展情况，而电视的活动图像则是对足球赛运动状态的表述。当然，消息也可用来表述人们头脑里的思维活动。例如，朋友给你打电话说："我刚做了个噩梦，现在好紧张。"此时，这则语言消息反映了人的主观世界——大脑物质的思维运动所表现出来的思维状态。由于主、客观事物运动状态或存在状态是千变万化的、不规则的、随机的。所以在收到消息以前，收信者存在"疑问"和"不确定"。因此，当我们得到一个消息后，可能会得到一定数量的信息，而我们所得到的信息，显然与我们在得到消息前对某一事件怀有的疑问或不确定性程度有关。获得消息后，原先的不确定性消除得越多，获得的信息就越多；如果原先的不确定性全部消除了，就获得了全部的信息；若消除了部分不确定性，就获得了部分信息；若原先不确定性没有任何消除，就没有获得任何信息。由此可见，信息是事物运动状态或它的存在方式的不确定性的描述。

需要指出的是，同一个消息可以含有不同的信息量，而同一信息可以使用不同形式的消息来载荷。例如："阿根廷以 3∶0 完胜巴西"这个关于球赛结果的信息，可用报纸文字、广播语言、电视图像等不同形式的消息来表述。当你第一次听到这个消息，你就获得了关于足球赛结果的信息，而如果在你已经得知了这个结果的情况下又有人再告诉你这个消息，则你没有获得任何信息量。可见，信息与消息是既有区别又有联系的。

为了克服时间或空间的限制而进行通信，就必须对消息进行加工处理，把消息变换成适合消息传输的物理量，这种物理量称为信号，如电信号、光信号、声信号、生物信号等。信号是消息的载体，是消息的表现形式，消息则是信号的具体内容。由于消息携带着信息，因此信号是带有信息的某种物理量，这些物理量的变化包含着信息，因此信号可以是随时间变化或随空间变化的物理量。在数学上，信号可以用一个或几个独立变量的函数表示，也可以用曲线图形等表示。同一信息可以用不同的信号来表示，同一信号也可以表示不同的信息。例如，红、绿灯信号，若在十字路口，红、绿灯信号表示能否通行的信息。若在电子仪器面板上，红、绿灯信号表示仪器是否正常工作或者表示电压高低等信息。信号与信息在本质上是有根本区别的，信号仅仅是外壳，信息则是内核，两者互相依存，但属于不同的层次。

应当指出，信息与消息是两个不同属性的概念，而消息和信号则具有相同的属性，并且它们之间存在着确定的对应关系。但信息和消息之间却不存在这种关系，同一消息在不同场合可以表达不同的信息，而同一信息又可以用不同的消息来表达。

1.1.3　信息的特征

信息的特征是信息所特有的征象，是信息区别于其他事物的本质属性。信息作为客观世界存在的第三要素，与物质、能量相比，具有一些特殊的性质。

1. 信息具有存在的普遍性

客观世界充满着各种信息，如上下课的铃声，书报杂志上的文章、消息，电台播放的新闻、乐曲，五颜六色的图画，色香味俱全的水果等，其中都包含着信息。信息是人们对客观事物运动规律及其存在状态的认识结果，只要有事物的存在，就会有事物的运动和变化，就会产生信息。信息含义之广可以涵盖整个宇宙，如果没有信息的话，宇宙就会变得杂乱无章、不可理喻。

2. 信息具有时效性

信息的时效性是指信息从发生、接受到利用的时间间隔及效率。信息是有寿命、有时效的。信息的使用价值与其所提供的时间成反比，时间的延误会使信息的使用价值衰竭，甚至完全消失。

3. 信息具有可共享性

信息是人们适应外部世界，并与外部世界互相交换的内容，与此同时，人们在与外部世界的相互作用中还同时交换着物质和能量，但信息的交流与实物的交流有着本质的区别。实物交流，一方得到的正是另一方所丢失的；而信息的交流，不会使交流者失去原有的信息，双方或多方可共享信息。信息的共享性使信息资源易于扩散，使信息得到比物质资源更广泛的开发利用，也将对人类社会的发展起到积极的推动作用。

4. 信息具有可加工性

客观世界存在的信息是大量的、多种多样的，人们对信息的需求往往具有一定的选择性。在不同的应用场合，为了达到不同的目的，需要对大量的信息用科学的方法进行筛选、分类、整理、概括、归纳，排除无用信息，选取自己所需要的信息。为了更有效地传输，信息可以被压缩；为了更安全地传输，信息可以被加密；为了更可靠地传输，信息可以采用各种方法被编码、被调制，从而实现对信息的加工处理。

5. 信息可以产生动作

这说明信息能够发挥作用，获得信息后可能产生结果。例如，花朵盛开后产生的气味和色彩是信息，它可以引来蜜蜂采蜜。信息既具有能量的某些属性，又不同于能量。能量产生的动作是客观的，而信息的影响含有主观和客观的双重因素。

6. 信息具有依附性

信息依附于载体而存在，它自身不能独立存在和交流，而载体可以因不同需求而变换。各种信息必须借助于文字、图像、胶片、磁带、声波、光波、电磁波等物质形态的载体才能够表现，才能为人们听、视、味、嗅、触觉所感知，人们才能够识别信息和利用信息。

1.2 信息论的产生与发展

科学来源于实践，信息论作为一门学科，其形成当然也不例外。人类在生产实践中创造了语言，早期的人类直接面对面进行口头语言的通信，交流劳动中获得的信息，语言是信息的最早载体。后来又出现了图形、文字等存储、传输信息的载体。为了更有效地利用信息，还发明了除语言、文字、图形以外的传输手段。中国殷商时期的创举"烽火告警"就是利用火作为信号，进行较长距离的通信，是光通信的一种原始方式。在此后的一段漫长的时间里，人们并未对信息问题进行认真的关注。似乎只依靠人体本身的感觉器官与思维器官来传输和处理信息，就足以应付人类生存和发展的需要了。然而到了近代，由于生产力的发展水平达到了一个更高的阶段，人们要观察遥远的天体、更深层次的微观世界、迅速准确地传递大量的数据……。这时，扩展人类接收和处理信息的能力的问题才逐渐引起人们的注意，对信息的研究逐渐被人们重视，人们对传送信息的通信系统要求也越来越高。如何提高通信系统的可靠性和有效性，如何设计出最优化的通信系统，是科学工作者面临的重大课题。通信系统的可靠性也就是信息传输的"好坏问题"。提高通信系统的可靠性，就是在通信过程中尽可能地减少或者消除噪声的干扰，提高信息传输的"质量"。通信系统的有效性也就是通信系统传输信息的"快慢问题"，提高通信系统的有效性，就是用最窄的频带，尽可能快地传输信息，提高信息传输的"速率"。在通信的实践中，人们发现在一定条件下，同时达到以上两个要求会出现矛盾。为此，有人想到，在限定的条件下，同时提高通信的可靠性和有效性的要求，可能存在一种理论上的界限，这就需要应用数学理论，这样，从通信的实践中提出了应用数学理论指导实践的要求。

1.2.1　信息论的产生

20 世纪 20 年代，奈奎斯特（H. Nyquist）和哈特莱（R. V. Hartley）提出了关于通信系统的传输效率问题的讨论。奈奎斯特将传输速率和带宽联系起来，他指出，如果以一个确定的速率来传输电信号，就需要一定的带宽。哈特莱提出，用消息出现的概率的对数作为消息中包含的信息量的测度，这样，就可以用数学的方法从数量上对信息进行测度。就是在这种情况下，美国数学家香农（C. EShannon，1916—2001 年）在 1941~1944 年用概率论的方法对通信系统进行了深入研究，于 1948 年在《贝尔系统技术杂志》公开发表了题为"通信的数学理论"（Mathematical Theory of Communication）的里程碑性的论文。这篇论文中把通信的数学理论建立在概率论的基础上，把通信的基本问题归结为通信的一方能以一定的概率复现另一方发出的消息，并针对这一基本问题对信息作了定量描述。香农在这篇论文中还精确地定义了信源、信道、信宿、编码、译码等概念，建立了通信系统的数学模型，并提出了信源编码定理和信道编码定理等重要而带有普遍意义的结论。这篇论文的发表标志着仅用于通信系统的信息论的正式诞生，这就是香农信息论，或称狭义信息论，而香农本人也成为信息论的奠基人。

香农理论是通信发展史上的一个转折点，它使通信问题的研究从经验转变为科学。其核心是他指出了通信系统实现高效率和高可靠性地传输信息的方法，就是采用适当的编码。从数学的观点看，香农的编码定理是最优编码的存在定理，从工程角度出发，这些定理不是结构性的，并没有给出实现最优编码的具体方法。但是，定理给出了编码的极限性能，在理论上阐明了通信系统中各种因素的相互关系，为人们寻找最佳通信系统提供了重要的理论依据。

20 世纪 40 年代，维纳从控制和通信的角度研究了信息问题。维纳研究的重点是在接收端，就是怎样从收到的信号中把各种噪声滤除。在有关"在控制火炮射击的随动系统中如何跟踪一个具有机动性的活动目标"的研究中，各种噪声的瞬时值或火炮的跟踪目标的位置的有关信息都是随机的，这就要求用概率和统计方法对它进行研究，用统计模型进行处理。在研究这些问题的基础上，维纳于 1948 年和 1949 年先后发表了两本专著《控制论》和《平稳时间序列的外推、内插和平滑化》。维纳把随机过程和数理统计的观点引入通信和控制系统中，揭示了信息传输和处理过程的统计本质，建立了信息最佳滤波理论，成为信息论的一个重要分支。

　　1959 年，香农发表了"保真度准则下的离散信源编码定理"，首先提出了率失真函数和率失真信源编码定理，后来发展成为"信息率失真理论"。这一理论是频带压缩、数据压缩的理论基础，是信息论领域中的重要研究课题，今天它仍然保持着蓬勃的发展势头，并在各个方面得到了广泛应用。有关数据压缩、多媒体数据压缩已发展成为一个独立的分支——数据压缩理论与技术。

　　与此同时，纠错与检错码的研究也取得了很大的进展，并成为信息论的又一重要分支——纠错码理论。信道编码技术把代数方法引入到纠错码的研究，利用群、环、域与线性子空间理论赋予码的代数结构，可以使通信信号具有检错和纠错的能力，但是代数编码的渐进性能较差，无法实现香农定理所给出的结果。因此，1960 年左右，卷积码的概率译码被提出，并逐步形成了一系列概率译码理论。这一时期，信道编码已开始进入实用化的通信技术领域，以维特比译码为代表的译码方法被美国卫星通信所采用，至此香农理论已成为真正具有实用意义的科学理论。

　　1961 年，香农发表的重要论文"双路通信信道"开拓了多用户信息理论的研究。多用户信息理论到 20 世纪 70、80 年代得到了迅速发展，1972 年 T. M. Cover 发表了有关广播信道的研究，多用户信息理论成为这一时期信息论研究的一个主流课题。"双路通信"本身体现了网络化的思想，随着通信系统网络化思想的发展，对于各种类型的多用户信源、信道模型的研究也取得了众多成果。近 30 年来，这一领域的研究活跃，大量的论文被发表，使多用户信息论的理论日趋完整。信息论的这些研究进展是与计算机网络、卫星通信、系统工程的实际需要息息相关的。

　　关于保密理论问题，香农在 1949 年发表了"保密通信的信息理论"，首先用信息论的观点对信息保密问题作了全面的论述。在这篇论文中，香农精辟地阐明了关于密码系统的分析、评价和设计的科学思想，提出了保密系统的数学模型、随机密码、理想保密系统、理论保密性和实际保密性等重要概念，并提出了评价保密系统的 5 项标准。这篇论文不仅是分析古典密码的重要工具，而且是探索现代密码理论的有力武器。

　　总之，在 1948 年以后的十余年中，香农对信息论的发展做出了巨大的贡献。在 1973 年出版的信息论经典论文集中（总数为 49 篇），香农是 12 篇论文的作者。迄今为止，经典信息论的主要概念除通用编码外几乎都是香农首先提出的。除一系列基本的概念外，香农的贡献还在于证明了一系列编码定理，这些定理不但给出了某些性能的理论极限，而且实际上也是对香农所给基本概念的重大价值的证明。由于香农的这一系列贡献，香农被认为是信息论的创始人。香农是科学家的一个卓越的典范，他的学术风格是理工融合于一身，他把深奥而抽象的数学思想和一个概括的同时又很具体的对关键技术问题的理解结合起来，被认为是近几十年最伟大的工程师之一，同样也被认为是最伟大的数学家之一。

1. 2. 2　信息论的发展

　　信息论在过去的几十年中取得了巨大、丰富的理论和技术成果，把它总结一下，其发展大致经历了三个时期。

　　1. 20 世纪 50 年代向各门学科冲击的时期

　　信息论的成就给许多学科带来了意外的希望。人们试图把信息概念和方法用来解决本学科所面临的许多未能解决的问题；试图把信息论用于解决语义学、听觉、神经、生理学及心理学等问题。例如 1955 年在伦敦举行的第三届信息论会议，涉及内客非常广泛，包括解剖学、动物保健学、人类学、计算机、经济学、电子学、语言学、数学、神经生理学、神经精神学、哲学、语音学、物理学，政治理论、心理学和统计学等。但由于狭义信息论存在不考虑信息发送者与接收者双方关于信息的意义（如信息是否真实）和信息的价值以及不能用来描述模糊信息等局限性，因而在这些方面取得的成就不大。

2. 20 世纪 60 年代消化、理解的时期

这个时期是信息论在已有的基础上进行重大建设的时期。研究的重点集中在通信问题，包括信息和信源编码问题，噪声理论问题、信号滤波与预测问题、调制与信息处理问题等，可归为一般信息论范畴。

3. 20 世纪 70 年代向广义信息论或信息科学发展的时期

这个时期信息论的发展是与世界范围的新技术革命相联系的。人们认识到信息可以当作与材料和能源一样的资源而加以利用和共享。信息论的概念和方法已广泛渗透到各个科学领域，它迫切要求突破狭义信息论的狭隘范围，以便使它能成为各种人类活动中所涉及的信息问题的基础理论，出现了"有效信息"、"广义有效信息"、"语义信息"、"无概率信息"及"模糊信息"等概念，从而使信息论呈现出多学科结合发展的态势。其理论与技术不仅直接应用于通信、自动控制、电子学、光学与光电子学、计算机科学、材料科学等工程技术学科，而且广泛渗透到了管理学、医学、仿生学、经济学、语言学、哲学、生物学、心理学、社会学等人文学科。正是在这种多学科的互相渗透、互相结合的背景下，诞生了一门综合性的新兴学科——信息科学。信息科学是研究信息获取、传输、交换、处理、检测、识别、存储、显示等功能的科学，它已经成为世界各国最优先发展的科学之一。信息科学对这些学科的发展起着指导作用，而这些学科的发展又丰富了信息科学并促使其迅速发展，将人类推向信息时代，使信息化成为时代的标志。我们可以借助钱学森关于人类知识结构的框图（见图 1.1）理解信息论与信息科学之间的关系，以及它们在人类知识结构中的地位。

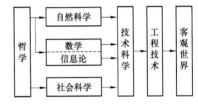

图 1.1　人类知识结构框图

直接作用于客观世界的是工程技术，工程技术依赖于技术科学，支撑技术科学的是基础学科，基础学科包括自然科学、数学、社会科学，它们又受哲学的指导。信息论可看作基础科学中的一个内容。

前面已提到，本书中讨论的信息论是关于统计信息的理论。从技术本质的意义上看，信息技术就是能够扩展人的信息器官（感觉器官、传导神经网络、恩维器官、效应器官）功能的一类技术。

近代信息技术的基本内容包括感测技术、通信技术、智能技术及控制技术。感测技术包括传感技术和测量技术，它们是感觉器官功能的延伸。通信技术的功能是传递信息，它是传导神经网络功能的延长。智能技术包括计算机硬件、软件技术、人工智能技术和人工神经网络等，它们是思维器官功能的延长。控制技术的功能是根据输入的指令信息（决策信息）对外部事物的运动状态和方式实施干预，是效应器官功能的扩展和延长。

在信息技术中，通信技术和智能技术处于核心地位，而感测技术和控制技术则是核心与外部世界之间的接口，构成信息技术内部结构的这四种技术关系是一个有机的整体，它们共

同完成扩展人的智力功能的任务。

1.3　信息论研究的主要内容及方法

1.3.1　信息论的主要研究内容

信息论是一门应用概率论、随机过程、数理统计和近代代数的方法，来研究信息的基本性质及度量方法，研究信息的获取、传输、处理和利用的一般规律的科学。它的成果将为人们广泛而有效地利用信息提供基本的技术方法和必要的理论基础。它的主要目的是提高信息系统的可靠性、有效性、保密性和认证性，以便达到系统最优化；它的主要内容（或分支）包括香农理论、编码理论、维纳理论、检测和估计理论、信号设计和处理理论、调制理论、随机噪声理论和密码学理论等。根据这种情形，可以把信息论的研究划分为三个不同的范畴。

1. 狭义信息论

主要是总结了香农的研究成果，因此又称为香农信息论。主要通过数学描述与定量分析，研究的对象通信系统从信源到信宿的全过程，包括信息的测度、信道容量以及信源和信道编码理论等。强调通过编码使收、发端联合最优化，并且以定理的形式证明极限的存在。这部分内容是信息论的基础理论，它解决了信息论中的一部分问题。

2. 一般信息论

主要通过数学描述与定量分析，研究信息传输和处理问题，也称工程信息论。除了香农理论外，还包括噪声理论、信号滤波和预测、统计检测和估计理论、调制理论以及信息处理理论等。后一部分的内容主要以美国科学家维纳的微弱信号检测理论为代表的最佳接收问题。最佳接收是为了保证信息传输的可靠性，研究如何从噪声和干扰中接收信道传输的信号的理论，主要解决两个方面的问题：一是从噪声中判决有用信号是否出现，二是从噪声中测量有用信号的参数。他应用近代数理统计的方法来系统和定量地综合出存在噪声和干扰时的最佳接收机结构。

3. 广义信息论

广义信息论是一门综合性的新兴学科，至今并没有严格的定义。概括说来，不仅包括狭义信息论、一般信息论的所有研究内容，还包括如医学、生物学、心理学、遗传学、神经生理学、语言学、社会学和经济学中等一切与信息问题有关的领域。反过来，所有研究信息的识别、控制、提取、变换、传输、处理、存储、显示、价值、作用和信息量的大小的一般规律以及实现这些原理的技术手段的工程学科，也都属于广义信息论的范畴。这个范畴的共同基础——控制论、系统论、仿生学、人工智能等内容，就是前面所说的信息科学。

由于信息论研究的内容极为广泛，又具有一定的相对独立性。故本书主要讨论信息论的基础理论，即香农信息论。

1.3.2　信息论的基本应用方法

我们有理由相信，信息论具有一般方法论的意义和价值，是从事信息产业研究与开发的必备知识。狭义信息论是帮助工程师从全局的观点观察和设计通信系统的理论方法，其提供的是一系列支持通信实践的指导原则，并使通信系统达到最佳的设计，如果不掌握信息论的基本原理，就不能从全局着眼处理具体的技术问题。

随着人们对信息论的研究日益广泛和深入,信息论的基本思想已渗透到许多学科。在人类社会已经走过农业时代和工业时代,进入信息时代的今天,信息理论的应用将不可避免地超出通信领域,而向其他自然科学和社会科学领域延伸和发展。人们可以运用系统论及信息的观点,把客观事物视为一个系统,并将客观事物的运动认为一个系统的过程,然后将这个过程抽象为信息传递和信息转换的过程,通过对信息流程的分析和处理达到对复杂的系统运动过程的规律性的认识。因此,信息论的基本方法是一种直接从整体出发,用联系的、转化的观点综合系统过程的研究方法,其应用的关键步骤如下。

第一步,根据研究对象与该对象发的信息之间某种响应的对应关系,撇开研究对象的物质和能量的具体形态,把研究对象抽象为信息及其变换过程。

第二步,对抽象出来的信息过程中的信息做出定性和定量的研究,从质和量的两方面对信息进行分析,达到对研究对象的客观认识。

第三步,在上一步分析过程所取得的第一手材料的基础上,综合整理这些材料,建立各种模型,对信息及(或)信源进行模拟。

第四步,根据对模型的研究,来评判被模拟的信息过程的功能,探明其机理,做出预测,并根据新获得的信息来改善模型,使其趋于完善。

值得注意的是,香农信息论定义的范围就是帮助工程师传送信息,而不是帮助人理解信息的含义。因此,不能认为信息论能适用所有的领域。

1.4 香农信息论

1.4.1 香农关于信息的定义

"信息是事物运动状态或存在方式的不确定性的描述"。这就是香农信息的定义。用数学的语言来讲,不确定性就是随机性,具有不确定性的事件就是随机事件。因此,可运用研究随机事件的数学工具——概率——来测度不确定性的大小,香农关于信息的定义,通常也称为概率信息,非常便于用数学工具进行研究,这是香农信息论取得成功的关键。

香农信息的基本概念在于它的不确定性,任何已确定的事物都不含有信息。这种建立在概率模型上的信息概念排除了日常生活中"信息"一词主观上的含义和作用,而只是对消息的统计特性的定量描述,所以信息可以度量,而且与日常生活中信息的概念并不矛盾。例如向空中抛一颗石头,石头必然会落到地上,这是个预料之中的必然事件,若此必然事件果真发生了,则收信人不会得到任何信息,因为他早知道这个事件会发生,不存在任何不确定性。因此,香农的定义排除了对信息一词某些主观上的含义,根据这种定义,同一个消息对任何收信者而言,得到的信息的多少都是同样大,使得信息的概念是纯粹的形式化的概念。即香农信息只研究符号以及符号之间的统计关系,因此属语法学的层次。但也正是这种撇开信息的具体含义、重要程度,不考虑收信者的主观意志的定义方法,使香农信息的定义与实际情况不完全相符。事实上,信息有很强的主观性和实用性,同样一个消息对不同的人常常有不同的主观价值或主观意义。例如,老师给学生上一门专业课,甲同学准备考取本专业的研究生,乙同学则对本专业没有丝毫兴趣,正准备做一名歌手。按照香农的定义,老师所讲授的内容,对于甲、乙两位同学而言,得到的信息的多少是一样的,但是对于甲同学而言,非常有实用价值,会引起他足够的重视,而对于乙同学则没有什么作用。这种情况下,同一消息对不同收信者引起了不同的关心程度和价值，实际上是获得了不同信息的，而香农对信息的定义是无法描述这种不同的。

综上所述，香农对信息的定义是科学的，能够反映信息的某些本质，但同时也有其局限性。其主要特征如下。

（1）信息是新知识、新内容。

（2）信息是能使客观主体对某一事物的不确定性减少的有用知识。

（3）信息是可以量度的。

（4）信息可以被携带、存储及处理。

1.4.2　通信系统一般模型

一般地说，通信系统是指从一个地方向另一个地方传送信息的系统。通信科学所面临的基本问题是如何迅速准确地传输（包括存储）信息。所谓"迅速"，就是信息传输的速度问题，即通信的有效性。所谓"准确"，也就是信息传输的质量问题及通信的可靠性。美国数学家香农（CE. Shannon）在1948年发表的文章的序言中有一句话："通信的基本问题就是要在某一端准确地或近似地再现从另一端选择出来的消息。"正是沿着这一思路他应用数理统计的方法来研究通信系统，为解决通信理论中的一些基本问题找到了正确的方法，建立了仅用于通信系统的信息论。在信息理论的进一步研究中，大量的研究成果对通信理论和技术的成熟发展起到了极为重要的推动作用。从最初形成时提供性能极限和进行概念方法性指导，发展到今天具体指导通信系统的结构组织和部件的设计，这种趋势势必还要进行下去，而信息论也在与通信理论、通信系统设计的理论日益融合的过程中逐步丰富和发展起来。可以说，自从有了人类，就有了伴随着人类的通信，而通信的目的就是传送信息，其方法和手段繁多。例如，手势、语言、烽火、击鼓传令、书信、电话、电视、因特网、数据和计算机通信等，都是信息传递的方式和信息交流的手段，都可看作通信。虽然通信系统形式各异，

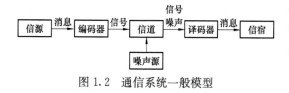

图 1.2　通信系统一般模型

但在本质上有许多共同之处。为了定量地研究信息在通信系统中的传输过程，香农在深入研究了各种复杂的通信系统后，将通信系统的形式抽象成一个统一的模型，如图 1.2 所示。

香农对这一系统的各个基本部分都作了数学描述，我们将在本书的后面章节中详细讨论。

1. 信源

信源（Information Source）的功能是产生消息。消息中包含信息，有待于传输给接收端。信源是多方面的，它可以是人、生物、机器或其他事物，由于信源本身十分复杂，在信息论中我们仅对信源的输出进行研究。信源输出的消息有着各种不同的形式，可归为两类：离散消息，如符号、文字、数字等组成的符号或符号序列；连续消息，如话音、图像和在时间上连续变化的电参数等。由于信源的输出是随机的、不确定的，但却有着一定的规律，可以用随机变量或者随机过程来描述。信源研究的核心问题是：信源消息中所包含的信息量到底有多少，怎样将信息定量地表示出来，即如何量度信息。

2. 编码器

编码器（Coder）的功能是对信号进行变换和处理。编码问题可分为信源编码、信道编

码、加密编码。其中，信源编码是对信源输出的消息进行适当的变换和处理，其目的是提高信息传输的有效性，即用尽可能短的时间和尽可能少的设备来传输尽可能多的消息，通常通过压缩信源的冗余度来实现。信源编码器的主要指标是它的编码效率，即理论上能达到的码率与实际达到的码率之比。信道中的干扰常使通信质量下降，对于模拟信号，表现在收到的信号的信噪比下降；对于数字信号，就是误码率增大。信道编码则是以提高通信的可靠性为目的对信息进行的变换和处理，目的是使信源发出的消息经过传输后，尽可能准确地、不失真或限定失真地再现在接收端，通常通过增加信源的冗余度实现。加密编码是以提高通信的保密性和认证性为目的对信息进行的变换与处理，主要研究如何隐蔽消息中的信息内容，使它在传输过程中不被窃听并保证其完整性。香农信息论分别用几个重要定理给出了编码的理论性能极限。

3. 信道

信道（Channel）是指通信系统把载荷消息的信号从发送端传输到接收端的媒介或通道。信道的种类很多，如电通信中常用的电缆、波导、光纤、无线电波的传播空间等都是信道，信道既给信号以通路，也会对信号产生各种干扰和噪声，信道的固有特性和引入的噪声直接关系到通信的质量。由于干扰和噪声均具有随机性，因而信道的特性一般可用概率空间来描述。信道的主要问题是它能够传送多少信息，即信道容量的大小。

4. 噪声源

噪声源（Noise Source）是指人为或天然的干扰和噪声，是阻碍信息传输的因素。这是一种等效的表示方法，即将信道中的噪声及分散在通信系统其他各处的噪声归纳为一个噪声源，是整个通信系统中各个干扰的集中反映，用以表示消息在信道中传输时遭受干扰的情况。噪声通常是随机的，噪声的出现干扰了正常信号的传输，对于任何通信系统而言，噪声的性质、大小是影响系统性能的重要因素，也是划分信道类型的主要依据。

5. 译码器

译码（Encoder）是编码的反变换，用来恢复信源消息，即从受到噪声干扰的信道输出信号中最大限度地正确恢复出原始电信号。译码器可分信源译码器、信道译码器及解密译码。信道译码器具有检错或纠错的功能，它能将落在其检错或纠错范围内的错传码元检出或纠正，以提高传输消息的可靠性。信源译码器的作用是把信道译码器输出的代码组变换成信宿所需的消息形式，它的作用相当于信源编码器的逆过程。解密译码的主要作用是恢复隐蔽在消息中的信息内容，以保证信息传输的安全性和认证性。

6. 信宿

信宿（Information Siuk）是消息传输的目的地或归宿点，即接收消息的人、生物、机器或其他事物，其作用是将接收端复原的信号转换成相应的消息。根据实际需要，信宿接收的消息形式可与信源发出的消息相同，也可以不相同，当两者形式不同时，接收的消息是信源发出的消息的一个映射。信宿研究的问题是能收到或提取多少信息。

通信系统的模型不是一成不变的，根据研究的对象和关注的问题不同，会有相应的不同形式的具体通信系统模型。根据通信系统的共性，图 1.2 概括地描述了通信系统的组成，并且在此模型中只有一个信源和一个信宿，信息的传输是单向的、一对一的。多个信源对多个信宿进行通信时，通常要在信道中加入交换设备，构成通信网络。

1.4.3　香农信息论研究的主要内容

如前所述，信息论的基本内容是与通信科学密切相关的狭义信息论，涉及信息论中的很多基本问题。

（1）什么是信息？如何度量？

（2）在给定的信道中，信息传输有没有极限？

（3）信息能否被压缩和恢复？极限条件是什么？

（4）从实际环境中提取信息，极限条件是什么？

（5）在允许一定失真的条件下，信息能否被更大程度地压缩？极限条件是什么？

（6）设计什么样的系统才能达到上述极限？

（7）现实中，接近极限的设备是否存在？

明确回答了上述问题的，就是香农信息论所研究的内容，如图 1.3 所示。

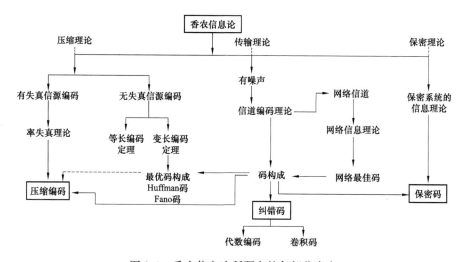

图 1.3　香农信息论所研究的各部分内容

概括地讲，香农信息论是以概率论、随机过程为基本研究工具，研究广义通信系统的整个过程，而不是单个环节，并以编、译码器为重点，其关心的是最优系统的性能及如何达到该性能（并不具体设计系统，也不研究信宿）。目前，在香农信息论方面值得注意的研究方向有信息概念的深化问题、网络信息理论、多重相关信源理论的发展和应用、通信网的一般信息理论研究、信息失真理论的发展及在数据压缩中的应用、以计算机为中心的信息处理系统的基本理论等。

 习　　题

1.1　广义信息可分为哪三个基本层次？

1.2　举例说明消息、信息、信号三者的区别。

1.3　什么是信息？什么是信息科学？

1.4　说明通信系统模型由哪几部分组成，并详细讨论每一部分的功能。

2　信息的度量

本章重点

（1）离散变量的自信息量、互信息量及其性质。
（2）信息熵及熵函数的性质。
（3）平均互信息量的概念及性质。
（4）连续随机变量的信息度量。

　　信息度量问题是整个信息科学体系得以真正建立起来的基础。所谓信息度量问题，就是从量的关系上来精确地刻画信息。信息度量问题作为一门科学理论的基础，最早开始于通信工程。由于通信的实质就是传输信息，其基本问题是有效性和可靠性。在有效性方面，能否任意加快信息传输的速度？有无限度？如何达到这个限度？在可靠性方面，能否实现信息的无差错传输？为了衡量通信系统传输信息的能力，首先要求对被传输的信息进行定量的描述。香农在把信息定量化后，对上述问题给予了明确回答，使信息论成为一门更加完善的科学，同时也为编码理论的发展奠定了基础。那么怎样对信息进行度量？通信系统中传输的消息如何用信息量来描述？本章将围绕这些问题展开讨论。

2.1　离散变量的自信息量

　　在定义信息量之前，先要了解一个很重要的概念——不确定性。客观世界中，有一类事件在一定条件下是必然发生的，比如在标准大气压下，水在零摄氏度以下一定会结冰，大风吹过的时候树叶一定会动。这种在一定条件下必然发生的事件称为必然事件，不存在不确定性。反之，在一定条件下必然不会发生的事件称为不可能事件。比如，鱼儿离开水还能存活、老虎开口说人话等。另外，还有一类现象是在相同的条件下可能发生也可能不发生。比如，从一副扑克牌里随机抽取一张牌，可能是红桃 A，也可能不是红桃 A。投掷一枚质地均匀的骰子，可能是 1 点到 6 点中的任何一个点数出现。这些事件具有不确定性，称为随机事件。通常采用随机变量或随机矢量来表示随机事件各种结果的集合，而随机事件的不确定性用概率来描述。这样就可以运用概率论和随机过程来研究信息，这是香农信息论的基本出发点。

2.1.1　信息与概率空间

　　人们要进行通信，是因为通信的一方有某种形式的信息要告诉对方，同时估计到对方既会对这种信息感到兴趣而又尚不知道这个信息，也就是说，对方对这个信息在知识上存在着不确定性。因为如果对方已经知晓了所要传输的内容是什么，那么这次通信也就失去意义了。因此，通信的作用就是提供信息，以消除收信者对于这个信息的知识上的不确定性。而这种不确定性是与"多种结果的可能性"相联系的。在数学上，这些可能性是以概率来度量的。在有些场合，可以用随机变量来表示，而在复杂的场合则需要用随机过程来描述。

通常情况下，消息随机变量的随机性越大，即不确定性越大，则此消息随机变量含有的信息量就越大。例如，消息随机变量 X 为"从装有 99 个红球，1 个白球的袋子中摸球，猜球的颜色"，对于摸球的结果，可预见性非常大，随便怎么猜，摸出的都是红球，随机性很小，因此该消息随机变量 X 含有的信息量小。又例如，消息随机变量 Y 为"从装有 50 个红球，50 个白球的袋子中摸球，猜球的颜色"，由于两种颜色的球一样多，摸出红球和摸出白球的可能性一样大，结果的不确定性非常大，可预见性很小，因此该消息随机变量 Y 含有的信息量大。

再以投掷骰子为例，假设有一质量均匀的共有 6 个面的骰子，经过多次重复试验发现，这 6 个面中每面朝上的概率都相等，都是 1/6，而究竟哪一面朝上又有 6 种可能结果，可能是 1 点朝上，可能是 3 点朝上，也可能是 6 点朝上。我们再来比较一下，如果是投掷硬币，观察正反面出现的情况，只会出现两种可能结果，要么是正面朝上，要么是反面朝上，每面朝上的概率也都相等，都是 1/2。在这两种情况下，"投掷硬币出现正面"显然比"投掷骰子出现 1 点"带来的信息量小，因为投掷硬币事件的可能结果只有 2 个，比较容易预测其中一个，而投掷骰子则有 6 种可能结果，到底出现哪一种是不太容易预测的。也就是说投掷硬币事件的不确定性要小于投掷骰子事件的不确定性。

上面的例子说明，某一事物状态的不确定性的大小，与该事件可能出现的不同状态的数目以及各状态出现的概率大小有关，这种特性可用一个概率空间来描述。表述如下：设某一事件 X，其试验结果是不确定的，有 n 种可能状态，在离散情况下，其状态空间写成 $X=[x_1, x_2, \cdots x_i, \cdots, x_n]$，空间中选择任一状态 x_i 的概率为 $p(x_i)=p_i$，则状态空间的概率测度为 $P=[p_1, p_2, p_3, \cdots, p_n]$。状态空间与其对应的概率测度联合起来，就构成一个概率空间，记为 $[X, P]$，或者表示为

$$\begin{bmatrix} X \\ P(X) \end{bmatrix} = \begin{bmatrix} x_1, & x_2, & \cdots, & x_i, & \cdots, & x_n \\ p(x_1), & p(x_2), & \cdots, & p(x_i), & \cdots, & p(x_n) \end{bmatrix} \tag{2.1}$$

其中 $p(x_i)$ 称为符号 x_i 的先验概率。此概率空间是一个完备概率空间集，即有

$$0 \leqslant p(x_i) \leqslant 1 \quad (i = 1, 2, \cdots, n) \tag{2.2}$$

$$\sum_{i=1}^{n} p(x_i) = 1 \quad (i = 1, 2, \cdots, n) \tag{2.3}$$

2.1.2　自信息量

通过前面的分析可以推论，消息中所含有的信息量与其不确定度有关，也就是与概率空间的状态数及其概率分布有关。如果我们把一个随机事件发生某一结果后所带来的信息量称为自信息量，则随机事件包含信息的度量应该是其概率的函数。

1. 自信息量的定义

任意随机事件的自信息量是其概率的连续减函数。若随机事件 x_i 发生的概率为 $p(x_i)$，则它的自信息量 $I(x_i)$ 为

$$I(x_i) = \log \frac{1}{p(x_i)} = -\log p(x_i) \tag{2.4}$$

若仅从数学角度出发，式（2.4）表明某事件发生所含有的自信息量等于该事件发生的先验概率的函数。其物理含义为随机事件的不确定度，在数量上等于它的信息量，两者的单位相同，含义却不同。不管随机事件是否发生，都存在不确定度，是一个静态概念；而自信

息量是在该事件发生后给观察者带来的信息量,因此它是一个动态的概念。

2. 自信息量的单位

由式(2.4)可见,$I(x_i)$实质上是无量纲的,但为了研究问题的方便,可以根据对数的底来定义信息量的单位。如果对数取 2 为底,则信息量的单位为比特(bit);为了方便推导公式,常用自然对数,即对数取 e 为底,则信息量的单位为奈特(Nat);如果对数取 10 为底,则信息量的单位为哈特(Hart)或笛特(Det),以纪念科学家哈特莱首先提出用对数值来度量信息。

这三个信息单位之间的转换关系如下。

$$1\mathrm{Nat} = \log_2 e \approx 1.433(\mathrm{bit})$$
$$1\mathrm{Hart} = \log_2 10 \approx 3.322(\mathrm{bit})$$
$$1\mathrm{bit} \approx 0.693(\mathrm{Nat})$$
$$1\mathrm{bit} \approx 0.301(\mathrm{Hart})$$

在实际中,绝大多数信息传输系统都是以二进制为基础的,因此,信息量的单位以比特最为常用。

3. 自信息量的性质

(1)自信息量是非负值。$p(x_i)$代表随机事件发生的概率,其在区间 $[0,1]$ 上取值。由对数性质可知 $I(x_i)$ 恒为非负值。自信息量的非负性说明随机事件发生后总能提供一些信息量,最差情况是零。

(2)当 $p(x_i)=1$ 时,$I(x_i)=0$;$p(x_i)=1$ 说明该事件为必然事件。必然事件不包含任何不确定性,故其不含有任何信息量。

(3)当 $p(x_i)=0$ 时,$I(x_i)=\infty$;$p(x_i)=0$ 说明该事件为不可能事件。不可能事件一旦发生,信息量是无穷大的。

(4)自信息量是单调递减函数。这个性质说明,概率大的事件,不确定性越小,发生后提供的信息量就越小,反之亦然。

【例 2.1】 投掷一枚质量均匀的硬币,观察正、反面出现的情况,写出概率空间,并求正面出现所提供的自信息量。

解 用 x_1 表示"出现正面",x_2 表示"出现反面",概率空间为

$$\begin{bmatrix} X \\ P \end{bmatrix} = \begin{bmatrix} x_1 & x_2 \\ 0.5 & 0.5 \end{bmatrix}$$

正面出现提供的自信息量为 $I(x_1) = -\log_2 p(x_1) = -\log_2 1/2 = 1$(bit)

【例 2.2】 掷一个 6 面均匀的骰子,每次出现朝上一面的点数是随机的,以朝上一面的点数作为随机实验的结果,求"出现 6 点"这个事件的自信息量。

解 每面朝上的概率都是 1/6,故"出现 6 点"这个事件的自信息量为

$$I(x) = -\log_2 1/6 = 2.58 \text{(bit)}$$

这两个例题的结果验证了我们前面的结论。某一事物状态的不确定性的大小,与该事物可能出现的不同状态的数目以及各状态出现的概率大小有关,状态的数目越多,概率越小,含有的信息量越大。另外,信息量具有线性可加性,下面的例子可以帮助我们理解信息的可加性。

【例 2.3】 设汉字库有 5000 个汉字,每个汉字均等概率出现。每份电报报文由 5 个字组

成，则收到两份电报报文所获得的信息量是多少？

解 由于汉字均等概率出现，则一个汉字出现的概率为 $p=1/5000$，其所含有的信息量为

$$I(汉字) = -\log_2 p = \log_2 5000 = 12.28 \text{ (bit)}$$

每份电报由 5 个字构成，它们的信息量为

$$I(电报 1) = I(电报 2) = 5I(汉字) = 61.4 \text{ (bit)}$$

收到两份电报的信息量为

$$I = I(电报 1) + I(电报 2) = 122.8 \text{ (bit)}$$

2.1.3 联合自信息量

二维联合集 XY 的元素 $(x_i y_j)$ 的联合自信息量定义为

$$I(x_i y_j) = -\log_2 p(x_i y_j) \tag{2.5}$$

式中：$x_i y_j$ 为积事件；$p(x_i y_j)$ 为元素 $x_i y_j$ 的二维联合概率。

当 X 和 Y 相互独立时，$p(x_i y_j) = p(x_i)p(y_j)$，代入式 (2.5) 有

$$I(x_i y_j) = -\log_2 p(x_i) - \log_2 (y_j) = I(x_i) + I(y_j) \tag{2.6}$$

说明两个随机事件相互独立时，同时发生得到的自信息量，等于这两个随机事件各自独立发生得到的自信息量之和。

2.1.4 条件自信息量

联合集 XY 中，设 y_j 条件下发生 x_i 的条件概率为 $p(x_i/y_j)$，那么它的条件自信息量 $I(x_i/y_j)$ 定义为

$$I(x_i/y_j) = -\log_2 p(x_i/y_j) \tag{2.7a}$$

它反映了在事件 y_j 发生条件下，关于事件 x_i 仍然存在的不确定性。同样，x_i 已知时发生 y_j 的条件自信息量为

$$I(y_j/x_i) = -\log_2 p(y_j/x_i) \tag{2.7b}$$

式 (2.7a) 或式 (2.7b) 说明，在给定 $x_i(y_j)$ 条件下，随机事件发生 $y_j(x_i)$ 所包含的不确定度在数值上与条件自信息量 $I(y_j/x_i)[I(x_i/y_j)]$ 相同。但应注意到：不确定度表示含有多少信息，条件信息量表示随机事件发生后可以得到多少信息。

联合自信息量和条件自信息量也满足非负和单调递减性，同时，它们也都是随机变量，其值随着变量 x_i、y_j 的变化而变化。

容易证明，自信息量、条件自信息量和联合自信息量之间有如下关系。

$$\begin{aligned} I(x_i y_j) &= -\log_2 p(x_i)p(y_j/x_i) = I(x_i) + I(y_j/x_i) \\ &= -\log_2 p(y_j)p(x_i/y_j) = I(y_j) + I(x_i/y_j) \end{aligned} \tag{2.8}$$

【例 2.4】 某住宅区共建有若干栋商品房，每栋有 5 个单元，每个单元住有 12 户，甲要到该住宅区找他的朋友乙，若：

(1) 甲只知道乙住在第 5 栋，他找到乙的概率有多大？他需得到多少信息量？

(2) 甲除知道乙住在第 5 栋外，还知道乙住在第 3 单元，他找到乙的概率又有多大？他需得到多少信息量？

解 用 x_i 代表单元数，y_j 代表户号。

(1) 甲找到乙这一事件是二维联合集 XY 上的等概率分布 $p(x_i y_j) = \dfrac{1}{60}$，这一事件甲需

得到的信息量为

$$I(x_iy_j) = -\log_2 p(x_iy_j) = \log_2 60 = 5.907 \text{ (bit)}$$

（2）在二维联合集 XY 上的条件分布概率为 $p(y_j|x_i) = \dfrac{1}{12}$，这一事件甲需得到的信息量为条件自信息量

$$I(y_j/x_i) = -\log_2 p(y_j/x_i) = \log_2 12 = 3.585 \text{ (bit)}$$

【例 2.5】 设在一正方形棋盘上共有 64 个方格，如果甲将一粒棋子随意放在棋盘中的某个方格且让乙猜测棋子的位置：

（1）将方格按顺序编号，令乙猜测棋子所在方格的顺序号。

（2）将方格按行和列编号，甲将棋子所在方格的行（或列）编号告诉乙之后，再令乙猜测棋子所在列（或行）的位置。

解 由于甲是将一粒棋子随意地放在棋盘中某一方格内，因此棋子在棋盘中所处位置为二维等概率分布。

二维概率分布函数为 $p(x_iy_j) = \dfrac{1}{64}$，故能得出以下结论。

（1）在二维联合集 XY 上的元素 x_iy_j 的自信息量为

$$I(x_iy_j) = -\log_2 p(x_iy_j) = -\log_2 \frac{1}{64} = \log_2 2^6 = 6 \text{ (bit)}$$

（2）在二维联合集 XY 上，元素 x_i 相对 y_j 的条件自信息量为

$$I(x_i \mid y_j) = -\log_2 p(x_i \mid y_j) = -\log_2 \frac{p(x_iy_j)}{p(y_j)} = -\log_2 \frac{1/64}{1/8} = 3 \text{ (bit)}$$

2.2 离散变量的互信息量

2.2.1 互信息量

当某种信息量具有"交互"性质的时候，是否可以用它来衡量信息的流通问题？如果可以，该如何衡量？信宿收到从信道输出的某一符号 y_j 后，能够获得多少关于从信源发某一符号 x_i 的信息量？

设有两个随机事件集 X 和 Y，X 取值于信源发出的离散消息集合，Y 取值于信宿收到的离散消息集合。由于信宿并不知道某一时刻信源发送的是哪一个消息，因此每个消息是随机事件的一个结果。考虑下面几种情况。

其一，信源集合 X 发出某一符号 x_i，其先验概率为 $p(x_i)$，如果信道是无噪的，信宿必能准确无误地收到该符号，也就是说，只要收到信宿集合 Y 中任一符号 y_j 就能"没有不确定性"地知道发送的符号是 x_i，彻底消除对 x_i 的不确定度，所获得的信息量就是 x_i 的不确定度 $I(x_i)$，即 x_i 本身含有的全部信息，此时条件自信息量 $I(x_i/y_j) = 0$。

其二，如果发送符号 x_i 与接收符号 y_j 是彼此独立的事件，则信宿接收到符号 y_j 并不能为信源发送的是否是符号 x_i 这个事件提供任何信息量，此时 $I(x_i/y_j) = I(x_i)$，也就是说，符号 y_j 的接收并没有减少 $I(x_i)$ 所含有的不确定性。

其三，在通信系统中一般都是有噪声的。信源发出的信息量因为噪声而减少，并不等于信宿收到的信息量。也就是说，信宿接收到符号 y_j，为判断信源发出的是否是符号 x_i 提供了

一些信息，从而消除了一部分不确定性；但是仍存在一部分不确定性，此部分不确定性就是式（2.7a）的 $I(x_i/y_j)$，而所提供的信息量就是差值 $I(x_i)-I(x_i/y_j)$。

信宿在收信前后，其消息的概率分布发生了变化，信宿收到符号 y_j 后推测信源发出符号 x_i 的概率，这一过程可由后验概率 $p(x_i/y_j)$ 来描述。

定义 2.1　对两个离散随机事件集 X 和 Y，事件 y_j 的出现给出关于事件 x_i 的信息量定义为互信息量。用 $I(x_i；y_j)$ 表示，其定义式为

$$I(x_i；y_j) = \log_2 \frac{p(x_i/y_j)}{p(x_i)} \quad (i=1, 2, \cdots, n; j=1, 2, \cdots, m) \tag{2.9}$$

互信息量的单位也取决于对数的底，当对数底为 2 时，互信息量的单位为比特。

将式（2.9）展开有

$$I(x_i；y_j) = -\log_2 p(x_i) + \log_2 p(x_i/y_j) = I(x_i) - I(x_i/y_j) \tag{2.10}$$

式（2.10）意味着互信息量等于自信息量减去条件自信息量，是先验的不确定性减去尚存的不确定性，也就是消除的不确定性的度量。

同样的道理，可以定义 x_i 对 y_j 的互信息量为

$$I(y_j；x_i) = \log_2 \frac{p(y_j/x_i)}{p(y_j)} = I(y_j) - I(y_j/x_i)$$

$$(i=1, 2, \cdots, n; j=1, 2, \cdots, m) \tag{2.11}$$

两个消息随机变量的相互依赖性越大，它们的互信息量就越大（这里指的是绝对值大）。例如，X 为西安明日平均气温，Y 为咸阳明日平均气温，Z 为北京明日平均气温，W 为纽约明日平均气温，则能得出以下结论。

（1）X 与 Y 互信息量大。

（2）X 与 Z 互信息量小得多。

（3）X 与 W 互信息量几乎为 0。

在实际工作和生活中，当我们不能够直接得到某事件的信息时，往往通过其他事件获得该事件的信息，这实质上就是互信息概念的应用。

2.2.2　互信息量的性质

1. 互易性（对称性）

互信息量的互易性表示为

$$I(x_i；y_j) = I(y_j；x_i) \tag{2.12}$$

证明：由定义式（2.9）知

$$I(x_i；y_j) = \log_2 \frac{p(x_i \mid y_j)}{p(x_i)} = \log_2 \frac{p(x_i \mid y_j)p(y_j)}{p(x_i)p(y_j)} =$$

$$\log_2 \frac{p(x_iy_j)/p(x_i)}{p(y_j)} = \log_2 \frac{p(y_j \mid x_i)}{p(y_j)} = I(y_j；x_i)$$

互信息量的对称性表明，事件 x_i 与事件 y_j 之间互相提供的信息量是相等的。

2. 当 X 和 Y 相互独立时，互信息量为零

即

$$I(x_i；y_j) = 0 \tag{2.13}$$

证明：由于 x_i、y_j 统计独立，故有 $p(x_iy_j)=p(x_i)p(y_i)$，于是有

$$I(x_i；y_j) = \log_2 \frac{p(x_i \mid y_j)}{p(x_i)} = \log_2 \frac{p(x_iy_j)}{p(x_i)p(y_j)} = \log_2 1 = 0$$

可见，当事件 x_i 与 y_j 统计独立时，其互信息量为零。这意味着不能从观测 y_j 获得关于另一个事件 x_i 的任何信息。

3. 可负性

由于 $I(x_i;y_j) = \log_2 \dfrac{1}{p(x_i)} - \log_2 \dfrac{1}{p(x_i/y_j)}$，在给定观测数据 y_j 的条件下，事件 x_i 出现的概率 $p(x_i \mid y_j)$ 大于先验概率 $p(x_i)$ 时，互信息量 $I(x_i;y_j)$ 大于零，为正值；当后验概率小于先验概率时，互信息量为负值。

所以两个事件之间的互信息量可能为正，可能为 0，也可能为负。互信息量为正，意味着事件 y_j 的出现有助于解除事件 x_i 出现的不确定性；反之，若互信息量为负，则 y_j 的出现使事件 x_i 出现的可能性减少了，不确定性更大了。

4. 不大于其中任一事件的自信息量

$$I(x_i;y_j) \leqslant I(x_i) \tag{2.14}$$
$$I(y_j;x_i) \leqslant I(y_j) \tag{2.15}$$

这说明互信息量是描述信息流通特性的物理量，流通量的数值当然不能大于被流通量的数值。同时也说明，某一事件的自信息量是任何其他事件所能提供的关于该事件的最大信息量。

【例 2.6】 某二元通信系统，它发送 1 和 0 的概率为 $p(1) = 1/4$，$p(0) = 3/4$，由于信道中有干扰，通信不能无差错地进行，即有 1/6 的 1 在接收端错成 0，1/2 的 0 在接收端错成 1。问信宿收到一个符号后，获得的信息量是多少？

解

$$p(x_1) = p(1) = 1/4 \quad p(x_2) = p(0) = 3/4$$

根据题意确定 $p(y_j/x_i)$，有
$$p(y_1/x_1) = p(1/1) = 5/6, \quad p(y_2/x_1) = p(0/1) = 1/6$$
$$p(y_2/x_2) = p(0/0) = 1/2, \quad p(y_1/x_2) = p(1/0) = 1/2$$

先用公式 $p(x_i)p(y_j/x_i) = p(x_iy_j)$ 来计算联合概率。

$$p(x_1y_1) = p(11) = p(1)p(1/1) = \frac{1}{4} \times \frac{5}{6} = \frac{5}{24}$$

$$p(x_1y_2) = p(10) = p(1)p(0/1) = \frac{1}{4} \times \frac{1}{6} = \frac{1}{24}$$

$$p(x_2y_1) = p(01) = p(0)p(1/0) = \frac{3}{4} \times \frac{1}{2} = \frac{3}{8}$$

$$p(x_2y_2) = p(00) = p(0)p(0/0) = \frac{3}{4} \times \frac{1}{2} = \frac{3}{8}$$

由公式 $p(y_j) = \displaystyle\sum_{i=1}^{n} p(x_iy_j)$ 计算信宿端的概率分布 $p(y_j)$，有

$$p(y_1) = p(x_1y_1) + p(x_2y_1) = \frac{5}{24} + \frac{3}{8} = \frac{7}{12}$$

$$p(y_2) = p(x_1 y_2) + p(x_2 y_2) = \frac{1}{24} + \frac{3}{8} = \frac{5}{12}$$

再利用公式 $p(x_i/y_j) = p(x_i y_j)/p(y_j)$ 来计算后验概率 $p(x_i/y_j)$，有

$$p(x_1/y_1) = \frac{p(x_1 y_1)}{p(y_1)} = \frac{\frac{5}{24}}{\frac{7}{12}} = \frac{5}{14}$$

$$p(x_2/y_1) = \frac{p(x_2 y_1)}{p(y_1)} = \frac{\frac{3}{8}}{\frac{7}{12}} = \frac{9}{14}$$

$$p(x_1/y_2) = \frac{p(x_1 y_2)}{p(y_2)} = \frac{\frac{1}{24}}{\frac{5}{12}} = \frac{1}{10}$$

$$p(x_2/y_2) = \frac{p(x_2 y_2)}{p(y_2)} = \frac{\frac{3}{8}}{\frac{5}{12}} = \frac{9}{10}$$

现在计算信宿收到一个符号后所获得的信息量为

$$I(\text{发 0；收 0}) = I(x_2；y_2) = \log_2 \frac{p(x_2/y_2)}{p(x_2)} = \log_2 \frac{9/10}{3/4} = \log_2 5/6 = 0.263 \text{ (bit)}$$

$$I(\text{发 1；收 1}) = I(x_1；y_1) = \log_2 \frac{p(x_1/y_1)}{p(x_1)} = \log_2 \frac{5/14}{1/4} = \log_2 10/7 = 0.51 \text{ (bit)}$$

$$I(\text{发 1；收 0}) = I(x_1；y_2) = \log_2 \frac{p(x_1/y_2)}{p(x_1)} = \log_2 \frac{1/10}{1/4} = \log_2 2/5 = -1.322 \text{ (bit)}$$

$$I(\text{发 0；收 1}) = I(x_2；y_1) = \log_2 \frac{p(x_2/y_1)}{p(x_2)} = \log_2 \frac{9/14}{3/4} = \log_2 6/7 = -0.222 \text{ (bit)}$$

本例中，$I(x_1；y_2) = -1.322$ bit，是个负值，这是由于通信错误，没有消除不确定性，反而增加了不确定性，相当于得到了负消息。

2.2.3　条件互信息量

定义 2.2　联合集 XYZ 中，在给定 z_k 的条件下，x_i 与 y_j 之间的互信息量定义为条件互信息量。定义式为

$$I(x_i；y_j|z_k) = \log_2 \frac{p(x_i|y_j z_k)}{p(x_i|z_k)} \tag{2.16}$$

联合集 XYZ 上还存在 x_i 与 $y_j z_k$ 之间的互信息量，定义式为

$$I(x_i；y_j z_k) = \log_2 \frac{p(x_i|y_j z_k)}{p(x_i)} \tag{2.17}$$

考察事件 $y_j，z_k$ 共同发生条件下给 x_i 提供的信息量。

$$
\begin{aligned}
I(x_i；y_j z_k) &= \log_2 \frac{p(x_i|y_j z_k)}{p(x_i)} = \log_2 \left[\frac{p(x_i|y_j z_k)}{p(x_i)} \cdot \frac{p(x_i|y_j)}{p(x_i|y_j)} \right] \\
&= \log_2 \frac{p(x_i|y_j)}{p(x_i)} + \log_2 \frac{p(x_i|y_j z_k)}{p(x_i|y_j)} \\
&= I(x_i；y_j) + I(x_i；z_k/y_j)
\end{aligned}
\tag{2.18}
$$

式（2.18）表明：事件 y_j，z_k 共同发生条件下给 x_i 提供的信息量，等于在 y_j 发生后提供的关于 x_i 的信息量加上在 y_j 已知条件下的 z_k 给出的关于 x_i 的信息量。此结论还可以推广到更多的系统之间的互信息量情况，并应用在多用户信息中。

2.3 离散变量集的平均自信息量

2.3.1 信息熵

如前所述，自信息量表示某一随机事件发生后提供的信息量，发生的事件不同，给出的信息量也不同，即自信息量本身是一个随机变量，不能从整体上测度离散集的信息量。因此，把随机变量的自信息 $I(x_i)$ 的统计平均值定义为平均自信息量，一般称为离散变量集的信息熵，也称香农熵或无条件熵，记为 $H(X)$。

定义 2.3 集 X 上，随机变量 x_i 的自信息 $I(x_i)$ 的数学期望为集 X 的熵

$$H(X) = E[I(x_i)] = -\sum_{i=1}^{n} p(x_i) \log p(x_i) \quad （r \text{ 进制单位 / 符号}） \qquad (2.19)$$

式中：集 $X = (x_1, x_2, \cdots, x_n)$；$n$ 为集 X 元素的总数；$p(x_i)$ 为某个元素 x_i 出现的概率。

集 X 的平均自信息量又称为集 X 的信息熵，是从平均意义上来表征集 X 总体特征的，也即信息熵与平均信息量两者在数值上是相等的，但含义并不相同。信息熵表征集 X 的平均不确定性；平均自信量是消除集 X 不确定度所需的信息的量度。

熵这个名词是香农从物理学中的统计热力学借用过来的，在物理学中称它为热熵，是表示分子混乱程度的一个物理量。这里，香农引用它来描述信源的平均不确定性。但是在热力学中，热熵只能增加不能减少，而在信息论中，信息熵正好相反，只会减少，不会增加，所以有人称信息熵为负热熵。

信息熵的单位取决于对数选取的底 r，可选 $r = 2$，e，10，熵的单位则为 bit/符号、Nat/符号、Hat/符号。在现代数字通信系统中，一般采用二进制计算公式，信息熵的计数也多采用以 2 为底，此外，记以 2 为对数底时的信息熵为 $H(X)$，由对数换底公式可知 r 进制与二进制的关系是

$$H_r(X) = \frac{H(X)}{\log_2 r} \qquad (2.20)$$

在式（2.19）中，如果一个事件出现的概率为 0，显然它无法提供任何信息，因此我们定义 $0 \cdot \log 0$ 等于零，即 0 概率事件的信息熵为 0。当集 X 中只含一个元素时，必定有 $p(x) = 1$，此时信息熵 $H(X)$ 也为 0。

【例 2.7】 设甲地的天气预报为晴（1/2）、小雨（1/2）。设乙地的天气预报为晴（99/100）、小雨（1/100）。求两地天气预报的信息熵。

解 甲地天气预报的概率空间为

$$\begin{bmatrix} X \\ P \end{bmatrix} = \begin{bmatrix} x_1 & x_2 \\ 1/2 & 1/2 \end{bmatrix}$$

式中，x_1 表示"晴"事件；x_2 表示"小雨"事件。

甲地信息熵为

$$H(X) = -\sum_{i=1}^{n} p(x_i) \log_2 p(x_i)$$

$$= \left(-\frac{1}{4}\log_2\frac{1}{4} \right) \times 2 = 1 \text{ (bit/符号)}$$

乙地天气预报的概率空间为

$$\begin{bmatrix} Y \\ P \end{bmatrix} = \begin{bmatrix} y_1 & y_2 \\ 99/100 & 1/100 \end{bmatrix}$$

乙地信息熵为

$$H(Y) = -0.99\log_2 0.99 - 0.01\log_2 0.01 = 0.08 \text{ (bit/符号)}$$

可见

$$H(X) > H(Y)$$

因此，乙地天气预报比甲地的平均不确定性小。观察甲地的概率空间，它出现两种天气的可能性相同，事先猜测哪一种天气出现的不确定性要大，或者说随机性大。而对于乙地，它的两种天气出现的概率不是等概率的，事先猜测会出现哪种天气，虽然有一定的不确定性，但大致猜一下也能知道是"晴"这种天气会出现，因为概率很大，所以 Y 的不确定性较小。

实际上，任何一个概率集在输出符号等概率分布时的不确定性都比其他分布时候的不确定性大，信息熵也最大。

2.3.2 熵函数的性质

由前面的定义可知，信息熵 $H(X)$ 是其概率矢量 $P = [p_1, p_2, p_3, \cdots, p_n]$ 的函数。故可以用 $H(P)$ 代替 $H(X)$，有

$$H(P) = H(p_1, p_2, \cdots, p_n) = -\sum_{i=1}^{n} p_i\log p_i \tag{2.21}$$

并称之为熵函数。因为各分量满足 $\sum_{i=1}^{n} p(x_i) = 1$，所以则 $H(P)$ 实际上是 $(n-1)$ 元函数。例如，二元事件概率空间，两个事件的概率分布为 p 与 $(1-p)$，则

$$H(P) = -p\log p - (1-p)\log(1-p) = H(p)$$

熵函数具有以下基本性质。

1. 非负性

$$H(X) = H(p_1, p_2, \cdots, p_n) \geqslant 0 \tag{2.22}$$

信息熵是自信息的数学期望，自信息是非负值，所以信息熵一定满足非负性。

其中，等号成立的充要条件是当且仅当对某 i，$p_i = 1$，其余 $p_k = 0(k \neq i)$。这意味着，集合 X 中只要有一个事件为必然事件，则其余事件为不可能事件。此时，集合 X 中每个事件对熵的贡献都为零，因而熵函数值必为零。表明确定离散集的熵最小。

$$H(X) = E[I(x_i)] = E\left[\log_2\frac{1}{p(x_i)} \right] = -\sum_{i=1}^{n} p(x_i)\log_2 p(x_i)$$

因为 $0 \leqslant p(x) \leqslant 1$，所以 $\log_2 p(x) \leqslant 0$，所以 $H(X) \geqslant 0$。

2. 对称性

当概率矢量 $P = [p_1, p_2, \cdots, p_n]$ 中的各分量的次序任意变更时，熵函数值不变。即

$$H(p_1, p_2, \cdots, p_n) = H(p_2, p_1, \cdots, p_n) = H(p_n, p_2, \cdots, p_{n-1}) \tag{2.23}$$

熵函数的对称性说明熵仅与随机变量的总体结构有关。如果某些离散集的统计特性相同（即含有的元素数和概率分布相同），那么这些离散集的熵就相同。

【例 2.8】 有三个离散集 X、Y、Z，它们的概率空间分别为

$$\begin{bmatrix} X \\ P \end{bmatrix} = \begin{bmatrix} x_1 & x_2 & x_3 \\ \dfrac{1}{3} & \dfrac{1}{6} & \dfrac{1}{2} \end{bmatrix}, \begin{bmatrix} Y \\ P \end{bmatrix} = \begin{bmatrix} x_1 & x_2 & x_3 \\ \dfrac{1}{3} & \dfrac{1}{2} & \dfrac{1}{6} \end{bmatrix}, \begin{bmatrix} Z \\ P \end{bmatrix} = \begin{bmatrix} z_1 & z_2 & z_3 \\ \dfrac{1}{3} & \dfrac{1}{6} & \dfrac{1}{2} \end{bmatrix}$$

式中：x_1，x_2，x_3 分别表示晴、雨、冰雹三种天气；z_1，z_2，z_3 分别表示红、黄、绿三种信号灯。

在上述三个概率空间中，不难看出，这三个集的信息熵是相同的，即表示这三个集的总体统计特性是相同的。实际上，集 X 与集 Y 的差别是出现同一种天气的概率不同，很显然，冰雹将导致严重灾害。而集 X 和集 Z 的差别是它们选择具体符号的含义不相同，这说明式（2.19）所定义的熵具有一定的局限性，它关心的只是语法信息，而未涉及语义信息和语用信息，即未能描述事件本身的具体含义和主观价值。

3. 极值性

当 $p_1 = p_2 = \cdots = p_n = \dfrac{1}{n}$ 时，随机事件有最大不确定性，也就是说，均匀分布的离散集具有最大的信息熵，即

$$H(p_1, p_2, \cdots, p_n) \leqslant H\left(\dfrac{1}{n}, \dfrac{1}{n}, \cdots, \dfrac{1}{n}\right) = \log_2 n \qquad (2.24)$$

式中：n 是集合 X 的元素数目。

式（2.24）表明，在离散情况下，集合 X 中的各事件以等概发生时，熵达到极大值，而只要离散集中某一事件的发生占有较大的确定性时，必然引起整个离散集平均不确定性的下降，此性质也称为最大离散熵定理。并且由对数函数的单调上升性可知，集合中元素的数目 n 越多，熵值也越大。

证明：自然对数具有性质 $\ln x \leqslant x - 1$，$x > 0$，当且仅当 $x = 1$ 时，该式取等号。

$$H(X) - \log_2 n = \sum_{i=1}^{n} p(x_i) \log_2 \dfrac{1}{p(x_i)} - \sum_{i=1}^{n} p(x_i) \log_2 n = \sum_{i=1}^{n} p(x_i) \log_2 \dfrac{1}{np(x_i)}$$

令 $x = \dfrac{1}{np(x_i)}$，引用 $\ln x \leqslant x - 1$，$x > 0$ 的关系，并注意 $\log_2 x = \ln x \log_2 e$，得

$$H(X) - \log_2 n \leqslant \sum_{i=1}^{n} \left[\dfrac{1}{n} - p(x_i)\right] \log_2 e = \left[\sum_{i=1}^{n} \dfrac{1}{n} - \sum_{i=1}^{n} p(x_i)\right] \log_2 e = 0$$

故有 $H(X) \leqslant \log_2 n$。式中，$\sum\limits_{i=1}^{n} p(x_i) = 1$。当且仅当 $x = \dfrac{1}{n \cdot p(x_i)} = 1$，即 $p(x_i) = \dfrac{1}{n}$ 时，式（2.24）取等号。

例如：有两个元素的集合，一个元素的概率为 p，另一个元素的概率为 $1-p$，其熵值 $H(X)$ 是 p 的函数，二者的关系如图 2.1 所示。

$$H(X) = -p \log p - (1-p) \log(1-p)$$

由图可知，当两个元素概率相等，即 $p = 0.5$ 时，二元熵函数取最大值，此最大值为 $\log_2 2 = 1\text{bit}$。当 $p = 0$ 或 $p = 1$ 时，$H(p) = 0$。图 2.1 还说明：对于等概率分布的二元序列，每个二元符号将提供 1bit 的信息量；如果输出符号不等

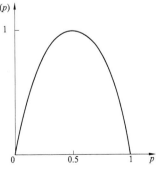

图 2.1 $n=2$ 时熵与概率的关系

概率，则每个二元符号所提供的平均信息量将小于 1bit。这也进一步阐明了计算机术语中二元数字的"比特"与信息量单位"比特"的关系。

4. 扩展性

若集合 X 有 n 个事件，另一集合 Y 有 $n+1$ 个事件，但 Y 集和 X 集的差别只是多了一个概率近于零的事件，则两个集的熵函数值一样。换言之，一个事件的概率和集中其他事件相比很小时，它对于集合的熵值的贡献就可以忽略不计。表示为

$$\lim_{\varepsilon \to 0} H_{n+1}(p_1, p_2, \cdots, p_n - \varepsilon, \varepsilon) = H_n(p_1, p_2, \cdots, p_n) \tag{2.25}$$

证明：因为 $\lim\limits_{\varepsilon \to 0} \varepsilon \log_2 \varepsilon = 0$，故式（2.25）成立。

这条性质说明，虽然概率很小的事件出现后，给予接收者的信息量很大，但在熵的计算中，它可以忽略不计。这也是熵的总体平均特性的体现。熵的扩展性可推广到增加 k 种取值的情况，条件是增加的 k 种取值的概率均趋于 0。

5. 确定性

$$H(1, 0) = H(1, 0, 0) = H(0, 1, \cdots, 0) = \cdots = 0 \tag{2.26}$$

即当集 X 中某一事件为确定性事件时，其熵为 0。这是由于对于 $p_i = 1$，$p_i \log p_i = 0$，而对于 $p_j = 0 (i \neq j)$ 有 $\lim\limits_{p_j \to 0} p_j \log p_i = 0$，故式（2.26）成立。在这种情况下，随机变量已失去随机性，变成了确知量，即几乎处处等于概率为 1 的那个值。换句话说，集中虽然含有很多元素，但只有一个元素必然出现，而其他元素几乎都不出现，因此，集 X 的不确定性为 0。

6. 上凸性

$H(p_1, p_2, \cdots, p_n)$ 是概率分布 $(p_1, p_2, \cdots, p_n)$ 的严格上凸函数。

设 $P = (p_1, p_2, \cdots, p_n)$ 和 $P' = (P'_1, P'_2, \cdots, P'_n)$ 是两个概率矢量，且满足

$$\sum_{i=1}^{n} p'_i = 1 \quad \sum_{i=1}^{n} p_i = 1$$

则有

$$H[\alpha P + (1-\alpha)P'] > \alpha H(P) + (1-\alpha)H(P') \tag{2.27}$$

证明：设有一个多元函数或矢量函数 $f(x_1, x_2, \cdots, x_n) = f(X)$，对任一小于 1 的正数 $\alpha(0 < \alpha < 1)$ 及 f 的定义域中任意两个矢量 X, Y，若

$$f[\alpha X + (1-\alpha)Y] > \alpha f(x) + (1-\alpha)f(Y) \tag{2.28}$$

则称 f 为严格上凸函数。

设 P, Q 为两组归一的概率矢量，即

$$P = [P(x_1), P(x_2), \cdots, P(x_n)], \quad Q = [P(y_1), P(y_2), \cdots, P(y_n)]$$

且 $\quad 0 \leqslant P(x_1) \leqslant 1, 0 \leqslant P(y_i) \leqslant 1, \sum\limits_{i=0}^{n} P(x_i) = \sum\limits_{i=0}^{n} P(y_i) = 1$

则有 $\quad H[\alpha P + (1-\alpha)Q]$

$$= -\sum_{i=0}^{n} [\alpha P(x_i) + (1-\alpha)P(y_i)] \log_2 [\alpha P(x_i) + (1-\alpha)P(y_i)]$$

可以证明 $\quad\quad\quad\quad 0 \leqslant \alpha P(x_i) + (1-\alpha)P(y_i) \leqslant 1$

因为 $\quad\quad\quad\quad \alpha > 0, 1-\alpha > 0, P(x_i) \geqslant 0, P(y_i) \geqslant 0$

所以 $\quad\quad\quad\quad \alpha P(x_i) + (1-\alpha)P(y_i) \geqslant 0$

如果 $\quad\quad\quad\quad \alpha P(x_i) + (1-\alpha)P(y_i) > 1$

则 $P(y_i) > \dfrac{1-\alpha P(x_i)}{1-\alpha} >$，$P(x_i) \neq 1$，不可能。

当 $p(y_i) > \dfrac{1-\alpha P(x_i)}{1-\alpha}$ 时，有

$$\alpha P(x_i) + (1-\alpha) P(y_i) = 1$$

所以
$$0 \leqslant \alpha P(x_i) + (1-\alpha) P(y_i) \leqslant 1$$

由于 $P(x_i)$，$P(y_i)$ 归一性有

$$\sum_{i=0}^{n} [\alpha P(x_i) + (1-\alpha) P(y_i)] = \alpha \sum_{i=0}^{n} P(x_i) + (1-\alpha) \sum_{i=0}^{n} P(y_i) = \alpha + 1 - \alpha = 1$$

故 $[\alpha P(x_i) + (1-\alpha) P(y_i)]$ 可以看作一种新的概率分布。由熵的极值性

$$-\alpha \sum_{i=0}^{n} P(x_i) \log_2 [\alpha P(x_i) + (1-\alpha) P(y_i)] \geqslant \alpha H(P)$$

当各 $P(x_i)$，$P(y_i)$ 不完全相等时有

$$-\alpha \sum_{i=0}^{n} P(x_i) \log_2 [\alpha P(x_i) + (1-\alpha) P(y_i)] > \alpha H(P)$$

同理
$$-(1-\alpha) \sum_{i=0}^{n} P(y_i) \log_2 [\alpha P(x_i) + (1-\alpha) P(y_i)] > (1-\alpha) H(Q)$$

上两式相加并整理得

$$H[\alpha P + (1-\alpha) Q > \alpha H(P) + (1-\alpha) H(Q)] \tag{2.29}$$

这就证明了信源熵具有严格的上凸性。

2.3.3　加权熵的概念及基本性质

香农定义的信息量和熵并没有考虑人的主观因素，只是信息系统概率的函数，是"客观信息"。在实际中，各种事件虽以一定的概率发生，但各种事件的发生对不同的人有不同的意义，其重要性也因人而异。在许多场合，通常很难忽略与个人目的有关的主观因素。如高考分数线的划定，对当年参加高考的考生来说至关重要，也是考生家长十分关心的问题，但是对于其他人来说并无多大意义。

为了把主观价值和主观意义反映出来，引入加权熵的概念。

若有信源

$$\begin{bmatrix} X \\ P(X) \end{bmatrix} = \left\{ \begin{matrix} x_1, & x_2, & \cdots, & x_n \\ p(x_1), & p(x_2), & \cdots, & p(x_n) \end{matrix} \right\}$$

其中 $0 \leqslant p(x_i) \leqslant 1$，$\sum_{i=1}^{n} p(x_i) = 1$。对消息 $x_i (i=1, 2, \cdots, n)$，确定一个非负的实数 $\omega_i (i=1, 2, \cdots, n)$ 作为消息 x_i 的"重量"，就如同物理学中常见的加权一样。因此，ω_i 也可以看成是消息 x_i 的"效用权重系数"。把消息 x_i 的重量 ω_i 与消息的重要性和意义联系起来，如果一个消息 x_i 比另一个消息 x_j 更有意义，或更有效用，那么消息 x_i 的重量 ω_i 就应比消息 x_j 的重量 ω_j 更大，即 $\omega_i > \omega_j$。于是，对上述信源构造一个相应的重量空间

$$\begin{bmatrix} X \\ W(X) \end{bmatrix} = \left\{ \begin{matrix} x_1, & x_2, & \cdots, & x_n \\ \omega_1, & \omega_2, & \cdots, & \omega_n \end{matrix} \right\}$$

其中 $\omega_i \geqslant 0 (i=1, 2, \cdots, n)$。定义消息 x_i 的重量 ω_i 对自信息量 $I(x_i) = -\log_2 p(x_i) (i=1, 2, \cdots, n)$ 的加权平均和

$$H_w(X) = -\sum_{i=1}^{n} \omega_i p(x_i) \log_2 p(x_i) \qquad (2.30)$$

为信息的加权熵。

现在加权熵的大小既与随机事件发生的客观概率有关，又依赖于消息的主观重量。"重量"与"概率"之间没有简单明了的关系。一个概率很小的事件或许具有很大的意义，也可能没有什么价值。例如，"冬天下大雪"这种自然现象在东北司空见惯，对东北人来说并无特殊意义。但是同样的自然现象如果发生在南方则是非常稀罕的事，人们会感到非常兴奋，会纷纷走出家门观雪景、堆雪人、打雪仗、拍照留念……虽然"冬天下大雪"在南方发生的概率很小，但是对人们的意义很大。可见，把自信息按照主观因素加权，对不同的人可以得到不同的意义信息，引入加权熵的概念后，实际上从某种程度上反映了人的主观因素。

下面来认识一下加权熵的某些性质。

1. 非负性

由式（2.30）有

$$H_w(X) = -\omega_1 p(x_1) \log_2 p(x_1) - \omega_2 p(x_2) \log_2 p(x_2) - \cdots - \omega_n p(x_n) \log_2 p(x_n)$$

因为 $\qquad 0 \leqslant p(x_i) \leqslant 1, \omega_i \geqslant 0, -\log_2 p(x_i) \geqslant 0 \quad (i=1, 2, \cdots, n)$

所以 $\qquad -\omega_i p(x_i) \log_2 p(x_i) \geqslant 0$

则有 $\qquad H_w(X) \geqslant 0 \qquad (2.31)$

这一点，加权熵与信息熵的性质一样。说明不管是否给消息分配重量，信源每发出一个消息，总能提供一定的信息量，最差是零。

2. 连续性

设有信源

$$\begin{bmatrix} X \\ P(X) \end{bmatrix} = \left\{ \begin{matrix} x_1, & x_2 \\ p(x_1), & p(x_2) \end{matrix} \right\}$$

当 $p(x_1)$ 和 $p(x_2)$ 中某一概率 $p(x_2)$（或 $p(x_1)$）发生微小变动 $+\varepsilon(\varepsilon > 0)$，则 $p(x_1)$ [或 $p(x_2)$] 将发生相应的微小波动 $-\varepsilon$，形成另一个信源

$$\begin{bmatrix} X' \\ P(X') \end{bmatrix} = \left\{ \begin{matrix} x_1, & x_2 \\ p(x_1)-\varepsilon, & p(x_2)+\varepsilon \end{matrix} \right\}$$

令两个信源的重量空间为

$$\begin{bmatrix} X \\ W(X) \end{bmatrix} = \begin{bmatrix} X' \\ W(X') \end{bmatrix} = \left\{ \begin{matrix} x_1, & x_2 \\ \omega_1, & \omega_2 \end{matrix} \right\}$$

信源 X' 的加权熵为

$$H_w(X') = -\{\omega_1 [p(x_1)-\varepsilon] \log_2 [p(x_1)-\varepsilon] + \omega_2 [p(x_2)+\varepsilon] \log_2 [p(x_2)+\varepsilon]\}$$

当微小波动 $\varepsilon \to 0$ 时，有

$$\lim_{\varepsilon \to 0} H_w(X') = \lim_{\varepsilon \to 0} -\{\omega_1 [p(x_1)-\varepsilon] \log_2 [p(x_1)-\varepsilon] + \omega_2 [p(x_2)+\varepsilon] \log_2 [p(x_2)+\varepsilon]\}$$

$$= -\{\omega_1 p(x_1) \log_2 p(x_1) + \omega_2 p(x_2) \log_2 p(x_2)\} = H_w(X) \qquad (2.32)$$

式（2.32）的结论很容易推广到信源消息数为 n 的情况。

加权熵的连续性表明，信源空间中概率分量的微小波动，不会引起加权熵值的很大变动。这仍是熵的总体平均性的体现。

3. 对称性

含有 n 个消息的离散信源，其加权熵

$H_w(\omega_1, \omega_2, \cdots, \omega_n, p(x_1), p(x_2), \cdots, p(x_n))$

$= - \{\omega_1 p(x_1) \log_2 p(x_1) + \omega_2 p(x_2) \log_2 p(x_2) + \cdots + \omega_n p(x_n) \log_2 p(x_n)\}$

$= - \{\omega_2 p(x_2) \log_2 p(x_2) + \omega_1 p(x_1) \log_2 p(x_1) + \cdots + \omega_n p(x_n) \log_2 p(x_n)\}$

$= H_w(\omega_2, \omega_1, \cdots, \omega_n, p(x_2), p(x_1), \cdots, p(x_n))$

$= \cdots$

$= H_w(\omega_n, \cdots, \omega_2, \omega_1, p(x_n), \cdots, p(x_2), p(x_1))$

$= - \{\omega_n p(x_n) \log_2 p(x_n) + \cdots + \omega_2 p(x_2) \log_2 p(x_2) + \omega_1 p(x_1) \log_2 p(x_1)\}$

加权熵的对称性指的是信源概率 $p(x_1), p(x_2), \cdots, p(x_n)$ 及相应重量 $\omega_1, \omega_2, \cdots, \omega_n$ 的顺序任意互换时，加权熵的值不变。这一点很容易理解。因为加权熵实际上是对信源概率用重量和概率进行加权后再求和的结果。信源概率及其相应重量的顺序互换时，只是求和顺序不同，并不影响求和的结果。加权熵的对称性说明它的值只取决于信源的概率空间及其相应的重量空间的总体结构，与信源的具体消息无关，这是熵的总体特性的再度体现。

4. 均匀性

设信源 X 是具有 n 个消息的等概信源，其加权熵为

$$H_w \left(\omega_1, \omega_2, \cdots, \omega_n, \underbrace{\frac{1}{n}, \frac{1}{n}, \cdots, \frac{1}{n}}_{n\text{个}} \right)$$

$$= - \left(\omega_1 \frac{1}{n} \log_2 \frac{1}{n} + \omega_2 \frac{1}{n} \log_2 \frac{1}{n} + \cdots + \omega_n \frac{1}{n} \log_2 \frac{1}{n} \right) \qquad (2.33)$$

$$= \left(\frac{\omega_1 + \omega_2 + \cdots + \omega_n}{n} \right) \log_2 n$$

这种均匀性表明，等概信源的加权熵等于离散信源的最大熵与 n 个权重系数的算术平均值的乘积。

5. 等重性

设权重系数相等，即 $\omega_1 = \omega_2 = \cdots = \omega_n = \omega$，则

$$H_w(\omega_1, \omega_2, \cdots, \omega_n, p(x_1), p(x_2), \cdots, p(x_n))$$

$$= H_w(\omega, \omega, \cdots, \omega, p(x_1), p(x_2), \cdots, p(x_n))$$

$$= - \sum_{i=1}^{n} \omega p(x_i) \log_2 p(x_i) \qquad (2.34)$$

$$= \omega H(p(x_1), p(x_2), \cdots, p(x_n))$$

上式说明，权重系数均为 ω 的等重信源，其加权熵是信源熵的 ω 倍。

6. 确定性

若 $p(x_j) = 1$，$p(x_i) = 0$，$(i = 1, 2, \cdots, n; j = 1, 2, \cdots, n; i \neq j)$，则

$$H_w(w_1, w_2, \cdots, w_n, p(x_1), p(x_2), \cdots, p(x_n))$$

$$= - w_j p(x_j) \log_2 p(x_j) - \sum_{\substack{i=1 \\ i \neq j}}^{n} w_i p(x_i) \log_2 p(x_i) = 0 \qquad (2.35)$$

式（2.35）第一部分中的 $\log p(x_j) = 0$，故这一部分等于 0。第二部分各项中的 $p(x_i) \log p(x_i) = 0$，虽然 $w_i \neq 0$，但相乘的结果使每项都为 0，$(n-1)$ 项的和仍为 0，所以第二部

分也等于 0，故有式（2.35）的结论。这一性质与香农熵一致。它的含义是：只包含一个试验结果的事件是确定事件，没有任何随机性，尽管发生的事件是有效用或有意义的，仍然不能提供任何信息量。

7. 非容性

设 I，J 表示整数域，且 I 和 J 的并集满足 $I\bigcup J=\{1, 2, \cdots, n\}$，$I$ 和 J 的交集满足 $I\bigcap J=\varnothing$（空集），若对于所有 $i\in I$，$p(x_i)=0$，$w_i\neq 0$，和对于所有 $j\in J$，$p(x_j)\neq 0$，$\omega_j=0$，则

$$H_w = (\omega_1, \omega_2, \cdots, \omega_n; p(x_1), p(x_2), \cdots, p(x_n)) = 0 \qquad (2.36)$$

这一性质说明如果可能的事件是无意义或无效用的，而有意义或有效用的事件是不可能的，这时的香农熵不为 0，但其提供的加权熵等于 0。

特殊情况是当所有事件的重量都为 0 时，即使香农熵不为 0，但得到的加权熵还是 0。意味着信源虽然以一定的客观概率发送某些消息，但是如果这些消息都是无效用或无意义的，那么这个信源也不能提供任何信息。这说明加权熵确实在一定程度上反映了认识主体的主观意志，具有效用和意义的含义。

8. 扩展性

$$H_w^{n+1}(\omega_1, \omega_2, \cdots, \omega_n, \omega_{n+1}, p(x_1), p(x_2), \cdots, p(x_n), p(x_{n+1}) = 0)$$
$$= H_w^n(\omega_1, \omega_2, \cdots, \omega_n; p(x_1), p(x_2), \cdots, p(x_n)) \qquad (2.37)$$

加权熵的扩展性表明，增加 1 个有效用或意义很大但是不可能发生的消息，其信源的加权熵值不变，换句话说，信源并不能提供更多的信息量。同理，增加 s 个有效用但不可能发生的消息，信源提供的信息量也不变。

9. 线性叠加性

对于权重系数为 $\omega_i\geqslant 0$ 的消息 $x_i(i=1, 2, \cdots, n)$，信源的加权熵记为 $H_w^n(\omega_1, \omega_2, \cdots\omega_n; p(x_1), p(x_2), \cdots, p(x_n))$。若 l 为一非负实数，则对于同一信源但权重系数分别为 $l\omega_i$ 的加权熵

$$H_{kw}^n(l\omega_1, l\omega_2, \cdots, l\omega_n; p(x_1), p(x_2), \cdots, p(x_n))$$
$$= lH_w^n(\omega_1, \omega_2, \cdots, \omega_n; p(x_1), p(x_2), \cdots, p(x_n)) \qquad (2.38)$$

加权熵的线性叠加性表明，当某一信源发出的每一种不同的消息的效用或意义同时扩大若干倍时，其加权熵也扩大同样的倍数。

10. 加权熵的最大值

在式（2.30）定义的加权熵中，权重系数 ω_i 是给定的，概率分量 $p(x_i)(i=1, 2, \cdots, n)$ 是变量。现在的问题是：变量取什么值的时候，加权熵 H_w^n 能够达到最大值？

作辅助函数

$$f(p(x_1), p(x_2), \cdots, p(x_n))$$
$$= H_w^n(w_1, w_2, \cdots, w_n; p(x_1), p(x_2), \cdots, p(x_n)) + l(\sum_{i=1}^{n} p(x_i) - 1)$$
$$= -\sum_{i=1}^{n} w_i p(x_i)\log_2 p(x_i) + l(\sum_{i=1}^{n} p(x_i) - 1)$$

取 e 为底的对数，f 对 $p(x_i)$ 求偏导并令其为 0，有

$$\frac{\partial}{\partial p(x_i)} f(p(x_1), p(x_1), \cdots, p(x_n))$$

$$= \frac{\partial}{\partial p(x_i)} \left\{ - \sum_{i=1}^{n} w_i p(x_i) \ln p(x_i) + l \left(\sum_{i=1}^{n} p(x_i) - 1 \right) \right\}$$

$$= - w_i (1 + \ln p(x_i)) + 1 = 0 \quad (i = 1, 2, \cdots, n)$$

可以得到加权熵 H_w^n 达到最大值的 n 个概率分量

$$p(x_i) = \mathrm{e}^{-1} \quad (i = 1, 2, \cdots, n)$$

此处，取 e 为底的对数，待定常数 l 由约束方程

$$\sum_{i=1}^{n} p(x_i) = \sum_{i=1}^{n} \mathrm{e}^{-1} = 1 \tag{2.39}$$

求出。由 $p(x_i)$ 的表达式得加权熵的最大值

$$H_w^n = (w_1, w_2, \cdots, w_n; p(x_1), p(x_2), \cdots, p(x_n))_{\max}$$

$$= - \sum_{i=1}^{n} w_i \mathrm{e}^{\frac{l}{w_i} - 1} \ln \mathrm{e}^{\frac{l}{w_i} - 1}$$

$$= - \sum_{i=1}^{n} w_i \mathrm{e}^{\frac{l}{w_i} - 1} \left(\frac{l}{w_i} - 1 \right)$$

$$= - \sum_{i=1}^{n} l \mathrm{e}^{\frac{l}{w_i} - 1} + \sum_{i=1}^{n} w_i \mathrm{e}^{\frac{l}{w_i} - 1}$$

由式（2.39）得

$$(H_w^n (w_1, w_2, \cdots, w_n; p(x_1), p(x_2), \cdots, p(x_n))_{\max} = - l + \sum_{i=1}^{n} w_i \mathrm{e}^{\frac{l}{w_i} - 1})$$

$$= \sum_{i=1}^{n} w_i p(x_i) - l \tag{2.40}$$

加权熵的最大值不仅与信源消息数 n 有关，而且与权重系数 ω_i 有关。当 $\omega_1 = \omega_2 = \cdots = \omega_n = 1$ 时，有

$$p(x_i) = \mathrm{e}^{l-1} \quad (i = 1, 2, \cdots, n)$$

由 $p(x_i)$ 的归一性有

$$\sum_{i=1}^{n} p(x_i) = \sum_{i=1}^{n} \mathrm{e}^{l-1} = n \mathrm{e}^{l-1} = 1$$

即有

$$p(x_i) = \mathrm{e}^{l-1} = \frac{1}{n} \quad (i = 1, 2, \cdots, n)$$

则

$$l = 1 - \ln n$$

所以 $$H_w^n (w_1, w_2, \cdots, w_n; p(x_1), p(x_2), \cdots, p(x_n))_{\max} = 1 - 1 + \ln n = \ln n$$

这个结果与香农最大熵一致。说明信源熵可看成是加权熵在权重系数都为 1 时的特例。

2.3.4 联合熵

定义 2.4　设符号集合 XY 上每对元素 $x_i y_j$ 的自信息量的概率加权平均值为联合熵，定义式为

$$H(XY) = \sum_{XY} p(x_i y_j) I(x_i y_j) \tag{2.41a}$$

也可表示为

$$H(XY) = - \sum_{i=1}^{n} \sum_{j=1}^{m} p(x_i y_j) \log_2 p(x_i y_j) \tag{2.41b}$$

上式可以推广到多个随机变量 $X_1 \cdots X_N$ 联合的情形，即

$$H(X_1 X_2 \cdots X_N) = - \sum_{i_1, i_2, \cdots, i_N} p(x_{i_1}, x_{i_2}, \cdots, x_{i_N}) \log p(x_{i_1}, x_{i_2}, \cdots, x_{i_N}) \quad (2.41c)$$

多个随机变量的联合熵是单个随机变量熵的推广，因此同样具备上节给出的熵的一些基本性质。

2.3.5　条件熵

如前所述，条件自信息量 $I(x_i/y_j)$ 反映了在事件 y_j 发生条件下，关于事件 x_i 仍然存在的不确定性。但条件自信息量反映的是某一个符号 y_j 接收后对发送端的某一个符号 x_i 仍然存在的不确定性，那么，如何从整体上度量接收到 Y 后关于 X 的不确定性呢？可以引入条件熵的概念。

定义 2.5　联合集 XY 上，在已知随机变量 Y 的条件下，随机变量 X 的条件熵定义为条件自信息量 $I(x_i|y_j)$ 的概率加权平均值。其定义式为

$$\begin{aligned} H(X/Y) = E\big[I(x_i/y_j)\big] &= \sum_{j=1}^{m} \sum_{i=1}^{n} p(x_i y_j) I(x_i/y_j) \\ &= - \sum_{j=1}^{m} \sum_{i=1}^{n} p(x_i y_j) \log_2 p(x_i/y_j) \end{aligned} \quad (2.42a)$$

条件熵是一个确定值。当 X 表示信道的输入符号集，Y 表示信道的输出符号集时，条件熵 $H(X|Y)$ 表示信宿在收到全部的输出 Y 后，对于信道输入符号集 X 仍然存在的平均不确定度，这个对 X 尚存的不确定性是由于噪声干扰引起的，即信道损失。故这个条件熵 $H(X|Y)$ 也称损失熵、信道疑义度。如果是一一对应的信道，那么接收到输出 Y 后，对 X 的不确定性会完全消除，则 $H(X|Y)=0$。

相应地，在给定 X 条件下，Y 的条件熵 $H(Y/X)$ 为

$$H(Y/X) = E\big[I(y_j/x_i)\big] = - \sum_{i=1}^{n} \sum_{j=1}^{m} p(x_i y_j) \log_2 p(y_j/x_i) \quad (2.42b)$$

条件熵 $H(Y/X)$ 称噪声熵。这里需要注意，条件熵是用联合概率 $p(x_i y_j)$，而不是用条件概率 $p(y_j/x_i)$ 或 $p(x_i/y_j)$ 进行加权平均。下面的推导可以说明这一点。

先取一个 y_j，在已知 y_j 条件下，X 集合的条件熵 $H(X/y_j)$，由熵的定义有

$$H(X/y_j) = \sum_{i=1}^{n} p(x_i/y_j) I(x_i/y_j) = - \sum_{i=1}^{n} p(x_i/y_j) \log_2 (x_i/y_j)$$

上式是仅知一个 y_j 时的 X 的条件熵，它随着 y_j 的变化而变，因此，进一步把 $H(X/y_j)$ 在集合 Y 上取数学期望，即

$$H(X/Y) = \sum_{j=1}^{m} p(y_j) H(X/y_j) = = \sum_{j=1}^{m} \sum_{i=1}^{n} p(x_i y_j) \log_2 p(x_i/y_j)$$

式中：$p(x_i y_j) = p(y_j) p(x_i/y_j)$。

2.3.6　各类熵之间的关系

1. 联合熵与信息熵、条件熵的关系

由自信息量、联合自信息量、条件自信息量之间的关系

$$I(x_i y_j) = I(x_i) + I(y_j/x_i) = I(y_j) + I(x_i/y_j)$$

对上式取统计平均，则有

$$H(XY) = \sum_{i, j} p(x_i y_j) I(x_i y_j)$$

$$= \sum_{i, j} p(x_i y_j) I(x_i) + \sum_{i, j} p(x_i y_j) I(y_j / x_i) = H(X) + H(Y/X)$$

$$= \sum_{i, j} p(x_i y_j) I(y_j) + \sum_{i, j} p(x_i y_j) I(x_i / y_j) = H(Y) + H(X/Y)$$

也即 $\qquad\qquad H(XY) = H(X) + H(Y/X) = H(Y) + H(X/Y)$ (2.43)

上式表明，联合熵等于前一个集合 X 出现的独立熵加上在前一个集合 X 出现的条件下，后一个集合 Y 出现的条件熵。

如果集 X 和集 Y 相互统计独立，则有

$$H(XY) = H(X) + H(Y)$$ (2.44)

此时，$H(Y/X) = H(Y)$，式（2.44）表示熵的可加性。式（2.43）表示熵的强可加性。

此条性质还可进一步推广到多个随机变量构成的概率空间之间的关系

$$H(X_1 X_2 \cdots X_N) = H(X_1) + H(X_2/X_1) + H(X_3/X_1 X_2)$$
$$+ \cdots + H(X_N/X_1 \cdots X_{N-1})$$ (2.45)

如果 N 个随机变量相互独立，则有

$$H(X_1, X_2, \cdots, X_N) = \sum_{i=1}^{N} H(X_i)$$ (2.46)

此处不加证明地给出其他的一些熵之间的关系式，有兴趣的读者可自行证明。

2. 联合熵与信息熵的关系

$$H(XY) \leqslant H(X) + H(Y)$$ (2.47)

等式成立的条件是集 X 和 Y 统计独立。此时可得联合熵的最大值。

$$H(XY)_{\max} = H(X) + H(Y)$$ (2.48)

推广到 N 个概率空间有

$$H(X_1 X_2 \cdots X_N) \leqslant H(X_1) + H(X_2) + \cdots + H(X_N)$$ (2.49)

同理，等号成立的充要条件是 X_1，X_2，$\cdots$，X_N 相互统计独立。

3. 条件熵与信息熵的关系

$$H(Y/X) \leqslant H(Y)$$ (2.50)

等式成立的条件是：当且仅当集 X 和集 Y 相互统计独立。

【例 2.9】 设一系统的输入符号集 $X = (x_1, x_2, x_3, x_4, x_5)$，输出符号集 $Y = (y_1, y_2, y_3, y_4)$，输入符号和输出符号的联合分布见表 2.1。

表 2.1 [例 2.9] 表

输 出 符 号 集		Y			
输 入 符 号 集		y_1	y_2	y_3	y_4
X	x_1	0.25	0	0	0
	x_2	0.10	0.30	0	0
	x_3	0	0.05	0.10	0
	x_4	0	0	0.05	0.10
	x_5	0	0	0.05	0

求 $H(X)$、$H(Y)$、$H(X/Y)$、$H(XY)$、$H(Y/X)$。

解 用到的公式有

$$p(x_i \mid y_j) = \frac{p(x_i y_j)}{p(y_j)} \quad p(y_j) = \sum_{i=1}^{n} p(x_i y_j)$$

$$p(y_j \mid x_i) = \frac{p(x_i y_j)}{p(x_i)} \quad p(x_i) = \sum_{j=1}^{m} p(x_i y_j)$$

由上面的公式可以计算出

$$p(x_1) = 0.25$$
$$p(x_2) = 0.10 + 0.30 = 0.40$$
$$p(x_3) = 0.05 + 0.10 = 0.15$$
$$p(x_4) = 0.05 + 0.10 = 0.15$$
$$p(x_5) = 0.05$$
$$p(y_1) = 0.25 + 0.10 = 0.35$$
$$p(y_2) = 0.30 + 0.05 = 0.35$$
$$p(y_3) = 0.10 + 0.05 + 0.05 = 0.20$$
$$p(y_4) = 0.10$$

$$p(x_1 \mid y_1) = \frac{0.25}{0.35} = \frac{5}{7}$$

$$p(y_1 \mid x_1) = \frac{0.25}{0.25} = 1$$

$$p(x_2 \mid y_2) = \frac{0.30}{0.35} = \frac{6}{7}$$

$$p(y_2 \mid x_2) = \frac{0.30}{0.40} = \frac{3}{4}$$

$$p(x_3 \mid y_3) = \frac{0.10}{0.20} = \frac{1}{2}$$

$$p(y_3 \mid x_3) = \frac{0.10}{0.15} = \frac{2}{3}$$

$$p(x_4 \mid y_4) = \frac{0.10}{0.10} = 1 \quad p(y_4 \mid x_4) = \frac{0.10}{0.10} = \frac{2}{3}$$

$$p(x_2 \mid y_1) = \frac{0.10}{0.35} = \frac{2}{7} \quad p(y_1 \mid x_2) = \frac{0.10}{0.40} = \frac{1}{4}$$

$$p(x_3 \mid y_2) = \frac{0.05}{0.35} = \frac{1}{7} \quad p(y_2 \mid x_3) = \frac{0.05}{0.15} = \frac{1}{3}$$

$$p(x_4 \mid y_3) = \frac{0.05}{0.20} = \frac{1}{4} \quad p(y_3 \mid x_4) = \frac{0.05}{0.15} = \frac{1}{3}$$

$$p(x_5 \mid y_3) = \frac{0.05}{0.20} = \frac{1}{4} \quad p(y_3 \mid x_5) = \frac{0.05}{0.05} = 1$$

$$H(XY) = -\sum_X \sum_Y p(x_i y_j)\log_2 p(x_i y_j) = -0.25\log_2 0.25 -$$
$$0.10\log_2 0.10 - 0.30\log_2 0.30 - 0.05\log_2 0.05 -$$
$$0.10\log_2 0.10 - 0.05\log_2 0.05 - 0.10\log_2 0.10 -$$
$$0.05\log_2 0.05 = 2.665$$

$$H(X) = -\sum_X \sum_Y p(x_i y_j) \log_2 p(x_i) = -0.25 \log_2 0.25 -$$
$$0.10 \log_2 0.40 - 0.30 \log_2 0.40 - 0.05 \log_2 0.15 -$$
$$0.10 \log_2 0.15 - 0.05 \log_2 0.15 - 0.10 \log_2 0.15 -$$
$$0.05 \log_2 0.05 = 2.066$$

$$H(Y) = -\sum_X \sum_Y p(x_i y_j) \log_2 p(y_j) = -0.25 \log_2 0.35 -$$
$$0.10 \log_2 0.35 - 0.30 \log_2 0.35 - 0.05 \log_2 0.35 -$$
$$0.10 \log_2 0.20 - 0.05 \log_2 0.20 - 0.10 \log_2 0.10$$
$$= 1.856$$

$$H(Y \mid X) = -\sum_X \sum_Y p(x_i y_j) \log_2 \frac{p(x_i y_j)}{p(x_i)} =$$
$$-0.10 \log_2 \frac{1}{4} - 0.30 \log_2 \frac{3}{4} - 0.05 \log_2 \frac{1}{3}$$
$$-0.10 \log_2 \frac{2}{3} - 0.05 \log_2 \frac{1}{3} - 0.10 \log_2 \frac{2}{3}$$
$$= 0.600$$

$$H(X \mid Y) = -\sum_X \sum_Y p(x_i y_j) \log_2 \frac{p(x_i y_j)}{p(y_j)} =$$
$$-0.25 \log_2 \frac{5}{7} - 0.10 \log_2 \frac{2}{7} - 0.30 \log_2 \frac{6}{7}$$
$$-0.05 \log_2 \frac{1}{7} - 0.10 \log_2 \frac{1}{2} - 0.05 \log_2 \frac{1}{4}$$
$$-0.05 \log_2 \frac{1}{4} = 0.809$$

此例中注意到

$$H(X, Y) < H(X) + H(Y)$$
$$H(X, Y) = H(Y) + H(X \mid Y) = H(X) + H(Y \mid X)$$

2.4　离散变量集的平均互信息量

2.4.1　平均互信息量

在 2.2 节中已经知道，"对两个离散随机事件集 X 和 Y，事件 y_j 的出现给出关于事件 x_i 的信息量定义为互信息量 $I(x_i; y_j)$"。但互信息量 $I(x_i; y_j)$ 只能定量地描述两个事件间相互提供的信息量，并且这个信息量 $I(x_i; y_j)$ 会随着 x_i 和 y_j 的变化而变化，是一个随机变量。若以离散随机事件集 X 和 Y 分别表示信源和信宿，则两者之间的统计依赖关系即信道输入和输出之间的统计依赖关系，实际上这描述了信道的特性，因此可以研究信道中信息的流通问题。$I(x_i; y_j)$ 虽然能定量地描述输入随机变量 X 发出某个具体消息 x_i，输出变量出现某一具体消息 y_j 时，流经信道的信息量，但不能从整体上作为信道中信息流通的测度。这样，定义互信息量 $I(x_i; y_j)$ 在联合概率空间 $P(XY)$ 中的统计平均值为平均互信息量，简称平均互信息，也称为平均交互信息量或交互熵，用 $I(X; Y)$ 表示。其表达式为

$$I(X;Y) = \sum_{i=1}^{n}\sum_{j=1}^{m} p(x_iy_j)I(x_i;y_j) = \sum_{i=1}^{n}\sum_{j=1}^{m} p(x_iy_j)\log_2 \frac{p(x_i/y_j)}{p(x_i)} \qquad (2.51a)$$

称 $I(X;Y)$ 为 Y 对 X 的平均互信息。同理，X 对 Y 的平均互信息定义为

$$I(Y;X) = \sum_{i=1}^{n}\sum_{j=1}^{m} p(x_iy_j)I(y_j;x_i) = \sum_{i=1}^{n}\sum_{j=1}^{m} p(x_iy_j)\log_2 \frac{p(y_j/x_i)}{p(y_j)} \qquad (2.51b)$$

考虑到关系式 $p(x_i/y_j)=\dfrac{p(x_iy_j)}{p(y_j)}$，由式（2.51a）可以推出

$$I(X;Y) = \sum_{i=1}^{n}\sum_{j=1}^{m} p(x_iy_j)\log_2 \frac{p(x_iy_j)}{p(x_i)p(y_j)} \qquad (2.51c)$$

平均互信息 $I(X;Y)$ 不再像 $I(x_i;y_j)$ 和 $I(y_j;x_i)$ 那样具有随机性，而是一个确定的量，因而可作为信道流通中信息量的整体测度。

2.4.2　平均互信息量与各类熵的关系

从定义出发，有

$$I(X;Y) = \sum_{i=1}^{n}\sum_{j=1}^{m} p(x_iy_j)I(x_i;y_j) = \sum_{i=1}^{n}\sum_{j=1}^{m} p(x_iy_j)\log_2 \frac{p(x_i/y_j)}{p(x_i)}$$

进一步变换得

$$I(X;Y) = \sum_{i=1}^{n}\sum_{j=1}^{m} p(x_iy_j)\log_2 \frac{1}{p(x_i)} - \sum_{i=1}^{n}\sum_{j=1}^{m} p(x_iy_j)\log_2 \frac{1}{p(x_i/y_j)}$$

又由于　　　　　$H(X/Y) = -\sum_{i=1}^{n}\sum_{j=1}^{m} p(x_iy_j)\log_2 p(x_i/y_j)$

得

$$I(X;Y) = H(X) - H(X/Y) \qquad (2.52a)$$

同理可得

$$I(Y;X) = H(Y) - H(Y/X) \qquad (2.52b)$$

经过简单推导，可得如下关系式

$$I(X;Y) = H(X) + H(Y) - H(XY) \qquad (2.53a)$$

$$I(X;Y) = H(XY) - H(Y/X) - H(X/Y) \qquad (2.53b)$$

可以根据需要将各种熵之间的基本关系用图形表示，以便于理解，如图 2.2 所示。

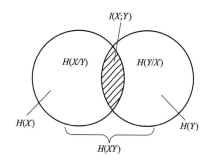

图 2.2　各种熵的关系表示

2.4.3　平均互信息量的性质

平均互信息具有以下基本性质。

1. 对称性

即　　　　　　　$I(X;Y) = I(Y;X) \qquad (2.54)$

证明：按照定义

$$I(X;Y) = \sum_{i=1}^{n}\sum_{j=1}^{m} p(x_iy_j)I(x_i;y_j)$$

$$I(Y;X) = \sum_{i=1}^{n}\sum_{j=1}^{m} p(x_iy_j)I(y_j;x_i)$$

由互信息的互易性知　　$I(x_i;y_j) = I(y_j;x_i)$

故　　　　　　　　　$I(X;Y) = I(Y;X)$

$I(X;Y)$ 表示从集 Y 获得的关于 X 的信息量，而 $I(Y;X)$ 表示从集 X 获得的关于 Y 的信息量。平均互信息量的对称性说明这两个信息量是相等的。如果把这个结论引用到通信

系统中，则说明平均互信息量是对信道两端的随机变量 X 和 Y 之间的信息流通的总体测度，只是观察者的立足点不同得到的两种不同的表达形式而已。

当 X 与 Y 相互独立时，无法从集 Y 中提取关于 X 的任何信息，反之亦然。此时

$$I(X;Y) = I(Y;X) = 0$$

能够传输的平均信息量为 0，成为全损信道，等效于信道中断的情况。

2. 非负性

$$I(X;Y) \geqslant 0$$

证明：按定义式有

$$-I(X;Y) = \sum_{i=1}^{n} \sum_{j=1}^{m} p(x_i y_j) \log_2 \frac{p(x_i)}{p(x_i \mid y_j)}$$

由不等式 $1 - \frac{1}{x} \leqslant \ln x \leqslant x - 1$，结合 $\log_2 x = \ln x \log_2 e$ 得

$$-I(X;Y) \leqslant \frac{\sum_{i=1}^{n} \sum_{j=1}^{m} p(x_i \mid y_j) p(y_j) \left[\frac{p(x_i)}{p(x_i \mid y_j)} - 1 \right]}{\log_e 2}$$

$$= \frac{\sum_{i=1}^{n} \sum_{j=1}^{m} p(x_i) p(y_j) - \sum_{i=1}^{n} \sum_{j=1}^{m} p(x_i \mid y_j) p(y_j)}{\log_e 2} = 0$$

即

$$I(X;Y) \geqslant 0 \tag{2.55}$$

当且仅当 X 与 Y 相互独立时，等号成立。

平均互信息量是从随机变量 X 和 Y 的整体角度出发，并在平均意义上考察问题，所以它不会出现负值。也就是说从整体和平均的意义上来说，从一个事件提取关于另一个事件的消息，最坏的情况是 0，不会由于知道了一个事件，反而使另一个事件的不确定度增加。从通信的角度说，信道每通过一条消息，总能传递一定的信息量。

3. 极值性

即

$$I(X;Y) \leqslant H(X) \tag{2.56a}$$

$$I(Y;X) \leqslant H(Y) \tag{2.56b}$$

平均互信息量的极值性说明从一个事件提取关于另一个事件的信息量，至多是另一个事件的熵，不会超过另一个事件自身所含的信息量。

当随机变量 X 和 Y 具有一一对应的关系，此时

$$p(x_i/y_j) = 1 \quad I(x_i;y_j) = I(x_i)$$

这表明：当后验概率 $p(x_i/y_j) = 1$（即收到输出符号 y_j，推测输入符号 x_i 的概率为 1 时），收到 y_j 即可确切无误地收到输入符号 x_i，消除对 x_i 的全部不确定度，从 y_j 中获取 x_i 本身含有的全部信息量，即 x_i 的自信息量 $I(x_i)$。此时已知 Y 就完全解除了关于 X 的不确定度，所获得的信息就是 X 的不确定度或熵。故

$$I(X;Y) = H(X)$$

一般情况下，由于

$$I(X;Y) = H(X) - H(X/Y)$$

而条件熵 $H(X/Y)$ 为非负，故式（2.56a）成立。即 Y 获得的关于 X 的信息量小于等

于 X 的不确定度。将 X 和 Y 互换，即可知式（2.56b）也成立。

4. 凸函数性

（1）当条件概率分布 $p(y_j|x_i)$ 给定时，平均互信息量 $I(X；Y)$ 是输入概率分布 $\{p(x_i), i=1, 2, \cdots, n\}$ 的上凸函数。

证明：设 $p_1(x_i)$ 和 $p_2(x_i)$ 是输入集 X 的两种概率分布，$p_1(x_i)$ 和 $p_2(x_i)$ 所对应的互信息分别为 $I[p_1(x_i)]$ 和 $I[p_2(x_i)]$。令 $0<\alpha<1$，有

$$I[\alpha p_1(x_i)+(1-\alpha)p_2(x_i)]-\alpha I[p_1(a_i)]-(1-\alpha)I[p_2(x_i)]$$

$$=\sum_{i=1}^{n}\sum_{j=1}^{m}[\alpha p_1(x_i)+(1-\alpha)p_2(x_i)]p(y_j|x_i)\log_2\frac{p(y_j|x_i)}{p(y_j)}$$

$$-\alpha\sum_{i=1}^{n}\sum_{j=1}^{m}p_1(x_i)p(y_j|x_i)\log_2\frac{p(y_j|x_i)}{p_1(y_j)}-(1-\alpha)\sum_{i=1}^{n}\sum_{j=1}^{m}p_2(x_i)p(y_j|x_i)\frac{p(y_j|x_i)}{p_2(y_j)}$$

$$=\alpha\sum_{i=1}^{n}\sum_{j=1}^{m}p_1(x_i)p(y_j|x_i)\log_2\frac{p(y_j|x_i)}{p(y_j)}+(1-\alpha)\sum_{i=1}^{n}\sum_{j=1}^{m}p_2(x_i)p(y_j|x_i)\log_2\frac{p(y_j|x_i)}{p(y_j)}$$

$$-\alpha\sum_{i=1}^{n}\sum_{j=1}^{m}p_1(x_i)p(y_j|x_i)\log_2\frac{p(y_j|x_i)}{p_1(y_j)}-(1-\alpha)\sum_{i=1}^{n}\sum_{j=1}^{m}p_2(x_i)p(y_j|x_i)\log_2\frac{p(y_j|x_i)}{p_2(y_j)}$$

$$=\alpha\sum_{i=1}^{n}\sum_{j=1}^{m}p_1(x_i)p(y_j|x_i)\log_2\frac{p_1(y_j)}{p(y_j)}+(1-\alpha)\sum_{i=1}^{n}\sum_{j=1}^{m}p_2(x_i)p(y_j|x_i)\log_2\frac{p_2(y_j)}{p(y_j)}$$

$$=-\left[\alpha\sum_{i=1}^{n}\sum_{j=1}^{m}p_1(x_i)p(y_j|x_i)\log_2\frac{p(y_j)}{p_1(y_j)}+(1-\alpha)\sum_{i=1}^{n}\sum_{j=1}^{m}p_2(x_i)p(y_j|x_i)\log_2\frac{p(y_j)}{p_2(y_j)}\right]$$

$$\geqslant-\alpha\log_2\left[\sum_{i=1}^{n}\sum_{j=1}^{m}p_1(x_i)p(y_j|x_i)\frac{p(y_j)}{p_1(y_j)}\right]-(1-\alpha)\log_2\left[\sum_{i=1}^{n}\sum_{j=1}^{m}p_2(x_i)p(y_j|x_i)\frac{p(y_j)}{p_2(y_j)}\right]$$

$$=-\alpha\log_2\left[\sum_{j=1}^{m}p_1(y_j)\frac{p(y_j)}{p_1(y_j)}\right]-(1-\alpha)\log_2\left[\sum_{j=1}^{m}p_2(y_j)\frac{p(y_j)}{p_2(y_j)}\right]$$

$$=-\alpha\log_2 1-(1-\alpha)\log_2 1$$

$$=0$$

即　　　$I[\alpha p_1(x_i)+(1-\alpha)p_2(x_i)]-\alpha I[p_1(x_i)]-(1-\alpha)I[p_2(x_i)]\geqslant 0$

所以　　　$I[\alpha p_1(x_i)+(1-\alpha)p_2(x_i)]\geqslant\alpha I[p_1(x_i)]-(1-\alpha)I[p_2(x_i)]$

由此可以发现，对于任一固定 $p(y_j|x_i)$，一定对应一种输入概率分布使得输出端 Y 获得的信息量最大。

（2）当随机变量 X 的概率分布给定时，平均互信息量 $I(X；Y)$ 是条件概率分布 $\{p(y_j|x_i), i=1, 2, \cdots, n; j=1, 2, \cdots, m\}$ 的下凸函数。

证明：设 $p_1(y_j|x_i)$ 和 $p_2(y_j|x_i)$ 是两个任意的条件概率分布，当输入概率分布 $p(x_i)$ 固定，令 $0<\alpha<1$，则有

$$I[\alpha p_1(y_j|x_i)+(1-\alpha)p_2(y_j|x_i)]-\alpha I[p_1(y_j|x_i)]-(1-\alpha)I[p_2(y_j|x_i)]$$

$$=\sum_{i=1}^{n}\sum_{j=1}^{m}p(x_i)[\alpha p_1(y_j|x_i)+(1-\alpha)p_2(y_j|x_i)]\log_2\frac{p(y_j|x_i)}{p(y_j)}$$

$$-\alpha\sum_{i=1}^{n}\sum_{j=1}^{m}p(x_i)p_1(y_j|x_i)\log_2\frac{p_1(y_j|x_i)}{p_1(y_j)}-(1-\alpha)\sum_{i=1}^{n}\sum_{j=1}^{m}p(x_i)p_2(y_j|x_i)\log_2\frac{p_2(y_j|x_i)}{p_2(y_j)}$$

$$= \alpha \sum_{i=1}^{n} \sum_{j=1}^{m} p(x_i) p_1(y_j \mid x_i) \log_2 \frac{p(y_j \mid x_i)}{p(y_j)} + (1-\alpha) \sum_{i=1}^{n} \sum_{j=1}^{m} p(x_i) p_2(y_j \mid x_i) \log_2 \frac{p(y_j \mid x_i)}{p(y_j)}$$

$$- \alpha \sum_{i=1}^{n} \sum_{j=1}^{m} p(x_i) p_1(y_j \mid x_i) \log_2 \frac{p_1(y_j \mid x_i)}{p_1(y_j)} - (1-\alpha) \sum_{i=1}^{n} \sum_{j=1}^{m} p(x_i) p_2(y_j \mid x_i) \log_2 \frac{p_2(y_j \mid x_i)}{p_2(y_j)}$$

$$= \alpha \sum_{i=1}^{n} \sum_{j=1}^{m} p(x_i) p_1(y_j \mid x_i) \log_2 \frac{p(y_j \mid x_i) p_1(y_j)}{p_1(y_j \mid x_i) p(y_j)}$$

$$+ (1-\alpha) \sum_{i=1}^{n} \sum_{j=1}^{m} p(x_i) p_2(y_j \mid x_i) \log_2 \frac{p(y_j \mid x_i) p_2(y_j)}{p_2(y_j \mid x_i) p(y_j)}$$

$$\leqslant \alpha \log_2 \left[\sum_{i=1}^{n} \sum_{j=1}^{m} p(x_i) p_1(y_j \mid x_i) \frac{p(y_j \mid x_i) p_1(y_j)}{p_1(y_j \mid x_i) p(y_j)} \right]$$

$$+ (1-\alpha) \log_2 \left[\sum_{i=1}^{n} \sum_{j=1}^{m} p(x_i) p_2(y_j \mid x_i) \frac{p(y_j \mid x_i) p_2(y_j)}{p_2(y_j \mid x_i) p(y_j)} \right]$$

$$= \alpha \log_2 \left[\sum_{i=1}^{n} \sum_{j=1}^{m} p_1(y_j) \frac{p(x_i) p(y_j \mid x_i)}{p(y_j)} \right] + (1-\alpha) \log_2 \left[\sum_{i=1}^{n} \sum_{j=1}^{m} p_2(y_j) \frac{p(x_i) p(y_j \mid x_i)}{p(y_j)} \right]$$

$$= \alpha \log_2 \left[\sum_{i=1}^{n} \sum_{j=1}^{m} p_1(y_j) p(y_j \mid x_i) \right] + (1-\alpha) \log_2 \left[\sum_{i=1}^{n} \sum_{j=1}^{m} p_2(y_j) p(y_j \mid x_i) \right]$$

$$= \alpha \log_2 \left[\sum_{j=1}^{m} p_1(y_j) \right] + (1-\alpha) \log_2 \left[\sum_{j=1}^{m} p_2(y_j) \right]$$

$$= 0$$

即　　$I[\alpha p_1(y_j \mid x_i) + (1-\alpha) p_2(y_j \mid x_i)] - \alpha I[p_1(y_j \mid x_i)] - (1-\alpha) I[p_2(y_j \mid x_i)] \leqslant 0$

所以 $I[\alpha p_1(y_j \mid x_i) + (1-\alpha) p_2(y_j \mid x_i)] \leqslant \alpha I[p_1(y_j \mid x_i)] + (1-\alpha) I[p_2(y_j \mid x_i)]$,

这说明对于任一固定 $p(x_i)$, 一定存在一种条件概率分布 $p(y_j \mid x_i)$, 使得输出端获得的信息量最小。

2.4.4　平均互信息量的物理意义

式 (2.51a)、式 (2.51b) 和式 (2.51c) 给出了平均互信息的三种不同形式的表达式, 下面将从三种不同的角度出发, 阐明平均互信息的物理意义。

(1) 由式 (2.51a) 有

$$I(X; Y) = \sum_{i=1}^{n} \sum_{j=1}^{m} p(x_i y_j) \log_2 \frac{p(x_i / y_j)}{p(x_i)}$$

$$= \sum_{i=1}^{n} \sum_{j=1}^{m} p(x_i y_j) \log_2 \frac{1}{p(x_i)} - \sum_{i=1}^{n} \sum_{j=1}^{m} p(x_i y_j) \log_2 \frac{1}{p(x_i / y_j)} \qquad (2.57a)$$

$$= H(X) - H(X/Y)$$

其中条件熵

$$H(X/Y) = - \sum_{i=1}^{n} \sum_{j=1}^{m} p(x_i y_j) \log_2 p(x_i / y_j)$$

表示收到随机变量 Y 后, 对随机变量 X 仍然存在的不确定度, 这是 Y 关于 X 的后验不定度, 通常称它为信道疑义度, 或简称疑义度。相应地称 $H(X)$ 为 X 的先验不定度。由于 $H(X/Y)$

信息理论与编码

又代表了在信道中损失的信息,有时还称它为损失熵。

式(2.57a)说明,Y 对 X 的平均互信息是对 Y 一无所知的情况下,X 的先验不定度与收到 Y 后关于 X 的后验不定度之差,即收到 Y 前、后关于 X 的不确定度减少的量,也就是从 Y 获得的关于 X 的平均信息量。

(2) 由式(2.51b)有

$$I(Y;X) = \sum_{i=1}^{n}\sum_{j=1}^{m} p(x_iy_j)\log_2 \frac{p(y_j/x_i)}{p(y_j)}$$
$$= \sum_{i=1}^{n}\sum_{j=1}^{m} p(x_iy_j)\log_2 \frac{1}{p(y_j)} - \sum_{i=1}^{n}\sum_{j=1}^{m} p(x_iy_j)\log_2 \frac{1}{p(y_j/x_i)}$$
$$= H(Y) - H(Y/X) \tag{2.57b}$$

其中条件熵

$$H(Y/X) = -\sum_{i=1}^{n}\sum_{j=1}^{m} p(x_iy_j)\log_2 p(y_j/x_i)$$

表示发出随机变量 X 后,对随机变量 Y 仍然存在的平均不确定度。如果信道中不存在任何噪声,发送端和接收端必存在确定的对应关系,发出 X 后必能确定对应的 Y,而现在不能完全确定对应的 Y,这显然是由信道噪声所引起的,因此,条件熵 $H(Y/X)$ 常被称为噪声熵。

式(2.57b)说明,X 对 Y 的平均互信息量 $I(Y;X)$,等于 Y 的先验不定度 $H(Y)$,与发出 X 后关于 Y 的后验不定度 $H(Y/X)$ 之差,即发 X 前、后关于 Y 的不确定度减少的量。

(3) 由式(2.51c)有

$$I(X;Y) = \sum_{i=1}^{n}\sum_{j=1}^{m} p(x_iy_j)\log_2 \frac{p(x_iy_j)}{p(x_i)p(y_j)}$$
$$= \sum_{i=1}^{n}\sum_{j=1}^{m} p(x_iy_j)\log_2 \frac{1}{p(x_i)} + \sum_{i=1}^{n}\sum_{j=1}^{m} p(x_iy_j)\log_2 \frac{1}{p(y_j)}$$
$$- \sum_{i=1}^{n}\sum_{j=1}^{m} p(x_iy_j)\log_2 \frac{1}{p(x_iy_j)} \tag{2.57c}$$
$$= H(X) + H(Y) - H(XY)$$

其中联合熵 $H(XY)$ 表示输入随机变量 X,经信道传输到达信宿,输出随机变量 Y,即收、发双方通信后,整个系统仍然存在的不确定度。如果在通信前,我们把 X 和 Y 看成是两个相互独立的随机变量,那么通信前,整个系统的先验不定度即 X 和 Y 的联合熵等于 $H(X)+H(Y)$;通信后,把信道两端出现 X 和 Y 看成是由信道的传递统计特性联系起来的、具有一定统计关联关系的两个随机变量,这时整个系统的后验不定度由 $H(XY)$ 描述。

式(2.57c)说明信道两端随机变量 X、Y 之间的平均互信息量等于通信前、后整个系统不确定度减少的量。

以上从三种不同的角度说明从一个事件获得另一个事件的平均互信息需要消除不确定度,一旦消除了不确定度,就获得了信息,这就是所谓"信息就是负熵"的概念。

【例2.10】 二进制通信系统发出符号"0"和"1",由于存在失真,传输时会产生误码,用符号表示下列事件:x_0——一个"0"发出;x_1——一个"1"发出;y_0——一个"0"收到;y_1——一个"1"收到。给定下列概率

$$p(x_0) = 1/2, \; p(y_0/x_0) = 3/4, \; p(y_0/x_1) = 1/2$$

求：（1）已知发出的符号，收到符号后能得到的信息量。

（2）知道发出和收到的符号能得到的信息量。

（3）已知收到的符号，被告知发出的符号得到的信息量。

解 （1）题目要求在已知输入符号的条件下，确定输出符号后得到的信息量，即在已知输入符号的条件下，输出符号所具有的不确定度，也就是条件熵 $H(Y/X)$，则有

$$H(Y/X) = -\sum_{j=0}^{1}\sum_{i=0}^{1} p(x_iy_j)\log_2 p(y_j/x_i)$$

而 $p(x_0y_0) = p(x_0)p(y_0/x_0) = 3/8$，$p(x_0y_1) = 1/8$，$p(x_1y_0) = 1/4$，$p(x_1y_1) = 1/4$，代入得

$$H(Y/X) = 0.91 \text{ (bit/ 符号)}$$

（2）题目要求的是当知道发出和收到的符号后，能得到多少信息量，也就是要知道在未知发出和收到的符号的时候所具有的不确定度，即联合熵 $H(XY)$。

解法 1　$H(XY) = -\sum_{i=0}^{1}\sum_{j=0}^{1} p(x_iy_j)\log_2 p(x_iy_j) = 1.91 \text{ (bit/ 符号)}$

解法 2　$H(XY) = H(X) + H(Y/X) = 1 + 0.91 = 1.91 \text{ (bit/ 符号)}$

（3）题目要求求出在已知收到的符号的前提下，得知发出的符号时得到的信息量，即在已知收到的符号的条件下，对发出符号所具有的不确定度，即条件熵 $H(X/Y)$。

解法 1

$$H(X/Y) = H(XY) - H(Y)$$
$$H(Y) = p(y_0)I(y_0) + p(y_1)I(y_1)$$
$$p(y_0) = p(x_0y_0) + p(x_1y_0) = 3/8 + 1/4 = 5/8$$
$$p(y_1) = p(x_0y_1) + p(x_1y_1) = 1/8 + 1/4 = 3/8$$
$$H(Y) = \frac{5}{8}\log_2\frac{8}{5} + \frac{3}{8}\log_2\frac{8}{3} = 0.96 \text{ (bit/ 符号)}$$
$$H(X/Y) = H(XY) - H(Y) = 1.91 - 0.96 = 0.96 \text{ (bit/ 符号)}$$

解法 2

$$H(X/Y) = -\sum_{i=0}^{1}\sum_{j=0}^{1} p(x_iy_j)\log_2 p(x_i/y_j)$$

$$p\left(\frac{x_0}{y_0}\right) = \frac{p(x_0y_0)}{p(y_0)} = \frac{\frac{3}{8}}{\frac{5}{8}} = \frac{3}{5}, \quad p\left(\frac{x_0}{y_1}\right) = \frac{p(x_0y_1)}{p(y_1)} = \frac{\frac{1}{8}}{\frac{3}{8}} = \frac{1}{3}$$

$$p\left(\frac{x_1}{y_0}\right) = \frac{p(x_1y_0)}{p(y_0)} = \frac{1/4}{5/8} = \frac{2}{5}, \quad p\left(\frac{x_1}{y_1}\right) = \frac{p(x_1y_1)}{p(y_1)} = \frac{1/4}{3/8} = \frac{2}{3}$$

$$H(X/Y) = -\sum_{i=0}^{1}\sum_{j=0}^{1} p(x_iy_j)\log_2 p\left(\frac{x_i}{y_j}\right) = 0.95 \text{ (bit/ 符号)}$$

2.5　连续随机变量的信息度量

2.5.1　连续随机变量的熵

在前面的章节中，讨论了离散随机变量的信息测度问题，这一节，把前面定义的信息量

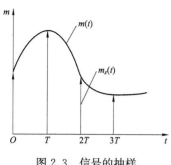

图 2.3　信号的抽样

推广到连续随机变量中。在通信中，语音、图像未数字化以前均属于连续信号。连续信号经过抽样、量化后就变成了离散信号，抽样过程如图 2.3 所示。连续随机变量可以认为是离散随机变量的极限情况。

描述连续随机变量 X 和 Y 的统计特征的是边沿概率密度函数 $p(x)$ 和 $p(y)$，以及联合概率密度函数 $p(xy)$。它们之间的关系是

$$p(xy) = p(x)p(y/x)$$
$$p(x) = \int_{-\infty}^{\infty} p(xy)\mathrm{d}y$$
$$p(y) = \int_{-\infty}^{\infty} p(xy)\mathrm{d}x$$

其中 $p(y/x)$ 为条件概率密度函数。

信号样值在某取值区间 $\Delta x_i = (x_{i+1} - x_i)$ 发生的概率可用积分表示。设概率密度函数为 $p(x)$，样值在 $\Delta x_i = (x_{i+1} - x_i)$ 内发生的概率为

$$p_i = \int_{x_i}^{x_{i+1}} p(x)\mathrm{d}x$$

采用离散随机变量研究方法，设在 Δx_i 内的概率密度函数都近似相等为 $p(x_i)$，则样值位于 Δx_i 内的概率可直接写为

$$p_i = p(x_i)\Delta x_i$$

于是事件 $x_i < x \leqslant x_{i+1}$ 的自信息量为

$$-\log p(x_i)\Delta x_i$$

其平均自信息量为

$$H(X) = -\sum_i [p(x_i)\Delta x_i]\log_2[p(x_i)\Delta x_i]$$
$$= -\sum_i p(x_i)[\log_2 p(x_i)]\Delta x_i - \sum_i p(x_i)[\log_2 \Delta x_i]\Delta x_i \quad (2.58)$$

当 $\Delta x_i \to 0$ 时，此极限值就非常逼近连续随机变量。但同时第二项也趋向于无穷大。将式（2.58）定义的熵称为绝对熵。其第一项，当 $\Delta x_i \to 0$，可用 $\mathrm{d}x$ 表示 Δx_i，将求和改为积分，用 $H_C(X)$ 表示该项，则有

$$H_C(X) = -\int_{-\infty}^{+\infty} p(x)\log_2 p(x)\mathrm{d}x \quad (2.59)$$

此项称之为微分熵。又由于它是绝对熵和一个无穷项的差值，因此也称为差熵或相对熵。实际中我们更关心两熵之间的差值，而且在比较两个事件的信息量的大小时，无穷大项会被抵消掉，所以我们定义微分熵为连续随机变量的熵。同样的，我们也可以定义连续集的联合熵和条件熵。对联合集 XY，定义联合熵为

$$H_C(XY) = -\iint_{\mathrm{R}} p(xy)\log_2 p(xy)\mathrm{d}x\mathrm{d}y \quad (2.60)$$

条件熵为

$$H_C(Y/X) = -\iint_{\mathrm{R}} p(xy)\log_2 p(y/x)\mathrm{d}x\mathrm{d}y \quad (2.61)$$

$$H_C(X/Y) = -\iint_R p(xy)\log_2 p(x/y)\mathrm{d}x\mathrm{d}y \tag{2.62}$$

式中：$p(x)$ 和 $p(y)$ 分别为连续随机变量 X 和 Y 的概率密度函数；$p(x/y)$ 和 $p(y/x)$ 分别为条件概率密度函数；$p(xy)$ 为联合概率密度函数。

2.5.2　连续随机变量熵的性质

微分熵 $H_C(X)$ 是一个过渡性的概念，在形式上它和离散随机变量的信息熵具有一致性，但它失去了离散熵的部分含义和性质。它不具有信息的全部特征。主要性质如下。

1. 微分熵具有相对性

微分熵在表示两熵之差时才具有信息的全部特征，它本身是绝对熵与一个无穷大量的差值，因为对所有的连续随机变量绝对熵的运算中都含有这个固定的无穷大值，因此作为差值的微分熵可以相对地代表熵 $H(X)$ 的意义。就微分熵本身而言，它不能度量集合中事件出现的不确定性。这就是说，在离散情况中，信源输出的信息量就是信息熵，两者是一个概念；但是在连续情况中则是两个概念，且不相等。

2. 微分熵不具有非负性

微分熵是两个正值之差，并且它本身略去了一个无穷大的正值，因此，它不具有非负性，可以为正，也可以为负，或者为 0。

3. 可加性

$$H_C(XY) = H_C(X) + H_C(Y/X) = H_C(Y) + H_C(X/Y) \tag{2.63}$$

这一点和离散集的情况也是相同的。可加性可以推广到 N 个变量的情况。即

$$H_C(X_1X_2\cdots X_N) = H(X_1) + H(X_2/X_1) + H(X_3/X_1X_2) + \cdots + H(X_N/X_1X_2\cdots X_{N-1}) \tag{2.64}$$

4. 凸状性和极值性

微分熵 $H_C(X)$ 是输入概率密度函数 $p(x)$ 的上凸函数。所以，对于某一概率密度函数，可以得到微分熵的最大值。

2.5.3　连续随机变量的互信息量

由前面的叙述可知，样值位于 Δx_i 内的概率可直接写为 $p_i = p(x_i)\Delta x_i$，为简单起见，这里直接写为 $p = p(x)\Delta x$，也可以仿照离散随机变量，写出其互信息。

定义 2.6　连续随机变量集 XY，事件 x，$p(x)\geqslant 0$ 和事件 y，$p(y)\geqslant 0$ 之间的互信息定义为

$$
\begin{aligned}
I(x;y) &= \lim_{\substack{\Delta x\to 0\\ \Delta y\to 0}}\log\frac{p(x/y)\Delta x}{p(x)\Delta x}\\
&= \lim_{\substack{\Delta x\to 0\\ \Delta y\to 0}}\log\frac{p(x/y)p(y)\Delta x\Delta y}{p(x)\Delta x p(y)\Delta y}\\
&= \log\frac{p(xy)}{p(x)p(y)}
\end{aligned} \tag{2.65}
$$

很显然，这里的定义和离散情况下的定义所不同的只是用概率密度函数代替了离散集情况下的概率函数。

定义 2.7　连续随机变量集合 X 和 Y 之间的平均互信息为

$$I(X;Y) = \iint_{-\infty}^{\infty} p(xy)\log\frac{p(xy)}{p(x)p(y)}\mathrm{d}x\mathrm{d}y \tag{2.66}$$

可以看出，连续随机变量定义的平均互信息和离散集的情况是一样的，所不同的只是将离散情况下的概率函数换成概率密度函数，求和变成了积分。

在实际问题中，常常讨论的是熵之间的差值。在讨论熵差时，只要两者离散逼近时所取的间隔一致，无限大项常数将互相抵消掉，而由离散随机变量的分析可知，平均互信息可以由两熵之差表示，因此平均互信息的定义也可以从离散随机变量直接推广到连续随机变量。

$$I(X, Y) = H_C(X) - H_C(X/Y)$$
$$= H_C(Y) - H_C(Y/X) \tag{2.67}$$

可见，由于连续随机变量是取决于熵的差值，所以它的互信息与离散随机变量的互信息一样，仍具有信息的一切特征。

连续随机变量的互信息具有下列性质。

（1）非负性：$I(X；Y) \geqslant 0$。

（2）对称性：$I(X；Y) = I(Y；X)$。

连续随机变量的平均互信息，其物理解释也和离散情况下的基本相同，仍然代表了两个集之间互相所能提供的信息量，对此后面的章节将进行更深入的讨论。

 习　　题

2.1　设有 12 枚同值硬币，其中有一枚为假币。只知道假币的重量与真币的重量不同，但不知究竟是重还是轻。现用比较天平左右两边轻重的方法来测量（因无砝码）。为了在天平上称出哪一枚是假币，试问至少必须称多少次？

2.2　同时扔一对均匀的骰子，当得知"两骰子面朝上点数之和为 2"或"面朝上点数之和为 8"或"两骰子面朝上点数是 3 和 4"时，试问这三种情况分别获得多少信息量？

2.3　如果你在不知道今天是星期几的情况下问你的朋友"明天是星期几？"则答案中含有多少信息量？如果你在已知今天是星期四的情况下提出同样的问题，则答案中你能获得多少信息量（假设已知星期一至星期日的排序）？

2.4　居住某地区的女孩中有 25％是大学生，在女大学生中有 75％是身高 1.6m 以上的，而女孩中身高 1.6m 以上的占总数一半。假如我们得知"身高 1.6m 以上的某女孩是大学生"的消息，问获得多少信息量？

2.5　一副充分洗乱了的牌（含 52 张牌），试问：

（1）任一特定排列所给出的信息量是多少？

（2）若从中抽取 13 张牌，所给出的点数都不相同时得到多少信息量？

2.6　如有 6 行 8 列的模型方格，若有两个质点 A 和 B，分别以等概率落入任一方格内，且它们的坐标分别为 (X_A, Y_A)，(X_B, Y_B)，但 A、B 不能落入同一方格内。

（1）若仅有质点 A，求 A 落入任一个格的平均自信息量是多少？

（2）若已知 A 已落入，求 B 落入的平均自信息量。

（3）若 A，B 是可分辨的，求 A、B 同都落入的平均自信息量。

2.7　从大量统计资料知道，男性中红绿色盲的发病率为 7％，女性发病率为 0.5％，如果你问一位男同志："你是否是红绿色盲？"他的回答可能是"是"，也可能是"否"，问这两个回答中各含有多少信息量？平均每个回答中含有多少信息量？如果你问一位女同志，则答

案中含有的平均自信息量是多少?

2.8 设信源 $\begin{bmatrix} X \\ P(x) \end{bmatrix} = \begin{bmatrix} a_1, & a_2, & a_3, & a_4, & a_5, & a_6 \\ 0.2, & 0.19, & 0.18, & 0.17, & 0.16, & 0.17 \end{bmatrix}$ 求这信源的熵,并解释为什么 $H(X) > \log 6$,不满足信源熵的极值性。

2.9 设离散无记忆信源 S 其符号集 $A = \{a_1, a_2, \cdots, a_q\}$,知其相应的概率分布为 $(p_1, p_2, \cdots, p_q)$。设另一离散无记忆信源 S',其符号集为 S 信源符号集的 2 倍,$A' = \{a_1\} i = 1, 2, \cdots, 2q$,并且各符号的概率分布满足

$$P'_i = (1 - \varepsilon)P_i \quad (i = 1, 2, \cdots, q)$$
$$P'_i = \varepsilon P_{i-q}, \quad (i = q+1, q+2, \cdots, 2q)$$

试写出信源 S' 的信源熵与信源 S 的信息熵的关系。

2.10 设有一概率空间,其概率分布为 $(p_1, p_2, \cdots, p_q)$,并有 $p_1 > p_2$。若取 $p'_1 = p_1 - \varepsilon'$ $p'_2 = p_2 + \varepsilon$,其中 $0 < 2\varepsilon \leqslant p_1 - p_2$,而其他概率值不变。试证明由此所得新的概率空间的熵是增加的,并用熵的物理意义作以解释。

2.11 试证明:若 $\sum_{i=1}^{l} p_i = 1$,$\sum_{j=1}^{m} p_j = i$,则 $H(p_1, p_2, \cdots, p_{l-1}, q_1, q_2, \cdots, q_m) = H(p_1, p_2, \cdots, p_l) + p_l H\left(\dfrac{q_1}{p_l}, \dfrac{q_2}{p_l}, \cdots, \dfrac{q_m}{p_l}\right)$,并说明等式的物理意义。

2.12 (1) 为了使电视图像获得良好的清晰度和规定的适当的对比度,需要用 5×10^3 个像素和 10 个不同亮度电平,求传递此图像所需的信息率(bit/s)。并设每秒要传送 30 帧图像,所有像素是独立变化的,且所有亮度电平等概率出现。

(2) 设某彩电系统,除了满足对于黑白电视系统的上述要求外,还必须有 30 个不同的色彩度,试证明传输这彩色系统的信息率要比黑白系统的信息率约大 2.5 倍。

2.13 每帧电视图像可以认为是由 3×10^5 个像素组成,所以像素均是独立变化,且每一像素又取 128 个不同的亮度电平,并设亮度电平等概率出现。问每帧图像含有多少信息量?若现有一广播员在约 10000 个汉字的字汇中选 1000 个字来口述此电视图像,试问广播员描述此图像所广播的信息量是多少(假设汉字字汇是等概率分布,并彼此无依赖)?若要恰当地描述此图像,广播员在口述中至少需用多少汉字?

2.14 为了传输一个由字母 A、B、C、D 组成的符号集,把每个字母编码成两个二元码脉冲序列,以 00 代表 A,01 代表 B,1 代表 C,11 代表 D。每个二元码脉冲宽度为 5ms。

(1) 不同字母等概率出现时,计算传输的平均信息速率?

(2) 若每个字母出现的概率分别为 $p_A = \dfrac{1}{5}$,$p_B = \dfrac{1}{4}$,$p_C = \dfrac{1}{4}$,$p_D = \dfrac{3}{10}$,试计算传输的平均信息速率?

2.15 有两个离散随机变量 X 和 Y,其和为 $Z = X + Y$(一般加法),若 X 和 Y 相互对立,求证:$H(X) \leqslant H(Z)$,$H(Y) \leqslant H(Z)$。

2.16 给定语声样值 X 的概率密度为 $p(x) = \dfrac{1}{2}\lambda e^{-\lambda/x}$,$-\infty < x < \infty$,求 $H_c(X)$,并证明它小于同样方差的正态变量的连续熵。

2.17 联系变量 X 和 Y 的联合概率密度为 $p(x, y) = \begin{cases} \dfrac{1}{\pi r^2} & x^2 + y^2 \leqslant r^2 \\ 0 & \text{other} \end{cases}$,求 $H(x)$,

$H(Y)$，$H(XY)$ 和 $I(X：Y)$。$\left(\text{提示：}\int_0^{\frac{\pi}{2}} \log_2 \sin x \mathrm{d}x = -\frac{\pi}{2}\log_2 2\right)$

2.18　设有一连续随机变量，其概率密度函数为

$$p(x) = \begin{cases} \mathrm{b}x^2, & 0 \leqslant x \leqslant a \\ 0, & \text{other} \end{cases}$$

试求：(1) 信源 X 的熵 $H_C(X)$。

(2) $Y = X + A(A > 0)$ 的熵 $H_C(Y)$。

(3) $Y = 2X$ 的熵 $H_C(Y)$。

3　离散信源及其度量

本章重点

（1）离散信源的描述与分类。

（2）离散无记忆信源及其扩展信源的信息度量。

（3）离散平稳信源的信息度量。

（4）马尔科夫信源。

（5）信源的相关性和剩余度。

通信系统的任务就是在接收端精确或近似地再现信源的输出，如果没有信源的数学模型和定量的信息度量方法，人们就很难对通信系统实现定量的研究。上一章我们已经讨论了信息的度量方法，本章将主要分析离散信源及其统计特性，建立其数学模型，并讨论离散信源的信息度量方法。

3.1　离散信源的描述与分类

信源是产生含有信息的消息来源，它可以是人、生物、机器或其他事物。信源产生的消息是多种多样的，如打电话，说话人就是信源，语音就是消息。实际通信中常见的信源消息有语音、文字、图像、数据等。信源输出的消息具有不确定性，因此其最基本的特性是统计不确定性，所以可以用随机变量或随机矢量来描述信源输出的消息。

信源的分类方法依据其发出消息的性质而定。按照信源发出的消息在时间上和幅度上的分布情况对信源进行的分类，可分为离散信源和连续信源。发出的消息在时间上和幅度上都是离散分布的信源，如投硬币的结果、书信、文稿、电报、计算输出的代码等，此类信源称为离散信源。这些信源可能输出的消息数是有限的或无限可列的，并且输出的消息在时间和幅值上均是离散的。另一类输出连续消息的信源称为连续信源，可用随机过程来描述。本章先讨论离散信源，连续信源将在后续章节进行讨论。

1.　单符号离散信源和多维离散信源

按照信源每次输出随机变量的个数可分为单符号离散信源和多维离散信源。

（1）单符号离散信源。若信源每次只输出符号集中的一个符号代表一条消息，则称之为单符号离散信源。可以用离散随机变量及其概率空间来描述此类信源。

（2）多维离散信源。若离散信源输出的每一条消息都是由一组含两个及其以上符号的符号序列所组成的，称为多维离散信源。这里我们假设是由 N 个符号组成符号序列，N 为有限正整数或可数无限值。多维信源可以用随机矢量及其概率空间来描述。

2.　离散无记忆信源和离散有记忆信源

按照信源输出的符号之间有无关联性可分为离散无记忆信源和离散有记忆信源。

（1）离散无记忆信源。若离散信源所发出的各个符号之间是相互统计独立的，即发出的符号序列中的各个符号之间没有统计关联性，各个符号的出现概率是它自身的先验概率，则称为离散无记忆信源。

（2）离散有记忆信源。若离散信源发出的各个符号之间不是相互统计独立的，各个符号出现的概率是有关联的，称为离散有记忆信源。也就是说信源当前输出符号的概率与前面的输出符号有关，我们可以用联合概率或者条件概率来描述这种相互关联性。实际问题中的信源往往是有记忆的。例如，汉语文章中，受到语法和修辞方面的制约，前后字、词的出现是有关联的，英文中前后字母的出现也是互相依存的。

描述有记忆信源要比描述无记忆信源困难得多。实际上信源发出的符号只与前面若干个符号的依赖关系较强，而与更前面发出的符号依赖关系较弱。也或者说，某一个符号出现的概率只与前面一个或有限个符号有关，而不依赖更前面的那些符号，符号之间是有限记忆长度，这样的信源称为有限记忆信源。实际信源的相关性随符号间隔的增大而减弱，为此我们在分析时可以限制随机序列的记忆长度。有限记忆信源最接近实际信源特性，因此可以用有限记忆信源来近似表示实际信源。

有限记忆信源可以用有限状态马尔科夫链来描述，此信源也称为马尔科夫信源。当信源的记忆长度为 $m+1$ 时，也就是说信源每次发出的符号只和前面的 m 个符号有关，而和更前面的符号无关，这样的信源称为 m 阶马尔科夫信源，m 称为记忆阶数。马尔科夫信源模型非常接近实际信源，因此它是有记忆信源的代表模型。

3. 平稳信源和非平稳信源

按照信源的统计特性是否是时变的，可分为平稳信源和非平稳信源。

平稳信源发出的符号序列的概率分布与时间起点无关，也即平稳信源发出的符号序列的概率分布可以平移，不满足此条件的则称为非平稳信源。关于平稳信源的确切定义将在后续的章节进行讨论。

3.2　离散无记忆信源

上节中对信源的分类是从不同角度出发，为了讨论问题的方便进行的，实际上可以把这些分类结合起来，就有了多种形式的信源。这一节我们先来讨论最简单最基本的信源——离散无记忆信源。对信息接收者而言，信源在某一时刻将发出什么样的消息是不确定的，因此，可用随机变量或随机矢量来描述信源输出的消息。在第 2 章中，对一般的随机变量定义了概率空间，如果将随机变量特定为信源的变量，则可以用概率空间来表征信源。离散信源的数学模型就是离散型的概率空间。

3.2.1　离散无记忆信源的数学模型

定义 3.1　若信源 X 发出 n 个不同的符号 $\{x_1, x_2, \cdots, x_n\}$，分别代表 n 种不同的消息，发出各个符号的概率分别是 $p(x_1)$，$p(x_2)$，$\cdots$，$p(x_n)$ 这些符号间彼此互不相关，且满足

$$p(x_i) \geqslant 0 \quad (i = 1, 2, \cdots, n)$$

$$\sum_{i=1}^{n} p(x_i) = 1$$

称这种信源为离散无记忆信源。

离散无记忆信源是最简单也是最基本的一类信源，可以用完备的离散型概率空间来描述，其数学模型可表示为

$$\begin{bmatrix} X \\ P(X) \end{bmatrix} = \begin{bmatrix} x_1, & x_2, & \cdots, & x_i, & \cdots, & x_n \\ p(x_1), & p(x_2), & \cdots, & p(x_i), & \cdots, & p(x_n) \end{bmatrix}$$

其中 n 可以是有限正整数，也可以是可数无限大整数。信源输出的消息只可能是符号集 $\{x_1, x_2, \cdots, x_n\}$ 中的任何一个，而且每次必定选取其中一个。可见，若信源给定，其相应的概率空间就已给定；反之，若概率空间给定，也就表示相应的信源给定。所以，概率空间能够表征离散信源的统计特性。

【例 3.1】 在一个箱子中，有红、黄、蓝、白四种不同颜色的彩球，大小和重量完全一样，其中红球 16 个，黄球 8 个，蓝球和白球各 4 个，若把从箱子中任意摸出一个球的颜色的种类作为信源，试建立其数学模型。

解 x_1 表示摸出红球，x_2 表示摸出黄球，x_3 表示摸出蓝球，x_4 表示摸出白球，则 $p(x_1)=1/2$，$p(x_2)=1/4$，$p(x_3)=1/8$，$p(x_4)=1/8$，信源的数学模型为

$$\begin{bmatrix} X \\ P(X) \end{bmatrix} = \begin{bmatrix} x_1 & x_2 & x_3 & x_4 \\ \dfrac{1}{2} & \dfrac{1}{4} & \dfrac{1}{8} & \dfrac{1}{8} \end{bmatrix}$$

在讨论了信源的数学模型，即信源输出的数学描述问题后，很自然地接着会提出这样一个问题：信源发出某一符号（或某一消息）后，它输出多少信息量？整个信源能输出多少信息？这就是信息的度量问题。

3.2.2 离散无记忆信源的信息度量

由前面的讨论我们知道了可以用概率大小来描述含有不确定性的事件。事件发生的概率越小，此事件含有的信息量就越大，获得了信息也就消除了不确定度。随机事件的不确定度，在数量上等于它的自信息量。因此，当信源发出的消息不确定性越大，此消息含有的信息量就越大。一旦消息发出，并为接收者收到后，消除的不确定性也越大，获得的信息也越多。由 3.1 节中的讨论可知，离散信源可以用离散随机变量来描述，所以我们可以用信源输出消息符号的不确定性作为信源输出信息的度量。

定义 3.2 信源 X 发出某一消息符号 $x_i(i=1, 2, \cdots, n)$ 能提供的信息量，即 x_i 的自信息量（简称自信息）为

$$I(x_i) = \log \frac{1}{p(x_i)} = -\log p(x_i) \tag{3.1}$$

自信息量 $I(x_i)$ 是指某一信源发出某一消息符号 x_i 后所提供的信息量。自信息量 $I(x_i)$ 的大小随着信源发出符号的不同而变化，不是一个确定的值，是一个随机变量，因此不能用它作为整个信源的信息测度。而在实际中，常常需要对某个信源进行整体分析，这就要求用一个确定的值来描述信源的总体统计特征，因此定义自信息的数学期望为信源的平均信息量，或者称为信源的信息熵。

定义 3.3 信源各个符号的自信息的数学期望定义为信源的平均信息量，即信源熵，记为 $H(X)$

$$H(X) = E[I(X)] = \sum_{i=1}^{n} p(x_i) I(x_i) = -\sum_{i=1}^{n} p(x_i) \log p(x_i) \tag{3.2}$$

信源熵是从平均意义上来表征信源的总体特性的一个量，它描述了信源的统计平均不确

定性。信源熵有以下几种物理含义。

（1）在信源输出前，信源熵表示信源的平均不确定性。

（2）在信源输出后，信源熵表示一个信源符号所提供的平均信息量。

（3）表示信源随机性大小，信息熵越大，随机性越大。

应该注意的是：信源熵是信源的平均不确定度的描述。一般情况下它并不等于平均获得的信息量。只有在无噪情况下，接收者才能正确无误地接收到信源所发出的消息，消除 $H(X)$ 大小的平均不确定性，所以获得的平均信息量就等于 $H(X)$。在一般情况下获得的信息量是两熵之差，并不是信源熵本身。

【例 3.2】 投掷一枚质量均匀的硬币，观察正反面出现的情况，求信源熵。

解 用 x_1 表示"出现正面"，x_2 表示"出现反面"，概率空间为

$$\begin{bmatrix} X \\ P \end{bmatrix} = \begin{bmatrix} x_1 & x_2 \\ 0.5 & 0.5 \end{bmatrix}$$

$$H(X) = -\sum_{i=1}^{2} p(x_i)\log_2 p(x_i) = -(0.5\log_2 0.5 + 0.5\log_2 0.5) = 1 \text{ (bit/符号)}$$

【例 3.3】 计算等概率英文信源的信息熵。

解 设 26 个字母和空格共 27 个符号等概率出现，每个符号的概率为 1/27，信源熵为

$$H(X) = -\sum_{i=1}^{27} p(x_i)\log_2 p(x_i) = 27 \times \left(-\frac{1}{27}\log_2 \frac{1}{27}\right) = \log_2 27 = 4.75 \text{ (bit/符号)}$$

或者可以直接应用最大离散熵定理，等概率分布信源的熵为

$$H(X) = \log_2 n = \log_2 27 = 4.75 \text{ (bit/ 符号)}$$

【例 3.4】 在一个箱子中，有红、黄、蓝、白四种不同颜色的彩球，大小和质量完全一样，其中红球 16 个，黄球 8 个，蓝球和白球各 4 个，若把从箱子中任意摸出一个球的颜色的种类作为信源，求这个信源的熵。

解 由题意知此信源的数学模型为

$$\begin{bmatrix} X \\ P(X) \end{bmatrix} = \begin{bmatrix} x_1 & x_2 & x_3 & x_4 \\ \frac{1}{2} & \frac{1}{4} & \frac{1}{8} & \frac{1}{8} \end{bmatrix}$$

$$H(X) = -\sum_{i=1}^{4} p(x_i)\log_2 p(x_i) = -\left(\frac{1}{2}\log_2 \frac{1}{2} + \frac{1}{4}\log_2 \frac{1}{4} + \frac{1}{8}\log_2 \frac{1}{8} + \frac{1}{8}\log_2 \frac{1}{8}\right) = 1.73 \text{ (bit/ 符号)}$$

【例 3.5】 现在讨论一种极端的情况，二进制信源只发送一种消息，即永远只发送 1 或者只发送 0，求这个信源的熵。

解 此信源发 0 的概率为 1 则发 1 的概率为 0，或者发 1 的概率为 1 则发 0 的概率为 0，由熵的定义式出发求得 $H(X)=0$。

这是一个确定信源，要么发 0 要么发 1，发出的符号是确定的，不存在不确定性。也就是说，这样的信源，我们不能从中获取任何信息，信源的不确定性为 0。

由以上 4 道例题我们可以总结出以下结论。

（1）信源的熵值大小与其概率空间的消息数和消息的概率分布有关系。

（2）信源的消息为等概率分布时，不确定度最大，熵值最大。

（3）信源的消息为等概率分布，且其消息数目越多，其不确定度越大，熵值越大。

（4）只发送一个消息的信源，其不确定度为 0，不能提供任何信息，熵值也就为 0。

3.3　离散无记忆扩展信源

在前面一节中讨论的是离散无记忆信源，即信源每次只发出单个符号，且这些符号之间是没有统计关联关系的，通过信源熵来度量这种信源的信息量，这是一种最简单的情况。实际应用中的情况往往不是这样，信源常常输出一组一组的符号。以中文电报的编码方法为例，在这种编码中，将每个汉字或字符用 4 位十进制数表示，每个十进制数又用 5 位二进制数表示。例如，"信息论" 3 个字的电码分别为（0207）、（1873）、（6158）。以 "信" 为例，首先用 4 位十进制数（0207）表示之，而其中的数字 0、2、…，又由二进制码元 0 和 1 按某种编码规则构成，这里采用的是 5bit 等重码组。变换为 20 位二进制码的结果为 01101，11001，01101，11100。这样，每个汉字就用 20bit 表示。该电报系统可以看成是一个二进制信源，信源的输出是一串 0、1 组成的序列。如果把每次输出的一组字符用一个符号表示，那么这些新的符号的集合就组成了一个与原来的信源等效的新信源，称为原信源的扩展信源。其中扩展信源的每个符号实际上是一个字符串，所含有的符号个数称为扩展次数。上例中的 5 单元码称为二元无记忆信源的 5 次扩展信源。

3.3.1　扩展信源的概率空间

以二进制为例，这里我们先讨论最简单的离散无记忆二进制信源的扩展问题。

1. 离散无记忆二进制信源的二次扩展

二次扩展信源输出的消息符号序列是一组组发出的，每两个二元数字为一组。这样，信源输出的就是 00、01、10、11 这 4 个长度为 2 的序列。

此二次扩展信源的数学模型为

$$\begin{bmatrix} X \\ P(a) \end{bmatrix} = \begin{bmatrix} a_1 & a_2 & a_3 & a_4 \\ p(a_1) & p(a_2) & p(a_3) & p(a_4) \end{bmatrix}$$

其中，a 为二次扩展信源输出的符号。$a_1=00$，$a_2=01$，$a_3=10$，$a_4=11$。

假设离散无记忆二进制信源的概率分布为 $p(0)=p$，$p(1)=1-p$，则扩展信源各个符号的概率为

$$p(a_1) = p(00) = p(0)p(0) = p^2$$
$$p(a_2) = p(01) = p(0)p(1) = p(1-p)$$
$$p(a_3) = p(10) = p(1)p(0) = p(1-p)$$
$$p(a_4) = p(11) = p(1)p(1) = p(1-p)^2$$

2. 离散无记忆二进制信源的三次扩展

如果我们把 3 个二元数字分为一组，那么就有 $2^3=8$ 个长度为 3 的二进制消息符号组成的新信源，称为离散无记忆二进制信源的三次扩展信源。

这 8 个消息符号分别为 000、001、010、011、100、101、110、111。

该三次扩展信源的数学模型为

$$\begin{bmatrix} X \\ P(a) \end{bmatrix} = \begin{bmatrix} a_1 & a_2 & a_3 & a_4 & a_5 & a_6 & a_7 & a_8 \\ p(a_1) & p(a_2) & p(a_3) & p(a_4) & p(a_5) & p(a_6) & p(a_7) & p(a_8) \end{bmatrix}$$

同理可得到各个符号的概率为

$$p(a_1) = p(000) = p(0)p(0)p(0) = p^3$$

$$p(a_2) = p(001) = p(0)^2 p(1) = p^2(1-p)$$
$$p(a_3) = p(010) = p(0)p(1)p(0) = p^2(1-p)$$
$$p(a_4) = p(011) = p(0)p(1)p(1) = p(1-p)^2$$
$$p(a_5) = p(100) = p(1)p(0)p(0) = p^2(1-p)$$
$$p(a_6) = p(101) = p(1)p(0)p(1) = p(1-p)^2$$
$$p(a_5) = p(110) = p(1)p(1)p(0) = p(1-p)^2$$
$$p(a_5) = p(111) = p(1)p(1)p(1) = (1-p)^3$$

依次类推，可推广到二进制信源的 N 次扩展信源，此扩展信源每次输出的是长度为 N 的消息序列，用 N 维离散随机矢量描述，记为 $X=(X_1, X_2, \cdots, X_N)$，由 N 个二进制数字为一组构成的新信源共有 2^N 个符号。

现在我们来讨论一般情况。

3. 离散无记忆信源的 N 次扩展

定义 3.4 若离散无记忆信源 X 的数学模型为

$$\begin{bmatrix} X \\ P(X) \end{bmatrix} = \begin{bmatrix} x_1, & x_2, & \cdots, & x_i, & \cdots, & x_n \\ p(x_1), & p(x_2), & \cdots, & p(x_i), & \cdots, & p(x_n) \end{bmatrix}, \quad \sum_{i=1}^{n} p(x_i) = 1$$

其中，n 为信源符号个数，字符集为 $X=\{x_1, x_2, \cdots, x_n\}$。

则信源 X 的 N 次扩展信源用 X^N 来表示。相应的数学模型为

$$\begin{bmatrix} X^N \\ P(X) \end{bmatrix} = \begin{bmatrix} a_1, & a_2, & \cdots, & a_i, & \cdots, & a_{n^N} \\ p(a_1), & p(a_2), & \cdots, & p(a_i), & \cdots, & p(a_{n^N}) \end{bmatrix} \tag{3.3}$$

这个信源有 n^N 个元素（消息序列），每个符号 a_i 由 N 个 $x_i(i=1, \cdots, n)$ 组成，即 $a_i=x_{i_1}, x_{i_2}, \cdots, x_{i_N}$。

而 a_i 的概率 $p(a_i)$ 是对应的 N 个 x_i 的概率组成的概率序列。因为信源是无记忆的，所以消息序列 $a_i=(x_{i_1}, x_{i_2}, \cdots, x_{i_N})$ 的概率为

$$p(a_i) = p(x_{i_1})p(x_{i_2})\cdots p(x_{i_N}) = \prod_{k=1}^{N} p_{ik}, i_1, i_2, \cdots, i_N \in \{1, 2, \cdots, n\} \tag{3.4}$$

该信源每次输出长度为 N 的消息序列，用 N 维离散随机矢量来描述，记为 $X^N=(X_1, X_2, \cdots, X_N)$。其中每个分量 $X_i(i=1, 2, \cdots, N)$ 都是随机变量，它们都取值于同一集合 $\{x_1, x_2, \cdots, x_n\}$，且分量之间统计独立。

3.3.2 N 次扩展信源的熵

定义 3.5 离散无记忆信源 X 的 N 次扩展信源的熵 $H(X^N)$ 定义为

$$H(X^N) = -\sum_{X^N} P(X)\log P(X) = -\sum_{X^N} p(a_i)\log p(a_i) \tag{3.5}$$

可以证明，离散无记忆信源 X 的 N 次扩展信源的熵就是离散信源 X 的熵的 N 倍

$$H(X^N) = NH(X) \tag{3.6}$$

证明： $$H(X^N) = -\sum_{X^N} p(a_i)\log p(a_i) \tag{3.7}$$

式中，求和是对 N 重信源 X^N 中所有 n^N 个符号进行的。这种对 X^N 中的 n^N 个符号的求和可等效为 N 个求和，而其中每一个求和又是对 X 中的 n 个符号求和。此外，对于无记忆信源，可以证明 N 重概率空间是完备的，即

$$\sum_{X^N} P(a_i) = \sum_{X^N} p_{i_1} p_{i_2} \cdots p_{i_N} = \sum_{i_1}^{n} \sum_{i_2}^{n} \cdots \sum_{i_N}^{n} p_{i_1} p_{i_2} \cdots p_{i_N} = \sum_{i_1}^{n} p_{i_1} \sum_{i_2}^{n} p_{i_2} \cdots \sum_{i_N}^{n} p_{i_N} = 1$$

$$(3.8)$$

式（3.5）可改写为

$$H(X^N) = \sum_{X^N} p(a_i) \log \frac{1}{p_{i_1} p_{i_2} \cdots p_{i_N}} =$$
$$\sum_{X^N} p(a_i) \log \frac{1}{p_{i_1}} + \sum_{X^N} p(a_i) \log \frac{1}{p_{i_2}} + \cdots +$$
$$\sum_{X^N} p(a_i) \log \frac{1}{p_{i_N}}$$

$$(3.9)$$

上式中共有 N 项，先考察第一项

$$\sum_{X^N} p(a_i) \log \frac{1}{p_{i_1}} = \sum_{X^N} p_{i_1} p_{i_2} \cdots p_{i_N} \log \frac{1}{p_{i_1}} =$$
$$\sum_{i_1=1}^{n} p_{i_1} \log \frac{1}{p_{i_1}} \sum_{i_2=1}^{n} p_{i_2} \sum_{i_3=1}^{n} p_{i_3} \cdots \sum_{i_N=1}^{n} p_{i_N} =$$
$$\sum_{i_1=1}^{q} p_{i_1} \log \frac{1}{p_{i_1}} =$$
$$\sum_{X} p_{i_1} \log \frac{1}{p_{i_1}} = H(X)$$

上式引用了

$$\sum_{i_k=1}^{n} p_{i_k} = 1 \quad (k = 1, 2, \cdots, N)$$

同理，式（3.9）中的其余各项均等于 $H(X)$。于是有

$$H(X) = H(X^N) = H(X) + H(X) + \cdots + H(X) = NH(X)$$

这表明离散无记忆信源 X 的 N 次扩展信源 $X^N = (X_1, X_2, \cdots, X_N)$ 每输出 1 个消息符号序列所提供的信息量是信源 X 每输出 1 个消息符号所提供信息量的 N 倍。

【例 3.6】 有一离散无记忆信源 $\begin{bmatrix} X \\ P(X) \end{bmatrix} = \begin{bmatrix} x_1 & x_2 & x_3 \\ 1/2 & 1/4 & 1/4 \end{bmatrix}$，$\sum_{i=1}^{3} p(x_i) = 1$，求这个信源的二次扩展信源的熵。

解 信源的二次扩展就是扩展后信源的每个符号序列由 2 个给定信源中的符号组成。信源 X 中共有 $n = 3$ 个符号，而二次扩展时 $N = 2$，故二次扩展信源 X^2 有 $n^N = 3^2 = 9$ 个不同的符号，分别是 $x_i x_j (i, j = 1, 2, 3)$ 又因信源是无记忆的，故有

$$p(a_i) = p(x_i x_j) = p(x_i) p(x_j) \quad (i, j = 1, 2, 3)$$

这样我们得到，二次扩展信源输出符号序列及相应概率见表 3.1。

表 3.1   **二 次 扩 展 信 源**

X^2信源符号	a_1	a_2	a_3	a_4	a_5	a_6	a_7	a_8	a_9
符号序列	$x_1 x_1$	$x_1 x_2$	$x_1 x_3$	$x_2 x_1$	$x_2 x_2$	$x_2 x_3$	$x_3 x_1$	$x_3 x_2$	$x_3 x_3$
概率 $p(a_i)$	1/4	1/8	1/8	1/8	1/16	1/16	1/8	1/16	1/16

根据熵的定义，由式 $H(X^N) = -\sum_{X^N} p(a_i) \log_2 p(a_i)$ 代入表 3.1 中数据得

$$H(X^2) = -\sum_{X^2} p(a_i) \log_2 p(a_i) = 3 \text{ (bit/ 符号)}$$

扩展前原始信源的熵为 $H(X) = -\sum_i p(x_i) \log p(x_i) = 1.5 \text{ (bit/ 符号)}$

可见　　　　　　　　　　　　$H(X^2) = 2H(X)$

　　扩展后的信源其每个符号 a_i 的平均不确定度为 3bit，而每个符号是由原始信源的 2 个符号组成的符号序列，求扩展信源的熵相当于求 2 个符号的联合熵，当序列中的符号统计独立时，由熵的可加性知道，联合熵就等于各个符号熵之和，而各符号熵又等于 $H(X)$。本例中 $H(X) = 1.5$，故有 $H(X^2) = 2H(X)$，此处也验证了前面的结论。

　　【例 3.7】 一个无记忆信源含有四种符号 0、1、2、3。已知其等概率出现。试求由 6000 个符号构成的消息所含的信息量。

　　解　先计算一个符号所含的平均自信息量。由题意可知，每个符号的概率相同，为 $p(x_i) = 1/4$。则信源熵为

$$H(X) = -4 \times \frac{1}{4} \log_2 4 = 2 \text{ (bit/ 符号)}$$

由 6000 个符号构成的消息所含的信息量为

$$H(X^{6000}) = 6000 H(X) = 12\,000 \text{ (bit)}$$

3.4　离散有记忆平稳信源

　　一般情况下，实际信源输出的消息序列的每一位出现哪个符号是随机的，而且输出序列各符号之间存在或强或弱的相关性，即信源为有记忆信源。此时用随机矢量来描述信源发出的消息，即 $X = (\cdots, X_{-1}, X_0, X_1, \cdots, X_i, \cdots)$。其中，每一个 X_i 都是一个离散随机变量，表示 $t = i$ 时刻发出的符号。通常信源在不同时刻的随机变量 X_i 和 X_{i+j} 的概率分布 $p(X_i)$ 和 $p(X_{i+j})$ 是不相等的，即离散信源输出序列的统计特性可能随时间而变，其输出序列的概率可能不同，这是最一般的随机信源情况，分析起来较为困难。为了便于研究，我们假定随机序列的任意有限维的概率分布不随时间平移而变化，也就是说，信源在不同时刻发出相同符号的概率相等，这种信源称为离散平稳信源。由于很多实际的信源在较短时间内都可以用平稳信源来描述，而且研究平稳信源也是研究非平稳信源的基础，故本节只讨论离散平稳信源。

3.4.1　离散有记忆平稳信源的数学模型

　　定义 3.6　若一个离散信源 X 的各维联合概率分布均与时间起点无关，即 $p(x_i, x_{i+1}, \cdots, x_{i+N}, \cdots) = p(x_j, x_{j+1}, \cdots, x_{j+N}, \cdots) (i \neq j)$，则信源 X 是平稳信源。

　　上述定义说明，对于离散平稳信源，若改变符号序列的起始位置，其概率的描述不变。所以对于平稳信源来说，其各维条件概率同样也与时间起点无关，换句话说，平稳信源发出的平稳随机序列前后的依赖关系与时间起点无关，即如果某时刻发出某一符号与前面的 N 个符号有关，那么任何时刻它们的依赖关系都是一样的。因此，对于 N 维离散平稳有记忆信源，其数学模型为

$$\begin{bmatrix} X \\ P(X) \end{bmatrix} = \begin{bmatrix} \alpha_1, & \alpha_2, & \cdots, & \alpha_i, & \cdots, & \alpha_M \\ p(\alpha_1), & p(\alpha_2), & \cdots, & p(\alpha_i), & \cdots, & p(\alpha_M) \end{bmatrix} \sum_{i=1}^{M} p(\alpha_i) = 1$$

其中
$$X = (X_1, X_2, \cdots, X_N)$$
$$\alpha_i = (x_{i_1} x_{i_2} \cdots x_{i_N})$$
$$p(\alpha_i) = p(x_{i_1} x_{i_2} \cdots x_{i_N}) = p(x_{i_1}) p(x_{i_2} \mid x_{i_1}) \cdots p(x_{i_N} \mid x_{i_1} x_{i_2} \cdots x_{i_{N-1}}) i = (1, 2, \cdots M) \tag{3.10}$$

其中 $x_{i_k}(k=1, 2, \cdots, N, \cdots)$ 可以取自同一离散符号集，也可以取自不同符号集，一般取自同一符号集。

3.4.2 离散有记忆平稳信源的熵

离散有记忆信源发出的各个消息符号是相互关联的，其记忆性通过联合概率来描述。为讨论问题的方便，我们考虑平稳有记忆 N 次扩展信源，即 N 长信源序列中各分量 X_i 取自同一符号集 $(x_{i_1} x_{i_2} \cdots x_{i_N})$。

1. 联合熵

最简单的有记忆平稳信源是 N 长为 2 的情况，即二维平稳信源。$X = X_1 X_2$，其信源的概率空间为

$$\begin{bmatrix} X \\ P \end{bmatrix} = \begin{bmatrix} x_1 x_1 & x_1 x_2 & \cdots & x_n x_n \\ p(x_1 x_1) & p(x_1 x_2) & \cdots & p(x_n x_n) \end{bmatrix}$$

联合熵是随机序列 $X_1 X_2$ 联合离散符号集上的每个符号对的联合自信息量的数学期望，记为 $H(X_1 X_2)$，则有

$$H(X_1 X_2) = -\sum_{i=1}^{n} \sum_{j=1}^{n} p(x_i x_j) \log p(x_i x_j) \tag{3.11}$$

相应地，N 维联合离散随机序列 $X_1 X_2 \cdots X_N$ 的联合熵记为 $H(X^N)$ 或 $H(X_1 X_2 \cdots X_N)$。

$$H(X_1 X_2 \cdots X_N) = -\sum_{i_1} \cdots \sum_{i_N} p(x_{i_1} x_{i_2} \cdots x_{i_N}) \log p(x_{i_1} x_{i_2} \cdots x_{i_N}) \tag{3.12}$$

联合熵表示信源输出为一个 N 长序列时，信源此刻的平均不确定性。

2. 条件熵

二维平稳信源的条件熵为

$$H(X_2 \mid X_1) = -\sum_{i=1}^{n} \sum_{j=1}^{n} p(x_i x_j) \log p(x_j \mid x_i) \tag{3.13}$$

对于 N 维离散随机序列 $X_1 X_2 \cdots X_N$，当已知前 $N-1$ 个符号时，后面将要出现第 N 个符号的平均不确定性就是条件熵，有

$$H(X_N \mid X_1, X_2, \cdots, X_{N-1}) = -\sum_{i_1, i_2, \cdots, i_N} p(x_{i_1} x_{i_2} \cdots x_{i_N}) \log p(x_{i_N} \mid x_{i_1} x_{i_2} \cdots x_{i_{N-1}}) \tag{3.14}$$

3. 平均符号熵

定义 3.7 离散有记忆平稳信源输出 N 长的信源符号序列中平均每个信源符号所携带的信息量称为平均符号熵，记为 $H_N(X)$，则

$$H_N(X) = \frac{1}{N} H(X_1, X_2, \cdots, X_N) \tag{3.15}$$

3.4.3　极限熵

已经定义了 N 长信源平均符号熵的概念，这是从联合概率的角度来看问题。实际中，信源总是在不断地发出符号，而符号之间的关联性也不仅仅局限于长度 N 内，而是伸向无穷远。要确切地表达实际信源平均发一个符号提供的信息量，就要用到极限熵。

定义 3.8　信源输出为 N 长符号序列，当 $N\to\infty$ 时，平均符号熵取极限值就称为极限熵，记为 $H_\infty(X)$，有

$$H_\infty(X) = \lim_{N\to\infty} H_N(X) = \lim_{N\to\infty} \frac{1}{N} H(X_1, X_2, \cdots, X_N) \tag{3.16}$$

极限熵代表了一般离散平稳有记忆信源平均每发一个符号提供的信息量，这里有以下两个问题需要考虑。

（1）离散信源的极限熵是否存在？

（2）如何准确计算出极限熵？

对于第一个问题，从数学上可以证明，当离散有记忆信源是平稳信源时，极限熵是存在的。对于第二个问题中关于极限熵的计算，就需要测定信源无穷阶联合概率和条件概率分布，这通常相当困难。但在数学上也可以证明，当符号之间依赖关系为无限长时，平均符号熵和条件熵都非递增地一致趋于平稳信源的信息熵（极限熵）。因此，在实际应用中常取适当长度 N 下的符号熵 $H_N(X)$ 或条件熵 $H(X_N \mid X_1, X_2, \cdots, X_{N-1})$ 作为极限熵 $H_\infty(X)$ 的近似值。即有

$$H_\infty(X) = \lim_{N\to\infty} H_N(X) = \lim_{N\to\infty} H(X_N \mid X_1, X_2, \cdots, X_{N-1}) \tag{3.17}$$

此处的证明，有兴趣的读者可以作为练习自行解释。

3.4.4　熵的一些关系式

对于离散有记忆平稳信源，若信源输出为一个 N 长序列，当 $H_1(X)<\infty$，有如下结论。

（1）
$$H(X^N) = H(X_1) + H(X_2/X_1) + H(X_3/X_1X_2) \\ + \cdots + H(X_N/X_1X_2\cdots X_{N-1}) \tag{3.18}$$

证明：令 $Y_1=X_1X_2\cdots X_{N-1}$，$Y_2=X_1X_2\cdots X_{N-2}$，$\cdots$，$Y_{N-2}=X_1X_2$，则

$$\begin{aligned}
H(X^N) &= H(Y_1X_N) = H(Y_1) + H(X_N/Y_1) \\
&= H(X_1X_2\cdots X_{N-1}) + H(X_N/X_1X_2\cdots X_{N-1}) \\
&= H(Y_2) + H(X_{N-2}/X_2) + H(X_N/X_1X_2\cdots X_{N-1}) \\
&= H(X_1X_2\cdots X_{N-2}) + H(X_{N-1}/X_1X_2\cdots X_{N-2}) + H(X_N/X_1X_2\cdots X_{N-1}) \\
&\qquad\qquad \cdots \\
&= H(Y_{N-2}) + H(X_3/Y_{N-2}) + \cdots + H(X_N/X_1X_2\cdots X_{N-1}) \\
&= H(X_1X_2) + H(X_3/X_1X_2) + \cdots + H(X_N/X_1X_2\cdots X_{N-1}) \\
&= H(X_1) + H(X_2/X_1) + H(X_3/X_1X_2) \\
&\qquad + \cdots + H(X_N/X_1X_2\cdots X_{N-1})
\end{aligned} \tag{3.19}$$

式（3.19）表明多符号离散平稳有记忆信源 X^N 的熵 $H(X^N)$ 是 X^N 中起始时刻随机变量 X_1 的熵与各阶条件熵之和。由于信源是平稳的，这个和值与起始时刻的选择无关，对时刻的推移来说，它是一个固定不变的值。根据这一性质可以证明，条件熵 $H(X_N/X_1X_2\cdots$

X_{N-1}）随 N 的增加是非递增的。即条件越多，条件熵越小；序列越长，条件熵越小。

(2)
$$H(X_N/X_1X_2\cdots X_{N-1}) \leqslant H(X_{N-1}/X_1X_2\cdots X_{N-2}) \leqslant H(X_{N-2}/X_1X_2\cdots X_{N-3})$$
$$\leqslant \cdots \leqslant H(X_2/X_1) \leqslant H(X_1) \qquad (3.20)$$

(3) $H_N(X^N)$ 是 N 的单调非增函数。

证明：
$$\begin{aligned} NH_N(X^N) &= H(X_1X_2\cdots X_N) \\ &= H(X_N/X_1X_2\cdots X_{N-1}) + H(X_{N-1}/X_1X_2\cdots X_{N-2}) \\ &= H(X_N/X_1X_2\cdots X_{N-1}) + (N-1)H_{N-1}(X) \\ &\leqslant H_N(X) + (N-1)H_{N-1}(X) \end{aligned} \qquad (3.21)$$

所以 $H_N(X) \leqslant H_{N-1}(X)$，即序列的统计约束关系增加时，由于符号间的相关性，平均每个符号所携带的信息量减少了。

(4) $\qquad\qquad H_N(X^N) \geqslant H(X_N/X_1X_2\cdots X_{N-1}) \qquad (3.22)$

证明：
$$\begin{aligned} NH_N(X^N) &= H(X_1X_2\cdots X_N) \\ &= H(X_1) + H(X_1/X_2) + \cdots + H(X_N/X_1X_2\cdots X_{N-1}) \\ &= H(X_N) + H(X_N/X_{N-1}) + \cdots + H(X_N/X_1X_2\cdots X_{N-1}) \text{（序列的平稳性）} \\ &\geqslant NH(X_N/X_1X_2\cdots X_{N-1}) \text{（条件熵小于等于无条件熵）} \end{aligned}$$
$$(3.23)$$

所以 $H_N(X^N) \geqslant H(X_N/X_1X_2\cdots X_{N-1})$，即给定时平均符号熵大于等于条件熵。

*3.5 马尔科夫信源

由于描述有记忆信源要比无记忆信源复杂而有困难得多，所以在实际问题中，人们总是试图限制信源的记忆长度。也就是说，希望任何时刻信源符号发生的概率只与前面已经发生过的若干个符号有关，而与更前面的符号无关，这实际上是一种具有马尔科夫性质的信源，也称马尔科夫信源。这类信源的输出符号不仅与符号集有关，还与信源的状态有关，是非常重要而又常用的有限记忆长度的离散信源，大多数平稳信源可以用马尔科夫信源来近似。

1. 马尔科夫过程与马尔科夫链

如果一个随机过程的"将来"仅依赖"现在"而不依赖"过去"，则此过程具有马尔科夫特性，或称此过程为马尔科夫过程。表示为
$$X(t+1) = f(X(t))$$

如果 i 时刻符号出现的概率与前面已出现的 m 个符号有关，则称之为 m 阶记忆信源，可以用 m 阶马尔科夫过程描述其数学模型。

定义 3.9 设 $X(t)$ 为一个随机过程，若对任意的 $t_1 < t_2 < \cdots t_{n-m} \cdots < t_n$ 时刻的随机变量 $X(t_1)$，$X(t_2)$，$\cdots X(t_{n-m})$，$\cdots$，$X(t_n)$，有
$$P(x_n; t_n | x_{n-1}, x_{n-2}, \cdots, x_{n-m}, \cdots, x_1; t_{n-1}, t_{n-2}, \cdots, t_{n-m}, \cdots, t_1)$$
$$= P(x_n; t_n | x_{n-1}, x_{n-2}, \cdots, x_{n-m}; t_{n-1}, t_{n-2}, \cdots, t_{n-m}) \qquad (3.24)$$

则称 $X(t)$ 为 m 阶马尔科夫过程。

式（3.24）说明，m 阶马尔科夫过程在 t_n 时刻的随机变量 x_n 仅和它前面 m 个时刻 t_{n-1}，t_{n-2}，$\cdots$，t_{n-m} 的随机变量 x_{n-1}，x_{n-2}，$\cdots$，x_{n-m} 有关，而与更前面时刻的随机变量无关。

定义 3.10 设随机过程 $X(t)$ 在时间域 $T=\{t_1, t_2, \cdots, t_n\}$ 的 n 个时刻上的取值 $x_k(k=1, 2, \cdots, n)$ 都是离散型的随机变量，并且 x_k 有 L 个可能的取值，$s_1, s_2, \cdots, s_L$，$S=\{s_1, s_2, \cdots, s_i, \cdots, s_L\}$ 表示由这 L 个取值构成的状态空间，对随机变量序列 $(x_1, x_2, \cdots, x_k, \cdots, x_n)$ 若有

$$P(x_n = s_n \,|\, x_{n-1} = s_{n-1}, x_{n-2} = s_{n-2}, \cdots, x_{n-m} = s_{n-m}, \cdots, x_1 = s_1)$$
$$= P(x_n = s_n \,|\, x_{n-1} = s_{n-1}, x_{n-2} = s_{n-2}, \cdots, x_{n-m} = s_{n-m}) \qquad (3.25)$$

则称此序列为 m 阶马尔科夫链。式（3.25）的直观意义是，m 阶马尔科夫链在 t_n 时刻的取值与它前 m 个时刻 t_{n-1}，t_{n-2}，$\cdots$，t_{n-m} 的 m 个状态 s_{n-1}，s_{n-2}，$\cdots$，s_{n-m} 有关，而与更前面时刻的状态无关。可见，m 阶马尔科夫链的记忆长度为 $(m+1)$ 个时刻，马尔科夫链对那些在每次状态转移中发出消息的信源是一种很好的描述。

2. 马尔科夫信源

设信源所处的状态为

$$S \in E = \{e_1, e_2, \cdots, e_J\}$$

信源在每一状态下可能输出的符号为

$$X \in A = \{a_1, a_2, \cdots, a_n\}$$

而且认为每一时刻信源发出一个符号后，所处的状态发生转移。信源输出的随机符号序列为

$$X_1, X_2, \cdots, X_{t-1}, X_t \cdots$$

信源所处的状态序列为 $\qquad S_1, S_2, \cdots, S_{t-1}, S_t \cdots$

序列的状态是由信源的符号构成的。比如 $\{0, 1\}$ 构成 $\{00, 01, 10, 11\}$ 四个状态。

定义 3.11 若信源输出的符号和信源所处的状态满足马尔科夫链的条件，则称此信源为马尔科夫信源，此条件如下。

（1）某一时刻信源符号的输出只与此刻信源所处的状态有关，与以前的状态和以前的输出符号都无关。即

$$P(X_t = a_k / S_t = e_i, X_{t-1} = a_{k-1}, S_{t-1} = e_j, \cdots) = P(X_t = a_k / S_t = e_i) \qquad (3.26)$$

其中 $a_k E A = (a_1, a_2, \cdots, a_n)$ $e_i, e_j \in E = (e_1, e_i, \cdots, e_j)$

（2）信源在 t 时刻所处的状态由当前的输出符号和前一时刻 $(t-1)$ 信源的状态唯一确定。即

$$P(S_t = e_j / X_t = a_k, S_{t-1} = e_i) = \begin{cases} 0 \\ 1 \end{cases} \qquad (3.27)$$

也就是说马尔科夫信源处在某一状态 e_i，当它发出一个符号后，所处的状态就变了，即从状态 e_i 变到了另一状态 e_j，状态的转移依赖于发出的信源符号，因此任何时刻信源处在什么状态完全由前一时刻的状态和此刻发出的符号决定。以上定义的是一般马尔科夫信源，该信源在数学上可以用马尔科夫链来处理。同理，可以定义 m 阶马尔科夫信源。其特点是信源在任何时刻 i，符号发生的概率只与前 m 个符号有关，且信源发出消息的方式体现在马尔科夫链的状态转移上，可以用条件概率或称为转移概率来描述这种转移，其数

学模型为

$$\begin{bmatrix} X \\ P(X) \end{bmatrix} = \begin{bmatrix} a_1, a_2, \cdots, a_n \\ P(a_{k_{m+1}} | a_{k_1} a_{k_2} \cdots a_{k_m}) \end{bmatrix} \tag{3.28}$$

并满足 $\sum_{k_{m+1}=1}^{n} P(a_{k_{m+1}} | a_{k_1} a_{k_2} \cdots a_{k_m}) = 1$，其中 P $(a_{k_{m+1}} | a_{k_1} a_{k_2} \cdots a_{k_m})$ 为信源符号条件概率。很显然，当 $m=1$ 时，表示任何时刻，信源符号发生的概率只与前面的 1 个符号有关，称为一阶马尔科夫信源。

3. 转移概率和状态转移图

对于 m 阶马尔科夫信源，如果将信源前面已发出的 m 个符号作为信源当前所处的状态，那么每个状态是一个 m 长的符号序列，则 m 阶马尔科夫信源的状态序列可以用马尔科夫链的状态转移图来描述。

设信源在任何时刻 $l-1$ 状态可表示为

$$e_i = (a_{k_1} a_{k_2} \cdots a_{k_m}), \quad a_{k_1} a_{k_2} \cdots a_{k_m} \in \{a_1, a_2, \cdots, a_n\}$$

由于 $k_1, k_2, \cdots, k_m = 1, 2, \cdots, n$，可得信源的状态数为 $J = n^m$，信源的状态集为 $S = (e_1, e_2, \cdots, e_J)$。因此在 l 时刻，信源处在 e_i 状态时，发出符号 $a_{k_{m+1}}$ 的概率可表示为

$$P(a_{k_{m+1}} / a_{k_1} a_{k_2} \cdots a_{k_m}) = P_l(a_{k_{m+1}} / e_i) (i = 1, 2, \cdots, n^m) \tag{3.29}$$

而在 $l+1$ 时刻信源发出符号 $a_{k_{m+1}}$ 后，由符号 $a_{k_2} a_{k_3} \cdots a_{k_{m+1}}$ 组成了新的信源状态，有

$$e_j = (a_{k_2} a_{k_3} \cdots a_{k_{m+1}})$$
$$a_{k_2}, \cdots, a_{k_m}, a_{k_{m+1}} \in \{a_1, a_2, \cdots, a_n\},$$
$$k_2, \cdots, k_m, k_{m+1} = 1, 2, \cdots, n$$

这一过程可表示为

由图 3.1 所示图中可以看出，信源在状态 e_i 发出符号 $a_{k_{m+1}}$ 后，由符号 $a_{k_2}, \cdots, a_{k_m}, a_{k_{m+1}}$ 组成了新的信源状态 e_j。换句话说，信源当前所处的状态由 e_i 转移到了状态 e_j，它们之间的转移概率 $P(e_j / e_i)$ 称为一步转移概率，简写为 P_{ij} (l)，括号中 l 表示转移概率与时刻 l 有关。因此，就可将信源输出的符号序列变换成信源的状态序列，这样即可将一个讨论信源输出符号的不确定性问题转换成讨论信源状态转换的问题。状态之间的一步转移概率为

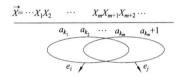

图 3.1 马尔科夫信源状态转换示意图

$$P(e_j / e_i) = p_{ij}$$

其中，$e_i, e_j \in S = (e_1, e_2, \cdots, e_J)$。由于条件概率 $P(a_{k_{m+1}} / e_i)$ 已给定，所以状态的转移满足一定的概率分布，并依此可求出状态的一步转移概率 $P(e_j / e_i)$。

将一步转移概率进行推广。假设信源在 l 时刻处于状态 e_i，经过 k 步转移后到达状态 e_j，称为信源的 k 步转移概率 $P_{ij}^{(k)}(l)$，它表示在 l 时刻信源处于状态 e_i 的条件下，经过 k 步转移到达状态 e_j 的条件概率，即

$$P_{ij}^{(k)}(l) = P\{X_{l+k} = e_j / X_l = e_i\} \quad (i, j \in S) \tag{3.30}$$

定义 3.12 如果在马尔科夫链中满足，状态转移概率和已知状态状态下符号发生概率均与时刻 l 无关，则称这类马尔科夫链为时齐马尔科夫链，或齐次马尔科夫链。有时也说它是具有平稳转移概率的马尔科夫链。即满足

$$p_l(x_k/e_i) = p(x_k/e_i) \tag{3.31}$$
$$p_l(e_j/e_i) = p(e_j/e_i) \tag{3.32}$$

由于系统在任何一时刻，可处于状态空间 $S \in E = \{e_1, e_2, \cdots, e_J\}$ 中任意一个状态，因此，状态转移时若只考虑有限状态的情况，转移概率是一个 $n^m \times n^m$ 阶矩阵，即

$$P = \{p_{ij}^{(k)}(l), i, j \in S\} \tag{3.33}$$

这里 $P_{ij}^{(k)}(l)$ 对应于矩阵 P 中的第 i 行第 j 列之元素。一般情况下，状态空间 $S \in E = \{e_1, e_2, \cdots, e_j \cdots\}$ 是一可数无穷集合，所以转移矩阵 P 是一个无穷列的随机矩阵。

对于时齐马尔科夫链，一步转移概率 p_{ij} 具有以下性质。

(1) $p_{ij} \geqslant 0 \quad (i, j \in S)$

(2) $\sum_{j \in J} p_{ij} = 1 \quad (i \in S)$

其转移概率矩阵为

$$P = \{p_{ij}, \quad i, j \in S\}$$

或

$$P = \begin{bmatrix} p_{11} & p_{12} & p_{13} & \cdots \\ p_{21} & p_{22} & p_{23} & \cdots \\ p_{31} & p_{32} & p_{33} & \cdots \\ \cdots & \cdots & \cdots & \end{bmatrix}$$

显然矩阵 P 中每个元素都是非负的，且矩阵每一行之和为1。若马尔科夫链中状态空间是有限的，则称它为有限状态的马尔科夫链；若状态空间是无穷集合，则称它为可数无穷状态的马尔科夫链。

需要指出的是，由于第0次随机试验中 $X_0 = S_i$ 的概率不能由 p_{ij} 表达，因此转移概率不包含初始分布。

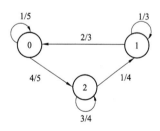

图 3.2　马尔科夫信源状态转移图

可以将马尔科夫链状态及其状态转移的情况用线图的方法表示出来，把含有状态和状态转移的图称为状态转移图，又称为香农线图。在状态转移图上，把所有可能的状态中每一个状态用一个圆圈表示，即每个圆圈代表一个状态，状态之间的转换用有向线表示，有向线一侧的符号和数字分别表示发出的符号和一步转移概率，如图3.2所示。

【例 3.8】 设有一个二阶二进制马尔科夫信源，原始符号集为 $\{1, 0\}$，条件概率定为

$$P(0 \mid 00) = P(1 \mid 00) = 1/2$$
$$P(0 \mid 01) = 1/3 \quad P(1 \mid 01) = 2/3$$
$$P(0 \mid 10) = 1/4 \quad P(1 \mid 10) = 3/4$$
$$P(0 \mid 11) = 1/5 \quad P(1 \mid 11) = 4/5$$

画出其状态转移图。

解 这个信源的符号集为 $\{1, 0\}$，符号数为 $n=2$，阶数 $m=2$，可见，信源共有 $n^m = 2^2 = 4$ 种可能状态，分别为 $e_1 = 00$，$e_2 = 01$，$e_3 = 10$，$e_4 = 11$。如果信源原来所处的状态为 $e_2 = 01$，

因为信源可能发出的符号只有 0 和 1，所以信源下一时刻的状态只可能是 10（发出 0 时）或者 11（发出 1 时），而不可能是 00 或者 01。再比如，当信源原来所处的状态为 11 时，信源下一时刻的状态只可能是 10（发出 0 时）或者 11（发出 1 时），同理，还可以分析出信源其他的各状态的转移过程。

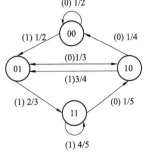

由题目给出的条件概率求得状态之间的转移概率为

$$p(e_1/e_1) = 1/2 \quad p(e_2/e_1) = 1/2$$
$$p(e_3/e_2) = 1/3 \quad p(e_4/e_2) = 2/3$$
$$p(e_1/e_3) = 1/4 \quad p(e_2/e_3) = 3/4$$
$$p(e_3/e_4) = 1/5 \quad p(e_4/e_4) = 4/5$$

除此以外，其他的状态转移概率都为零。由此可以画出该信源的状态转移图，如图 3.3 所示。

图 3.3　二阶马尔科夫信源状态转移图

3.6　信源的剩余度

信源熵表示了信源每输出一个符号所携带的信息量，熵值越大，表示信源符号携带信息的效率就越高。由前面的分析可知，当离散平稳信源输出符号为一随机序列时，由离散熵的性质可得

$$H(X_N/X_1X_2\cdots X_{N-1}) \leqslant H(X_{N-1}/X_1X_2\cdots X_{N-2}) \leqslant H(X_{N-2}/X_1X_2\cdots X_{N-3}) \leqslant \cdots$$
$$\leqslant H(X_2/X_1) \leqslant H(X_1)$$

即离散有记忆信源符号间的依赖关系将使信源熵减小。由于实际信源可能是非平稳的，记忆长度伸向无穷远，而 H_∞ 可能不存在。为了方便起见，就假定实际信源是平稳的，有时进一步用 m 阶马尔科夫信源来近似，近似程度高低取决于记忆长度 m。记忆长度 m 不同，熵值就不同，越接近实际信源，要求的 m 值就越大。结合离散熵的性质可知

$$\log_2 n = H_0 \geqslant H_1 \geqslant H_2 \geqslant \cdots \geqslant H_m \geqslant H_{m+1} \geqslant \cdots \geqslant H_\infty \tag{3.34}$$

由此可以看出，信源输出符号间的依赖关系使信源熵减少，这就是信源的相关性。且符号间的相关长度越长，信源熵越小，趋于极限熵 H_∞。而当离散信源输出符号之间相关程度减小，信源熵增大；当信源符号间彼此无依赖且为等概率分布时，熵最大，其平均自信息量为 $H_0 = \log n$。为了衡量信源的相关程度，引入信源的剩余度的概念。

剩余度又称为多余度或冗余度，是编码理论中的一个重要概念。信源的剩余度来自两个方面：一是信源符号间的相关性会产生剩余度，相关程度越大，符号间的依赖关系越长，信源的实际熵越小，剩余度越大；另一方面是信源符号分布的不均匀性使信源的实际熵减小，也会增加剩余度。为了更经济有效地传送信息，需要尽量压缩信源的剩余度，压缩剩余度的方法就是尽量减小符号间的相关性，并且尽可能地使信源符号等概率分布。

信源的剩余度是信源所含信息量与符号所能携带的最大信息量之间差别的度量。由于组成实际消息的各个符号之间往往是有关联的，因此信源实际的熵将不会大于该种信源可能的最大熵 H_0，或者说信源中存在着剩余度。为此以 H_0 为参照，来表征信源的有效性。

定义 3.13　信源剩余度定义为

$$R = \frac{H_{\max} - H}{H_{\max}} = 1 - \frac{H}{H_{\max}} = 1 - \frac{H}{H_0} \tag{3.35}$$

其中 H 为信源的实际熵,$H_{\max}$ 为该种信源可能的最大熵。当信源输出符号集有 q 个元素且为等概率分布时,$H_{\max} = H_0 = \log q$。

我们再来考察 $\dfrac{H}{H_{\max}}$ 项。此项表示一个信源的实际熵与具有同样符号集的最大熵的比值,我们把这个比值称为熵的相对率,用 η 表示,也就是

$$\eta = \frac{H}{H_{\max}} \tag{3.36}$$

于是,剩余度又可以表示为

$$R = 1 - \eta \tag{3.37}$$

如果把信源的实际熵 H 看成有用的信息量,而把 $H_{\max} - H$ 看成无用信息量,也称内熵。则由式(3.35)可见,信源的剩余度实际上就是信源在发出消息时无用信息量所占的比例。信源的实际熵越大,其剩余度越小,也就是信源发出消息时无用信息量所占的比例越小;信源的实际熵越小,其剩余度越大,也就是信源发出消息时无用信息量所占的比例越大。

前面已经指出,信源输出符号间的依赖关系,也就是信源的相关性,会使信源的实际熵减小。信源输出符号间统计约束关系越长,信源的实际熵越小,剩余度越大。当信源输出符号间彼此不存在依赖关系且为等概率分布时,信源的实际熵等于最大熵,此时剩余度最小。

实际的信源总是或多或少地存在冗余,往往不能直接满足高效率传输信息的要求。为了实现信息的高效率传输,需要对信源产生冗余的原因进行分析,在此基础上对信源进行针对性的改造,使信源原有的信息含量从效率不高的情形转变为较高或尽可能高的情形,做到单位时间或单位符号所传输的信息量尽可能大。由于有记忆信源内部存在关联,它的信息含量就会降低。这就是说,为了提高信息传输的效率,应当尽可能消除信源的相关性,把有记忆的信源改造为无记忆的信源,或把记忆强的信源化为记忆弱的信源。消除信源相关性的本质在于降低信源中的冗余。

以符号是英文字母的信源为例,英文字母加上空格共有 27 个符号。假设 27 个符号独立且等概率出现时,由最大离散熵定理可知

$$H_{\max} = \log_2 27 = 4.76 \text{(bit/ 符号)}$$

但实际的情况是,此信源的英语字母并非等概率出现,且字母之间还有严格的依赖关系。如果我们先做第一级近似,只考虑英文书中各字母出现的概率,不考虑符号之间的依赖关系,近似地认为信源是离散无记忆信源。对英文书中的 27 个字符出现的概率进行统计,见表 3.2。

表 3.2 　　　　　　　　　　27 个英语符号出现的概率

符号	概率	符号	概率	符号	概率
空格	0.2	S	0.052	Y、W	0.012
E	0.105	H	0.047	G	0.011
T	0.072	D	0.035	B	0.0105
O	0.0654	L	0.029	V	0.008
A	0.063	C	0.023	K	0.003
N	0.059	F、U	0.025	X	0.002
I	0.055	M	0.021	J、Q	0.001
R	0.054	P	0.175	Z	0.001

由此计算得 $H_1 = -\sum_{i=1}^{27} p(x_i)\log_2 p(x_i) = 4.03$（bit/符号）

再考虑到字母之间的依赖性，可以把英语信源做进一步精确的近似，看作一阶或二阶马尔可夫信源。根据相关研究可以求得

$$H_2 = 3.32 \text{（bit/符号）}$$
$$H_3 = 3.1 \text{（bit/符号）}$$

随着有依赖关系的字母数越多，即马尔科夫信源的阶数越高，输出的序列就越接近实际情况。当选取合适的样本数并采用合适的统计逼近方法后，可以求出英文信源的实际熵为

$$H = 1.4 \text{（bit/符号）}$$

因此，实际熵比理想值 H_0 低很多，该信源的剩余度为

$$R = \frac{H_{\max} - H}{H_{\max}} = 1 - \frac{1.4}{4.76} = 0.71$$

这一结果说明，英文信源，从理论上看71%是多余成分。究其原因，是因为每一种语言本身有很多固定的约束，这些固定的约束，对于语言来讲是十分重要的，也是大家都十分清楚的，也正因如此，在传递或存储英语信息时，只需传输或存储那些必要的字母，而那些有关联的字母则可大幅度压缩。信源的剩余度正表示这种信源可压缩的程度，剩余度越大说明信源的可压缩程度越大。

例如，在发中文电报时，尽可能把中文写得简洁些，把电文"中华人民共和国"缩写成"中国"，大大地压缩了冗余度。

从提高信息传输效率的角度出发，总是希望减少甚至完全去除剩余度（也称信息压缩）。实践中，通常采用信源编码的方法，使编码后的等价信源获得较高的信息熵，信源编码是减少或消除信源的剩余度以提高信息的传输效率的有效方法。

但是剩余度也有用处，因为剩余度大的消息具有强的抗干扰能力。当干扰使消息在传输过程中出现错误时，能从它的上下关联中纠正错误。同样是发中文电文，若为了压缩冗余度，提高传输效率，把电文"中华人民共和国"压缩成"中国"，而在传输过程中由于干扰使得接收端只收到"×国"，就可能纠正为"中国"、"法国"还是"美国"等，若接收端只收到"中×"，则可能纠正为"中间"、"中国"或者"中立"等。但如果传输的电文是"中华人民共和国"，若收到"×华人×共和国"，很容易就可以纠正为"中华人民共和国"。信道编码则通过增加冗余度来提高信息传输的抗干扰能力，即提高通信的可靠性。

通信的有效性问题和可靠性问题往往是一对矛盾。而在设计实际的通信系统时，可以根据用户的需求及系统的配置牺牲一些有效性来换取更高的可靠性，或者牺牲一些可靠性来换取更高的有效性。

 习 题

3.1 同时掷一对均匀的骰子，试求：

(1)"2和6同时出现"这一事件的自信息量。

(2)"两个5同时出现"这一事件的自信息量。

(3) 两个点数的各种组合的熵。

（4）两个点数之和的熵。

（5）"两个点数中至少有一个是1"的自信息量。

3.2　设离散无记忆信源 S 其符号集 $A=\{a_1, a_2, \cdots, a_q\}$，知其相应的概率分布为 $(P_1, P_2, \cdots, P_q)$。设另一离散无记忆信源 S'，其符号集为 S 信源符号集的两倍，$A'=\{a_i\}$ $i=1, 2, \cdots, 2q$，并且各符号的概率分布满足

$$P' = (1-\varepsilon)P_i \quad (i=1, 2, \cdots, q)$$
$$P' = \varepsilon P_{i-q} \quad (i=q+1, q+2, \cdots, 2q)$$

试写出信源 S' 的信息熵与信源 S 的信息熵的关系。

3.3　某一无记忆信源的符号集为 $\{0, 1\}$，已知 $p_0=\dfrac{1}{3}$，$p_1=\dfrac{2}{3}$。

（1）求符号的平均信息量。

（2）由1000个符号构成的序列，求某一特定序列［例如有 m 个"0"，$(1000-m)$ 个"1"］的自信量的表达式。

（3）计算（2）中序列的熵。

3.4　每帧电视图像可以认为由 3×10^5 个像素组成，所有像素均独立变化，且每一像素又取128个不同的亮度电平，并设亮度电平等概率出现。问每帧图像含有多少信息量？若现有一广播员在约10 000个汉字的字汇中选1000个字来口述此电视图像，试问广播员描述此图像所广播的信息量是多少（假设汉字字汇是等概率分布，并彼此无依赖）？若要恰当地描述此图像，广播员在口述中至少需用多少汉字？

3.5　设信源 $\begin{bmatrix} X \\ P(x) \end{bmatrix}=\begin{bmatrix} a_1, & a_2, & a_3, & a_4, & a_5, & a_6 \\ 0.2, & 0.19, & 0.18, & 0.17, & 0.16, & 0.17 \end{bmatrix}$ 求这信源的熵，并解释为什么 $H(X)>\log_2 6$，不满足信源熵的极值性。

3.6　设离散无记忆信源 $\begin{bmatrix} X \\ P(X) \end{bmatrix}=\begin{Bmatrix} x_1=0 & x_2=1 & x_3=2 & x_4=3 \\ 3/8 & 1/4 & 1/4 & 1/8 \end{Bmatrix}$，其发出的信息为 (202120130213001203210110321010021032011223210)，求：

（1）此消息的自信息量是多少？

（2）此消息中平均每符号携带的信息量是多少？

3.7　已知两个离散信源 X 和 Y，其联合概率 $P(X, Y)$ 为：$P(0, 0)=1/8$，$P(0, 1)=3/8$，$P(1, 0)=3/8$，$P(1, 1)=1/8$，现定义另一个随机变量 $Z=XY$（一般乘积），试求 $H(X)$、$H(Y)$、$H(Z)$ 及 $H(X, Y)$。

3.8　掷一枚均匀的硬币，直到出现"正面"为止。令 X 表示所需掷出的次数，求熵 $H(X)$。

3.9　某无线电厂可生产A、B、C、D四种产品，其中，A占10%，B占20%，C占30%，D占40%。有两种消息："现完成一台B种产品"，"现完成一台C种产品"，试问哪一种消息提供的信息量大？

3.10　给定一个概率分布 $(p_1, p_2, \cdots, p_n)$ 和一个整数 m，$0\leqslant m\leqslant n$。定义 $q_m=1-\sum_{i=1}^{m} p_i$，证明：$H(p_1, p_2, \cdots, p_n)\leqslant H(p_1, p_2, \cdots, p_m, q_m)+q_m\log(n-m)$。并说明等式何时成立？

3.11 证明：$H(H_3/H_1H_2) \leqslant H(H_3/H_1)$，并说明当 X_1、X_2、X_3 是马氏链时等式成立。

3.12 设有一个信源，它产生 0，1 序列的信息。它在任意时间而且不论以前发生过什么符号，均按 $P(0) = 0.4$，$P(1) = 0.6$ 的概率发出符号。

(1) 试问这个信源是否是平稳的？

(2) 试计算 $H(X^2)$，$H(X_3/X_1X_2)$ 及 H_∞。

(3) 试计算 $H(X^4)$ 并写出 X^4 信源中可能有的所有符号。

3.13 设有一个马尔科夫信源，它的状态集为 $\{s_1 \quad s_2 \quad s_3\}$，符号集为 $\{a_1 \quad a_2 \quad a_3\}$，及在某状态下发符号的概率为 $P(a_k/s_i)$ $(i, k = 1, 2, 3)$，如图 3.4 所示。

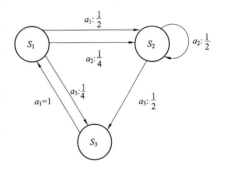

(1) 求出图中马尔科夫信源的状态极限概率并找出符号的极限概率。

(2) 计算信源处在某一状态下输出符号的条件熵 $H(X/s_j)(j = 1, 2, 3)$。

(3) 求出马尔科夫信源熵 H_∞。

图 3.4 习题 3.13 图

3.14 设有一马尔科夫信源，初始时以 $P(a) = 0.6$，$P(b) = 0.3$，$P(c) = 0.1$ 的概率发出 X_1，如果 X_1 为 a 时，则 X_2 为 a，b，c 的概率为 $1/3$，如果 X_1 为 b，X_2 为 a，b，c 的概率为 $1/3$，如果 X_1 为 c，X_2 为 a，b 的概率为 $1/2$，为 c 的概率为 0。而且后面发出 X_i 的概率只与 X_{i-1} 有关，又 $P(X_i/X_{i-1}) = P(X_2/X_1)$ $i \geqslant 3$。

(1) 写出该信源的状态转移概率矩阵。

(2) 画出状态转移图。

(3) 求信源的平稳状态分布。

3.15 设有一个信源，它产生 0、1 序列的信息。它在任意时间而且不论以前发生过什么符号，均按 $P(0) = 0.4$，$P(1) = 0.6$ 的概率发出符号。

(1) 试问这个信源是否是平稳的？

(2) 试计算 $H(X^2)$ 及 H_∞。

(3) 试计算 $H(X^4)$ 并写出 X^4 信源中可能有的所有符号。

3.16 发出二重符号序列消息的信源熵为 $H(X^2)$，而一阶马尔科夫信源的熵为 $H(X/X)$，比较这两者的大小，并说明原因。

3.17 黑白气象传真图的消息只有黑色和白色两种，即信源 $X = \{$黑，白$\}$。设黑色出现的概率为 $P($黑$) = 0.3$，白色出现的概率为 $P($白$) = 0.7$。

(1) 假设图上黑白消息出现前后没有关联，求熵 $H(X)$；

(2) 假设消息前后有关联，其依赖关系为 $P($白$/$白$) = 0.9$，$P($黑$/$白$) = 0.1$，$P($白$/$黑$) = 0.2$，$P($黑$/$黑$) = 0.8$，求此一阶马尔可夫信源的熵 $H_2(X)$。

3.18 证明两个离散信源的条件熵和熵之间满足如下关系：$H(Y/X) \leqslant H(Y)$。

3.19 证明联合信源的共熵和独立熵满足 $H(X, Y) \leqslant H(X) + H(Y)$。

3.20 证明离散平稳信源有
$$H(X_1X_2\cdots X_N) \leqslant H(X_1) + H(X_2) + \cdots + H(X_N)$$
并说明等式成立的条件。

4　连续信源及其度量

（1）连续信源的描述与分类。

（2）连续信源的数学模型。

（3）连续信源的熵。

（4）几种特殊连续信源的熵。

（5）连续信源的最大熵。

（6）熵功率。

　　信源作为一般信息系统中信息的来源，其内容是很广泛的，在实际应用中，存在很多信源输出的消息不仅在幅度上是连续的，在时间上或频率上也是连续的，即所谓的模拟信号，例如话音信号、电视图像信号等。为了与时间离散的连续信源相区别，这样的信源称为波形信源。在研究离散信源的熵与互信息后，自然想到连续信源的熵与互信息该如何表示？在微积分中我们已熟悉如何把连续问题看成是某种函数问题的极限。但是，从离散信源熵和互信息到连续信源熵和互信息不仅涉及数学处理上的问题，还涉及熵和互信息本身的概念和含义。在本章中，我们在围绕连续信源的信息度量问题展开讨论的同时，将阐述几种简单但在理论上比较重要、在实用上较普遍的实际信源模型及其熵。

4.1　连续信源的描述与分类

　　实际信源的统计特性往往是相当复杂的，要想找到精确的数学模型很困难，实际应用时常用一些可以处理的数学模型来近似。由于波形信源输出的消息是连续的模拟量，且又是随机的，因而可用一个随机过程来描述。但分析随机过程一般难度较大，对于频带受限的随机过程，根据抽样定理，我们通常把它转化成时间离散的随机序列来处理，这样的信源称为连续信源。而随机序列是随机过程的一种，是时间参数离散的随机过程，因此连续信源输出的消息与随机过程相对应，可以用连续型随机序列来描述，即

$$\cdots,\ X_{-i},\ \cdots X_{-1},\ X,\ X_{+1},\ \cdots,\ X_{+i},\ \cdots$$

　　其中 X_i 的取值为一连续区间实数 $[a,b]$。此外，根据各维随机变量的概率分布是否随时间的推移而变化可将信源分为平稳信源和非平稳信源，同时，根据随机变量间是否统计独立将信源分为有记忆信源和无记忆信源。

　　由于平稳随机过程抽样后的结果也是平稳随机序列，因此平稳随机序列是我们研究的主要内容。为简单起见，类似于离散信源，连续信源也是从单个连续消息开始，再推广至连续消息序列。

4.2 单维连续信源

4.2.1 数学模型

单维连续信源是指信源每次只发出一个符号代表一个消息，可用连续型随机变量来描述这些消息。其数学模型为连续型的概率空间

$$\begin{bmatrix} X \cdot P \end{bmatrix} : \begin{bmatrix} X \\ P \end{bmatrix} = \begin{bmatrix} R \in (-\infty, \infty) \\ p(x) \end{bmatrix} \tag{4.1}$$

且满足

$$p(x) \geqslant 0$$

$$\int_R p(x)\mathrm{d}x = 1 \tag{4.2}$$

式中：R 是连续随机变量 X 的取值范围，可以是全体实数集或它的某一特定区间；$p(x)$ 为连续随机变量 X 的概率密度函数，若假设概率密度函数在有限区域内分布时，则可认为在这区间之外所有概率密度函数为零。

4.2.2 信源熵

连续变量可看作离散变量的极限情况。计算连续信源的信息熵，可以借助离散信源的方法和结论来进行分析。具体讲，就是把连续消息经过时间抽样和幅度量化变成离散消息，仿照离散信源熵的方法进行计算，然后再将量化单位无限缩小，在量化单位趋于零的极限情况下，其离散信源熵对应的极限值就是连续信源的信息熵。在此过程中，主要有两个步骤。

1. 连续信源变为离散信源——用样值量化的方法实现

连续信号按抽样定理进行抽样后变成时间离散而幅度连续的样值序列，任何一个样点上的样值由概率分布密度 $p(x)$ 来决定。再对样值信号的幅度进行量化，可以把信号幅度的取值由无限多个变成有限个数。量化方法是根据接收者对信号保真度的要求，选择适当的量化单位，然后根据样点幅度所处的量化等级，选取该幅度的近似值。经过量化处理后，概率空间由概率密度 $p(x)$ 变为离散的概率值 $p(x_1)$，$p(x_2)$，…，$p(x_i)$，…，$p(x_n)$。量化后，每个样值的自信息量以及信源熵就都可以用离散信源的理论来计算。

2. 离散信源还原成连续信源——用量化级数无限增大实现

现在考虑使量化间隔无限缩小，以使得离散消息有足够多的量化级数来反映连续消息幅度变化的细节。当量化间隔趋于零时，则离散信源还原为连续信源。

（1）相对熵。假设量化前样值的幅度为 X，对应的概率密度函数为 $p(x)$，令 $X \in [a, b]$，且 $a < b$，如图 4.1 所示。我们把连续随机变量 X 的取值区间 $[a, b]$ 均匀地分割成 n 个小区间，每个区间的宽度为 $\Delta = \dfrac{b-a}{n}$。

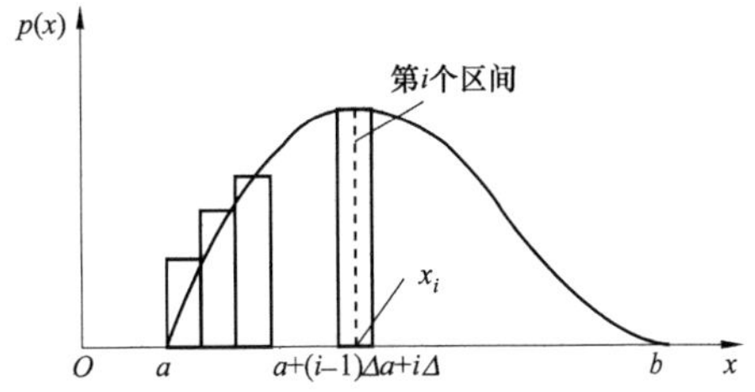

图 4.1 概率密度分布

则 X 处于第 i 个区间的概率为 P_i，由积分中值定理知

$$P_i = \int_{a+(i-1)\Delta}^{a+i\Delta} p(x)\mathrm{d}x = p(x_i) \cdot \Delta \quad (i = 1, 2, \cdots, n)$$

即当 $p(x)$ 为 x 的连续函数时，必定存在一个 x_i 值，使上式成立。这样，连续变量 X 就可用取值为 $x_i(i=1, 2, \cdots, n)$ 的离散变量 X_n 来近似。连续信源 X 就被量化成离散信源 X_n。

$$\begin{bmatrix} X_n \\ P \end{bmatrix} = \begin{bmatrix} x_1, & x_2, & \cdots, & x_n \\ p(x_1)\Delta, & p(x_2)\Delta, & \cdots, & p(x_n)\Delta \end{bmatrix}$$

再按照离散信源的信息熵的定义有

$$H(X_n) = -\sum_{i=1}^{n} P_i \cdot \log P_i$$

$$= -\sum_{i=1}^{n} p(x_i) \cdot \Delta \log[p(x_i) \cdot \Delta] \tag{4.3}$$

$$= -\sum_{i=1}^{n} p(x_i) \cdot \Delta[\log p(x_i) + \log \Delta]$$

式（4.3）是对所有的量化值求和，当 $n \to \infty$ 时，$\Delta \to 0$，离散随机变量 X_n 趋于连续随机变量 X，而离散信源的熵的极限值就是连续信源的熵。即

$$H(X) = \lim_{\Delta \to 0} H(X_n) = -\lim_{\Delta \to 0}\sum_{i=1}^{n} p(x_i)[\log p(x_i)] \cdot \Delta - \lim_{\Delta \to 0}\sum_{i=1}^{n} p(x_i)[\log \Delta] \cdot \Delta$$

$$= -\int_a^b p(x)\log p(x)\mathrm{d}x - \lim_{\Delta \to 0}\log\Delta\int_b^a p(x)\mathrm{d}x \tag{4.4}$$

$$= -\int_a^b p(x)\log p(x)\mathrm{d}x - \lim_{\Delta \to 0}\log\Delta$$

上式的第一项与离散信源的熵是一致的，且仅由 $p(x)$ 决定，是某个确定的值，从形式上，它将离散信源熵的求和运算变成了积分运算，和离散信源的熵完全对应；第二项当 $\Delta \to 0$ 时该项趋于无穷大。于是我们定义前一项取有限值的项为连续信源的信息熵，并记为 $H_C(X)$。也可表示为

$$H_C(X) = -\int_R p(x)\log p(x)\mathrm{d}x \tag{4.5}$$

$$H_C(X) = -\int_{-\infty}^{+\infty} p(x)\log p(x)\mathrm{d}x \tag{4.6}$$

其中 $R = (-\infty, +\infty)$ 表示实轴。由于定义计算连续信源信息熵的公式（4.6）是一个相对量，所以，$H_C(X)$ 也称为相对熵或者微分熵。与离散信源相同，可以根据对数的底来定义其量纲：如果对数的底取 2，则信息量的单位为比特；如果取 e，则其单位为奈特；如果取 10，则其单位为哈特。

将式（4.5）代入式（4.4）得

$$H(X) = H_C(X) - \lim_{\Delta \to 0}\log\Delta \tag{4.7}$$

$$H_C(X) = H(X) + \lim_{\Delta \to 0}\log\Delta \tag{4.8}$$

一般将式（4.7）称为连续信源的绝对熵。

由此可见，由式（4.5）所表示的熵是连续信源的熵值表达式中减去了一个无穷大量得到的差值，所以 $H_C(X)$ 也称为差熵。

这里应注意的是连续信源熵与离散信源熵具有相同的形式,但其意义不同。$H_C(X)$ 是连续信源的信息熵,而不是连续信源输出的信息量。这就是说,在离散信源中信源输出的信息量就是信源熵,两者是一个概念;但是在连续信源中则是两个概念,且在数值上不相等。我们在式(4.5)定义的连续信源的熵 $H_C(X)$ 并不是连续信源实际输出的绝对熵,而是一个相对值,其取值是有限的,而连续信源的绝对熵应该还要加上一个无限大常数项。这一点是可以理解的,因为连续信源可以假设是一个不可数的无限多个幅度值的离散信源,需要无限多个二进制位数(比特)来表示,因而它的熵为无穷大,则信源的不确定性为无限大。当确知信源输出为某值后,所获得的信息量也将为无限大。可见,$H_C(X)$ 已不能代表信源的平均不确定性大小,也不能代表连续信源输出的信息量。但仍采用式(4.5)来定义连续信源的熵,理由有二。

其一是由于它在形式上与离散熵相似。

离散熵
$$H(X) = -\sum_{i=1}^{n} p(x_i)\log p(x_i)$$

连续熵
$$H_C(X) = -\int_{-\infty}^{+\infty} p(x)\log p(x)\mathrm{d}x$$

这里用积分代替了求和,用概率密度函数代替了离散的概率分布

$$p(x_i) \leftrightarrow p(x), \qquad \sum_{i=1}^{n} \leftrightarrow \int_{-\infty}^{+\infty} p(x)$$

另一个更重要的原因是,由于在实际处理问题时,经常遇到的是熵之间的差值问题,如互信息量。在讨论熵差时,因为连续信源的条件熵、信宿熵、联合熵等都含有式(4.8)中的第二项无穷大量,只要相差的两者在离散逼近时取的间隔 Δ 是一致的,两个无穷大量就可以相互抵消。而不同分布的随机变量其相对熵是不同的,在任何包含有熵差的问题中,式(4.5)定义的连续信源的熵 $H_C(X)$ 能够表征连续信源的信息特性,在后面的讨论中,如无特别说明,连续信源的信息熵都是指相对熵。

(2)联合熵和条件熵。类似于离散信源的情形,相对熵的概念可以推广到多个连续随机变量。以两个连续随机变量 X 和 Y 的情况为例,设它们的概率密度函数分别为 $p(x)$、$p(y)$,其联合概率密度函数为 $p(xy)$,条件概率密度函数分别为 $p(x/y)$、$p(y/x)$,则连续随机变量 X 和 Y 的联合相对熵 $H_C(XY)$ 定义为

$$H_C(XY) = -\iint_{R^2} p(xy)\log p(xy)\mathrm{d}x\mathrm{d}y \tag{4.9}$$

连续随机变量 X 和 Y 的条件熵定义为

$$H_C(Y/X) = -\iint_{R^2} p(x)p(y/x)\log p(y/x)\mathrm{d}x\mathrm{d}y \tag{4.10}$$

$$H_C(X/Y) = -\iint_{R^2} p(y)p(x/y)\log p(x/y)\mathrm{d}x\mathrm{d}y \tag{4.11}$$

(3)相对熵的性质。连续信源的熵 $H_C(X)$ 是一个过渡性的概念,它可以不具有信息的全部特征。上面所定义的各种相对熵,虽然形式上和离散信源的熵相似,但在概念上不能把它作为信息熵来理解。连续信源的相对熵只具有熵的部分含义和性质。下面给出几个常用的性质。

1) 可加性。

$$H_C(XY) = H_C(X) + H_C(Y/X) \tag{4.12}$$
$$H_C(XY) = H_C(Y) + H_C(X/Y) \tag{4.13}$$
$$H_C(XY) \leqslant H_C(X) + H_C(Y) \tag{4.14}$$
$$H_C(X/Y) \leqslant H_C(X) \tag{4.15}$$
$$H_C(Y/X) \leqslant H_C(Y) \tag{4.16}$$

当且仅当 X 和 Y 统计独立时取等号。进而可得

$$H_C(XY) = H_C(X) + H_C(Y) \tag{4.17}$$

式（4.10）和式（4.11）定义的连续信源的条件熵，其物理意义和离散信源条件熵相对应，代表了信道的特性，$H_C(Y/X)$ 称为连续信道的噪声熵，$H_C(X/Y)$ 称为连续信道的疑义度。

下面证明式（4.12）。

$$
\begin{aligned}
H_C(XY) &= -\iint_{R^2} p(xy)\log p(xy)\mathrm{d}x\mathrm{d}y \\
&= -\iint_{R^2} p(xy)\log p(x)\mathrm{d}x\mathrm{d}y - \iint_{R^2} p(xy)\log p(y/x)\mathrm{d}x\mathrm{d}y \\
&= -\int_R \log p(x)\left[\int_R p(xy)\mathrm{d}y\right]\mathrm{d}x + H_C(Y/X) \\
&= H_C(X) + H_C(Y/X)
\end{aligned}
$$

其中 $\int_R p(xy)\mathrm{d}y = p(x)$。

同理，可证明式（4.13）。

2) 凸状性和极值性。相对熵 $H_C(X)$ 是输入概率密度函数 $p(x)$ 的 $\bigcap$ 型凸函数，因此，对于某一概率密度函数，可以得到相对熵的最大值。

3) 相对熵不具有非负性。相对熵可为 0，也可为负值或正值，取决于概率密度函数。在 $p(x)\leqslant 1$ 的条件下，相对熵为非负值；在 $p(x)>1$ 的条件下，相对熵为负值。

比如，对一个均匀分布的连续信源，按照定义，有

$$
\begin{aligned}
H_C(X) &= -\int_a^b \frac{1}{b-a}\log\frac{1}{b-a}\mathrm{d}x \\
&= \log(b-a)
\end{aligned}
$$

显然，当 $b-a<1$ 时，$H_C(X)<0$，这说明它不具备非负性。但值得一提的是，这个连续信源输出的信息量由于有一个无穷项存在，它仍大于 0。

4.2.3　多维连续信源的熵

上面的讨论都是针对单个样值的，而实际信源的输入和输出都是平稳随机过程。由前面的分析可知，平稳随机过程可以通过抽样，分解成取值连续的无穷平稳随机序列，因而平稳随机过程的熵也就是无穷平稳随机序列的熵。

多维连续平稳信源是指信源每次发出一个序列代表一条消息，可用多维连续型平稳随机序列 $X^N = X_1X_2\cdots X_i\cdots X_N$ 来描述，其中 X_i 为连续随机变量。对于这样的连续信源，分两种情况讨论。

1. 若随机序列各个变量是相互独立的

这种情况下，可以分别独立计算各个变量的信息熵，多维连续信源熵即为各个变量信息熵的叠加，即

$$H_C(X^N) = NH(X) \tag{4.18}$$

2. 若随机序列各个变量是相互关联的

这也是一般实际的情况，此时，必须对整个随机序列消息进行分析，即用 N 维联合概率密度 $p(x^{(N)})$ 或 $p(y^{(N)})$ 来描述序列 X^N 或序列 Y^N。此时，只需将变量 X 换成矢量 X^N，变量 Y 换成矢量 Y^N，前面讨论的相对信息熵、条件熵和平均互信息等在形式上完全相同。此时相对熵变为

$$H_C(X^N) = -\int_{-\infty}^{\infty} \cdots \int_{-\infty}^{\infty} p(x^{(N)}) \log p(x^{(N)}) \mathrm{d}x^N \tag{4.19}$$

$$H_C(Y^N) = -\int_{-\infty}^{\infty} \cdots \int_{-\infty}^{\infty} p(y^{(N)}) \log p(y^{(N)}) \mathrm{d}y^N \tag{4.20}$$

条件相对熵为

$$H_C(X^N/Y^N) = -\int_{-\infty}^{\infty} \cdots \int_{-\infty}^{\infty} p(x^{(N)} y^{(N)}) \log p(x^{(N)}/y^{(N)}) \mathrm{d}x^{(N)} \mathrm{d}y^{(N)} \tag{4.21}$$

$$H_C(Y^N/X^N) = -\int_{-\infty}^{\infty} \cdots \int_{-\infty}^{\infty} p(x^{(N)} y^{(N)}) \log p(y^{(N)}/x^{(N)}) \mathrm{d}x^N \mathrm{d}y^N \tag{4.22}$$

对于随机波形信源即随机过程 $\{x(t)\}$ 和 $\{y(t)\}$ 的相对熵可由上述各项的极限表达式（$N \to \infty$）给出。即

$$H(x(t)) \underline{\Delta} \lim_{N \to \infty} H_C(X^N) \tag{4.23}$$

$$H(y(t)) \underline{\Delta} \lim_{N \to \infty} H_C(Y^N) \tag{4.24}$$

$$H(x(t)/y(t)) \underline{\Delta} \lim_{N \to \infty} H_C(X^N/Y^N) \tag{4.25}$$

$$H(y(t)/x(t)) \underline{\Delta} \lim_{N \to \infty} H_C(Y^N/X^N) \tag{4.26}$$

对于带限（频带 $\leqslant F$）或时限 T 的平稳随机过程，可近似用有限维 $N = 2FT$ 平稳随机序列表示。于是，一个频带和时间都有限的连续时间随机过程就转化为有限维时间离散的平稳随机序列了。

由连续信源熵的可加性可以很容易推广到 N 个变量的情况。即

$$H_C(X^N) = H_C(X_1 X_2 \cdots X_N) = H_C(X_1) + H_C(X_2/X_1) + H_C(X_3/X_1 X_2) + \cdots \\ + H_C(X_N/X_1 X_2 \cdots X_{N-1}) \tag{4.27}$$

$$H_C(X^N) = H_C(X_1 X_2 \cdots X_N) \leqslant H_C(X_1) + H_C(X_{21}) + H_C(X_3) + \cdots + H_C(X_N) \tag{4.28}$$

4.2.4 连续信源的平均互信息

类似于离散信源，也可以引入连续信源的平均互信息量来描述连续消息的信息传递特性。对于连续信源或连续随机变量的平均互信息，可以按照离散信源或离散随机变量平均互信息的概念进行推广。设连续随机变量分别为 X 和 Y，其联合概率密度函数为 $p(x, y)$，边缘概率密度函数分别为 $p(x)$、$p(y)$，则连续随机变量 X 和 Y 的平均互信息表达式为

$$I(X; Y) = E_{XY}[I(x; y)] = \iint p(x, y) \log \frac{p(x, y)}{p(x) p(y)} \mathrm{d}x \mathrm{d}y \tag{4.29}$$

对于连续随机变量下的平均互信息，也可以得到与离散平均互信息时完全相似的表达式

和关系式，例如

$$I(X; Y) = H_C(X) - H_C(X/Y) \tag{4.30}$$

$$I(X; Y) = H_C(Y) - H_C(Y/X) \tag{4.31}$$

$$I(X; Y) = H_C(X) + H_C(Y) - H_C(XY) \tag{4.32}$$

$$I(X; Y) = H_C(XY) - H_C(Y/X) - H_C(X/Y) \tag{4.33}$$

$$I(X, Y) = H_C(\overline{X}) - H_C(\overline{X}/\overline{Y}) \tag{4.34}$$

$$I(X, Y) = H_C(\overline{Y}) - H_C(\overline{Y}/\overline{X}) \tag{4.35}$$

$$I(X, Y) = H_C(\overline{X}) + H_C(\overline{Y}) - H_C(\overline{XY}) \tag{4.36}$$

由式（4.30）～式（4.36）可见，在计算连续消息的平均互信息量时，相对熵和条件相对熵中的无穷大量部分抵消了，可见，它是决定于熵的差值，所以连续信源的互信息与离散信源互信息一样，它仍具有信息的一切特征，既表示了连续随机变量之间相互提供的信息量，也表示了随机变量之间统计依存程度的信息量度。由此也可推导出如下关系式。

$$I(X; Y) = I(Y; X) \tag{4.37}$$

$$I(X; Y) \geqslant 0 \tag{4.38}$$

$$I(X; Y/Z) = I(Y; X/Z) \tag{4.39}$$

$$I(XY; Z) = I(X; Z) + (Y; Z/X) \tag{4.40}$$

$$I(XY; Z) = I(Y; Z) + (X; Z/Y) \tag{4.41}$$

4.2.5　两种特殊连续信源的熵

只要给定了概率密度函数，就可以计算连续信源的微分熵，本节将计算两种特殊的连续信源的熵。

1. 均匀分布的连续信源的熵

（1）一维均匀分布连续信源 X。具有均匀分布的一维连续信源 X 的概率密度函数为

$$p(x) = \begin{cases} \dfrac{1}{b-a} & (x \in [a, b]) \\ 0 & (x \notin [a, b]) \end{cases} \tag{4.42}$$

此信源的数学模型为

$$[X \cdot P] : \begin{bmatrix} X \\ P \end{bmatrix} = \begin{bmatrix} [a, b] \\ p(x) \end{bmatrix} \tag{4.43}$$

则信源熵为

$$\begin{aligned} H_C(X) &= -\int_a^b p(\mathrm{x}) \log p(x) \mathrm{d}x \\ &= -\int_a^b \frac{1}{b-a} \log \frac{1}{b-a} \mathrm{d}x \\ &= \frac{1}{b-a} \log(b-a) \int_a^b 1 \cdot \mathrm{d}x \\ &= \log(b-a) \end{aligned} \tag{4.44}$$

（2）N 维均匀分布连续平稳信源。对于 N 维连续平稳信源 $X^N = X_1 X_2 \cdots X_N$，其分量分别在 $[a_1, b_1]$，$[a_2, b_2]$，$\cdots$，$[a_N, b_N]$ 的区域内均匀分布，即 N 维联合概率密度为

$$p(x^{(N)}) = \begin{cases} \dfrac{1}{\prod\limits_{i=1}^{N}(b_i - a_i)}, & \text{当 } x \in \prod\limits_{i=1}^{N}(b_i - a_i) \\[4mm] 0, & \text{当 } x \notin \prod\limits_{i=1}^{N}(b_i - a_i) \end{cases} \qquad (4.45)$$

则称为在 N 维区域空间均匀分布的连续平稳信源。假设 N 维矢量中各个分量彼此统计独立，即该平稳信源为无记忆信源。其满足

$$p(x^{(N)}) = p(x_1 x_2 \cdots x_N) = \prod_{i=1}^{N} p(x_i) \qquad (4.46)$$

N 维均匀分布连续信源的熵为

$$\begin{aligned} H_C(X^N) &= -\int_{-\infty}^{\infty} \cdots \int_{-\infty}^{\infty} p(x^{(N)}) \log p(x^{(N)}) \mathrm{d}x^N \\ &= -\int_{a_N}^{b_N} \cdots \int_{a_1}^{b_1} \frac{1}{\prod\limits_{i=1}^{N}(b_i - a_i)} \log \frac{1}{\prod\limits_{i=1}^{N}(b_i - a_i)} \mathrm{d}x_1 \cdots \mathrm{d}x_N \\ &= \log \prod_{i=1}^{N}(b_i - a_i) \\ &= \sum_{i=1}^{N} \log(b_i - a_i) = H_C(X_1) + H_C(X_2) + \cdots + H_C(X_N) \end{aligned} \qquad (4.47)$$

可见，N 维统计独立均匀分布连续信源的熵是 N 维区域空间的对数，其大小仅与各维区域的边界有关。这也正是信源熵总体特性的体现，因为各维区域的边界决定了概率密度函数的总体形状。另外也说明：连续随机矢量各分量独立时，其矢量熵等于各单个随机变量熵之和，这与离散信源的情形是相同的。

（3）均匀分布的波形信源。由于限频（F）、限时（T）的随机过程可用 $2FT$ 维连续随机序列来表示，假设随机序列各变量之间统计独立，并且每一变量都在 $[a, b]$ 区间内均匀分布，由式（4.47）可得限时（T）、限频（F）均匀分布的波形信源的熵为

$$H_C(X) = 2FT \log(b - a) \qquad (4.48)$$

2. 高斯分布的连续信源的熵

（1）基本高斯信源 X。基本高斯信源是指信源输出的一维随机变量 X 的概率密度分布是高斯分布。设信源 X 的取值范围是整个实数轴 R，其概率密度函数为

$$p(x) = \frac{1}{\sqrt{2\pi\sigma^2}} \mathrm{e}^{\frac{(x-m)^2}{2\sigma^2}} \qquad (4.49)$$

式中：m 为 X 的均值；σ^2 为 X 的方差。

$$\begin{cases} m = \int_{-\infty}^{\infty} x p(x) \mathrm{d}x \\[4mm] \sigma^2 = \int_{-\infty}^{\infty} (x - m)^2 p(x) \mathrm{d}x \end{cases} \qquad (4.50)$$

此信源的数学模型为

$$[X \cdot P]_: = \begin{bmatrix} X \\ P \end{bmatrix} = \begin{bmatrix} (-\infty, +\infty) \\ p(\mathrm{x}) \end{bmatrix} \tag{4.51}$$

则信源熵为

$$
\begin{aligned}
H_C(X) &= -\int_{-\infty}^{+\infty} p(x) \log(x) \mathrm{d}x \\
&= -\int_{-\infty}^{+\infty} p(x) \log\left[\frac{1}{\sqrt{2\pi\sigma^2}} \mathrm{e}^{-\frac{(x-m)^2}{2\sigma^2}} \right] \mathrm{d}x \\
&= -\int_{-\infty}^{+\infty} p(x)(-\log\sqrt{2\pi\sigma^2}) \mathrm{d}x + \int_{-\infty}^{+\infty} p(x)\left[\frac{(x-m)^2}{2\sigma^2} \right] \mathrm{d}x \log e \\
&= \log\sqrt{2\pi\sigma^2} + \frac{1}{2}\log e \\
&= \frac{1}{2}\log 2\pi e \sigma^2
\end{aligned}
\tag{4.52}
$$

上式推导中用到了

$$\log x = \log e \ln x \tag{4.53}$$

$$\int_{-\infty}^{+\infty} p(x)\mathrm{d}x = 1 \tag{4.54}$$

$$\int_{-\infty}^{+\infty} (x-m)^2 p(x)\mathrm{d}x = \sigma^2 \tag{4.55}$$

由式（4.52）的结果可见，具有高斯分布的连续信源的熵值只和方差有关，而和均值无关。这是因为，从数学的角度看，均值的变化只会引起概率密度函数曲线在横轴的左右平移，曲线的形状不会改变，曲线与横轴所夹的面积不变，即均值对高斯信源的总体特性没有任何影响；而方差的变化则会导致曲线的形状发生变化，因而熵值随之而变，这也是信源熵的总体特性的再度体现。

进一步，当 $m=0$ 时，X 的方差 σ^2 就等于信源输出的平均功率 P，即

$$P = \int_{-\infty}^{\infty} x^2 p(x)\mathrm{d}x = \sigma^2 \tag{4.56}$$

$$H_C(X) = \frac{1}{2}\log 2\pi e P \tag{4.57}$$

即正态分布相对熵仅与信号平均功率 P 有关。

（2）N 维高斯信源。如果 N 维连续平稳信源输出的 N 维连续随机序列 $X^N = X_1 X_2 \cdots X_N$ 是高斯分布，则称此信源为 N 维高斯信源。

设随机序列 X^N 的每一变量 X_i 的均值为 m_i，各变量之间的联合二阶中心矩为

$$\mu_{ij} = E[(X_i - m_i)(X_j - m_j)] \quad (i, j = 1, 2, \cdots, N)$$

这是一个 $N \times N$ 阶矩阵，令其为 D，即

$$D = \begin{bmatrix} \mu_{11} & \mu_{12} & \cdots & \mu_{1N} \\ \mu_{21} & \mu_{22} & \cdots & \mu_{2N} \\ & & \vdots & \\ \mu_{N1} & \mu_{N2} & \cdots & \mu_{NN} \end{bmatrix} \tag{4.58}$$

D 称为协方差矩阵，其中 μ_{ij} 为变量 X_i 和变量 Y_j 之间的协方差，表示两变量之间的依赖关系，且有 $\mu_{ij} = \mu_{ji}$，$i \neq j$。当 $i=j$ 时，$\mu_{ii} = \sigma^2$ 为每一变量的方差。设 $|D|$ 为矩阵 D 的行列

式，$|D_{ij}|$ 表示元素 μ_{ij} 的代数余因子，则随机序列 X^N 的概率密度为

$$p(x^{(N)}) = \frac{1}{(2\pi)^{N/2}|D|^{1/2}}\exp\Big[-\frac{1}{2|D|}\sum_{i=1}^{N}\sum_{j=1}^{N}|D|_{ij}(x_i-m_i)(x_j-m_j)\Big] \quad (4.59)$$

N 维高斯信源的相对熵为

$$\begin{aligned}
H_C(X^N) &= -\int_{-\infty}^{+\infty} p(x^{(N)})\log p(x^{(N)})\mathrm{d}x\\
&= -\int_R\cdots\int p(x^{(N)})\log\Big\{\frac{1}{(2\pi)^{N/2}|D|^{1/2}}\exp\Big[-\frac{1}{2|D|}\sum_{i=1}^{N}\sum_{j=1}^{N}|D|_{ij}(x_i-m_i)(x_j-m_j)\Big]\Big\}\mathrm{d}x_1\cdots\mathrm{d}x_N\\
&= \log(2\pi)^{N/2}|D|^{1/2}+\frac{N}{2}\log e\\
&= \log[(2\pi e)^{N/2}\cdot|D^{1/2}|]\\
&= \frac{1}{2}\log(2\pi e)^N|D|
\end{aligned}$$

$$(4.60)$$

如果 X_i 各变量之间统计独立，其协方差 $\mu_{ij}=0$，$i\neq j$，则矩阵 D 成为对角阵，并有

$$|D| = \prod_{i=1}^{N}\sigma_i^2$$

所以，N 维统计独立的高斯信源的相对熵为

$$H_C(X^N) = \frac{N}{2}\log 2\pi e(\sigma_1^2\sigma_2^2\cdots\sigma_N^2)^{=1/N} = \sum_{i=1}^{N}H_C(X_i) \quad (4.61)$$

当 $N=1$，即 X^N 为一维随机变量时，式 (4.61) 就变成式 (4.57)。

【例 4.1】 设一维连续信源 X 的取值区间为正实数，其概率密度函数服从指数分布，即

$$p(x) = \begin{cases} \frac{1}{m}\mathrm{e}^{-\frac{x}{m}} & (x\geqslant 0)\\ 0 & (x<0)\end{cases}$$

其中常数 m 是随机变量 X 的数学期望或均值，求此信源的相对熵。

此信源的数学模型为

$$[X\cdot P]: = \begin{bmatrix} X\\ P\end{bmatrix} = \begin{bmatrix}[0,+\infty)\\ p(\mathrm{x})\end{bmatrix}$$

信源熵为

$$\begin{aligned}
H_C(X) &= -\int_{-\infty}^{+\infty}p(x)\ln p(x)\mathrm{d}x\\
&= -\int p(x)\ln\frac{1}{m}\mathrm{e}^{-\frac{x}{m}}\mathrm{d}x\\
&= -\int p(x)\ln\frac{1}{m}\mathrm{d}x-\int p(x)\ln\mathrm{e}^{-\frac{x}{m}}\mathrm{d}x\\
&= \ln m\int p(x)\mathrm{d}x+\frac{1}{m}\ln e\int xp(x)\mathrm{d}x\\
&= \ln m+\ln e\\
&= \ln me
\end{aligned}$$

式中用到了

$$\int_0^\infty p(x)\mathrm{d}x = 1$$

$$m = E[X] = \int_0^\infty x p(x)\mathrm{d}x$$

由结果可见，具有指数分布的信源，其熵只取决于均值。这主要是因为指数分布的均值决定函数的总体特性。

【例 4.2】 二维高斯随机序列 X、Y 的均值和方差分别为 m_x、m_y 和 σ_x^2、σ_y^2，且相关系数为 ρ，求：

(1) $H_C(XY)$，$H_C(X)$，$H_C(Y)$；

(2) $H_C(Y/X)$，$H_C(X/Y)$；$I(X;Y)$。

由题意知 X、Y 的协方差矩阵 D 为

$$D = \begin{bmatrix} \sigma_x^2 & \rho\sigma_x\sigma_y \\ \rho\sigma_y\sigma_x & \sigma_y^2 \end{bmatrix}$$

则可由式（4.58）求得 X、Y 的联合分布密度为

$$p(xy) = \frac{1}{2\pi\sigma_x\sigma_y\sqrt{1-\rho^2}}\exp\left\{-\frac{1}{2(1-\rho^2)}\left[\frac{(x-m_x)^2}{\sigma_x^2} - \frac{2\rho(x-m_x)(y-m_y)}{\sigma_x\sigma_y} + \frac{(y-m_y)^2}{\sigma_y^2}\right]\right\}$$

(1) 根据高斯随机序列熵的公式（4.59）和式（4.52），得

$$H_C(XY) = \log(2\pi\mathrm{e}\sigma_x\sigma_y\sqrt{1-\rho^2})$$

$$H_C(X) = \frac{1}{2}\log(2\pi\mathrm{e}\sigma_x^2)$$

$$H_C(Y) = \frac{1}{2}\log(2\pi\mathrm{e}\sigma_y^2)$$

(2) 根据公式（4.12）、式（4.13）和式（4.32），得

$$H_C(X/Y) = H_C(XY) - H_C(Y) = \frac{1}{2}\log[2\pi\mathrm{e}\sigma_x^2(1-\rho^2)]$$

$$H_C(Y/X) = H_C(XY) - H_C(X) = \frac{1}{2}\log[2\pi\mathrm{e}\sigma_y^2(1-\rho^2)]$$

$$I(X;Y) = H_C(X) + H_C(Y) - H_C(XY) = -\frac{1}{2}\log(1-\rho^2)$$

4.3 连续信源的最大熵定理

对于离散信源来讲，当信源的所有消息独立等概率分布时，其熵值最大。那么对于连续信源，是否也存在着相应的概率密度函数 $p(x)$，使其相对熵达到最大？如果存在，这些概率密度函数 $p(x)$ 应该满足什么条件呢？这个问题的回答并不能一概而论。实际上，连续信源相对熵也具有极大值，只是情况与离散信源有所不同，除必须满足完备条件 $\int_R p(x)\mathrm{d}x = 1$ 外，还有其他约束条件，在不同的约束条件下，连续信源的最大熵是不同的。一般情况，在不同约束条件下，求连续信源相对熵的最大值，就是在下述若干约束条件下。

$$\int_{-\infty}^{\infty} p(x)\mathrm{d}x = 1$$

$$\int_{-\infty}^{\infty} xp(x)\mathrm{d}x = k_1$$

$$\int_{-\infty}^{\infty} (x-m)^2 p(x)\mathrm{d}x = k_2$$

$$\vdots$$

求泛函数 $H_C(X) = -\int_{-\infty}^{+\infty} p(x)\log p(x)\mathrm{d}x$ 的极大值。

在具体应用中，通常我们对连续信源感兴趣的有下面三种情况：①信源输出的峰值功率受限；②信源输出的平均功率受限；③信源输出的均值受限。下面我们对以上三种特定约束条件下的连续信源的最大熵进行讨论。

4.3.1　峰值功率受限条件下信源的最大熵

某信源输出信号的峰值功率受限为 P，是指在任何时候信源输出信号的瞬时功率都不会超过限定值，它等价于信源输出的连续随机变量 X 的取值幅度受限在 $\pm\sqrt{P}$ 内，在通信电路中常用限幅器来使其输出的信号具有这种特性。

定理 4.1　若某信源输出信号的峰值功率受限，即信号的取值被限定在某一有限范围（假设为 $[a, b]$）内，则在限定的范围内，当输出信号的概率密度函数为均匀分布时，该信源具有最大熵，其最大熵值等于 $\log (b-a)$。

证明：设 $p(x)$ 在区间 (a, b) 内服从均匀分布，故其概率密度函数为

$$p(x) = \frac{1}{b-a}, a \leqslant x \leqslant b$$

并满足约束条件

$$\int_{-\infty}^{\infty} p(x)\mathrm{d}x = 1$$

设 $q(x)$ 为不同于 $p(x)$ 的其他分布，约束条件为

$$\int_{-\infty}^{\infty} q(x)\mathrm{d}x = 1$$

则有

$$\begin{aligned}
H_{Cq}(X) - H_{Cp}(X) &= -\int_a^b q(x)\log q(x)\mathrm{d}x + \int_a^b p(x)\log p(x)\mathrm{d}x \\
&= -\int_a^b q(x)\log q(x)\mathrm{d}x - \log(b-a)\int_a^b p(x)\mathrm{d}x \\
&= -\int_a^b q(x)\log q(x)\mathrm{d}x - \log(b-a)\int_a^b q(x)\mathrm{d}x \\
&= -\int_a^b q(x)\log q(x)\mathrm{d}x + \int_a^b q(x)\log p(x)\mathrm{d}x \\
&= -\int_a^b q(x)\log \frac{p(x)}{q(x)}\mathrm{d}x \leqslant \log\left[\int_a^b q(x)\frac{p(x)}{q(x)}\mathrm{d}x\right] = 0
\end{aligned}$$

即有

$$H_{Cp}(X) \leqslant H_{Cq}(X) \tag{4.62}$$

当且仅当 $q(x) = p(x)$ 时，等式成立。由此可得信源最大熵为

$$H_C(X)_{\max} = \log(b-a) \tag{4.63}$$

该定理说明，输出信号幅度受限的连续信源，当满足均匀分布时达到最大输出熵。该结论类似于离散信源在等概率输出符号时达到最大熵。

在实际问题中，随机变量 X 的幅度限制在 $\pm b$ 之间，峰值为 $|b|$。如果把取值看作输出信号的幅度，则相应的峰值功率 $P = b^2$。所以上述定理被称为峰值功率受限条件下的最大连续熵定理。此时最大熵值为

$$H_C(X)_{\max} = \log[b-(-b)] = \log 2b = \frac{1}{2}\log 4P \tag{4.64}$$

若信源 X 为 N 维随机矢量，其取值受限时，也只有当各随机分量统计独立并为均匀分布时具有最大熵。其最大熵值为 $\log \prod\limits_{i=1}^{N}(b_i - a_i)$。其证明过程可采用与一维随机变量时相同的方法，此处不再赘述。

4.3.2　平均功率受限条件下信源的最大熵

所谓平均功率受限，是指在一定的时间区间内，信号的平均功率不会超过限定值。通信系统中的发射机输出信号、语音信号、电力系统中变压器的输出等都具有这种特性。

定理 4.2　若某信源输出信号的平均功率和均值被限定，则当其输出信号幅度的概率密度函数是高斯分布时，该信源达到最大熵值。其最大熵值等于 $\frac{1}{2}\log 2\pi eP$。

证明：设 $p(x)$ 在区间 $(-\infty, +\infty)$ 服从高斯分布，其概率密度函数和约束条件分别为

$$p(x) = \frac{1}{\sqrt{2\pi}\sigma} e^{-\frac{(x-m)^2}{2\sigma^2}}$$

$$\int\limits_{-\infty}^{\infty} p(x)\mathrm{d}x = 1$$

式中：均值 m、方差 σ^2、平均功率 P 分别如式（4.50）和式（4.56）所示。

设 $q(x)$ 为不同于 $p(x)$ 的其他分布，但约束条件与 $p(x)$ 相同，即

$$\int\limits_{-\infty}^{\infty} q(x)\mathrm{d}x = 1$$

$$m = \int\limits_{-\infty}^{\infty} xq(x)\mathrm{d}x \tag{4.65}$$

$$\sigma^2 = \int\limits_{-\infty}^{\infty} (x-m)^2 q(x)\mathrm{d}x \tag{4.66}$$

$$P = \int\limits_{-\infty}^{\infty} x^2 q(x)\mathrm{d}x \tag{4.67}$$

由于当均值 m 为 0 时，平均功率就等于方差 $\sigma^2 = P$，因此对平均功率和均值的限制就等于对方差的限制。

由题意知 $p(x)$ 服从高斯分布，则其熵为

$$H_{Cp}(X) = \frac{1}{2}\log 2\pi e\sigma^2$$

计算分布为 $q(x)$ 的信源熵

$$
\begin{aligned}
H_{Cq}(X) &= -\int_{-\infty}^{\infty} q(x)\log q(x)\mathrm{d}x \\
&= \int_{-\infty}^{\infty} q(x)\log\left[\frac{1}{q(x)}\cdot\frac{p(x)}{p(x)}\right] \\
&= -\int_{-\infty}^{\infty} q(x)\log p(x)\mathrm{d}x + \int_{-\infty}^{\infty} q(x)\log\left[\frac{p(x)}{q(x)}\right]\mathrm{d}x
\end{aligned}
\tag{4.68}
$$

由于 $\int_{-\infty}^{\infty} q(x)\log p(x)\mathrm{d}x = \int_{-\infty}^{\infty} q(x)\log\left[\frac{1}{\sqrt{2\pi\sigma^2}}e^{-\frac{(x-m)^2}{2\sigma^2}}\right]\mathrm{d}x$

$$
\begin{aligned}
&= \int_{-\infty}^{\infty} q(x)\log\frac{1}{\sqrt{2\pi\sigma^2}}\mathrm{d}x + \int_{-\infty}^{\infty} q(x)\left[\frac{(x-m)^2}{2\sigma^2}\right]\mathrm{d}x\cdot\log e \\
&= \frac{1}{2}\log 2\pi e\sigma^2
\end{aligned}
$$

根据对数变换关系

$$\log x = \log e\cdot\ln x \tag{4.69}$$

和有著名不等式

$$\ln x \leqslant x-1 \quad x>0 \tag{4.70}$$

则式（4.68）变为

$$
\begin{aligned}
H_{Cq}(X) &\leqslant \frac{1}{2}\log(2\pi e\sigma^2) + \int_{-\infty}^{\infty} q(x)\left[\frac{p(x)}{q(x)}-1\right]\mathrm{d}x \\
&= \frac{1}{2}\log(2\pi e\sigma^2) + 1 - 1 = H_{Cp}[X]
\end{aligned}
$$

故得

$$H_{Cq}(X) \leqslant H_{Cp}[X] \tag{4.71}$$

由于 $m=0$ 时，平均功率 $P=\sigma^2$，则

$$H_C(X)_{\max} = \frac{1}{2}\log 2\pi eP$$

这一结论说明，当连续信源输出信号的均值为 0、平均功率受限时，只有信源输出信号的幅度呈高斯分布时，才会有最大的熵值。这也可以理解为高斯噪声是一个最不确定的随机过程，而最大的信息量只能从最不确定的事件中获得。

对于 N 维平稳信源，也可以用类似方法证明。可以证明，当其输出的 N 维随机序列的协方差矩阵 D 受限时，N 维随机序列为高斯分布时信源的熵最大，即 N 维高斯信源的熵最大，最大值为 $\frac{1}{2}\log(2\pi e)^N|D|$。

4.3.3 均值受限条件下信源的最大熵定理

所谓均值受限，是指在一定的时间区间内，信号的平均幅度不会超过限定值。需要注意的是，均值受限允许信号的瞬时幅度超限，但只要在考虑的时间区间里取平均后其幅度不超限。

定理 4.3 若某连续信源 X 输出非负信号的均值被限定，则其输出信号幅度为指数分布

时，连续信源 X 达到最大熵值，其最大熵值为 $\log_2 em$。

证明：设 $p(x)$ 在区间（0，∞）服从指数分布，且其约束条件为

$$\int_{-\infty}^{\infty} xp(x)\mathrm{d}x = m$$

设 $q(x)$ 为不同于 $p(x)$ 的其他分布，其约束条件为

$$\int_{-\infty}^{\infty} xq(x)\mathrm{d}x = m$$

因为 $p(x)$ 服从指数分布，故其概率密度函数为

$$p(x) = \frac{1}{m}\mathrm{e}^{-\frac{x}{a}},\ x > 0$$

由（4.68）可得

$$
\begin{aligned}
H_{Cq}(X) &= -\int_{-\infty}^{\infty} q(x)\log q(x)\mathrm{d}x \\
&= -\int_{-\infty}^{\infty} q(x)\log p(x)\mathrm{d}x + \int_{-\infty}^{\infty} q(x)\log\left[\frac{p(x)}{q(x)}\right]\mathrm{d}x
\end{aligned}
\tag{4.72}
$$

由于 $\displaystyle\int_{-\infty}^{\infty} q(x)\log p(x)\mathrm{d}x = \int_{-\infty}^{\infty} q(x)\log\left[\frac{1}{m}\mathrm{e}^{-\frac{x}{m}}\right]\mathrm{d}x$

$$
\begin{aligned}
&= \int_{-\infty}^{\infty} q(x)\log\frac{1}{m}\mathrm{d}x + \int_{-\infty}^{\infty} q(x)\left[-\frac{x}{m}\right]\mathrm{d}x \cdot \log e \\
&= -\log me
\end{aligned}
$$

根据式（4.69）及式（4.70），式（4.72）变为

$$
\begin{aligned}
H_{Cq}(X) &\leqslant \log(me) + \int_{-\infty}^{\infty} q(x)\left[\frac{p(x)}{q(x)} - 1\right]\mathrm{d}x \\
&= \log me + 1 - 1 = H_{Cp}[X]
\end{aligned}
$$

故得

$$H_{Cq}(X) \leqslant H_{Cp}[X] \tag{4.73}$$

即

$$H_C(x)_{\max} = \log me \tag{4.74}$$

该定理说明取值为非负数、均值受限的连续信源，当它呈指数分布时达到最大熵值，且其最大熵值仅取决于被限定的均值。

综上所述，连续信源与离散信源不同，它不存在绝对的最大熵，其最大熵与信源的限制条件有关，在不同的限制条件下，有不同的最大连续熵值。

4.4 熵 功 率

由上节的讨论可知，当连续信源的平均功率和均值被限定时，其输出信号幅度的概率密度函数 $p(x)$ 是高斯分布时，该信源达到最大熵值。令其平均功率限定为 P，其最大熵为 $H_C(X)_{\max} = \frac{1}{2}\log 2\pi eP$。若取自然对数，则有

$H_C(X)_{\max} = \frac{1}{2}\ln 2\pi eP$，此时对应的平均功率为

$$P = \frac{1}{2\pi e}\mathrm{e}^{2H_c(X)_{\max}} \tag{4.75}$$

　　若信号 X 的平均功率仍然受限为 P，但不是高斯分布，则它的熵值一定小于高斯信源的熵。为此，引进一个"熵功率"的概念。若平均功率为 P 的非高斯信源具有熵为 H_c，此时其概率密度函数为 $q(x)$，称熵也为 H_c 的高斯信源的平均功率为熵功率 $\overline{P}$，即熵功率是

$$\overline{P} = \frac{1}{2\pi e}e^{2H_c} \tag{4.76}$$

　　也就是说，熵功率 $\overline{P}$ 就是与平均功率为 P 的非高斯分布的信源具有相同熵的高斯信源的平均功率。

　　由于当平均功率受限时一般信源的熵小于高斯分布信源的熵，所以信号的熵功率总小于信号的实际平均功率 P，即

$$\overline{P} \leqslant P \tag{4.77}$$

　　当且仅当 X 服从高斯分布时，等号成立，熵功率等于平均功率。

　　定义熵功率是为了衡量某一信源的熵与同样平均功率限制下的高斯分布信源（具有最大熵值的信源）的熵的差距。也就是说熵功率的大小可以表示连续信源剩余度的大小。连续信源的剩余度定义为

$$I_{p,q} = P - \overline{P} \tag{4.78}$$

　　如果熵功率等于信号平均功率，就表示信源没有剩余。可见，只有高斯分布的信源，其剩余度才为零。

　　因为实际的信号平均功率总是受限的，这时若信号服从高斯分布则其熵值最大。从信息传输的角度来看，我们可以得到一个结论：在平均功率受限的信道上，最有效的信号应该是具有高斯分布特性的信号。如果从噪声对通信的影响角度来看，若信道中的噪声服从高斯分布，则它的危害最大。这是因为，在各类噪声中，服从高斯分布的噪声的熵功率最大。这样，它引起的信道上的噪声熵 $H_c(Y/X)$ 和疑义度 $H_c(X/Y)$ 也最大，而平均互信息 $I(X,Y)=H_c(X)-H_c(X/Y)==H_c(Y)-H_c(Y/X)$，显然，$H_c(Y/X)$ 或 $H_c(X/Y)$ 达到最大值时，平均互信息必然最小。

习　　题

　　4.1　设连续信源 x 的幅值受限，$-M<x<M$。且
$$f_x(x) = \begin{cases} 1/2M & -M<x<M \\ 0 & |x|>M \end{cases}$$
求其微分熵。

　　4.2　一个随机变量 X 的概率密度函数 $p(x)=kx$，$0\leqslant x\leqslant 2V$，求该信源的相对熵。

　　4.3　给定语音样值 X 的概率密度为 $p(x)=\frac{1}{2}\lambda e^{-\lambda/x}$，$-\infty<x<\infty$，求 $H_c(X)$，并证明它小于同样方差的正态变量的连续熵。

　　4.4　设一个连续随机变量的概率密度为 $p(x)=\begin{cases} A\cos x, & |x|\leqslant\pi/2 \\ 0, & 其他 \end{cases}$

又有 $\int_{-\pi/2}^{\pi/2} p(x)\mathrm{d}x = 1$，求此随机变量的熵。

4.5　设有一连续随机变量，其概率密度函数为

$$p(x) = \begin{cases} bx^2, & 0 \leqslant x \leqslant a \\ 0, & \text{other} \end{cases}$$

（1）试求信源 X 的熵 $H_C(X)$。

（2）试求 $Y = X + A (A > 0)$ 的熵 $H_C(Y)$。

（3）试求 $Y = 2X$ 的熵 $H_C(Y)$。

5 信 道 与 信 道 容 量

 **本章重点**

（1）信道容量的定义及分类。
（2）离散单符号信道的定义及其容量的计算。
（3）离散无记忆扩展信道的定义及其容量的计算。
（4）组合信道及其容量的计算。
（5）连续信道及其容量的计算。
（6）多用户信道及其容量的计算。

信道是构成信息传输系统的重要部分，是信息论中与信源并列的另一个主要研究对象，其承担着信息传输和信息存储的任务。在物理信道给定的条件下，人们总是希望能够充分利用信道，传输最多的信息。研究信道的主要目的是为了描述、度量、分析不同类型的信道，研究信道中能够传输或存储的最大信息量问题，即信道容量问题。

本章首先介绍信道的种类和描述，并引出信道容量的概念。接着通过对离散单符号信道的数学模型和统计特性的分析，导出影响信道容量的因素，并定性地给出要达到信道容量的相关方法，进而从离散单符号信道导出扩展信道及连续信道的信道容量，最后通过对信道容量的分析，得出与信道匹配的信源输出符号统计特性的要求。

5.1 信 道 的 描 述 及 分 类

通过第 3 章的讨论，可知信源输出的是携带信息的消息，而消息必须转换成信号才可以在信道中传输或存储，最后到达信宿，因此信道是用来存储和传输信息的。在实际的通信系统中，物理信道的种类很多，包含的设备也各式各样。可根据载荷和存储消息媒体的不同，把信道分成邮递信道、电信道、磁信道、光信道、声信道等。而在本书中，不研究这些信号在信道中传输的物理过程，也不研究在信道中传输或存储过程所遵循的不同规律，只是将信道用其输入、输出的统计关系模型来描述，并按其输入、输出的数学特点及其输入、输出的信号之间关系的数学特点进行分类。

5.1.1 信道的描述

信道是信息传输的媒介或者通道，信道有输入端也有输出端，它可以将输入端的事件变换成输出端的事件，所以信道也可视为一个变换器，一般来说信息论中把任何一个有输入、输出的系统都可以看成一个信道，且其输入和输出的物理位置的选择取决于研究者的兴趣，当信道的输入信号、输出信号及它们之间的变换关系确定了，那么信道的全部特性就确定了。由于通信系统中的噪声和其他干扰的影响，信道的这种变换一般并不是从输入符号到输出符号之间的简单的一一对应的映射，而是一种统计依赖关系。由于信息论并不研究信号在信道中传输的具体物理规律和过程，只关注信息在信道中传输的普遍规律，即只关心传输的

图 5.1　信道的基本模型

结果或输入、输出之间的关系。所以信道可看作一个黑盒子，它联系输入和输出，其基本模型如图 5.1 所示。

假定任意特定的输入事件 X 都可能以某种概率变换为任一输出事件 Y，这个概率我们把它称为信道转移概率或信道传递概率，用 $p(y/x)$ 表示，它确切地描述了信道本身的统计特性，因此，图 5.1 所示的信道基本模型可用概率空间描述为 $\{XP(Y/X)Y\}$。

5.1.2　信道的分类

信道可从不同的角度加以分类，本书从方便研究信道容量的角度进行分类。

1. 根据信道输入、输出随机信号在幅度和时间上的取值是离散的还是连续的进行分类

(1) 离散信道。信道的输入、输出都取离散值。

(2) 连续信道。信道的输入、输出都取连续值。

(3) 半连续信道。信道的输入和输出中一个取离散值，另一个取连续值。

(4) 波形信道。信道的输入和输出都是时间的连续随机函数 $x(t)$、$y(t)$。

2. 根据信道输入、输出随机变量个数的多少进行分类

(1) 单符号信道。信道的输入、输出端都只用一个随机变量来表示。

(2) 多符号信道。信道的输入、输出端用随机变量序列或随机矢量来表示。

3. 根据信道输入、输出随机信号个数的多少进行分类

(1) 单用户信道。信道只有一个输入和一个输出。

(2) 多用户信道。信道在输入端和输出端中至少有一端有两个以上的用户。

在实际应用中，如计算机通信、移动通信、卫星通信等，它们的信道都可以抽象为多用户信道。

4. 根据信道输入和输出之间关系的记忆性进行分类

(1) 无记忆信道。信道的输出只与信道该时刻的输入有关，而与其他时刻的输入无关。

(2) 有记忆信道。信道的输出不但与信道该时刻的输入有关，而且还与以前时刻的输入有关。

实际的信道一般均为有记忆的，信道中的记忆现象来源于物理信道中的惯性元件，如电缆信道中的电感电容、无线信道中电波传布的衰落现象等。

5. 根据信道的输入和输出信号之间的关系是否确定进行分类

(1) 有噪（扰）信道。信道中存在干扰或者噪声，或两者都有，信道输入、输出之间的关系是一种确定统计依存的关系。实际信道一般均为有噪信道。

(2) 无噪（扰）信道。信道中不存在干扰或者噪声，信道输入、输出之间的关系是一种确定的关系。无噪信道是一种理想信道，在实际中特别是在无线通信中很少碰到，但在某种情况下，信道中的噪声和干扰与有用信号相比很小，因而可以忽略不计，这时的有噪信道可以理想化为无噪信道。如计算机和外设之间的信道可看作无噪信道。无噪信道可作为衡量其他信道特性的参考。

5.1.3　信道容量

我们研究各类信道的目的就是讨论信道中平均每一个符号所能传输或存储的最大信息量，即信道容量问题。假如信源熵为 $H(X)$，那希望信道的输出端接收的信息量就是 $H(X)$。但是由于干扰的存在，一般情况下，在输出端只能接收到 $I(X;Y)$。它是平均意义上每传送

一个符号流经信道的平均信息量。从这个意义上来讲，可以认为 $I(X；Y)$ 就是信道的信息传输率（或简称信息率）。

即
$$R = I(X；Y) = H(X) - H(X/Y)(\text{bit/符号}) \tag{5.1a}$$

有时我们最关心的是信道在单位时间内（一般以秒为单位）平均传输的信息量。若平均传输一个符合需要 t 秒钟，则信道每秒钟平均传输的信息量为

$$R_t = \frac{1}{t}I(X;Y) = \frac{1}{t}H(X) - \frac{1}{t}H(X/Y)(\text{bit/s}) \tag{5.1b}$$

式中：R_t 为信息传输速率。

由式（2.51a）可知，$I(X；Y)$ 是信源无条件概率 $p(x)$ 和信道转移概率 $p(y/x)$ 的二元函数，当信道特性 $p(y/x)$ 固定后，$I(X；Y)$ 随信源概率分布 $p(x)$ 的变化而变化，调整 $p(x)$，在接收端就能获得不同的信息量。同时，考虑到 $I(X；Y)$ 还是输入随机变量 X 的概率分布 $p(x_i)$ 的上凸函数，那么对于一个固定的信道总能找到某一种概率分布 $p(x)$（即某一种信源），使信道所能传输的信息量最大，即每一个信道都有一个最大的信息传输率。我们定义这个最大的信息传输率为信道容量 C，即

$$C = \max_{P(x)}\{I(X；Y)\} \tag{5.2}$$

其单位为 bit/符号或 net/符号，而对应的输入概率分布称为最佳输入分布。

若信道平均传输一个符号需要 t 秒钟，则单位时间内信道平均传输的最大信息量为

$$C_t = \frac{1}{t}\max_{P(x_i)}\{I(X；Y)\} \tag{5.3}$$

式中：C_t 实际上就是信道的最大信息传输速率，一般仍称之为信道容量，其单位为 bit/s。

可以看出，在输入信源概率分布 $\{p(x_i)\}$ 调整好后，信道容量 C 已经和输入信源的概率分布 $p(x_i)$ 无关，而只与信道的统计特性 $p(y/x)$ 有关。

5.2 离散无记忆单符号信道及其容量

5.2.1 离散无记忆单符号信道的数学模型

如果信道的输入、输出都用一个随机变量来表示，且都取离散值，这种信道就称为单符号离散信道。再进一步，如果单符号离散信道的输出只与信道该时刻的输入有关而与其他时刻的输入无关，则该信道是无记忆的，我们称此类信道为离散无记忆单符号信道。

设离散无记忆单符号信道的输入变量为 X，取值于 $(x_1, x_2, \cdots, x_i, \cdots, x_n)$，即
$$X = \{x_1, x_2, \cdots, x_i, \cdots, x_n\} \tag{5.4}$$
对应的输出变量为 Y，取值于 $(y_1, y_2, \cdots, y_j, \cdots, y_m)$，即
$$Y = \{y_1, y_2, \cdots, y_j, \cdots, y_m\} \tag{5.5}$$
信道特性可由转移概率 $p(y/x)$ 来描述，则有
$$p(y/x) = p(y=y_i/x=x_i) = p(y_i/x_i)$$
$$(i=1, 2, \cdots, n; j=1, 2, \cdots, m) \tag{5.6}$$
离散无记忆单符号信道模型如图 5.2 所示。

由于信道中有干扰（噪声）存在，因此当信道输入为 $x=x_i$ 时，输出是哪个符号 y，事先无法确定，但信道输出一定是 $y_1, y_2, \cdots,$

$X \longrightarrow \boxed{p(y/x_i)} \longrightarrow Y$

图 5.2 离散无记忆单符号信道的数学模型

y_j，…，y_m中的一个。即有

$$\sum_{j=1}^{m} p(y_j/x_i) = 1 \quad (i=1, 2, \cdots, n) \tag{5.7}$$

$$p(y_j/x_i) \geqslant 0 \quad (i=1, 2, \cdots, n; j=1, 2, \cdots, m) \tag{5.8}$$

信道的干扰使输入信号 X 在传输中发生错误，这种信道干扰对传输的影响可以用转移概率 $p(y_j/x_i)$ 来描述。因此，信道转移概率实际上是一个转移概率矩阵（简称信道矩阵）。若行表示输入 X，列表示输出 Y，则图 5.2 所示的信道矩阵为 n 行 m 列矩阵。

$$\begin{array}{c} \quad\quad y_1 \quad\quad\quad y_2 \quad\quad \cdots \quad\quad y_m \\ \begin{array}{c} x_1 \\ x_2 \\ \vdots \\ x_n \end{array} \begin{bmatrix} p(y_1/x_1) & p(y_2/x_1) & \cdots & p(y_m/x_1) \\ p(y_1/x_2) & p(y_2/x_2) & \cdots & p(y_m/x_2) \\ \vdots & \vdots & \vdots & \vdots \\ p(y_1/x_n) & p(y_2/x_n) & \cdots & p(y_m/x_n) \end{bmatrix} \end{array} \tag{5.9}$$

式中：$0 \leqslant p(y_j/x_i) \leqslant 1$，$i=1, 2, \cdots, n$；$j=1, 2, \cdots, m$；且 $\sum_{j=1}^{m} p(y_j/x_i) = 1 (i=1, 2, \cdots, n;)$。

式（5.9）是已知输入 X 的情况下，信道输出 Y 表现出来的统计特性。它描述的是信道输入和输出之间的依赖关系。如果这个矩阵给出，信道特性就完全确定了。反过来，若已知输出 Y，要考察输入 X 的统计变化规律，用反向条件概率 $p(x_i/y_i)$ 也可以描述信道两端的相互依赖关系。$p(x_i/y_j)$ 称为反信道转移概率，由它所构造的矩阵称为反信道矩阵。该矩阵为 m 行 n 列矩阵。

$$\begin{array}{c} \quad\quad x_1 \quad\quad\quad x_2 \quad\quad \cdots \quad\quad x_n \\ \begin{array}{c} y_1 \\ y_2 \\ \vdots \\ y_m \end{array} \begin{bmatrix} p(x_1/y_1) & p(x_2/y_1) & \cdots & p(x_n/y_1) \\ p(x_1/y_2) & p(x_2/y_2) & \cdots & p(x_n/y_2) \\ \vdots & \vdots & \vdots & \vdots \\ p(x_1/y_m) & p(x_2/y_m) & \cdots & p(x_n/y_m) \end{bmatrix} \end{array} \tag{5.10}$$

同样，式中 $0 \leqslant p(x_i/y_j) \leqslant 1$，$i=1, 2, \cdots, n$；$j=1, 2, \cdots, m$；另外，离散信道的特性也可用香农线图来描述，如图 5.3 所示。在香农线图中可清楚地看到信道中每个消息的条件转移关系。

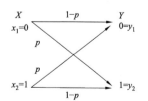

图 5.3 二元有噪离散
信道的香农线图

【例 5.1】 给定一个离散信道，其输入输出符号均取之于 {0,1}。又有转移概率

$$p(y_1 \mid x_1) = p(0 \mid 0) = 1-p = \bar{p}$$

$$p(y_2 \mid x_2) = p(1 \mid 1) = 1-p = \bar{p}$$

$$p(y_1 \mid x_2) = p(0 \mid 1) = p$$

$$p(y_2 \mid x_1) = p(1 \mid 0) = p$$

请写出该信道的转移概率矩阵。

此时 $n=m=2$，而且 $x_1=y_1=0$，$x_2=y_2=1$，于是可得信道转移概率矩阵 p 为

$$[p] = \begin{matrix} & 0 & 1 \\ \begin{matrix} 0 \\ 1 \end{matrix} & \begin{bmatrix} 1-p & p \\ p & 1-p \end{bmatrix} \end{matrix} \qquad (5.11)$$

可见，这些转移概率满足

$$\sum_{j=1}^{2} p(y_j \mid x_1) = \sum_{j=1}^{2} p(y_j \mid x_2) = 1$$

该离散信道我们称它为二元对称信道（Binary Symmetric Channel，BSC）。这是一类特殊的信道，其特点是信道矩阵有很强的对称性。信道转移图如图 5.4 所示。

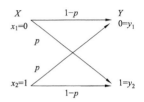

图 5.4 二元对称信道

【例 5.2】 有一离散信道，它的输入符号 $X \in \{0, 1\}$，输出符号 $Y \in \{0, 1, 2\}$，又有转移概率

$$p(y_1 \mid x_1) = p(0 \mid 0) = p \qquad p(y_2 \mid x_1) = p(2 \mid 0) = 1-p$$
$$p(y_3 \mid x_1) = p(1 \mid 0) = 0 \qquad p(y_1 \mid x_2) = p(0 \mid 1) = 0$$
$$p(y_2 \mid x_2) = p(2 \mid 1) = 1-p \qquad p(y_3 \mid x_2) = p(1 \mid 1) = p$$

请写出该信道的转移概率矩阵。

此时 $n=2$，$m=3$。于是可得信道转移概率矩阵 p 为

$$[p] = \begin{matrix} & 0 & 2 & 1 \\ \begin{matrix} 0 \\ 1 \end{matrix} & \begin{bmatrix} p & 1-p & 0 \\ 0 & 1-q & q \end{bmatrix} \end{matrix} \qquad (5.12)$$

该离散信道我们称它为二元删除信道（Binary Erasure Channel，BEC）。

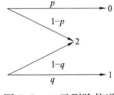

信道转移图如图 5.5 所示。

图 5.5 二元删除信道

二元删除信道也是一种特殊信道，它存在于下述情况：当信号传输中失真较大时，在接收端并不是对接收到的信号硬性判为 0 或 1，而是根据最佳接收机额外给出的信道失真信息增加一个中间状态 2（称为删除符号），采用特定的纠删编码，可有效恢复出这个中间状态的正确取值。

5.2.2 离散无噪信道的信道容量

由平均互信息与熵的关系式 （2.52a）、（2.52b）可得

$$H(X/Y) = H(X) - I(X; Y) \qquad (5.13)$$
$$H(Y/X) = H(Y) - I(X; Y) \qquad (5.14)$$

式 （5.13）表示接收到 Y 后关于 X 的平均不确定性（疑义），这种对 X 尚存在的不确定性是由于信道干扰而引起的，故 $H(X/Y)$ 称信道疑义度。另一方面，$H(X/Y)$ 还表示信源 X 通过有噪信道传输后所引起的信息量的损失，故也称为损失熵。因而信源 X 的熵就等于接收到的信息量加上损失掉的信息量。而 $H(Y/X)$ 表示已知 X 的条件下，对于随机变量 Y 尚存在的不确定性，这完全是由信道噪声引起的，故 $H(Y/X)$ 称为噪声熵，它反映了信道中噪声源的不确定性。因而输出端 Y 的熵 $H(Y)$ 等于接收到的关于 X 的信息量 $I(X; Y)$ 加上噪声熵 $H(Y/X)$。

在离散信道中，若信道的损失熵等于零，则称此类信道为无损信道；若信道的噪声熵等于零，则称此类信道为无噪信道；若信道的噪声熵和损失熵同时等于零，则称其为无噪无损

信道。下面我们来分析这三类信道的信道容量又分别有何特性。

1. 无噪无损信道

无噪无损信道是指信道的输入和输出符号之间有确定的一一对应关系，这种信道如图 5.6 所示。它的输入 X 和输出 Y 符号集的元素个数相等，即 $n=m$。它的信道转移矩阵如图 5.7 所示。

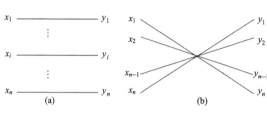

图 5.6　无噪无损信道转移图

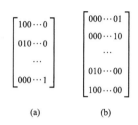

图 5.7　无噪无损信道转移矩阵

其信道转移概率可表示为

$$p(y_j/x_i) = \begin{cases} 0 & i \neq j \\ 1 & i = j \end{cases} \quad (i, j = 1, 2, 3, \cdots, n) \tag{5.15}$$

在此信道中，因为输入和输出符号一一对应，所以接收到输出符号 Y 后对于输入 X 不存在任何不确定性，这时，接收到的平均信息量就是输入信源所提供的信息量，在信道中没有任何信息的损失，即损失熵 $H(X/Y)$ 等于零。同时，由于输入和输出符号一一对应，所以信道的噪声熵 $H(Y/X)$ 也等于零，故有

$$I(X; Y) = H(X) = H(Y) \tag{5.16}$$

根据信道容量的定义，有

$$C = \max_{P(x)}\{I(X;Y)\} = \max_{P(x)} H(X) = \log_2 n \tag{5.17}$$

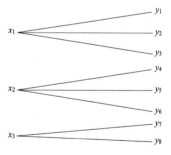

图 5.8　有噪无损信道举例

上式表明当信源呈等概率分布时，具有一一对应的确定关系的无噪无损信道达到信道容量，其值就是信源 X 的最大熵值。该结果还表明，信道容量只取决于信道的输入符号数 n，与信源无关，是表征信道特性的一个参量。

2. 有噪无损信道

无损信道是指一个输入 X 值同时对应多个输出 Y 值，并且每个 X 值对应的 Y 值都不相同，这种信道如图 5.8 所示。它的输入 X 符号集元素个数小于输出 Y 符号集的元素个数。其转移矩阵如图 5.9 所示。

$$\begin{bmatrix} \left(\frac{y_1}{x_1}\right) & p\left(\frac{y_2}{x_1}\right) & p\left(\frac{y_3}{x_1}\right) & 0 & 0 & 0 & 0 & 0 \\ 0 & 0 & 0 & p\left(\frac{y_4}{x_2}\right) & p\left(\frac{y_5}{x_2}\right) & p\left(\frac{y_6}{x_2}\right) & 0 & 0 \\ 0 & 0 & 0 & 0 & 0 & 0 & p\left(\frac{y_7}{x_3}\right) & p\left(\frac{y_8}{x_3}\right) \end{bmatrix}$$

图 5.9　有噪无损信道转移矩阵举例

由图 5.8 可知，当接收到信道输出 Y 后，对发送的 X 符号是完全确定的，即信道的损失熵 $H(X/Y)=0$，但当发出 X 后，我们不能完全确定接收的 Y 符号是哪一个，所以信道的噪声熵 $H(Y/X)\neq0$。又从图 5.9 可以看出，此时的信道转移矩阵中的每一列有且仅有一个非零元素。综上所述，当信道的转移矩阵中每一列有且仅有一个非零元素时，该信道定是有噪无损信道。

因此，此类信道的平均互信息量为

$$I(X;Y) = H(X) < H(Y) \tag{5.18}$$

显然其信道容量

$$C = \max_{P(x_i)} I(X;Y) = \max_{P(x_i)} H(X) = \log_2 n \ (\text{bit/ 符号}) \tag{5.19}$$

式（5.19）表明当信源呈等概率分布时，具有扩展性能的无损信道达到信道容量，其值就是信源 X 的最大熵值。

3. 无噪有损信道

无噪有损信道是指多个输入 X 值对应一个输出 Y 值，并且每个 Y 值对应的 X 值都不相同，这种信道如图 5.10 所示。它的输入 X 符号集元素个数大于输出 Y 符号集的元素个数。其转移矩阵如图 5.11 所示。

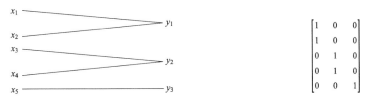

图 5.10　无噪有损信道举例　　　　图 5.11　无噪有损信道转移矩阵举例

由图 5.10 可以看出，此类信道正好和无损信道相反，当发出 X 符号后，接收到的 Y 符号是完全确定的，即信道的噪声熵 $H(Y/X)=0$；而当接收到 Y 符号后，并不能确定发送的是 X 的哪一个符号，所以信道的损失熵 $H(X/Y)\neq0$。同样从图 5.11 可以看出，此时的信道转移矩阵中的每一行有且仅有一个非零元素"1"。综上所述，当信道的转移矩阵中每一行有且仅有一个非零元素"1"时，该信道一定是无噪有损信道。

因此，此类信道的平均互信息量为

$$I(X;Y) = H(Y) < H(X) \tag{5.20}$$

显然其信道容量

$$C = \max_{P(x_i)} I(X;Y) = \max_{P(x_i)} H(Y) = \log_2 m \ (\text{bit/ 符号}) \tag{5.21}$$

上式表明当输出符号 Y 呈等概率分布时，具有归并性能的无噪有损信道达到信道容量，其值就是输出符号 Y 的最大熵值。而要使输出符号 Y 达到等概率分布，就必须调整输入符号 X 的概率分布。可以通过输入符号 X 分布概率 $p(x)$、信道转移概率 $p(y/x)$ 及输出符号 Y 分布概率 $p(y)$ 之间的关系式，即

$$p(y_j) = \sum_{i=1}^{n} p(y_j/x_i) p(x_i) \tag{5.22}$$

来实现调整输入符号分布概率 $p(x)$ 使输出符号达到等概率分布。

综合以上三种无噪信道的分析，我们得出一个结论，无噪信道的信道容量 C 只取决于信道的输入符号数 n，或输出符号数 m，与信源无关，是表征信道特性的一个参量。

【例 5.3】 设某离散信道输入符号 $X \in \{x_1, x_2, x_3\}$，其分布为

$$p(x_1) = p(x_3) = \frac{1}{2}, \quad p(x_2) = 0；输出符号 Y \in \{y_1, y_2, y_3\}，信道转移矩阵为$$

$$P = \begin{array}{c} x_1 \\ x_2 \\ x_3 \end{array} \begin{bmatrix} 0.7 & 0.3 & 0 \\ \frac{1}{3} & \frac{1}{3} & \frac{1}{3} \\ 0 & 0.3 & 0.7 \end{bmatrix} \begin{array}{c} y_1 \quad y_2 \quad y_3 \end{array}$$

求该信道的信道容量。

由式（5.22）可求得

$$p(y_1) = p(y_3) = 0.35, \quad p(y_2) = 0$$

通过计算可得

$$I(x_1;Y) = \sum_{j=1}^{3} p(y_j \mid x_1) \log_2 \frac{p(y_j \mid x_1)}{p(y_j)} = 0.7$$

$$I(x_3;Y) = \sum_{j=1}^{3} p(y_j \mid x_3) \log_2 \frac{p(y_j \mid x_3)}{p(y_j)} = 0.7$$

$$I(x_2;Y) = \sum_{j=1}^{3} p(y_j \mid x_2) \log_2 \frac{p(y_j \mid x_2)}{p(y_j)} = 0$$

可见，此输入概率分布满足

$$\begin{cases} I(x_i;Y) = 0.7, \ p(x_i) \neq 0 \quad 的所有 x_i \\ I(x_i;Y) < 0.7, \ p(x_i) = 0 \quad 的所有 x_i \end{cases}$$

因此，求得这个信道的信道容量为

$$C = 0.7(\text{bit}/符号)$$

5.2.3 强对称信道的信道容量

离散信道中有一种特殊的信道，其特点是信道矩阵具有很强的对称性。此时，输入符号 X 集合中的元素个数等于输出符号 Y 集合中的元素个数，即 $X \in \{x_1, x_2, \cdots, x_i, \cdots, x_n\}$，$Y \in \{y_1, y_2, \cdots, y_i, \cdots, y_n\}$，信道矩阵中每一个符号的正确转移概率都是 $\bar{p} = 1-p$，其他 $n-1$ 个符号的错误转移概率为 $\frac{p}{n-1}$，信道转移矩阵为 $n*n$ 阶对称矩阵，如图 5.12 所示。

$$[p]_{n \times n} = \begin{bmatrix} \bar{p} & \frac{p}{n-1} & \cdots & \cdots & \frac{p}{n-1} \\ \frac{p}{n-1} & \bar{p} & \frac{p}{n-1} & & \frac{p}{n-1} \\ \cdots & \cdots & \cdots & & \cdots \\ \frac{p}{n-1} & \frac{p}{n-1} & \cdots & & \bar{p} \end{bmatrix}$$

图 5.12 强对称信道转移矩阵

上述信道就称为强对称信道或均匀信道。这类信道中总的错误概率为 p，平均地分配给了 $n-1$ 个输出符号。通常情况下，一般离散信道中，每列之和不一定等于 1，从该信道转移矩阵可以看出，它的每一行及每一列之和都等于 1，并且每一行、每一列都是集合 $\left\{ \bar{p}, \underbrace{\frac{p}{n-1} \cdots \frac{p}{n-1}}_{(n-1)个} \right\}$ 中各个元素的不同排列。其平均互信息量可表示为

$$I(X;Y) = H(Y) - H(Y/X) \tag{5.23}$$

其中条件熵

$$H(Y/X) = -\sum_{i=1}^{n}\sum_{j=1}^{n} p(x_i)p(y_j/x_i)\log_2 p(y_j/x_i) = \sum_{i=1}^{n} p(x_i)H_{ni} \qquad (5.24)$$

上式中
$$H_{ni} = -\sum_{j=1}^{n} p(y_j/x_i)\log_2 p(y_j/x_i) \qquad (5.25)$$

式（5.25）表示固定 $X=x_i$ 时对 Y 求和，相当于在信道矩阵中选定了某一行，对该行上各列元素的自信息量求加权和。由于信道的对称性，每一行都是同一集合诸元素的不同排列，所以

$$H_{ni} = -\bar{p}\log_2\bar{p} - (n-1)\times\left(\frac{p}{n-1}\log_2\frac{p}{n-1}\right)$$
$$= H(\bar{p}, \frac{p}{n-1}, \cdots, \frac{p}{n-1}) \qquad (5.26)$$

于是得信道容量
$$C = \max_{p(x_i)}[H(Y) - H_{ni}] \qquad (5.27)$$

式（5.26）中的 H_{ni} 只取决于信道总的错误转移概率 p 和输入（输出）符号数 n，考虑到 p 和 n 是信道本身的固定参数，与输入信源无关，因此强对称信道的信道容量也变成求一种输入分布 $p(x_i)$ 使 $H(Y)$ 取最大值的问题了。即有

$$C = \max_{p(x_i)}[H(Y) - H_{ni}]$$
$$= \max_{p(x_i)}[H(Y)] - H_{ni} \qquad (5.28)$$

输出随机变量 Y 的熵 $H(Y)$ 的最大值，一定是当输出随机变量 Y 等概率分布时达到的最大熵值 $\log_2 n$，所以由式（5.28）可得强对称离散信道的信道容量

$$C = \log_2 n - H_{ni} \qquad (5.29)$$

现在的问题在于信源 X 服从什么概率分布，才能使输出随机变量 Y 达到等概率分布，使其熵值 $H(Y)$ 达到最大值 $\log_2 n$。由于

$$p(y_i) = \sum_{i=1}^{n} p(x_i)p(y_j/x_i) \quad (j=1, 2, \cdots, n) \qquad (5.30)$$

因此，要获得这一最大值，可通过式（5.30）寻求相应的输入概率分布。一般情况下，不一定存在一种输入分布 $p(x)$，能使输出符号达到等概率分布。但对于强对称离散信道，其输入、输出间的概率关系可表示为下列矩阵形式

$$\begin{bmatrix} p(y_1) \\ p(y_2) \\ \vdots \\ p(y_n) \end{bmatrix} = \begin{bmatrix} \bar{p} & \frac{p}{n-1} & \cdots & \cdots & \frac{p}{n-1} \\ \frac{p}{n-1} & \bar{p} & \frac{p}{n-1} & \cdots & \frac{p}{n-1} \\ \cdots & \cdots & \cdots & \cdots & \vdots \\ \frac{p}{n-1} & \frac{p}{n-1} & \cdots & \cdots & \bar{p} \end{bmatrix} \begin{bmatrix} p(x_1) \\ p(x_2) \\ \vdots \\ p(x_n) \end{bmatrix} \qquad (5.31)$$

由式（5.31）可以看出，信道矩阵中的每一行都是由同一集合 $\left\{\underbrace{\bar{p} \quad \frac{p}{n-1} \quad \cdots \quad \frac{p}{n-1}}_{(n-1)\text{个}}\right\}$ 中的诸

元素的不同排列组成，所以，当信源 X 等概率分布时，输出随机变量 Y 也能达到等概率分

布，从而使随机变量 Y 的熵达到最大值 $\log_2 n$。相应的信道容量为

$$C = \log_2 n - H_{ni} = \log_2 n - H\left(\bar{p}, \frac{p}{n-1}, \cdots, \frac{p}{n-1}\right)$$

$$= \log_2 n + \bar{p}\log_2 \bar{p} + p\log_2 \frac{p}{n-1}(\text{bit}/\text{符号}) \tag{5.32}$$

由以上分析可知，当信道输入呈等概率分布时，强对称离散信道能达到信道容量。这个信道容量只与信道的输出符号数 n 和相应信道矩阵中的任一行矢量 $\left\{\bar{p} \underbrace{\frac{p}{n-1} \cdots \frac{p}{n-1}}_{(n-1)\uparrow}\right\}$ 有关。

当 $n=2$ 时，就是二进制强对称信道（均匀信道），其信道矩阵为

$$[p] = \begin{array}{c} \\ 0 \\ 1 \end{array}\begin{array}{cc} 0 & 1 \\ \begin{bmatrix} 1-p & p \\ p & 1-p \end{bmatrix} \end{array}$$

当输入信源 X（0，1）等概率分布时，即

$$p(0) = p(1) = \frac{1}{2}$$

此时，信道达到信道容量。根据式（5.32）可计算出信道容量为

$$C = 1 + \bar{p}\log_2 \bar{p} + p\log_2 p = 1 - H(p) \ (\text{bit}/\text{符号}) \tag{5.33}$$

上式表明，二进制强对称信道的信道容量，只取决于信道的错误传递概率 p，是信道本身的特征参量。

5.2.4 对称信道的信道容量

离散信道中，若信道的输入符号 X 集合的元素个数为 n，输出符号 Y 集合中的元素个数为 m，信道矩阵中每一行都是同一集合 $P \in \{p_1, p_2, \cdots, p_j, \cdots, p_m\}$ 中诸元素的不同排列，每一列也是同一集合 $Q \in \{q_1, q_2, \cdots, q_i, \cdots, q_n\}$ 中诸元素的不同排列，即信道矩阵中每一行是另一行的置换，以及每一列是另一列的置换。具有这种对称信道矩阵的信道称为对称离散信道。一般情况下，$m \neq n$。当 $m < n$ 时，P 是 Q 的子集；当 $m > n$ 时，Q 是 P 的子集。当 $n = m$ 时，P 与 Q 集相同，对称信道就是强对称信道。

例如，信道转移矩阵

$$[p_1]_{2\times4} = \begin{bmatrix} \frac{1}{3} & \frac{1}{3} & \frac{1}{6} & \frac{1}{6} \\ \frac{1}{6} & \frac{1}{6} & \frac{1}{3} & \frac{1}{3} \end{bmatrix} \quad 与 \quad [p_2]_{3\times3} = \begin{bmatrix} \frac{1}{2} & \frac{1}{3} & \frac{1}{6} \\ \frac{1}{6} & \frac{1}{2} & \frac{1}{3} \\ \frac{1}{3} & \frac{1}{6} & \frac{1}{2} \end{bmatrix}$$

满足对称性，所对应的信道是对称信道。其中，集合 $P_1 \in \{1/3, 1/3, 1/6, 1/6\}$，集合 $Q_1 \in \{1/3, 1/6\}$，集合 $P_2 \in \{1/2, 1/3, 1/6\}$，集合 $Q_2 \in \{1/2, 1/3, 1/6\}$，所以，$[p_1]$ 是对称信道，$[p_2]$ 是强对称信道。但是信道矩阵

$$[p_3]_{2\times4} = \begin{bmatrix} \frac{1}{3} & \frac{1}{3} & \frac{1}{6} & \frac{1}{6} \\ \frac{1}{6} & \frac{1}{3} & \frac{1}{6} & \frac{1}{3} \end{bmatrix} \quad 与 \quad [p_4]_{2\times3} = \begin{bmatrix} 0.6 & 0.3 & 0.1 \\ 0.3 & 0.1 & 0.6 \end{bmatrix}$$

都不具有对称性，因而所对应的信道不是对称信道。下面分析离散对称信道的信道容量。

对称信道的平均互信息量可以表示成

$$I(X；Y) = H(Y) - H(Y/X)$$

$$= H(Y) + \sum_{i=1}^{n} \sum_{j=1}^{m} p(x_i) p(y_j/x_i) \log p(y_j/x_i)$$

$$= H(Y) + \sum_{i=1}^{n} p(x_i) \sum_{j=1}^{m} p(y_j/x_i) \log p(y_j/x_i) \qquad (5.34)$$

$$= H(Y) - \sum_{i=1}^{n} p(x_i) H_{mi}$$

其中

$$H_{mi} = H(Y/X = x_i) = -\sum_{j=1}^{m} p(y_j/x_i) \log p(y_j/x_i) \qquad (5.35)$$

这一项是固定 $X=x_i$ 时对 Y 求和，即对信道矩阵的行求和，由于信道的对称性，所以 H_{mi} 是与输入 X 无关的常数，即

$$H_{mi} = H(Y/X = x_i) = H(p_1, p_2 \cdots, p_j, \cdots, p_m)$$

故有

$$I(X；Y) = H(Y) - H_{mi} = H(Y) - H(p_1, p_2, \cdots, p_j, \cdots, p_m) \qquad (5.36)$$

对应的信道容量为

$$C = \max_{p(x_i)} [H(Y) - H_{mi}] = \max_{p(x_i)} [H(Y) - H(p_1, p_2, \cdots, p_j, \cdots, p_m)] \qquad (5.37)$$

式（5.37）与式（5.32）形式相同，只是此时的 $m \neq n$。由于对称信道的特点，容易证明：输入随机变量 X 等概率分布时，输出随机变量 Y 也是等概率分布，从而使 Y 的熵达到最大值，即达到信道容量 C。

$$C = \log_2 m - H(p_1, p_2, \cdots, p_j, \cdots, p_m) \qquad (5.38)$$

式（5.38）是离散对称信道能够传输的最大平均信息量，它只与对称信道矩阵中行矢量 $P \in \{p_1, p_2, \cdots, p_j, \cdots, p_m\}$ 和输出符号集的个数 m 有关。

【例 5.4】 某离散对称信道的信道矩阵为 $[p] = \begin{bmatrix} \dfrac{1}{3} & \dfrac{1}{3} & \dfrac{1}{6} & \dfrac{1}{6} \\ \dfrac{1}{6} & \dfrac{1}{6} & \dfrac{1}{3} & \dfrac{1}{3} \end{bmatrix}$，求其信道容量。

由信道矩阵可以看出 $n=2$，$m=4$，运用式（5.38）可得其信道容量

$$C = \log_2 4 - H\left(\frac{1}{3}, \frac{1}{3}, \frac{1}{6}, \frac{1}{6}\right)$$

$$= 2 + \left[\frac{1}{3} \log \frac{1}{3} + \frac{1}{3} \log \frac{1}{3} + \frac{1}{6} \log \frac{1}{6} + \frac{1}{6} \log \frac{1}{6}\right]$$

$$= 0.0817 (\text{bit/ 符号})$$

在这个信道中，每个符号平均能够传输的最大信息量为 0.0817bit，且只有当信道的输入符号是等概率分布时才能达到该最大值。

*5.2.5 准对称信道的信道容量

若信道矩阵 P 本身为 n 行 m 列的不对称矩阵，但它的 m 列可以划分成 s 个互不相交的子集 B_k，各子集分别有 m_1，m_2，$\cdots$，m_k，$\cdots$，m_s 个元素（$m_1 + m_2 + \cdots + m_k + \cdots + m_s = m$），若由 n 行 m_k 列组成的子矩阵 B_k 都是对称矩阵，则称信道矩阵 P 为准对称信道。

例如，信道矩阵 P 不是对称矩阵

$$[P] = \begin{bmatrix} \dfrac{1}{2} & \dfrac{1}{4} & \vdots & \dfrac{1}{8} & \dfrac{1}{8} \\ \dfrac{1}{4} & \dfrac{1}{2} & \vdots & \dfrac{1}{8} & \dfrac{1}{8} \end{bmatrix}$$

但我们把它按列划分以后可变成

$$[P_1] = \begin{bmatrix} \dfrac{1}{2} & \dfrac{1}{4} \\ \dfrac{1}{4} & \dfrac{1}{2} \end{bmatrix} \qquad [P_2] = \begin{bmatrix} \dfrac{1}{8} & \dfrac{1}{8} \\ \dfrac{1}{8} & \dfrac{1}{8} \end{bmatrix}$$

这两个子矩阵都是对称矩阵，所以矩阵 P 就是准对称矩阵，其对应的信道就称为准对称信道。

可以证明达到准对称离散信道的信道容量的最佳输入分布是等概率分布，也可以计算得出准对称信道的信道容量为

$$C = \log n - H(p_1, p_2, \cdots, p_m) - \sum_{k=1}^{s} N_k \log M_k \tag{5.39}$$

其中，n 为输入符号集的个数，$(p_1, p_2, \cdots, p_m)$ 为准对称矩阵中的行元素。N_k 是第 k 个子矩阵中行元素之和，M_k 是第 k 个子矩阵中列元素之和。

【例 5.5】 信道矩阵 $[P] = \begin{bmatrix} \dfrac{1}{2} & \dfrac{1}{4} & \dfrac{1}{8} & \dfrac{1}{8} \\ \dfrac{1}{4} & \dfrac{1}{2} & \dfrac{1}{8} & \dfrac{1}{8} \end{bmatrix}$，求其信道容量。

由定义可知，信道矩阵 $[P]$ 为 $n=2$、$m=4$ 的准对称矩阵，可以将它分成两个对称子矩阵 $[P]_1 = \begin{bmatrix} \dfrac{1}{2} & \dfrac{1}{4} \\ \dfrac{1}{4} & \dfrac{1}{2} \end{bmatrix}$ 和 $[P]_2 = \begin{bmatrix} \dfrac{1}{8} & \dfrac{1}{8} \\ \dfrac{1}{8} & \dfrac{1}{8} \end{bmatrix}$，则由式（5.39）可得信道容量为

$$C = \log 2 - H\left(\frac{1}{2}, \frac{1}{4}, \frac{1}{8}, \frac{1}{8}\right) - N_1 \log M_1 - N_2 \log M_2$$

$$= \log 2 + \left(\frac{1}{2}\log\frac{1}{2} + \frac{1}{4}\log\frac{1}{4} + \frac{1}{8}\log\frac{1}{8} + \frac{1}{8}\log\frac{1}{8}\right)$$

$$- \left(\frac{1}{2} + \frac{1}{4}\right)\log\left(\frac{1}{2} + \frac{1}{4}\right) - \left(\frac{1}{8} + \frac{1}{8}\right)\log\left(\frac{1}{8} + \frac{1}{8}\right)$$

$$= 0.0612(\text{bit}/\text{符号})$$

*5.2.6 一般信道的信道容量的参量计算

前面我们对一些特殊的信道进行了分析，得出它们各自的信道容量的表达式及其条件。对于一般信道而言，其信道容量的求解方法要复杂一些，但是它仍然是在固定信道的条件下，对所有可能的输入概率 $p(x_i)$ 求平均互信息量的极大值。由前面讨论可知，平均互信息是输入概率分布的上凸函数，那么这个极大值肯定是存在的。下面我们用拉格朗日乘子法来求这个极大值。

首先引进一个新函数

$$\Phi = I(X; Y) - \lambda\left[\sum_{i}^{n} p(x_i) - 1\right] \tag{5.40}$$

其中 λ 为拉格朗日乘子。解方程组

$$\begin{cases} \dfrac{\partial \Phi}{\partial p(x_i)} = \dfrac{\partial \left[I(X;Y) - \lambda \sum\limits_{i=1}^{n} p(x_i) \right]}{\partial p(x_i)} = 0 \\ \sum\limits_{i}^{n} p(x_i) = 1 \end{cases} \tag{5.41}$$

可得出信道容量 C。

因为

$$p(y_j) = \sum_{i=1}^{n} p(y_j/x_i) p(x_i) \tag{5.42}$$

所以

$$\frac{\partial p(y_j)}{\partial p(x_i)} = p(y_j/x_i) \tag{5.43}$$

将 $I(X；Y)$ 的表达式代入式（5.41）得

$$\frac{\partial}{\partial p(x_i)} \Big\{ - \sum_{j=1}^{m} p(y_j) \log p(y_j)$$
$$+ \sum_{i=1}^{n} \sum_{j=1}^{m} p(x_i) p(y_j/x_i) \log p(y_j/x_i) - \lambda \Big[\sum_{i=1}^{n} p(x_i) - 1 \Big] \Big\} = 0 \tag{5.44}$$

所以

$$\frac{\partial \Phi}{\partial p(x_i)} = - \Big\{ \sum_{j}^{m} \big[p(y_j/x_i) \log p(y_j) + p(y_j/x_i) \log e \big] \Big\}$$
$$+ \sum_{j}^{m} p(y_j/x_i) \log p(y_j/x_i) - \lambda \tag{5.45}$$
$$= 0$$

将上式进一步化简得

$$\Big[\sum_{j=1}^{m} p(y_j/x_i) \log p(y_j/x_i) - \sum_{j=1}^{m} p(y_j/x_i) \log p(y_j) \Big]$$
$$- \log e - \lambda = 0 \tag{5.46}$$

所以

$$\sum_{j=1}^{m} p(y_j/x_i) \log p(y_j/x_i)$$
$$- \sum_{j=1}^{m} p(y_j/x_i) \log p(y_j) = \log e + \lambda \tag{5.47}$$

两边乘 $p(x_i)$，并求和，则有

$$\sum_{i=1}^{n} \sum_{j=1}^{m} p(x_i) p(y_j/x_i) \log_2 p(y_j/x_i)$$
$$- \sum_{i=1}^{n} \sum_{j=1}^{m} p(x_i) p(y_j/x_i) \log_2 p(y_j) \tag{5.48}$$
$$= \log_2 e + \lambda$$

式（5.48）的右边就是平均互信息的极大值，即

$$C = I(X;Y) = \log_2 e + \lambda \tag{5.49}$$

将式（5.49）代入式（5.47）得

$$\sum_{j}^{m} p(y_j/x_i)\log p(y_j/x_i)$$

$$= \sum_{j}^{m} p(y_j/x_i)\log p(y_j) + C \tag{5.50}$$

$$= \sum_{j}^{m} p(y_j/x_i)[\log p(y_j) + C]$$

令
$$\beta_j = \log_2 p(y_j) + C \tag{5.51}$$

则
$$\sum_{j=1}^{m} p(y_j/x_i)\beta_j = \sum_{j=1}^{m} p(y_j/x_i)\log p(y_j/x_i) \tag{5.52}$$

其中 $p(y_j/x_i)$ 可以从信道转移矩阵中得到，再通过式（5.52）可以求出 β_j。把 β_j 代入式（5.51）可得

$$p(y_j) = 2^{\beta_j - C} \tag{5.53}$$

对上式中 j 进行两边求和得

$$\sum_{j=1}^{m} p(y_j) = \sum_{j=1}^{m} 2^{\beta_j - C} = 1 \tag{5.54}$$

即
$$2^C = \sum_{j=1}^{m} 2^{\beta_j} \tag{5.55}$$

得出信道容量

$$C = \log_2\left[\sum_{j=1}^{m} 2^{\beta_j}\right] \tag{5.56}$$

再根据式（5.42）可求出对应的输入概率分布 $p(x_i)$。

为简单起见，我们可以把一般离散信道容量的计算总结为以下四步。

（1）由式（5.52）$\sum_{j=1}^{m} p(y_j/x_i)\beta_j = \sum_{j=1}^{m} p(y_j/x_i)\log p(y_j/x_i)$ 求 β_j。

（2）由式（5.56）$C = \log_2 \sum_{j=1}^{m} 2^{\beta_j}$ 求 C。

（3）由式（5.53）$p(y_j) = 2^{\beta_j - C}$ 求 $p(y_j)$。

（4）由式（5.42）$p(y_j) = \sum_{i=1}^{n} p(y_j/x_i)p(x_i)$ 求 $p(x_i)$ 并验证。

在求解的过程中，虽然一般情况下均可求出 C 值，但并不表示这个 C 值是存在的，还要通过上述步骤中的第三步和第四步进一步验证 C 是否存在。当求出的所有 $p(x_i)$ 均在 $[0,1]$ 的区间内，则 C 便是存在的，而当 $p(x_i)$ 中有超出 $[0,1]$ 区间的概率，则 C 是不存在的，可以对 $p(x_i)$ 进行调整，再重新求解 C。

【例 5.6】 信道矩阵为 $\begin{bmatrix} 1 & 0 \\ \varepsilon & 1-\varepsilon \end{bmatrix}$，求 C。

（1）由式（5.52）有

$$1 \cdot \beta_1 + 0 \cdot \beta_2 = 1 \cdot \log 1 + 0 \cdot \log 0$$
$$\varepsilon\beta_1 + (1-\varepsilon)\beta_2 = \varepsilon\log_2\varepsilon + (1-\varepsilon)\log_2(1-\varepsilon)$$

因此，可得

$$\beta_1 = 0$$

$$\beta_2 = \frac{\varepsilon}{1-\varepsilon}\log_2\varepsilon + \log_2(1-\varepsilon) = \log_2\left[(1-\varepsilon)\varepsilon^{\frac{\varepsilon}{1-\varepsilon}}\right]$$

(2) $$C = \log_2\left[\sum_{j=1}^{m}2^{\beta_j}\right] = \log_2\left[1+(1-\varepsilon)\varepsilon^{\frac{\varepsilon}{1-\varepsilon}}\right]$$

(3) $$p(y_1) = 2^{\beta_1-C} = \frac{1}{1+(1-\varepsilon)\varepsilon^{\frac{\varepsilon}{1-\varepsilon}}}$$

$$p(y_2) = 1 - p(y_1) = \frac{(1-\varepsilon)\varepsilon^{\frac{\varepsilon}{1-\varepsilon}}}{1+(1-\varepsilon)\varepsilon^{\frac{\varepsilon}{1-\varepsilon}}}$$

(4) 由方程组

$$p(y_1) = p(x_1) + p(x_2)\varepsilon$$
$$p(y_2) = p(x_2)(1-\varepsilon)$$

解得
$$p(x_1) = \frac{1-\varepsilon^{\frac{\varepsilon}{1-\varepsilon}}}{1+(1-\varepsilon)\varepsilon^{\frac{\varepsilon}{1-\varepsilon}}}$$

$$p(x_2) = \frac{\varepsilon^{\frac{\varepsilon}{1-\varepsilon}}}{1+(1-\varepsilon)\varepsilon^{\frac{\varepsilon}{1-\varepsilon}}}$$

因为 ε 是条件转移概率 $p(y_1/x_2)$，所以 $0\leqslant\varepsilon\leqslant1$，从而有 $p(x_1)\geqslant0$，$p(x_2)\geqslant0$，保证了 C 的存在。

5.3 离散无记忆多符号信道及其容量

5.3.1 离散无记忆多符号信道的数学模型

简单的无记忆信道的输入和输出都是单个随机变量，其数学模型及信道容量就是前面我们讨论的单符号离散信道的数学模型和信道容量。而实际当中一般离散信道的输入和输出都是一系列时间（或空间）上的随机变量，即随机序列。

若信道的输入和输出随机序列中每一个随机变量可以取值于不同的输入符号集或输出符号集，并且随机序列中每个随机变量都是统计独立的，我们把这种信道就称为一般离散无记忆信道。

若信道的输入和输出随机序列中每一个随机变量都取值于同一符号集，并且随机序列中每个随机变量都是统计独立的，我们把这种离散无记忆信道就称为离散无记忆多符号信道。由于这种信道相当于单符号离散信道在 N 个不同的时刻连续运用了 N 次，所以有时也称为离散无记忆单符号 N 次扩展信道。离散无记忆多符号信道的数学模型与单符号离散信道的数学模型很类似，只是输入和输出不是单个随机变量，而是随机序列，并且输入随机序列和输出随机序列之间的转移概率应等于对应时刻的随机变量的传递概率的乘积。

设信源 X 的一个发出序列 $X^N = X_1 X_2 \cdots X_N$，其中 $X_l \in \{x_1, x_2, \cdots, x_n\}$，$l = 1, 2, \cdots, N$；信宿 Y 的一个接收序列 $Y^N = Y_1 Y_2 \cdots Y_N$，其中 $Y_l \in \{y_1, y_2, \cdots, y_m\}$，$l = 1, 2, \cdots, N$，则

$$\begin{aligned}p(Y^N/X^N) &= p(Y_1 Y_2 \cdots Y_N/X_1 X_2 \cdots X_N) \\ &= p(Y_1/X_1)p(Y_2/X_2)\cdots p(Y_N/X_N) \\ &= \prod_{l=1}^{N} p(Y_l/X_l)\end{aligned} \qquad (5.57)$$

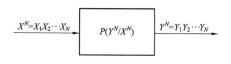

图 5.13　离散无记忆多符号
信道的数学模型

离散无记忆多符号信道的数学模型如图 5.13
所示。

在离散无记忆多符号信道中，输入符号集共有 n
个符号，所以输入随机矢量 X^N 的可能取值共有 n^N
个，同理，输出随机矢量 Y^N 的可能取值共有 m^N 个。
根据信道的无记忆特性，有

$$p(Y/X) = p(Y_1 Y_2 \cdots Y_N / X_1 X_2 \cdots X_N) = \prod_{l=1}^{N} p(Y_l/X_l) \tag{5.58}$$

上式表明，离散无记忆多符号信道的传递概率等于各单位时刻相应的单符号无记忆信道
的传递概率的连乘。

5.3.2　离散无记忆多符号信道的信道容量

根据平均互信息的定义，离散无记忆多符号信道的平均互信息

$$I(X^N; Y^N) = H(X^N) - H(X^N/Y^N) = H(Y^N) - H(Y^N/X^N) \tag{5.59}$$

其中

$$H(X^N) = H(X_1 X_2 \cdots X_N)$$

$$H(Y^N) = H(Y_1 Y_2 \cdots Y_N)$$

$$H(X^N/Y^N) = \sum_{l=1}^{N} H(X_l/Y_l)$$

$$H(Y^N/X^N) = \sum_{l=1}^{N} H(Y_l/X_l)$$

对于一般的离散信道，长度为 N 的随机序列的平均互信息量和对应的离散随机变量之
间的平均互信息量存在下列重要结论。

定理 5.1　若一般离散信道的输入序列为 $X^N = X_1 X_2 \cdots X_N$，其中 $X_l \in \{x_1, x_2, \cdots, x_n\}$，
$l = 1, 2, \cdots, N$；信道输出序列为 $Y^N = Y_1 Y_2 \cdots Y_N$，其中 $Y_l \in \{y_1, y_2, \cdots, y_m, l = 1, 2, \cdots,$
N。则有以下结论。

（1）若信道是无记忆信道，则

$$I(X^N; Y^N) < \sum_{l=1}^{N} I(X_l; Y_l) \tag{5.60}$$

（2）若信道的输入信源是无记忆的，则

$$I(X^N; Y^N) > \sum_{l=1}^{N} I(X_l; Y_l) \tag{5.61}$$

（3）若信道和输入信源都是无记忆的，则

$$I(X^N; Y^N) = \sum_{l=1}^{N} I(X_l; Y_l) \tag{5.62}$$

另外，因为信道的输入序列中的随机变量取自同一信源符号集，且输出序列中的随机变
量都取同一信宿符号集，所有的信源符号通过相同的信道传送到输出端，所以有

$$I(X_1; Y_1) = I(X_2; Y_2) = \cdots = I(X_N; Y_N) = I(X; Y) \tag{5.63}$$

由式（5.63）进一步可以得出

$$I(X^N; Y^N) = \sum_{l=1}^{N} I(X_l; Y_l) = NI(X; Y) \tag{5.64}$$

上式说明当信源无记忆时，无记忆信道的 N 次扩展信道的平均互信息等于原来信道的

平均互信息的 N 倍。

对于一般的离散无记忆信道的 N 次扩展信道，根据定理5.1有

$$I(X^N; Y^N) < \sum_{l=1}^{N} I(X_l; Y_l) \tag{5.65}$$

其中，$l=1, 2, \cdots, N$，所以，可以得出离散无记忆 N 次扩展信道的信道容量为

$$\begin{aligned} C_N &= \max_{P(x)} I(X^N; Y^N) \\ &= \max_{P(x)} \sum_{l=1}^{N} I(X_l; Y_l) = \sum_{l=1}^{N} \max_{P(x)} I(X; Y) \\ &= \sum_{l=1}^{N} C_l = NC \end{aligned} \tag{5.66}$$

其中 C 为离散单符号无记忆信道的信道容量。即离散无记忆多符号信道的信道容量等于原离散单符号信道的信道容量的 N 倍。当且仅当输入信源是无记忆的及每一输入变量 X_l 的分布各自达到最佳分布 $p(x)$ 时，才能达到这个信道容量 NC。

一般情况下，消息序列在离散无记忆多符号信道的信息量为

$$I(X^N, Y^N) \leqslant NC$$

对于离散有记忆多符号信道的分析比离散无记忆扩展信道的分析要复杂得多，特殊情况下可以通过状态变量来分析，这里不再讨论。

5.4 组合信道及其容量

前面分析了离散单符号信道和离散无记忆多符号信道的信道容量。在实际中经常会因为各种原因，将两个或多个信道组合在一起使用。例如要发送的信息比较多时，可能要用两个或更多的信道同时并行的传送，有时信息也会连续的经过几个信道，最终传到收端，如微波中继接力通信。同样，在研究复杂的信道时，也可以将其分解成几个简单的信道的组合以使问题简化。

5.4.1 串联信道及其容量

在实际通信系统中，信号往往要通过几个环节的传输，或需对接收到的信号进行多步处理，这种对信号的处理系统一般也可以看成是信道，它与前面传输信号的信道是串联的关系，本节将研究串联信道及其容量。

假设信息在传输的过程中，连续经过了信道 I 和信道 II，信道 I 的输入为 X，它取值于符号集 $(x_1, x_2, \cdots, x_n)$，输出随机变量为 Y，它取值于符号集 $(y_1, y_2 \cdots y_m)$ 信道 II 的输入为 Y，输出随机变量为 Z，其取值于 $(z_1, z_2, \cdots, z_r)$，把这样组合起来的信道称为串联信道或级联信道。信道 I 和信道 II 的串联图如图 5.14 所示。

图 5.14 中两信道的输入和输出符号集都是完备集，则信道 I 的转移概率为 $p(y/x)$，信道 II 的转移概率为 $p(z/xy)$，显然，信道 II 的转移概率一般与前面的符号 x 和 y 均有关。

信道 I 和信道 II 这两个串联信道可以等价成一个总的离散信道，如图 5.15 所示。

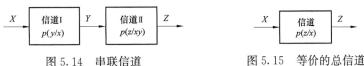

图 5.14 串联信道   图 5.15 等价的总信道

则等价的总信道的转移概率为

$$p(z/x) = \sum_Y p(y/x) p(z/xy) \tag{5.67}$$

此时，串联信道就可以当成一个新的信道来看，该信道的转移概率为 $p(z/x)$，便可以用前面介绍过的离散信道容量的计算方法来处理了。

由于串联信道中的每个子信道都要按自己的转移概率对输入的信息进行处理，而它们的转移概率往往都不会全是 1，也就是说它们的处理都会使得信息的不确定度增加，那么经过它们处理后，流经信道的平均互信息就会减小，导致串联信道的信道容量也要减小，并且会小于串联信道中每个子信道的信道容量。串联的信道越多，其信道容量可能会越小，当串联的信道数无限大时，信道容量就有可能会趋于零。

定理 5.2　串联信道中的平均互信息满足以下关系

$$I(XY; Z) \geqslant I(Y; Z) \tag{5.68}$$

$$I(XY; Z) \geqslant I(X; Z) \tag{5.69}$$

等号成立的充要条件，对所有的 x、y、z 有

$$p(z/xy) = p(z/x) \tag{5.70}$$

$$p(z/xy) = p(z/y) \tag{5.71}$$

上式中，$I(XY; Z)$ 表示联合随机变量 XY 与变量 Z 之间的平均互信息，即接收到 Z 后获得的关于联合变量 XY 的信息量，而 $I(Y; Z)$ 是接收到 Z 后获得的关于变量 Y 的信息量，$I(X; Z)$ 是接收到 Z 后获得的关于变量 X 的信息量。式（5.68）和式（5.69）表明串联信道的传输只会丢失更多的信息。

下面讨论串联信道中平均互信息 $I(X; Y)$，$I(X; Z)$，$I(Y; Z)$ 之间的关系。

定理 5.3　若随机变量 X、Y、Z 构成一个马尔可夫链，则有

$$I(X; Z) \leqslant I(X; Y) \tag{5.72}$$

$$I(X; Z) \leqslant I(Y; Z) \tag{5.73}$$

如果信道满足

$$p(x/y) = p(x/z) \quad （对一切 x、y、z） \tag{5.74}$$

即串联信道的总的信道矩阵等于第一级信道矩阵时，通过串联信道传输后不会增加信息的损失。当图 5.14 中第二个信道是一一对应的确定信道时，这个条件显然是满足的；如果第二个信道是数据处理系统，定理 5.3 就表明通过数据处理后，一般只会增加信息的损失，最多保持原来获得的信息，不可能比原来获得的信息有所增加。也就是说，对接收到的数据 Y 进行处理后，无论变量 Z 是 Y 的确定对应关系还是概率关系，决不会减少关于 X 的不确定性。若要使数据处理后获得的关于 X 的平均互信息保持不变，必须满足式（5.74）。故定理 5.3 称为数据处理定理。

数据处理定理说明，在任何信息传输系统中，最后获得的信息至多是信源所提供的信息。如果一旦在某一过程中丢失信息，以后的系统不管如何处理，若不触及到丢失信息过程的输入端，就不能再恢复已丢失的信息。这就是信息不增性原理，它与热熵不减原理正好对应。这一点深刻地反映信息的物理意义。

根据信道容量的定义，两级串联信道的信道容量为

$$C_{串}(\text{I, II}) = \max_{p(x)} I(X; Z) \tag{5.75}$$

同理可得，若串联信道的级数为 n，输入为 X，第 n 级信道的输出为 X_n，则 n 级串联信道的信道容量为

$$C_{串}(\text{I}, \text{II}, \cdots, n) = \max_{p(x)} I(X; X_n) \tag{5.76}$$

【例 5.7】 设有两个离散二元对称信道，其串联信道如图 5.16 所示。

设第一个信道的输入符号的概率空间为

$$\begin{bmatrix} X \\ P(x) \end{bmatrix} = \begin{bmatrix} 0 & 1 \\ \dfrac{1}{2} & \dfrac{1}{2} \end{bmatrix}$$

并设两个二元对称信道的信道矩阵为

$$P_1 = P_2 = \begin{bmatrix} 1-p & p \\ p & 1-p \end{bmatrix}$$

如果设 X、Y、Z 为马尔可夫链，则串联信道的总的信道矩阵为

$$P = P_1 P_2 = \begin{bmatrix} 1-p & p \\ p & 1-p \end{bmatrix}\begin{bmatrix} 1-p & p \\ p & 1-p \end{bmatrix}$$

$$= \begin{bmatrix} (1-p)^2 + p^2 & 2p(1-p) \\ 2p(1-p) & (1-p)^2 + p^2 \end{bmatrix}$$

根据平均互信息的定义，计算得

$$I(X; Y) = 1 - H(p) \quad (\text{bit/符号}) \tag{5.77}$$

$$I(X; Z) = 1 - H[2p(1-p)] \quad (\text{bit/符号}) \tag{5.78}$$

式中：$H(\cdot)$ 是 $[0, 1]$ 区域内的熵函数。

式（5.77）和式（5.78）用曲线表示，如图 5.17 所示。

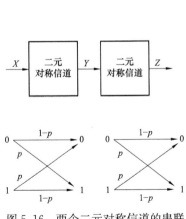

图 5.16 两个二元对称信道的串联

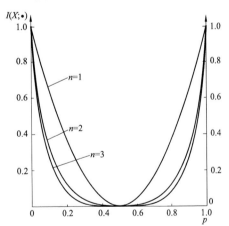

图 5.17 n 级二元对称信道串联的平均互信息（输入符号等概率分布）

图中当 $n=1$ 时，曲线 $I(X; \cdot)$ 等于 $I(X; Y)$ 曲线。当 $n=2$ 时曲线 $I(X; \cdot)$ 等于 $I(X; Z)$ 的曲线。由图可知

$$I(X; Y) > I(X; Z)$$

它表明二元对称信道经串联后会增加信息的损失。当串联的级数 n 增多时，损失的信息将增加。可证得

$$\lim_{n \to \infty} I(X; X_n) = 0 \tag{5.79}$$

其中，X_n表示n级二元对称信道串联后的输出。

由式（5.75）可得，两个串联的二元对称信道的信道容量为

$$C_{串}(\mathrm{I}, \mathrm{II}) = \max_{p(x)} I(X; Z) = 1 - H[2p(1-p)] \text{ (bit/符号)} \tag{5.80}$$

由式（5.76）和式（5.79）可得，n级二元对称信道串联后的信道容量为

$$\lim_{n \to \infty} C_{串}(\mathrm{I}, \mathrm{II}, \cdots, n) = \max_{p(x)} \lim_{n \to \infty} I(X; X_n) = 0 \text{ (bit/符号)} \tag{5.81}$$

由式（5.77）和式（5.78）可知，当二元对称信道中错误传递概率 p 很小时（如 $p = 10^{-4}$），计算得出减少的量较小。所以串联的级数 n 足够大时，串联信道的信道容量虽有减少，但仍具有一定的值。而实际的通信系统中二元对称信道的 p 一般在 $p = 10^{-6}$ 以下，所以，即使经过若干级的串联信道后，信道容量的减少也并不是很明显。

以上结论都是在串联的单符号离散信道中证明的，对于输入和输出是随机序列的一般信道，数据处理定理仍然成立。

5.4.2　并联信道及其容量

并联信道是指两个或两个以上的信道相并联接的情况。在此只讨论各信道相互独立的情况。

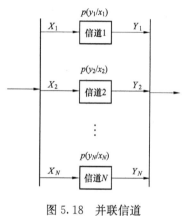

图 5.18　并联信道

如果信息同时并行的通过几个信道传输，如图 5.18 所示，每个信道输出 Y_i 只与本信道的输入 X_i 有关（$i = 1, 2, \cdots, N$），这种相互独立的信道相并构成一个整体信道就称为并联信道。

当信道相互独立时，并联信道的转移概率为

$$p(y_1, y_2, \cdots, y_N | x_1, x_2, \cdots, x_N) = \prod_{i=1}^{N} p(y_i / x_i) \tag{5.82}$$

如果每个子信道都是无记忆的，那么并联信道也是无记忆的，则当 N 个输入变量间统计独立，且所有子信道的输入变量 X_i 的概率分布均为最佳分布时，并联信道的信道容量达到最大值

$$C_{N\max} = \sum_{i=1}^{N} C_i \tag{5.83}$$

一般情况下

$$C_N \leqslant \sum_{i=1}^{N} C_i \tag{5.84}$$

式中：C_N 为 N 个独立并联信道的 C；C_i 为第 i 个子信道的 C。独立并联信道的信道容量在输入相互独立时等于各个独立信道的信道容量之和。当 N 个独立并联信道的信道矩阵均为 P 时，可以将这个并联信道看作一个 P^N 信道。该信道的信道容量在输入相互独立时为

$$C_{P^N} = N C_P \tag{5.85}$$

并联信道的信道容量是单独信道的 N 倍。

5.5 多 用 户 信 道

前面我们研究的信道，不论是单符号的还是多符号的，都是只有一个输入端和一个输出端的信道，这种信道称为单用户信道，相应的通信系统称为单路通信系统，单路通信系统解决的是两个用户之间的信息传递问题。随着空间通信、通信网和计算机网的发展，信息论的研究已从单用户通信系统发展到网络通信系统。如果多个用户之间需要相互传递信息，就要用多个单用户信道构成信道群，继而形成通信网。通信网中的信道，往往允许有多个输入端和多个输出端，这种信道称为多用户信道，相应的通信系统称为多路通信系统。实际的信道大部分是多用户信道。如计算机通信、卫星通信、雷达通信、广播通信、有线电视等，这些系统中的信道都属于多用户信道。研究多路通信系统的理论，称为多用户信息论或网络信息论。

网络信息论所要研究的问题，是怎样在网络通信系统中有效和可靠地传输信息，包括网络信道的信息容量、网络信道的编码定理以及实现编码定理的码的结构问题，即信源编码和信道编码。这些问题的研究对于通信网和计算机网的设计有着广泛的、重要的指导意义。

为研究方便，将多用户信道划分成下列几种最基本的类型，即多址接入信道、广播信道和相关信源的多用户随机接入信道。

5.5.1 多址接入信道及其容量

多址接入信道是指多个用户的信息用多个编码器分别编码后，送入同一信道传输，在接收端用一个译码器译码，然后分送给不同的用户，从信道来说，这是多输入单输出的多用户信道，目前卫星通信系统中 n 个地面站同时与一个公用卫星通信的上行线路就是多址接入信道的实例，如图 5.19 所示。

多址接入信道是最早研究的网路信道，它也是理论上解决较完善的一类网络信道。这里以二址接入信道为例，来讨论离散的多址接入信道，如图 5.20 所示。

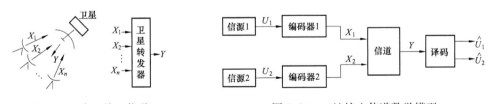

图 5.19　多址接入信道　　　　图 5.20　二址接入信道数学模型

二址信道有两个输入 X_1 和 X_2，有一个输出 Y。两个编码器分别将两个原始信源 U_1、U_2 的符号编成适合于信道传输的信号 X_1 和 X_2；一个译码器把信道输出 Y 译成两路相应的信源符号 $\hat{U}_1$、$\hat{U}_2$。

发送信息率分别为 R_1 和 R_2，用它去提取这两个信源的信息。

信道的两个输入随机变量 X_1 和 X_2 分别取值于集合 $\{x_{11}, x_{12}, x_{1n_1}\}$ 和 $\{x_{21}, x_{22}, \cdots, x_{2n_2}\}$，输出随机变量 Y 取值于集合 $\{y_1, y_2, \cdots, y_m\}$，则信道特性由条件转移概率 $P(Y/X_1X_2) \in \{p(y_j/x_{1i}x_{2k})\}$，$j=1, 2, \cdots, m$，$1i=11, 12, \cdots, 1n_1$，$2k=21, 22, \cdots, 2n_2$。

由 U_1 传至 $\hat{U}_1$ 的信息率以 R_1 表示，它是从 Y 中获得的关于 X_1 的平均信息量，即

$$R_1 = I(X_1 ; Y) \tag{5.86}$$

若 X_2 已知，则可排除 X_2 引起的对 X_1 的传输干扰，使 R_1 达到最大。

故有

$$R_1 = I(X_1 ; Y) \leqslant \max_{P(X_1)P(X_2)} I(X_1 ; Y/X_2) \tag{5.87}$$

式中：$I(X_1 ; Y|X_2)$ 为条件互信息，表示当 X_2 已确知时从 Y 中获得的关于 X_1 的信息。

适当改变编码器 1 和 2 使 X_1 和 X_2 能够达到最合适的概率分布，使得 $\max\limits_{P(X_1)P(X_2)} I(X_1 ; Y/X_2)$ 达到最大值，这个最大值被称为条件信道容量，记为 C_1，即

$$C_1 = \max_{P(X_1)P(X_2)} I(X_1 ; Y/X_2) = \max_{P(X_1)P(X_2)} [H(Y/X_2) - H(Y/X_1 X_2)] \tag{5.88}$$

显然有 $R_1 \leqslant C_1$。

同样得另一个条件信道容量 C_2，即有

$$C_2 = \max_{P(X_1)P(X_2)} I(X_2 ; Y/X_1) = \max_{P(X_1)P(X_2)} [H(Y/X_1) - H(Y/X_1 X_2)] \tag{5.89}$$

显然有

$$R_2 = I(X_2 ; Y) \leqslant \max_{P(X_1)P(X_2)} I(X_2 ; Y/X_1) = C_2 \tag{5.90}$$

R_2 表示由 U_2 传至 $\hat{U}_2$ 的信息率，它是从 Y 中获得的关于 X_1 的平均信息量，$I(X_2 ; Y/X_1)$ 为条件互信息，表示当 X_1 已确知时从 Y 中获得的关于 X_2 的信息。

由第 2 章的讨论可知，从 Y 获得的关于 $X_1 X_2$ 的平均信息量

$$I(X_1 X_2 ; Y) = I(X_1 ; Y) - I(X_2 ; Y/X_1) = H(X) - H(Y/X_1 X_2) \tag{5.91}$$

因此，总的信道容量为

$$C_{12} = \max_{P(X_1)P(X_2)} I(X_1 X_2 ; Y) \geqslant I(X_1 ; Y) + I(X_2 ; Y) = R_1 + R_2 \tag{5.92}$$

即

$$C_{12} \geqslant R_1 + R_2 \tag{5.93}$$

当 X_1 和 X_2 相互独立时，可以证明 C_1、C_2 和 C_{12} 之间满足不等式

$$\max(C_1, C_2) \leqslant C_{12} \leqslant C_1 + C_2 \tag{5.94}$$

证明：不失一般性，假设 $C_1 \geqslant C_2$，由于无条件熵必大于条件熵，所以

$$H(Y) - H(Y/X_1 X_2) \geqslant H(Y/X_2) - H(Y/X_1 X_2) \tag{5.95}$$

该不等式对所有的 $P(X_1)$ 和 $P(X_2)$ 均成立，所以调整 $P(X_1)$ 和 $P(X_2)$ 使不等式右边取极大值，不等号方向不变。假定 $P_0(X_1)$ 和 $P_0(X_2)$ 是使不等式右边取极大值的概率分布，则由式（5.88）可得

$$[H(Y) - H(Y/X_1 X_2)]_{P_0(X_1)P_0(X_2)} \geqslant C_1 \tag{5.96}$$

由式（5.91）和（5.92）可得

$$C_{12} = \max_{P(X_1)P(X_2)} [H(Y) - H(Y/X_1 X_2)] \geqslant [H(Y) - H(Y/X_1 X_2)]_{P_0(X_1)P_0(X_2)} \tag{5.97}$$

所以

$$C_{12} \geqslant C_1 \geqslant C_2 \tag{5.98}$$

或

$$C_{12} \geqslant \max(C_1, C_2) \tag{5.99}$$

又设

$$\begin{aligned} \Delta &= I(X_1 ; Y/X_2) + I(X_2 ; Y/X_1) - I(X_1 X_2 ; Y) \\ &= H(X_1/X_2) - H(X_1/YX_2) + H(X_2/X_1) - \\ &\quad H(X_2/YX_1) - H(X_1 X_2) + H(X_1 X_2/Y) \end{aligned} \tag{5.100}$$

由于 X_1 和 X_2 相互独立，所以

$$H(X_1/X_2) = H(X_1)$$

$$H(X_2/X_1) = H(X_2)$$

$$H(X_1 X_2) = H(X_1) + H(X_2)$$

$$H(X_1 X_2/Y) - H(X_1/YX_2) = H(X_2/Y) \geqslant H(X_2/YX_1)$$

故有
$$\Delta \geqslant 0$$

由 C_1、C_2 和 C_{12} 的定义及上述论证有

$$C_1 + C_2 \geqslant C_{12} \tag{5.101}$$

综合式（5.99）和式（5.101）即得式（5.94）。

由式（5.101）易知

$$\max C_{12} = C_1 + C_2$$

总结起来，二址接入信道信息率和信道容量之间满足如下条件

$$\begin{cases} R_1 \leqslant C_1 \\ R_2 \leqslant C_2 \\ R_1 + R_2 \leqslant C_{12} \end{cases} \tag{5.102}$$

当 X_1 和 X_2 相互独立时有

$$\max(C_1, C_2) \leqslant C_{12} \leqslant C_1 + C_2 \tag{5.103}$$

这些条件可以确定二址接入信道以 R_1 和 R_2 为坐标的二维空间中的某个区域，这个区域的界限就是二址接入信道的信道容量，如图 5.21 所示的有阴影的区域。

应当指出，在求式（5.88）、式（5.89）和式（5.91）的极大值时，所要求的 $P(X_1)$ 和 $P(X_2)$ 可能是不同的，也就是说某一 $P(X_1)$、$P(X_2)$ 可能不会使三式均得到极大值。因此，在这种情况下，应取所有可能的 $P(X_1)$ 和 $P(X_2)$ 组合，分别计算出 C_1、C_2、C_{12}，组成许多如图 5.21 所示的截角四边形，包含这些截角四边形的凸区域，即二址接入信道的容量区域。

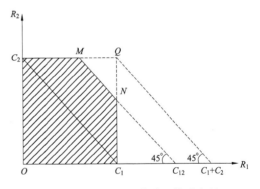

图 5.21　二址接入信道的信道容量

二址接入信道的结论很容易推广到多址接入信道的情况。对于 N 址接入信道，应该有 N 个输入和一个输出，若第 i 个编码器输出消息的信息率为 R_i，对应的条件信道容量为 C_i，信道的总容量为 $C_{\sum}$，则可分别规定各信源信息率的限制为

$$\begin{cases} R_k \leqslant C_k = \max\limits_{p(x_1)\cdots p(x_N)} I(X_k; Y/X_1 \cdots X_{k-1} X_{k+1} \cdots X_N) \\ \sum\limits_{k=1}^{N} R_k \leqslant C_{\sum} = \max\limits_{p(x_1)\cdots p(x_N)} I(X_1 \cdots X_N; Y) \end{cases} \tag{5.104}$$

当各信源相互独立时

$$\sum_{k=1}^{N} C_k \geqslant C_{\sum} \geqslant \max_k [C_k] \tag{5.105}$$

这一结果表明，多址信道的容量区域是满足所有限制条件下的截角多面体凸包，是一个

N 维空间中的体积,这个体积的外形是一个截去角的多面体,多面体内是信道允许的信息率,多面体的上界就是多址接入信道的容量。

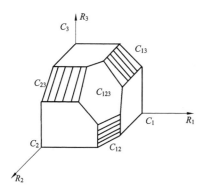

图 5.22 三址接入信道的信道容量

例如:当 $N=3$ 时,为三址接入情况,如图 5.22 所示,则信息率和信道容量之间应满足如下限制条件

$$\begin{cases} R_1 \leqslant C_1, R_2 \leqslant C_2, R_3 \leqslant C_3 \\ R_1 + R_2 \leqslant C_{12}, R_1 + R_3 \leqslant C_{13}, R_2 + R_3 \leqslant C_{23}, \\ R_1 + R_2 + R_3 \leqslant C_{123} \end{cases}$$

5.5.2 广播信道及其容量

广播信道是只有一个输入端和多个输出端的信道。这种信道将多个不同信源的消息经过一个公用的编码器后,送入信道,而信道输出端通过不同的译码器,分别译出所需的信息后送给不同的信宿。

通常广播电台或电视传输系统在一定范围内只有一个发射台但是有许多接收机,可视为典型的广播信道,如图 5.23 所示。除此之外,具有 N 个地面站的卫星通信系统的下行线路可以看作广播信道。

最简单的广播信道是单输入双输出的广播信道,如图 5.24 所示。

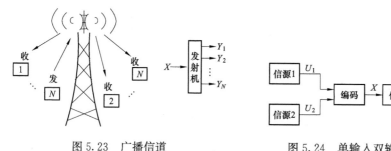

图 5.23 广播信道　　　　　图 5.24 单输入双输出广播信道模型

其中 U_1、U_2 为两独立信源,经过一个编码器合成一个信号 X,作为信道的输入。信道的输出为 Y_1、Y_2,经译码器译码后,一路得到 $\hat{U}_1$,以恢复原来的信源 U_1;另一路得到 $\hat{U}_2$,以恢复原来的信源 U_2。若 $U_1 \rightarrow \hat{U}_1$ 的信息率为 R_1,$U_2 \rightarrow \hat{U}_2$ 的信息率为 R_2。下面求该信道的信道容量。

假定广播信道的条件概率为 $P(Y_1Y_2/X)$,同时设定 $P(Y_1/X)$ 和 $P(Y_2/X)$,以及编码器是一一对应的无失真编码。即当 U_1 已知时,X 中信道就是 U_2 的信息;同样,当 U_2 已知时,X 中信道就是 U_1 的信息,U_1、U_2 的联合信息就是 X 中的信息。因而有

$$\begin{cases} R_1 \leqslant I(U_1;Y_1) = I(X;Y_1/U_2) = H(Y_1/U_2) - H(Y_1/X) & (5.106) \\ R_2 \leqslant I(U_2;Y_2) = I(X;Y_2/U_1) = H(Y_2/U_1) - H(Y_2/X) & (5.107) \\ R_1 + R_2 \leqslant I(U_1U_2;Y_1Y_2) = I(X;Y_1Y_2) & (5.108) \end{cases}$$

对于连续变量(离散变量也有相应的结果)的情况,有

$$\begin{aligned} R_1 &\leqslant H(Y_1/U_2) - H(Y_1/X) \\ &= \iiint\limits_{R^3} P(u_2)P(x/u_2)P(y_1/x) \log \frac{P(y_1/x)}{\int\limits_{R'} P(y_1/x)P(x/u_2)\mathrm{d}x} \mathrm{d}x\mathrm{d}y_1\mathrm{d}u_2 \end{aligned} \quad (5.109)$$

$$R_2 \leqslant H(Y_2/U_1) - H(Y_2/X)$$

$$= \iiint\limits_{R^3} P(u_1)P(x/u_1)P(y_2/x) \log \frac{P(y_2/x)}{\int\limits_{R'} P(y_2/x)P(x/u_1)\mathrm{d}x} \mathrm{d}x\mathrm{d}y_2\mathrm{d}u_1 \quad (5.110)$$

$$R_1 + R_2 \leqslant I(X;Y_1Y_2)$$

$$= \iiint\limits_{R^3} P(x)P(y_1y_2/x) \log \frac{P(y_1y_2/x)}{\int\limits_{R'} P(x)P(y_1y_2/x)\mathrm{d}x} \mathrm{d}x\mathrm{d}y_1\mathrm{d}y_2 \quad (5.111)$$

其中

$$P(Y_1Y_2/X) \text{ 应满足} \begin{cases} \int\limits_{R'} P(y_1y_2/x)\mathrm{d}y_1 = P(y_2/x) \\[4mm] \int\limits_{R'} P(y_1y_2/x)\mathrm{d}y_2 = P(y_1/x) \end{cases} \quad (5.112)$$

这样可求得关于 R_1、R_2 与 $R_1 + R_2$ 界限区为 $J[P_1, P_2, X, P]$，则

$$C = \bigcup_{P_1, P_2, X, P} J[P_1, P_2, X, P] \quad (5.113)$$

式中：$\bigcup$ 表示集运算。即广播信道的信道容量是包含所有这些区域的外凸包。一般求解这个外凸包很困难，至今没有找到确定的方法，能够求解的仅是一些特例。比如降阶的退化广播信道，这时信道转移概率满足

$$p(y_2y_1/x) = p(y_1/x)p(y_2/y_1) \quad (5.114)$$

即若有 $p(y_2/y_1)$ 存在，则称该信道为降价或退化型广播信道，如图 5.25 所示。退化信道可以看作是两个信道的串联。信道 I 和信道 II 的特性分别由 $p(y_1/x)$ 和 $p(y_2/y_1)$ 两个条件概率密度函数来描述。

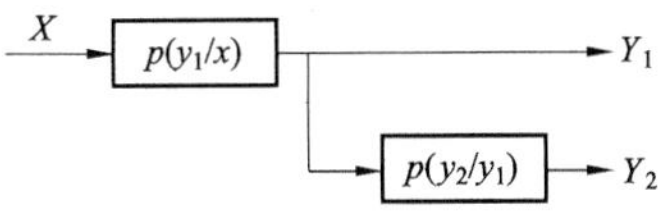

图 5.25 退化型广播信道

Y_1 为第一个信道的输出，Y_2 为第二个信道的输出，此时有

$$P(y_2/x) = \int\limits_{Y_1} P(y_2y_1/x)\mathrm{d}y_1$$

$$= \int\limits_{Y_1} P(y_2/y_1x)P(y_1/x)\mathrm{d}y_1 \quad (5.115)$$

$$= \int\limits_{Y_1} P(y_2/y_1)P(y_1/x)\mathrm{d}y_1$$

与上述退化条件对比，得

$$P(y_2/y_1x) = P(y_2/y_1) \quad (5.116)$$

它要求 y_2 与 x 无关，即 X、Y_1、Y_2 组成马尔科夫链。

$$I(X;Y_1Y_2) = H(Y_1Y_2) - H(Y_1Y_2/X)$$

$$= H(Y_1) + H(Y_2/Y_1) - [H(Y_1/X) + H(Y_2/Y_1X)] \quad (5.117)$$

Markov 链

$$H(Y_1) - H(Y_1/X) = I(X;Y_1)$$

$$C = \max_{p(x)} I(X;Y_1Y_2) = \max_{p(x)} I(X;Y_1) \tag{5.118}$$

式（5.118）就是通过改变 $P(X)$ 求得的 R_1+R_2 最大值。由于 $P(X)$ 与 $P(U_1)$、$P(U_2)$ 有关并由编码器决定，不同的 $P(U_1)$、$P(U_2)$ 对应不同的 R_1、R_2。所以，可改变 $P(U_1)$、$P(U_2)$，但保持 $P(X)$ 不变，只要满足

$$R_1 \leqslant I(U_1;Y_1) = I(X;Y_1/U_2)$$
$$R_2 \leqslant I(U_2;Y_2) = I(X;Y_2/U_1)$$
$$R_1 + R_2 \leqslant I(U_1U_2;Y_1Y_2) = I(X;Y_1)$$

便可求出退化型广播信道的信道容量。

随着网络技术的不断发展，多用户信息论在近代信息论的研究中得到越来越多的关注，信道容量的计算已经过严格证明的只有无记忆单用户信道和多用户信道中的某些多址接入信道和退化型广播信道。对某些有记忆信道，只能得到容量的上界和下界，确切容量尚不易规定，许多较复杂的问题仍然没有找到系统的解决方法。

5.6　连续信道及其容量

对于连续信道，其输入和输出均为连续的，但从时间上来看，可分为时间离散和时间连续两大类型。当信道的输入输出只能在特定的时刻变化，即时间为离散值时，称信道为离散时间信道，为方便起见，本书中仍称为连续信道。当时间为连续值时，称信道为波形信道。后面将分别进行讨论。

在第 1 章绪论中曾指出，噪声源是阻碍信息传输的重要因素，也是划分信道类型的主要依据，即研究连续信道就必须研究噪声。通常按噪声的性质进行分类。

1. 按噪声统计特性分类

按噪声统计特性进行分类，可分为高斯信道、白噪声信道、高斯白噪声信道和有色噪声信道。

（1）高斯信道。信道中的噪声是高斯噪声，则称这种信道为高斯信道。

高斯噪声是平稳遍历的随机过程，其瞬时值的概率密度函数服从高斯分布（即正态分布）。高斯噪声是实际中普遍存在的一类噪声。高斯信道也是常见的一种信道。

（2）白噪声信道。信道中的噪声是白噪声，则称这种信道为白噪声信道。

白噪声也是平稳遍历的随机过程。它的功率谱密度均匀分布于整个频率区间，即功率谱密度为一常数。

严格地说，白噪声只是一种理想化的模型，因为实际噪声的功率谱密度不可能具有无限宽的带宽，否则它们的平均功率将是无限大的，是物理上不可实现的。然而，白噪声具有数学处理简单、方便的优点，因此它是系统分析的有力工具。一般情况下，只要实际噪声在比所考虑的有用频带还要宽得多的范围内，具有均匀功率谱密度，就可以把它当作白噪声来处理。

（3）高斯白噪声信道。信道中的噪声是高斯白噪声，则称这种信道为高斯白噪声信道。

具有高斯分布的白噪声称为高斯白噪声。高斯噪声和白噪声是从不同的角度来定义的。高斯噪声是指它的 N 维概率密度函数服从高斯分布，并不涉及其功率谱密度的形状；白噪

声则是就其功率谱密度是均匀分布而言的，而不论它服从什么样的概率分布。一般情况，把既服从高斯分布而功率谱密度又是均匀分布的噪声称为高斯白噪声。通信系统中的波形信道常假设为高斯白噪声信道。

(4) 有色噪声信道。除白噪声之外的噪声称为有色噪声。因此，若信道中的噪声是有色噪声，则称此信道为有色噪声信道。一般有色噪声信道都是有记忆的。

2. 按噪声对信号的作用功能分类

(1) 加性噪声。信道中噪声对信号的干扰作用表现为与信号相加的关系，则称信道为加性信道，称此噪声为加性噪声，即 $\{y(t)\}=\{x(t)\}+\{n(t)\}$，其中 $\{y(t)\}$、$\{x(t)\}$ 和 $\{n(t)\}$ 分别是信道的输入、输出和噪声的随机信号。

在加性连续信道中，有一重要性质，即信道的传递概率密度函数就等于噪声的概率密度函数。

(2) 乘性噪声。信道中噪声对信号的干扰作用表现为与信号相乘的关系，则称此信道为乘性信道，称此噪声为乘性噪声。

在实际无线电通信系统中常遇到乘性干扰，主要的乘性干扰是衰落（瑞利）干扰，它是短波和超短波无线电通信中的主要干扰。其形成机理是由于多径传输的各个信号在接收端相互干扰，因而引起合信号幅度的起伏。它可以看成信号在传输过程中由于信道参量的随机起伏而引起的后果，所以可采用信号通过线性时不变系统的问题来处理。

5.6.1 单符号连续信道及其容量

1. 单符号连续信道的容量

单符号连续信道是指信道的输入、输出均为单个连续变量的信道，如图 5.26 所示。这种信道的输入为连续型随机变量 X，X 取值于实数域 R，输出也为连续型随机变量 Y，Y 取值于实数域 R，信道的转移特性用条件转移概率密度函数 $p(y/x)$ 来表示，并满足

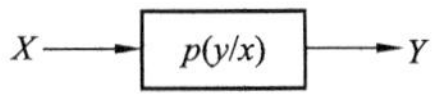

$X \longrightarrow \boxed{p(y/x)} \longrightarrow Y$

图 5.26 单符号连续信道的数学模型

$$\int_R p(x/y) = 1 \tag{5.119}$$

因此，单符号连续信道可用 $\{X \quad p(y/x) \quad Y\}$ 来描述。

和离散信道一样，对于给定的连续信道也有一个最大的信息传输率，称之为连续信道的信道容量。

和计算连续信源信息熵的问题一样，也可以对连续信道输入、输出随机变量的取值进行量化，将其转化为离散信道。求得此离散信道的平均互信息，然后将量化间隔 Δ 趋于零，就成为连续信道的平均互信息，继而可求得该连续信道的信道容量。因此，易推得单符号连续信道输入 X 和输出 Y 之间的平均互信息为

$$I(X;Y) = H(X_n) - H(X_n/Y_n)$$

$$= -\int_R p(x)\log p(x)\mathrm{d}x - \lim_{\Delta \to 0}\log\Delta$$

$$\quad - \left[-\iint_R p(x)p(x/y)\log p(x/y)\mathrm{d}x\mathrm{d}y - \lim_{\Delta \to 0}\log\Delta \right]$$

$$= \iint_R p(xy)\log\frac{p(x/y)}{p(x)}\mathrm{d}x\mathrm{d}y = H_C(X) - H_C(X/Y) \tag{5.120}$$

$$= \iint\limits_{R} p(xy) \log \frac{p(y/x)}{p(y)} \mathrm{d}x \mathrm{d}y = H_C(Y) - H_C(Y/X) \quad (5.121)$$

$$= \iint\limits_{R} p(xy) \log \frac{p(xy)}{p(x)P(y)} \mathrm{d}x \mathrm{d}y = H_C(X) + H_C(Y) - H_C(XY) \quad (5.122)$$

从上面的讨论可知，连续信道的平均互信息的关系式和离散信道下的平均互信息的关系式完全相同，不但如此，而且也保留了离散信道平均互信息的所有含义与性质。只是表达式中用连续信源的相对熵替代了离散信源的熵。

单符号连续信道的信息传输速率为

$$R = I(X;Y) \quad (5.123)$$

单符号连续信道的信道容量为

$$C = \max_{p(x)} \{ I(X;Y) \} \quad (5.124)$$

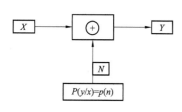

图 5.27　加性连续
信道模型

一般连续信道的容量并不容易计算。对于不同的连续信道或波形信道，它们存在的噪声形式不同，信道带宽以及对信号的各种限制不同，所以具有不同的信道容量。当信道为加性信道时，情况要简单一些。图 5.27 所示为连续加性信道模型。

加性信道中的噪声为连续随机变量 N，且与 X 相互统计独立的信道。信道中噪声对输入的干扰作用表现为与输入的线性叠加，即 $Y = X + N$。在加性连续信道中，利用坐标变换理论可以证明

$$p(y/x) = p(n) \quad (5.125)$$

式中：$p(n)$ 为噪声 N 的概率密度函数，换句话说，信道的转移概率密度函数就等于噪声的概率密度函数，这是加性连续信道的重要性质。

由连续条件熵的定义及式（5.125）有

$$
\begin{aligned}
H_C(Y/X) &= -\iint\limits_{XY} p(x) p(y/x) \log_2 p(y/x) \mathrm{d}x \mathrm{d}y \\
&= -\iint\limits_{XN} p(x) p(n) \log_2 p(n) \mathrm{d}x \mathrm{d}n \\
&= -\int\limits_{N} p(n) \log_2 p(n) \mathrm{d}n \left\{ \int\limits_{X} p(y/x) \mathrm{d}x \right\} \\
&= -\int\limits_{N} p(n) \log_2 p(n) \mathrm{d}n = H_C(N)
\end{aligned}
\quad (5.126)
$$

其中

$$\int\limits_{X} p(y/x) \mathrm{d}x = 1$$

式中 $H_C(N)$ 完全是由信道的噪声概率密度函数 $p(n)$ 决定的熵，因此式（5.126）说明 $H_C(Y/X)$ 是有噪声引起，故称其为噪声熵。

由于加性信道的这一特征，其信道容量

$$
\begin{aligned}
C &= \max_{p(x)} \{ I(X;Y) \} = \max_{p(x)} \{ H_C(Y) - H_C(Y/X) \} \\
&= \max_{p(x)} \{ H_C(Y) - H_C(N) \}
\end{aligned}
\quad (5.127)
$$

由于加性噪声 N 和信源 X 相互统计独立，X 的概率密度函数 $p(x)$ 的变动不会引起噪声

熵 $H_C(N)$ 的改变,所以加性信道的容量 C 就是选择 $p(x)$,使输出熵 $Hc(Y)$ 达到最大值。

2. 单符号高斯加性信道容量

因为在实际的信息传输过程中,最重要最常见的一类噪声为高斯噪声,所以我们以高斯加性信道为例,来讨论连续信道的信道容量。

设在高斯噪声信道中噪声 N 为高斯噪声,其均值为 0,方差为 σ^2,噪声功率为 P;概率密度函数为 $p_n(N)=N(0,\sigma^2)$,则噪声的连续熵为

$$H_C(N) = \frac{1}{2}\log_2 2\pi e\sigma^2$$

所以,高斯加性单符号连续信道的容量等于

$$C = \max_{p(x)}\{H_C(Y)\} - H_C(N) = \max_{p(x)}\{H_C(Y)\} - \frac{1}{2}\log_2 2\pi e\sigma^2 \tag{5.128}$$

根据最大连续熵定理,要使 $Hc(Y)$ 达到最大,Y 必须是一个均值为 0、方差为 $\sigma_Y^2=P$ 的高斯随机变量。

若限定输入平均功率 S,噪声平均功率 $P_N=\sigma^2$,对高斯加性信道,输出 Y 的功率 P 也限定了,即

$$P = S + P_N = S + \sigma^2$$

设 Y 为均值为 0、方差为 $\sigma_Y^2=P$ 的高斯随机变量,则 $p_Y(y)=N(0,P)$。由于 $pn(N)=N(0,\sigma^2)$,所以有 $p_x(x)=N(0,S)$,即输入 X 满足正态分布时,$Hc(Y)$ 达到最大值,达到信道容量。

$$\max_{P(x)}\{H_C(Y)\} = \frac{1}{2}\log 2\pi e P \tag{5.129}$$

因此,高斯加性信道的信道容量为

$$C = \frac{1}{2}\log_2 2\pi e P - \frac{1}{2}\log_2 2\pi e\sigma^2 = \frac{1}{2}\log_2\left(\frac{S+\sigma^2}{\sigma^2}\right) = \frac{1}{2}\log_2\left(1+\frac{S}{\sigma^2}\right) \tag{5.130}$$

其中,S 是输入信号的平均功率,σ^2 是高斯噪声的平均功率。只有当信道的输入信号是均值为零、平均功率为 S 的高斯分布的随机变量时,信息传输率才能达到这个最大值。

3. 单符号非高斯加性信道容量

非高斯加性噪声信道容量的精确计算较困难,但对于平均功率受限的非高斯加性信道,一般其信道容量的上、下限较易得到为

$$\frac{1}{2}\log\left(\frac{P_s+P_n}{P_n}\right) \leqslant C \leqslant \frac{1}{2}\log\left(\frac{P_s+P_n}{\overline{P_n}}\right) \tag{5.131}$$

式中:P_s 为输入信号 X 的平均功率;P_n 为加性噪声的功率;$\overline{P_n}$ 为噪声的熵功率。

证明:设信道的输入和输出都是取值连续的一维随机变量 X 和 Y。信道的噪声 N 是均值为 0,平均功率为 P_n 的非高斯型加性噪声,即 $Y=X+N$,而且输入信号 X 的平均功率受限为 P_s。

因为是加性信道,所以输出 Y 的平均功率 $P_o=P_s+P_n$。此信道的平均互信息为

$$I(X;Y) = H_c(Y) - H_c(n) \tag{5.132}$$

有
$$H_c(Y) \leqslant \frac{1}{2}\log_2 2\pi e(P_s+P_n) \tag{5.133}$$

而
$$H_c(n) = \frac{1}{2}\log_2 2\pi e\,\overline{P}_n \tag{5.134}$$

式中：$\overline{P}_n$ 为噪声的熵功率，因为均值为零，有 $\overline{P}_n = \sigma_n^{-2}$，所以得

$$I(X;Y) \leqslant \frac{1}{2}\log_2 2\pi e(P_s + P_n) - \frac{1}{2}\log_2 2\pi e\,\overline{P}_n \tag{5.135}$$

得
$$C \leqslant \frac{1}{2}\log_2 2\pi e\left(\frac{P_s + P_n}{\overline{P}_n}\right) \tag{5.136}$$

又根据熵功率不等式，并信号和噪声的均值都为零，所以有

$$\sigma_X^{-2} + \sigma_n^{-2} \leqslant \sigma_Y^{-2} \leqslant \sigma_X^{-2} + \sigma_n^{-2}$$

若选择输入信号是均值为零，平均功率为 P_s 的高斯分布的随机变量，即 $\sigma_x^{-2} = P_s$。则

$$H_c(Y) \geqslant \frac{1}{2}\log_2 2\pi e(P_s + \sigma_n^{-2}) \tag{5.137}$$

$$C \geqslant I(X;Y) \geqslant \frac{1}{2}\log_2 2\pi e(P_s + \sigma_n^{-2}) - \frac{1}{2}\log_2 2\pi e\sigma_n^{-2} \tag{5.138}$$

$$C \geqslant I(X;Y) \geqslant \frac{1}{2}\log_2\left(1 + \frac{P_s}{\sigma_n}\right) = \frac{1}{2}\log_2\left(1 + \frac{P_s}{P_n}\right) \tag{5.139}$$

综合式（5.136）和式（5.139）得

$$\frac{1}{2}\log_2\left(\frac{P_s + \overline{P}_n}{\overline{P}_n}\right) \leqslant C \leqslant \frac{1}{2}\log_2\left(\frac{P_s + P_n}{\overline{P}_n}\right) \tag{5.140}$$

因为 $\overline{P}_n \leqslant P_n$，所以也可以有

$$\frac{1}{2}\log_2\left(\frac{P_s + P_n}{P_n}\right) \leqslant C \leqslant \frac{1}{2}\log_2\left(\frac{P_s + P_n}{\overline{P}_n}\right) \tag{5.141}$$

当且仅当噪声为高斯加性噪声时，式（5.140）和式（5.141）中等号成立。

结论：高斯信道容量是一切平均功率受限的叠加性非高斯信道容量的下限值。实际非高斯噪声信道的容量要大于高斯噪声信道的容量，所以在处理实际问题时，通过计算高斯噪声信道容量来保守地估计容量。

5.6.2 多符号连续信道及容量

1. 多符号连续信道的容量

多符号连续信道其输入是 N 维连续型随机序列 $X^N = X_1 X_2 \cdots X_N$，输出也是 N 维连续型随机序列 $Y^N = Y_1 Y_2 \cdots Y_N$。而信道转移概率密度函数是

$$p(Y^N/X^N) = p(Y_1 Y_2 \cdots Y_N/X_1 X_2 \cdots X_N) \tag{5.142}$$

并且满足

$$\iint_R \cdots \int_R p(y_1 y_2 \cdots y_N/x_1 x_2 \cdots x_N)\mathrm{d}y_1 \mathrm{d}y_2 \cdots \mathrm{d}y_N = 1$$

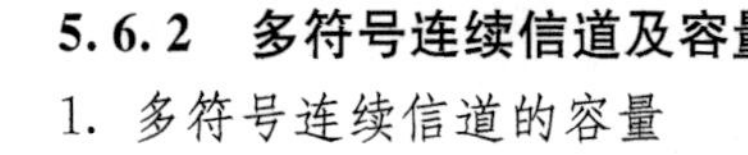

图 5.28 多符号连续信道

式中：R 为实数域。多符号连续信道的数学模型为 $[X, p(Y^N/X^N), Y]$，如图 5.28 所示。

当连续信道任何时刻的输出变量与其他任何时候的输入、输出都有关，则称此信道为连续有记忆信道，信道转移概率密度函数由式（5.142）描述；若连续信道在任意时刻的输出变量至于对应时刻的输入有关，与以前时刻的输入、输出无关，也与以后的输入变量无关，称此信道为连续无

记忆信道。其信道转移概率密度函数满足

$$p(Y^N/X^N) = \prod_{l=1}^{N} p(Y_l/X_l) \tag{5.143}$$

由式（5.142）和式（5.143）推广可得多符号连续信道的平均互信息

$$I(X^N; Y^N) = H_C(X^N) - H_C(X^N/Y^N) \tag{5.144}$$

$$= H_C(Y^N) - H_C(Y^N/X^N) \tag{5.145}$$

$$= H_C(X^N) + H_C(Y^N) - H_C(X^N Y^N) \tag{5.146}$$

多符号连续信道的信息传输速率为

$$R = I(X^N; Y^N) \quad (\text{bit}/N \text{ 个自由度}) \tag{5.147}$$

多符号连续信道的信道容量为

$$C = \max_{p(X^N)} I(X^N; Y^N) \quad (\text{bit}/N \text{ 个自由度}) \tag{5.148}$$

式中：$p(X^N)$ 为输入 X^N 的概率密度函数。

如研究的是加性信道，条件熵 $H_C(Y^N/X^N)$ 就是噪声源的熵 $H_C(n^N)$，因此，一般多符号加性连续信道的信道容量为

$$C = \max_{p(X^N)} [H_C(Y^N) - H_C(n^N)] \quad (\text{bit}/N \text{ 个自由度}) \tag{5.149}$$

因 $H_C(n^N)$ 与输入 X 的概率密度函数 $p(X^N)$ 无关，所以求加性信道的信道量就是求某种发送信号的概率密度函数使接收信号的熵 $H_C(Y^N)$ 最大。

由于在不同限制条件下，连续随机变量有不同的最大连续差熵值，所以，加性信道的信道容量 C 取决于噪声的统计特性和输入 X 所受的限制条件，一般实际信道中，无论输入信号和噪声，它们的平均功率或能量总是有限的。因此，我们只讨论在平均功率受限的条件下连续信道的信道容量。

2. 多符号无记忆高斯加性连续信道容量

信道输入随机序列 $X^N = X_1 X_2 \cdots X_N$，输出也是 N 维连续型随机序列 $Y^N = Y_1 Y_2 \cdots Y_N$。因为是加性信道，所以有 $Y = X + n$，其中，$n^N = n_1 n_1 \cdots n_N$ 是均值为零的高斯噪声。由于信道无记忆，故有

$$p(Y^N/X^N) = \prod_{l=1}^{N} p(Y_l/X_l)$$

又因是加性信道，所以得

$$p(n^N) = p(Y^N/X^N) = \prod_{l=1}^{N} p(Y_l/X_l) = \prod_{l=1}^{N} p(n_l)$$

即噪声随机序列中各分量是统计独立的。由于噪声 n^N 是高斯噪声，又各分量统计独立，所以各分量 n_l 都是均值为零，方差为 σ_l^2 的高斯变量，这样，多符号无记忆高斯加性信道可等效成 N 个独立的并联高斯加性信道，则存在

$$I(X^N; Y^N) \leqslant \sum_{l=1}^{N} I(X_l; Y_l) \leqslant \frac{1}{2} \sum_{l=1}^{N} \log\left(1 + \frac{P_{s_l}}{\sigma_l^2}\right)$$

则

$$C = \max_{p(X^N)} I(X^N; Y^N) = \frac{1}{2} \sum_{l=1}^{N} \log\left(1 + \frac{P_{s_l}}{\sigma_l^2}\right) \quad (\text{bit}/N \text{ 个自由度}) \tag{5.150}$$

上式表示各单元时刻 $(l = 1, 2, \cdots, N)$ 上的噪声都是均值为零，方差为 σ_l^2 的高斯噪声。

因此当且仅当输入随机变量 X 中各分量统计独立，并且也是均值为零，方差为不同 P_{s_l} 的高斯变量时，才能达到此信道容量。

如果各单位时刻（$l=1, 2, \cdots, N$）上的噪声都是均值为零，方差为 σ_n^2 的高斯噪声。当且仅当输入随机变量 X 中各分量统计独立，并且也是均值为零，方差为不同 P_s 的高斯变量时，由式（5.150）得

$$C = \frac{N}{2}\log\left(1+\frac{P_s}{\sigma_n^2}\right) \text{（bit/}N\text{ 个自由度）} \tag{5.151}$$

此时，信息传输率达到此最大值。

5.7 波形信道及其容量

5.7.1 一般加性波形信道及其容量

波形信道是指输入 $x(t)$、输出 $y(t)$ 均为随机过程时的信道。在实际模拟通信系统中，信道都是波形信道。由于实际波形信道的频宽总是受限的，因而在有限观察时间 T 内，能够满足限频 W、限时 T 的条件。

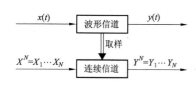

图 5.29　波形信道离散化成连续信道

设信道的频带限于 W 内，因此在时间 T 内，根据时间采样定理，可以把波形信道的输入 $x(t)$、输出 $y(t)$ 的平稳随机过程信号离散化成 $N(=2WT)$ 个时间离散、取值连续的平稳随机序列 $X^N = X_1 X_2 \cdots X_N$，和 $Y^N = Y_1 Y_2 \cdots Y_N$。这样，波形信道就转化成多符号连续信道，如图 5.29 所示。

这时可推得波形信道的平均互信息为

$$I(x(t); y(t)) = \lim_{N\to\infty} I(X^N; Y^N) \tag{5.152}$$

$$= \lim_{N\to\infty} [H_c(X^N) - H_c(X^N/Y^N)] \tag{5.153}$$

$$= \lim_{N\to\infty} [H_c(Y^N) - H_c(Y^N/X^N)] \tag{5.154}$$

$$= \lim_{N\to\infty} [H_c(X^N) + H_c(Y^N) - H_c(X^N Y^N)] \tag{5.155}$$

又根据波形信道的信源差熵的表达式，上述公式可写成

$$I(x(t); y(t)) = H_c(x(t)) - H_c(x(t)/y(t)) \tag{5.156}$$

$$= H_c(y(t)) - H_c(y(t)/x(t)) \tag{5.157}$$

$$= H_c(x(t)) + H_c(y(t)) - H_c(x(t)y(t)) \tag{5.158}$$

一般情况，对于波形信道来说，都是研究其单位时间内的信息传输率 R_t，由式（5.152）得

$$R_t = \lim_{T\to\infty} \frac{1}{T} I(X^N; Y^N) \quad \text{（bis/s）} \tag{5.159}$$

由于波形信道的信道容量是对连续信道信道容量的进一步分析，所以波形信道的信道容量为

$$C_t = \max_{p(x)}\left[\lim_{T\to\infty} \frac{1}{T} I(X^N; Y^N)\right]$$

$$= \max_{p(x)}\left\{\lim_{T\to\infty} \frac{1}{T}[H_C(Y^N) - H_C(Y^N/X^N)]\right\} \text{（bit/s）} \tag{5.160}$$

其中 $p(x)$ 为输入 $x(t)$ 的概率密度函数。

一般加性波形信道的信道容量为

$$
\begin{aligned}
C_t &= \max_{p(x)} \left\{ \lim_{T \to \infty} \frac{1}{T} \left[H_C(Y^N) - H_C(n^N) \right] \right\} \\
&= \lim_{T \to \infty} \frac{1}{T} \left\{ \max_{p(x)} \left[H_C(Y^N) - H_C(Y^N/X^N) \right] \right\} \quad \text{(bit/s)}
\end{aligned}
\tag{5.161}
$$

5.7.2　高斯白噪声加性波形信道的信道容量

高斯白噪声加性波形信道是在研究中经常假设的一种波形信道。这时，信道中加入的噪声是加性高斯白噪声 $n(t)$（其均值为零，功率谱密度为 $N_0/2$），所以，输出信号满足

$$
y(t) = x(t) + n(t) \tag{5.162}
$$

一般信道的频带宽度总是有限的，设其带宽为 W，这样，信道的输入、输出信号和噪声都是限频的随机过程，根据取样定理，可把时间连续的信道变换成时间离散的多符号连续信道来处理。由于低频限带高斯白噪声有一个很重要的性质，即对于一个均值为零，功率谱密度为 $N_0/2$ 限带高斯白噪声，经过取样函数取样后可分解为 $N(=2WT)$ 个统计独立的高斯随机变量，其中每个分量都是均值为零、方差为 $N_0/2$，其 N 维概率密度

$$
\begin{aligned}
p(n^N) &= p(n_1 n_2 \cdots n_N) = \prod_{l=1}^{N} p(n_l) \\
&= \prod_{l=1}^{N} \frac{1}{\sqrt{2\pi\sigma^2}} e^{-n_l^2/2\sigma^2}
\end{aligned}
\tag{5.163}
$$

对于加性信道来说，若上式成立，则有

$$
p(Y^N/X^N) = p(n^N) = \prod_{l=1}^{N} p(n_l) = \prod_{l=1}^{N} p(Y_l/X_l) \tag{5.164}
$$

所以信道是无记忆的。那么，多符号信道就可等效为 N 个独立的并联信道，即就是前面讨论的多符号无记忆高斯加性信道，因此，满足式（5.150），有

$$
C = \frac{1}{2} \sum_{l=1}^{N} \log\left(1 + \frac{P_{s_l}}{\sigma_l^2}\right) \tag{5.165}
$$

在上式中，由于高斯白噪声每个样本值的方差 $\sigma_l^2 = N_0/2$，而信号的平均功率受限为 P_s，T 时间内总的平均功率为 $P_s T$，每个信号样本值的平均功率为 $P_s T/2WT = P_s/2W$，所以，在 T 时间内，信道的信道容量为

$$
\begin{aligned}
C &= \frac{N}{2} \log\left(1 + \frac{P_s}{2W}\Big/\frac{N_0}{2}\right) \\
&= \frac{N}{2} \log\left(1 + \frac{P_s}{WN_0}\right) \\
&= WT \log\left(1 + \frac{P_s}{WN_0}\right) \quad \text{(bit/N 个自由度)}
\end{aligned}
\tag{5.166}
$$

要达到这个信道容量则要求输入 N 维序列 X 中每一分量 X_l 都是均值为零、方差为 P_s，且彼此独立的高斯变量。换句话说，要使信道传送的信息达到信道容量，必须使输入信号 $x(t)$ 具有均值为零、平均功率为 P_s 的高斯白噪声的特性。

高斯白噪声加性波形信道单位时间的信道容量

$$C_t = W\log\left(1 + \frac{P_s}{WN_0}\right) \quad (\text{bit/s}) \qquad (5.167)$$

其中，P_s 是信号的平均功率，WN_0 是高斯白噪声在带宽 W 内的平均功率。可见，信道容量与信噪功率比和带宽有关。这就是著名的香农公式。当信道输入信号是平均功率受限的高斯白噪声时，信息传输率才能达到此信道容量。

香农公式的主要结论如下。

（1）在给定 W、P_s/WN_0 的情况下，信道的极限传输能力为 C_t，而且此时总能够做到无差错传输（即差错率为零）。这就是说，如果信道的实际传输速率大于 C_t 值，则无差错传输在理论上就已不可能。因此，实际传输速率 R_b 一般不能大于信道容量 C_t，除非允许存在一定的差错率。

（2）提高信噪比 P_s/WN_0（通过减小 N_0 或增大 P_s），可提高信道容量 C_t。特别是，若 $N_0 \to 0$，则 $C_t \to \infty$，这意味着无干扰信道容量为无穷大。

（3）增加信道带宽 W，也可增加信道容量 C_t，但做不到无限制地增加。这是因为，如果 P_s、N_0 一定，有

$$\lim_{W \to \infty} C_t = \frac{P_s}{N_0}\log_2 e \approx 1.44\frac{P_s}{N_0} \qquad (5.168)$$

（4）维持同样大小的信道容量，可以通过调整信道的 W 及 P_s/WN_0 来达到，即信道容量可以通过系统带宽与信噪比的互换而保持不变。例如，如果 $P_s/WN_0 = 7$，$W = 4000\,\text{Hz}$，则可得 $C_t = 12 \times 10^3\,\text{bit/s}$；但是，如果 $P_s/WN_0 = 15$，$W = 3000\,\text{Hz}$，则可得同样数值 C_t 值。这就提示，为达到某个实际传输速率，在系统设计时可以利用香农公式中的互换原理，确定合适的系统带宽和信噪比。

通常，把实现了极限信息速率传送（即达到信道容量值）且能做到任意小差错率的通信系统，称为理想通信系统。

香农公式把信道的统计信息参量（信道容量）和信道的实际物理量（频带宽度 W、时间 T、信噪功率比 P_s/WN_0）联系起来。它表明一个信道可靠传输的最大信息量完全由 W、T、P_s/WN_0 所确定。一旦这三个物理量给定，理想通信系统的极限信息传输率就确定了，而且，当信道容量一定时，频带宽度 W、时间 T、信噪功率比 P_s/WN_0 三者之间可以互换。香农只证明了理想通信系统的"存在性"，却没有指出具体的实现方法。但这并不影响香农定理在通信系统理论分析和工程实践中所起的重要指导作用。

1. 用频带换取信噪比

用频带换取信噪比即为扩频通信的原理。雷达信号设计中的线性调频脉冲，模拟通信中，调频优于调幅，且频带越宽，抗干扰性就越强。数字通信中，伪码（PN）直扩与时频编码等，带宽越宽，扩频增益越大，抗干扰性就越强。

2. 用信噪比换取频带

在卫星、数字微波中常常采用多电平调制、多相调制、高维星座调制等。就是利用高质量信道中富裕的信噪比换取频带，以提高传输有效性。

3. 用时间换取信噪比

弱信号累积接收基于这一原理，信号功率 P_s 有规律随时间线性增长，噪声功率 P_N 无规律，随时间呈均方根增长，在深空通信中传送图片往往利用这一原理。

4. 用时间换取频带

在一些特殊的场合下，比如可以采用频带很小的电话线路，传输准活动图片，像拉洋片式的，就是基于这个原理。

5.8　信源与信道匹配

从信息论中讨论的通信系统模型来看，信源发出的消息必须要通过信道才能传到信宿。对于一个信道，其信道容量是一定的，只有当输入符号的概率分布 $P(X)$ 满足一定分布时，才能达到信道容量 C。即在一般情况下，信源的分布并不能使信源与信宿之间的平均互信息量（信息传输率）达到信道的信道容量 C。

由此可见，信道的信息传输率 R 与信源分布是有密切关系的。当信息传输率与信道容量 C 相等时，称为信源与信道达到匹配，否则信道则有冗余。

设信道的信息传输率为 $I(X;Y)$，信道容量为 C，信道剩余度定义为

$$信道剩余度 = C - I(X;Y) \tag{5.169}$$

而信道相对剩余度定义为

$$信道相对剩余度 = \frac{C - I(X;Y)}{C} = 1 - \frac{I(X;Y)}{C} \tag{5.170}$$

实际生活中，信源的输出符号之间均具有较强的相关性，这样就会相应地减小平均互信息量，从而使信源和信道达不到匹配。可以通过对信源进行编码实现信源符号的重新分布，并让新的分布之间相关性尽可能地减小，从而使平均互信息增加，进而使其与信道容量 C 尽可能地接近，实现信源和信道的匹配；也可以通过对信源输出的符号进行信道编码，实现信道的可靠传输。

习　　题

5.1　设信源 $\begin{bmatrix} X \\ p(x) \end{bmatrix} = \begin{bmatrix} x_1, & x_2 \\ 0.6, & 0.4 \end{bmatrix}$ 通过一干扰信道，接收符号为 $Y = [y_1, y_2]$，信道转

移概率矩阵为 $\begin{bmatrix} \dfrac{5}{6} & \dfrac{1}{6} \\ \dfrac{1}{4} & \dfrac{3}{4} \end{bmatrix}$。求：

(1) 信源 X 中事件 x_1 和 x_2 分别含有的自信息。

(2) 收到消息 $y_j(j=1,2)$ 后，获得的关于 $x_i(i=1,2)$ 的信息量。

(3) 信源 X 和信源 Y 的信息熵。

(4) 信道疑义度 $H(X/Y)$ 和噪声熵 $H(Y/X)$。

(5) 接收到信息 Y 后获得的平均互信息。

5.2　设有一批电阻，按阻值分 70%是 2kΩ，30%是 5kΩ；按瓦数分 64%是 1/8W，其余是 1/4W。现已知 2kΩ 阻值的电阻中 80%是 1/8W，问通过测量阻值可以平均得到的关于瓦数的信息量是多少？

5.3　设有扰离散信道的传输情况分别如图 5.30 所示。求出该信道的信道容量。

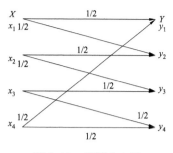

图 5.30　习题 5.3 图

5.4　试计算下述信道的信道容量（以 p, q 作为变量）。

$$P = \begin{bmatrix} \bar{p} & p & 0 & 0 \\ p & \bar{p} & 0 & 0 \\ 0 & 0 & \bar{q} & q \\ 0 & 0 & q & \bar{q} \end{bmatrix}$$

其中，$\bar{p}+p=1$，$\bar{q}+q=1$。

5.5　证明 $H(X)$ 是输入概率分布 $P(X)$ 的严格的 $\bigcap$ 型凸函数。

5.6　某信源发送端有 2 个符号，x_i，$i=1$, 2；$p(x_1)=p(x_2)=\dfrac{1}{2}$，每秒发出一个符号。接收端有 3 种符号 y_j，$j=1$, 2, 3，转移概率矩阵为

$$P = \begin{bmatrix} 1/2 & 1/2 & 0 \\ 1/2 & 1/4 & 1/4 \end{bmatrix}$$。

（1）计算接收端的平均不确定度。

（2）计算由于噪声产生的不确定度 $H(Y|X)$。

（3）计算信道容量。

5.7　一个平均功率受限制的连续信道，其通频带为 1MHz，信道上存在白色高斯噪声。

（1）已知信道上的信号与噪声的平均功率比值为 10，求该信道的信道容量。

（2）信道上的信号与噪声的平均功率比值降至 5，要达到相同的信道容量，信道通频带应为多大？

（3）若信道通频带减小为 0.5MHz 时，要保持相同的信道容量，信道上的信号与噪声的平均功率比值应等于多大？

5.8　设有噪声二元对称信道（BSC）的信道误码率为 $p_e=1/8$，码速率为 $n=1000/s$，

（1）若 $p(0)=1/3$，$p(1)=2/3$，求信道熵速率。

（2）求信道容量。

5.9　若 X, Y, Z 是三个随机变量，试证明：

（1）$I(X; YZ)=I(X; Y)+I(X; Z|Y)=I(X; Z)+I(X; Y|Z)$。

（2）$I(X; Y|Z)=I(Y; X|Z)=H(X|Z)-H(X|YZ)$。

（3）$I(X; Y|Z) \geqslant 0$。

5.10　设 X, Y 是两个相互统计独立的二元随机变量，它们的取值为等概率分布。定义另一个二元随机 Z，$Z=X \oplus Y$（$\oplus$ 是模二和运算，即 $z=0$，$x=y$，$x \neq y$），试计算：

（1）$H(X)$，$H(Y)$，$H(Z)$。

（2）$H(XY)$，$H(XZ)$，$H(YZ)$，$H(XYZ)$。

（3）$H(X|Y)$，$H(X|Z)$，$H(Y|Z)$，$H(Z|X)$，$H(Z|Y)$。

（4）$H(X|YZ)$，$H(Y|XZ)$，$H(Z|XY)$。

（5）$I(X; Y)$，$I(X; Z)$，$I(Y; Z)$。

（6）$I(X; Y|Z)$，$I(Y; X|Z)$，$I(Z; X|Y)$，$I(Z; Y|X)$。

（7）$I(XY; Z)$，$I(X; YZ)$，$I(Y; XZ)$。

5.11　试证明：准对称信道的信道容量也是在输入为等概率分布时达到，并求出信道容

量的一般表达式。

5.12　证明无损信道的充要条件是信道的传递矩阵中每一列有一个也只有一个非零元素。

5.13　有一个二元对称信道，其信道矩阵如图 5.31 所示。设该信道以 1500 个二元符号/秒的速度传输输入符号。现有一消息序列共有 14 000 个二元符号，并设在这消息中 $P(0)=P(1)=1/2$。问从信息传输的角度来考虑，10s 内能否将这消息序列无失真地传送完？

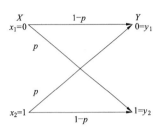

图 5.31　习题 5.13 图

5.14　设一连续消息通过某放大器，该放大器输出的最大瞬时电压为 b，最小瞬时电压为 a。若消息从放大器中输出，问放大器输出消息在每个自由度上的最大熵是多少？又放大器的带宽为 F，问单位时间内输出最大信息量是多少？

5.15　设连续随机变量 X，已知 $X \geqslant 0$，其平均值受限，即数学期望为 A，试求在此条件下获得最大熵的最佳分布，并求出最大熵。

5.16　设在平均功率受限高斯加性噪声连续信道中，信道带宽为 3kHz，又设（信号功率＋噪声功率）/噪声功率＝10dB。

（1）试计算该信道传送的最大信息率（单位时间）。

（2）若（信号功率＋噪声功率）/噪声功率降为 5dB，要达到相同的最大信息传输率，信道带宽应是多少？

5.17　在图像传输中，每帧约为 2.25×10^6 个像素，为了能很好地重现图像，需分 16 个亮度电平，并假设亮度电平等概率分布。试计算每秒钟传送 30 帧图像所需信道的带宽（信噪功率比为 30dB）。

6 信 源 编 码

 **本章重点**

(1) 信源编码的基本概念及分类。

(2) 信源编码的基本性能指标。

(3) 无失真信源编码定理。

(4) 典型无失真信源编码方法。

(5) 限失真信源编码定理。

(6) 信源压缩编码基础。

通信的目的就是传输信息，也就是将信源的输出，经信道传输在接收端精确或近似地再现出来。为了提高通信信息传输的有效性，对于信源来讲，有三个要解决的问题，第一是建立描述信源的模型；第二是计算信源输出的信息量；第三是有效地表示信源的输出，也就是信源的编码问题。

一般情况下，信源编码可分为离散信源编码、连续信源编码和相关信源编码三类。前两类主要讨论独立信源编码问题，后一类讨论非独立信源编码问题。

信源编码的目的是为了优化通信系统，其主要任务就是把携带信息的消息信号数字化和减少冗余度。根据接收端对通信质量的要求，信源编码可分为无失真编码和限失真编码两类。如果接收端要求精确地再现信源的输出，也即将信源产生的全部信息没有损失地传输给信宿，这时的信源编码就是无失真编码。无失真信源编码只对信源的冗余度进行压缩，而不会改变信源的熵。如果要求在接收端只是近似地再现信源输出的信息，也就是允许一定程度的失真，这时的信源编码就是限失真编码。离散信源可做到无失真编码，而连续信源则只能做到限失真编码。香农信息论中的无失真信源编码定理和限失真信源编码定理分别给出了这两类信源编码的理论极限。前者是离散信源或数字信号编码的基础，后者则是连续信源或模拟信号编码的基础。

按照信源序列和编码器输出的关系，信源编码可分为分组码和非分组码。对于分组码，信源序列在进入编码器之前先分成若干信源符号组，编码器根据一定的规则用码符号序列表示信源序列，这种编码过程是先分组再编码，每一个码字仅与当前输入的信源符号组有关，与其他信源符号组无关。对于非分组码，信源序列连续不断地从编码器的输入端进入，同时在编码器的输出端连续不断地产生编码序列，编码序列中的符号与信源序列中的符号无确定的对应关系。

本章将在前面章节已经建立起描述信源的模型和信息熵概念的基础上，重点讨论信源的编码问题。首先介绍几种典型的离散信源编码方法，并对信源的编码性能，如编码效率、平均码长等加以阐述；随后引入香农两大信源编码定理，介绍几种主要的变长编码方法。最后，对限失真信源编码原理及主要编码方法做简单介绍。

6.1 信源编码的基本概念

信源编码实质上是对信源的原始符号按照一定的数学规则进行变换，以新的编码符号代替原始信源符号，从而达到降低原始信源冗余度的目的。由于无失真信源编码可以不考虑抗干扰问题，所以它的数学描述比较简单。信源编码器的数学模型如图 6.1 所示。

图 6.1 所示为无失真信源编码器。其中 X 为原始信源，共有 x_1，x_2，$\cdots$，x_n 等 n 个信源符号；A 为编码器所用的编码符号集，包含 r 个码符号 a_1，a_2，$\cdots$，a_r，编码符号集中的元素是适合信道传输的，称为码符号或者码元；C 为编码器输出的码字集合，共有 C_1，C_2，$\cdots$，C_n 等 n 个码字，与信源

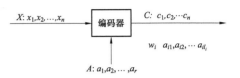

图 6.1 无失真信源编码器

X 的 n 个信源符号一一对应，且其中每个码字 C_i 是由 l_i 个编码符号 a_{i_j} 组成的序列（$a_{i_j} \in A$，$j = 1$，2，$\cdots$，l_i），l_i 称为码字 C_i 的码长。全体码字 C_i 的集合 C 称为码或者代码组，等价地表示一种特定的编码方法。

由此可见，信源编码器的主要任务是完成输入消息集合与输出代码集合之间的映射。编码的过程即是按照一定的规则，将信源的各个原始符号 x_i 表示成码字 C_i 输出，而 C_i 是由若干个码元 a_i 组成的序列。即信源编码器的作用就是两点。

（1）以符号 A 构成代码 C。

（2）建立 $X \sim C$ 的对应关系。

从以上分析可知，信源编码就是从信源符号到码符号组成的码字之间的一种映射。若要实现无失真编码，这种映射必须是一一对应的、可逆的。

例如，用 $\{x_1，x_2，x_3，x_4\}$ 表示信源的四个符号，若将它通过一个二进制信道进行传输，为使信源适合信道传输，就必须把信源符号变换成 0，1 符号组成的码符号序列，即必须进行编码，此时码符号集为 $A = \{0，1\}$，可采用不同的二元序列与其一一对应，这样就可得到不同的二元编码，见表 6.1。

表 6.1 同一信源的几种不同编码

信源消息	各消息概率	码1	码2	码3	码4
x_1	$p(x_1)$	00	00	0	1
x_2	$p(x_2)$	11	01	1	10
x_3	$p(x_3)$	10	10	00	100
x_4	$p(x_4)$	11	11	11	1000

在表 6.1 中可以看到，4 种码都是由 "0，1" 这两个符号组成的，即都是二元码，但各有特点，下面就结合表 6.1 给出的 4 种编码方式介绍几种类型的编码。

1. 二元码

若码符号集为 $A = \{0，1\}$，则码字就是二元序列，称为二元码。这是数字通信和计算机通信中最常见的一种码，表 6.1 列出的 4 种码都是二元码。

2. 等长码

在一组码字集合中的所有码字含有的码符号个数（码字长度简称码长）都相同，则称这组码为等长码。表 6.1 中列出的码 1、码 2 就是码长为 2 的等长码。

3. 变长码

若码字集合中的所有码字，其码长各不相同，称此码为变长码，表 6.1 中列出的码 3、码 4 就是变长码。

4. 分组码

若编码是将 N 个信源符号序列划分为一组，然后对这一组消息按照一定的规则产生相应的码字，称此码为分组码。

对于分组码具有如下基本性质。

（1）奇异性。从信源消息到码字的映射不是一一对应的，也就是说代码组中有相同的码字，称此码为奇异码。表 6.1 中的码 1，其信源消息 x_2 和 x_4 都用码字 11 对其编码，因此这种码就是奇异码。

从信源消息到码字的映射是一一对应的，每一个不同的信源消息都用不同的码字对其编码，则称此码为非奇异码。表 6.1 中的码 2、码 3 和码 4 都是非奇异码。

（2）唯一可译性。对于一个码，如果存在一种译码方法，使任意若干个码字所组成的码符号序列只能唯一地被译成所对应的信源符号序列，这个码就被称为是唯一可译的。唯一可译码的物理含义是十分清楚的，即不仅要求不同的码字表示不同的信源符号，而且还进一步要求由信源符号构成的任意有限长的信源序列所对应的码符号也各不相同，这样才能把该码符号序列唯一地分割成一个个对应的信源符号，从而实现唯一译码。表 6.1 中的码 2、码 4 都是唯一可译码。而码 3 是非唯一可译码。因为对于码 3，其有限长的码符号序列能译成不同的信源符号序列。如码的符号序列为 0011，可译成 $x_1 x_1 x_4$ 或 $x_1 x_1 x_2 x_2$，就不唯一了。

（3）即时性。无需考虑后续的码符号即可从码符号序列中译出码字，这样的唯一可译码称为即时码。否则就称为非即时码。即时码又称为非延长码，即时码的优点是译码延迟小。一个唯一可译码成为即时码的充要条件是其中任何一个码字都不是其他码字的前缀。如码 3 中信源消息 x_2 的码字'1'便是消息 x_4 的码字'11'的前缀。即时码要求任何一个码字都不是其他码字的前缀部分，也称为异前缀码。即时码一定是唯一可译码，而相反，唯一可译码不一定是即时码。表 6.1 中的码 2 就是即时码。对于等长码，只要非奇异，就唯一可译；对于变长码，仅满足非奇异条件还不够。例如，表 6.1 列出的码 2 是等长码，同时也是非奇异码，则它是唯一可译的，若码的符号序列为 00011011，则可译码为 $x_1 x_2 x_3 x_4$。表 6.1 列出的码 3 是变长码，同时也满足非奇异条件，但其有限长的码符号序列能译成不同的信源符号序列。如码的符号序列为 0011，可译成 $x_1 x_1 x_2 x_2$ 或 $x_1 x_1 x_4$，就不唯一了。再比如信源编码方法为将信源符号 $\{x_1, x_2, x_3, x_4\}$ 分别编码为 $\{0, 10, 010, 111\}$，则如果码的符号序列为 010010111，可译成 $x_1 x_2 x_3 x_4$ 或 $x_3 x_3 x_4$，也不是唯一可译码。

关于码的类型如图 6.2 所示，几种码的关系如图 6.3 所示。

5. 同价码

若码符号集 $A:\{a_1, a_2, \cdots, a_r\}$ 中每个码符号 a_i 所占的传输时间都相同，则所得的码 C 为同价码。本章讨论的都是同价码，对同价码来说，等长码中每个码字的传输时间都相同；而变长码中每个码字的传输时间就不一定相同。

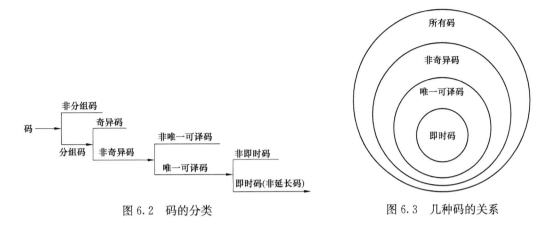

图 6.2 码的分类   图 6.3 几种码的关系

6. 码树

码树是表示信源编码码字的重要工具之一，任一即时码都可以用码树图来表示。所谓树，即有根、枝，又有节点。树图中的最顶部的节点称为树根；树枝的数目等于码符号数 r；树枝的尽头称为节点。中间节点将生出树枝，终端节点安排码字。码树从一个根节点出发，对于 r 进制码树图，首先生成 r 个树枝，并产生 r 个一阶节点，也就是说，自根节点出发经过一个分枝到达的节点称为一阶节点，每个一阶节点又有 r 个树枝产生 r 个二阶节点，二阶节点可能的个数为 r^2 个，根节点经过 n 个树枝到达的节点称为 n 阶节点，一般 n 阶节点有 r^n 个。每个节点生出的树枝数目都等于进制数 r。当某一节点被安排为码字后，它就不再继续伸枝，此节点称为终端节点，而其他节点称为中间节点，中间节点不安排码字。如果给每个节点的树枝分配不同的 r 个码符号，那么从根节点出发到终端节点各个树枝代表的码符号顺次连接，就得到了编码码字。这样，节点和码字就有一一对应的关系。若码树的各个分支都延伸到最后一级端点，也就是每一个码字的串联枝数都相同，此时将共有 r^n 个码字，这样的码树称为整树，如图 6.4 所示；否则就称为非整树，如图 6.5 所示。很明显，整树对应着等长码，而非整树对应着变长码。

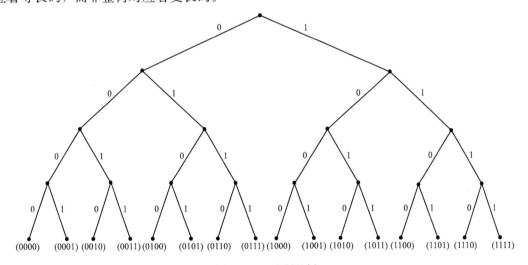

图 6.4 二进制整树

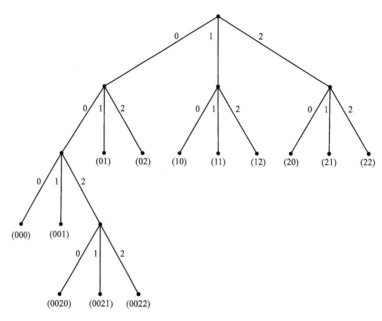

图 6.5   三进制非整树

6.2   信源的编码性能

如前所述，信源编码有两个作用，一是将信源符号变换成适合信道传输的符号；二是压缩信源冗余度，提高传输效率。达到上述目的的编码方法有很多种，那么如何衡量这些编码方法的优劣呢？衡量一种编码方法的优劣通常有许多指标，但一般来说码字的平均长度最短和易于实现是最重要的。在变长编码中，码长是变化的，码字的平均长度最短即是追求用尽量少的码符号来表示尽量多的信源符号。此处，分别给出几个重要的衡量信源编码性能的指标。

1. 平均码长

设有信源 $\begin{bmatrix} X \\ P \end{bmatrix} = \begin{bmatrix} x_1 & x_2 & \cdots & x_n \\ p(x_1) & p(x_2) & \cdots & x_n \end{bmatrix}$，编码后的码字分别为 c_1，c_2，$\cdots$，c_n，各码字相应的码长分别为 l_1，l_2，$\cdots$，l_n，对于唯一可译码，信源符号 x_i 和码字 C_i 一一对应，则定义这个码的平均长度为

$$\overline{L} = \sum_{i=1}^{n} p(x_i)l_i (码元 / 符号) \tag{6.1}$$

平均码长是衡量码的性能的重要参数，它表示每个信源符号平均需用的码元数。在同等条件下，平均码长小说明平均一个码元所携带的信息量大，信息的冗余小。对某一信源来说，若有一个唯一可译码，其平均码长小于所有其他的唯一可译码的平均长度，则该码称为紧致码，或称最佳码。

2. 编码速率

设离散无记忆信源的熵为 $H(X)$，若对由该信源输出的长为 N 的符号序列进行等长编

码，设码字是从 r 个码符号集中选取 l 个码元构成，则定义

$$R = \frac{l \log r}{N} (\text{bit}/\ \text{符号}) \tag{6.2}$$

为等长码的编码速率。

$\log r$ 表示码符号集中每个码符号平均提供的最大信息量，$l \log r$ 表示 l 个码元携带的最大信息量，则 R 表示编码后一个信源符号平均携带的最大信息量，也可以理解为传送一个信源符号平均所需的比特数。压缩码率实际就是减小编码速率。

变长码的编码速率为 $\qquad R = \frac{\overline{L_N} \log r}{N} (\text{bit}/\ \text{符号}) \tag{6.3}$

其中，$\overline{L_N}$ 是无记忆 N 次扩展信源 X^N 中每个信源符号 α_i 所对应的平均码长，即有

$$\overline{L_N} = \sum_{i=1}^{n^N} p(\alpha_i) \lambda_i \tag{6.4}$$

式中：λ_i 是扩展信源 X^N 中每个信源符号 α_i 所对应的码字长度。

若将码符号集等效为一个新的信源，那么这个信源的符号数就是码符号个数 r，则 $\log r$ 表示这个等效信源的符号为等概率分布时的信源熵，由离散信源的最大熵定理知，此时信源的熵最大，故编码速率表示信源编码后平均每个信源符号所能携带的最大信息量。

3. 编码效率

对信源 X 进行等长编码，为衡量编码效果，设 η 为等长码的编码效率，则

$$\eta = \frac{H(X)}{R} = \frac{H(X)}{\frac{l \log r}{N}} \tag{6.5}$$

式中 $H(X)$ 为信源的熵。若对信源 X 进行变长编码所得到的平均码长为 $\overline{L}$，定义变长码编码效率为

$$\eta = \frac{H(X)}{R} = \frac{H(X)}{\frac{\overline{L_N} \log r}{N}} = \frac{H_r(X)}{\overline{L}} \tag{6.6}$$

其中 $\qquad H_r(X) = \frac{H(X)}{\log r}; \overline{L} = \frac{\overline{L_N}}{N} \tag{6.7}$

式中 $H_r(X)$ 是对信源熵中对数的底取为 r 所得。此处需注意的是：式（6.6）中的 $\overline{L}$ 是对 N 次扩展信源的符号序列进行编码得到的 X^N 中每个信源符号 α_i 所对应的平均码长 $\overline{L_N}$，再除以序列的长度 N 得到的平均码长，它和式（6.1）所定义的平均码长都表示每个原始信源符号所需要的码符号的平均数，只不过是得到的方法不同罢了。编码效率可以衡量各种编码方法的优劣。

6.3　无失真信源编码定理

所谓无失真信源编码就是，在接收端精确地再现信源的输出，也即将信源产生的全部信息没有损失地传输给信宿。无失真编码只适用于离散信源。

离散信源输出的消息是由一个个离散符号组成的随机序列

$$X = (X_1 X_2 \cdots X_k \cdots X_L)$$

X_k 取自符号集 $\{x_1, x_2, \cdots, x_i, \cdots, x_n\}$

经过信源编码后，信源输出的随机序列被变换为码序列

$$C = (C_1 C_2 \cdots C_t \cdots C_l)$$

C_t 取自符号集 $\{a_1, a_2 \cdots a_j \cdots a_r\}$

要做到无失真地传输，此时所编的码必须是唯一可译码，也就是说，信源符号与码字必须是一一对应的，而且反过来码符号序列也只能被唯一地译成所对应的信源符号序列，否则，会在接收端译码时引起错误与失真。正如本章开始时的叙述，信源要解决的问题，其中一个就是如何有效地表示信源的输出，也即编码的目的，就是要用最少的符号来表示信源，使信源的信息率最小。所谓信息率，是指单位时间内每个符号能够容纳的信息量。码字越多，所需要的信息率就越大，因此，编多少码字的问题就可以转化为对信息率大小的讨论。我们当然希望传送同样的消息时信息率越小越好，但是否可以任意小呢？显然不是。那么最小信息率为多少时，才能做到无失真的译码？若小于这个信息率是否还能无失真地译码？这就是无失真信源编码定理研究的内容。无失真信源编码有等长编码和变长编码两种方法，相应的信源编码定理也有等长无失真信源编码定理和变长无失真信源编码定理两种。下面分别进行讨论。

6.3.1　等长无失真信源编码定理

若对离散单符号信源 X 进行等长编码，则信源 X 存在唯一可译等长码的条件是

$$n \leqslant r^l \tag{6.8}$$

式中：n 为信源 X 的符号个数；r 为基本码符号数；l 为等长码的码长。

若对信源 X 的 N 次扩展信源 X^N 进行等长编码，若要得到的等长码是唯一可译码则满足的条件为

$$n^N \leqslant r^l \tag{6.9}$$

式中：n^N 为信源 X 的 N 次扩展信源 X^N 的符号数。

式（6.9）表明，只有当 l 长的码符号序列数（r^l）大于或等于 N 次扩展信源的符号数（n^N）时，才可能存在等长非奇异码。而等长非奇异码一定是唯一可译码，此时才有可能实现无失真的编码。

对式（6.9）两边取对数得

$$\frac{l}{N} \geqslant \frac{\log n}{\log r} \tag{6.10}$$

若令 $N=1$，则有

$$l \geqslant \frac{\log n}{\log r} \tag{6.11}$$

式（6.11）和式（6.8）是一致的。式（6.10）中 $\frac{l}{N}$ 表示平均每个信源符号所需要的码符号个数。这说明：对于等长唯一可译码，平均每个信源符号至少需要用 $\frac{\log n}{\log r}$ 个码符号来变换。

若令 $r=2$，取以 2 为底，由式（6.10）可得

$$\frac{l}{N} \geqslant \log_2 n \tag{6.12}$$

此式说明，对于二进制等长唯一可译码，每个信源符号至少需要用 $\log_2 n$ 个二元符号来变换。

例如，英文电报有 32 个字符（26 个字母及 6 个标点符号），此时 $n=32$，若采用二元编码，则 $r=2$，对这个信源的符号逐个进行编码，即 $N=1$。此时

$$l \geqslant \frac{\log_2 n}{\log_2 r} = \log_2 32 = 5$$

即每个英文电报符号至少要用 5 位二元符号编码才行。而实际英文电报符号信源，在考虑了符号出现的概率以及符号之间的依赖后，其熵为 $H(X)=1.4$bit，也就是说，每个英文电报符号至少要用 5 位二元符号进行编码才能得到唯一可译码，而每 5 位码字只载荷 1.4bit 信息量，有效性并不高。

在式（6.10）中，$\log n$ 表示信源符号为等概率分布时候的信源熵，若将码字等效为一个新的信源，$\log r$ 表示此等效信源为等概率分布时的熵值。对于等长码而言，每一个信源序列的码长都是定值 l，编码的目的是降低信息率，也就是寻找最小 l 值。式（6.10）相当于在不考虑信源统计特性的条件下得出的无失真编码时平均每个信源符号所需的码符号个数。当考虑实际信源的统计特性时，信源一般并不是等概的，这时信源的熵值为 $H(X)$。将其代入式（6.10）中得

$$\frac{l}{N} \geqslant \frac{H(X)}{\log r} \tag{6.13}$$

即考虑信源为不等概率分布，而码字为等概率分布。这样，即使 $n=r$，只要满足 $\log r \geqslant H(X)$，就有可能实现 $l<N$。亦即可用较短的码长来表示较长的信源序列，以同时满足无失真和有效性的要求。对式（6.13）变形得

$$l \log r \geqslant H(X)N \tag{6.14}$$

码字总数为 c，若信源是平稳无记忆的，长度为 l 的码序列的总信息量就等于各符号信息量之和，即不等式左边的 $l \log r$，这也是长度为 l 的码序列所载荷的最大信息量。在上述分析的基础上，我们现在来讨论等长信源编码定理。

定理 6.1 设离散无记忆信源

$$\begin{bmatrix} X \\ P(X) \end{bmatrix} = \begin{bmatrix} x_1, & x_2, & \cdots, & x_i, & \cdots, & x_n \\ p(x_1), & p(x_2), & \cdots, & p(x_i), & \cdots, & p(x_n) \end{bmatrix}$$

的熵为 $H(X)$，其 N 次扩展信源为

$$\begin{bmatrix} X^N \\ P(X) \end{bmatrix} = \begin{bmatrix} \alpha_1, & \alpha_2, & \cdots, & \alpha_i, & \cdots, & \alpha_{n^N} \\ p(\alpha_1), & p(\alpha_2), & \cdots, & p(\alpha_i), & \cdots, & p(\alpha_{n^N}) \end{bmatrix}$$

现在用码符号集 $A = \{a_1, a_2, \cdots, a_r\}$ 对 N 次扩展信源 X^N 进行长度为 l 的等长编码，对于任意 $\varepsilon > 0$，$\delta > 0$，只要满足

$$\frac{l}{N} \log r \geqslant H(X) + \varepsilon \tag{6.15}$$

则当 N 足够大时，必可使译码差错率小于 δ。

反之，若

$$\frac{l}{N} \log r \leqslant H(X) - 2\varepsilon \tag{6.16}$$

就不可能做到无失真编码，且随着 N 的增大，译码差错率趋于 1。

上述定理称为等长无失真信源编码定理。这个定理的前一部分是正定理，后一部分为逆定理。下面给出定理证明。

定理的证明主要引用了序列信源中的随机序列的渐近等同分割特性。很多学者深入研究了离散、随机序列信源的统计特性，后经严格证明，这类信源具有渐近等同分割特性，或简称 A. E. P（Asymptotic Equipatition Property）。

A. E. P 是指任何一个离散随机序列信源，当序列长度足够大时，信源序列会产生两极分化现象。其中一类组成大概率事件集合 A_ε，而另一类则组成小概率事件集合 $\overline{A}_\varepsilon$。大概率事件集合 A_ε 具有下列 3 项明显特征。

(1) $\lim\limits_{L \to \infty} p(A_\varepsilon) = 1$。

(2) 序列的符号熵 $H(p')$ 收敛于信源输出符号熵 $H(p)$。

(3) 序列趋于等概率分布。

小概率事件集合 $\overline{A}_\varepsilon$ 具有特性为 $\lim\limits_{L \to \infty} p(\overline{A}_\varepsilon) = 0$

由此可见，信源编码只需对信源中少数落入典型大概率事件的集合 A_ε 的符号进行编码即可。而对大多数属于非典型小概率事件集合 $\overline{A}_\varepsilon$ 中的信源符号无需编码。

下面将进一步研究，需要进行信源编码的典型系列集合 A_ε 中符号系列的具体数值 M_ε 的定量估计。

信源输出一个符号 x_i 的自信息量为 $I(x_i) = -\log p_i$，这是一个随机变量，其数学期望是

$$E[I(x_i)] = -\sum_i p_i \log p_i = H(X)$$

方差为 $\qquad \sigma^2 = E\{[I(x_i) - H(X)]^2\} = E[I(x_i)]^2 - [H(x)]^2$

当 n 为有限时，显然有 $\sigma^2 < \infty$，即为定值。由切比雪夫不等式，有

$$P\{|I(x_i) - H(X)| \geqslant \varepsilon\} \leqslant \frac{\sigma^2}{\varepsilon^2}$$

由于信源平稳、无记忆，所以各个 x_i 相互独立且具有相同概率分布，则

$$I(X^N) = -\log p_1 p_2 \cdots p_i \cdots p_N = -\log p_i^N = -N \log p_i$$
$$E[I(X^N)] = NE[I(x_i)] = NH(X)$$
$$\sigma^2[I(X^N)] = N\sigma^2 I(x_i)$$

相应的切比雪夫不等式为

$$P\{|I(X^N) - NH(X)| \geqslant N\varepsilon\} = P\left\{\left|\frac{I(X^N)}{N} - H(X)\right| \geqslant \varepsilon\right\} \leqslant \frac{N\sigma^2}{(N\varepsilon)^2} = \frac{\sigma^2}{N\varepsilon^2}$$

现将共有 n^N 种信源符号序列分为两个互补集合 A_ε 和 $\overline{A}_\varepsilon$，即典型序列和非典型序列集合，定义为

$$A_\varepsilon = \left\{X^N : \left|\frac{I(X^N)}{N} - H(X)\right| < \varepsilon\right\}$$

$$\overline{A}_\varepsilon = \left\{X^N : \left|\frac{I(X^N)}{N} - H(X)\right| \geqslant \varepsilon\right\}$$

则有
$$0 \leqslant P(\overline{A}_\varepsilon) \leqslant \frac{\sigma^2}{N\varepsilon^2}$$

$$1 \geqslant P(A_\varepsilon) \geqslant 1 - \frac{\sigma^2}{N\varepsilon^2}$$

设 A_ε 中 X^N 序列的个数为 M_ε，由 A_ε 定义有
$$\left| \frac{I(X^N)}{N} - H(X) \right| < \varepsilon$$

即
$$-\varepsilon < \frac{I(X^N)}{N} - H(X) < \varepsilon$$

$$N[H(X) - \varepsilon] < -\log_2 p(X^N = X) < N[H(X) + \varepsilon]$$
$$e^{-N[H(X) - \varepsilon]} > p(X) > e^{-N[H(X) + \varepsilon]}$$

同时，A_ε 的概率必为集合内各 X^N 的概率之和，即
$$1 - \frac{\sigma^2}{N\varepsilon^2} \leqslant P(A_\varepsilon) = \sum_{X^N \in A_\varepsilon} P(X^N) \leqslant M_\varepsilon \max_{X^N \in A_\varepsilon} P(X^N) < M_\varepsilon e^{-N[H(X) - \varepsilon]}$$

所以
$$M_\varepsilon > 1 \left(1 - \frac{\sigma^2}{N\varepsilon^2} \right) e^{N[H(X) - \varepsilon]} \tag{6.17}$$

同理有
$$1 \geqslant P(A_\varepsilon) = \sum_{X^N \in A_\varepsilon} P(X^N) \geqslant M_\varepsilon \min_{X^N \in A_\varepsilon} P(X^N) > M_\varepsilon e^{-N[H(X) + \varepsilon]}$$

得
$$M_\varepsilon < e^{N[H(X) + \varepsilon]} \tag{6.18}$$

合并式（6.17）和式（6.18）得 M_ε 的上、下界
$$\left(1 - \frac{\sigma^2}{N\varepsilon^2} \right) e^{N[H(X) - \varepsilon]} < M_\varepsilon < e^{N[H(X) + \varepsilon]} \tag{6.19}$$

称式（6.19）为 A. E. P 辅助不等式，有了它就可以很方便地证明等长无失真信源编码定理。

不妨先证明正定理，由 A. E. P 可知，不需要对全部 n^N 种信源输出进行信源编码，而只需要对其中属于典型序列 A_ε 中的 M_ε 个 X^N 进行信源编码即可。即选 $r^l \geqslant M_\varepsilon$ 而 $M_\varepsilon \subset n^N$，由公式（6.19）取
$$m^K \geqslant e^{N[H(X) + \varepsilon]} > M_\varepsilon$$

所以
$$K \ln m \geqslant N[H(X) + \varepsilon] \ln e$$

$$\frac{K}{N} \ln m \geqslant H(X) + \varepsilon$$

这就是前面正定理的内容。

由于对那些非典型序列 $\overline{A}_\varepsilon$ 中的符号不进行编码，所以必然会产生差错，那么差错率是多少呢？这就是下面我们要进一步讨论的问题。

显然，差错率 $P_e = P(\overline{A}_\varepsilon)$，由互补集合定义
$$P_e = P(\overline{A}_\varepsilon) \leqslant \frac{\sigma^2}{N\varepsilon^2} = \frac{\sigma^2}{\varepsilon^2} \times \frac{1}{N}$$

所以
$$\lim_{N \to \infty} P_e = \lim_{N \to \infty} P(\overline{A}_\varepsilon) = \lim_{N \to \infty} \frac{\sigma^2}{\varepsilon^2} \times \frac{1}{N} = 0$$

由此可见，差错率趋于 0。

　　至于逆定理的证明，可以用 M_ε 的下界来证明，此处不再赘述，有兴趣的读者可以作为练习自行完成。

　　如果将定理 6.1 中的条件变形为

$$l\log r \geqslant H(X)N + \varepsilon \tag{6.20}$$

　　式（6.20）中，左边是长为 l 的码符号所能载荷的最大信息量，右边是长为 N 的信源序列平均携带的信息量。由此可以看出：只要码字传输的信息量大于信源序列携带的信息量，总可以实现几乎无失真的编码。条件是所取的符号数 N 足够大。

　　（1）信息率与熵。由前面的叙述知道，$\dfrac{l}{N}$ 表示平均每个信源符号所需要的码符号个数，则 $\dfrac{l}{N}\log r$ 就表示平均每个信源符号所能携带的最大信息量，即传送一个信源符号所需的信息率就是 $\dfrac{l}{N}\log r$。对比式（6.15）可知，此信息率也等于等长码的编码速率。故等长码定理也可表示为

$$R \geqslant H(X) + \varepsilon \tag{6.21}$$

　　上式说明，编码信息率略大于信源的熵时，才能实现几乎无失真编码，当然条件也是 N 必须足够大。

　　（2）定理的推广。上述定理是针对离散平稳无记忆信源给出的，但它同样适用于平稳有记忆信源。对于平稳有记忆信源，式（6.15）和式（6.16）中的 $H(X)$ 应该改为极限熵 $H_\infty(X)$。

　　（3）等长码的最佳编码效率。由编码效率定义式（6.5），再结合定理 6.1 可得，最佳等长码的编码效率为

$$\eta = \frac{H(X)}{H(X) + \varepsilon} \quad \varepsilon > 0 \tag{6.22}$$

也就是说，信息率取其下界时的编码效率是最佳的。

　　（4）序列长度与差错概率。

　　设编码速率满足式（6.21），结合式（6.22）有

$$\eta \leqslant \frac{H(X)}{H(X) + \varepsilon} \Rightarrow \eta\varepsilon + \eta H(X) \leqslant H(X)$$

得

$$\varepsilon \leqslant \frac{1 - \eta}{\eta} H(X) \tag{6.23}$$

　　也可写作

$$\frac{1}{\varepsilon^2} \geqslant \left(\frac{\eta}{1 - \eta}\right)^2 \frac{1}{H^2(X)} \tag{6.24}$$

　　设 $D[I(x_i)]$ 是方差

$$D[I(x_i)] = E\{[I(x_i) - H(X)]^2\} = \sum_{i=1}^{n} p(x_i)[\log p(x_i)]^2 - [H(x)]^2 \tag{6.25}$$

　　设译码错误概率为 p_E，对任意 $\delta > 0$。当允许错误概率 $p_E < \delta$ 时，信源序列长度 N 必须满足

$$N \geqslant \frac{D[I(x_i)]}{\varepsilon^2 \delta} \tag{6.26}$$

　　结合式（6.23）和式（6.24）可得

$$N \geqslant \frac{D[I(x_i)]}{\varepsilon^2 \delta} \geqslant \left(\frac{\eta}{1-\eta}\right)^2 \frac{D[Ix_i]}{H^2(X)\delta} \tag{6.27}$$

由式（6.27）可以看出，在信源熵和方差给定的条件下，若要求允许错误概率越小，则信源序列长度 N 必须越大，若要求编码效率越高，则同样 N 值越大。当编码效率 η 给定后，式（6.15）取等号时，式（6.27）中右边的等式成立，此时得到最小的 N 值。在实际情况下，要达到一定差错率要求的等长编码，需要的信源序列的长度有可能大到难以实现，现举例说明。

【**例 6.1**】 设一离散无记忆信源的模型为

$$\begin{bmatrix} X \\ P \end{bmatrix} = \begin{bmatrix} x_1 & x_2 \\ \dfrac{4}{5} & \dfrac{1}{5} \end{bmatrix}$$

对此信源的符号序列进行二进制等长编码，要求编码效率达到 96%，允许的差错率为 $\delta \leqslant 10^{-6}$，估算信源序列的最小长度 N。

解 此信源的熵为

$$H(X) = -\left(\frac{4}{5}\log_2 \frac{4}{5} + \frac{1}{5}\log_2 \frac{1}{5}\right) = 0.722(\text{bit/符号})$$

自信息方差为

$$D[I(x_i)] = \sum_{i=1}^{n} p(x_i)[\log p(x_i)]^2 - [H(X)]^2 = \frac{4}{5}\left(\log_2 \frac{4}{5}\right)^2 + \frac{1}{5}\left(\log_2 \frac{1}{5}\right)^2 - (0.722)^2$$
$$= 0.557$$

要求编码效率达到 96%，允许的差错率为 $\delta \leqslant 10^{-6}$，则根据式（6.27）得

$$N \geqslant \frac{0.557}{(0.722)^2} \times \frac{(0.96)^2}{0.04^2 \times 10^{-6}} = 6.15 \times 10^8$$

即要实现给定的要求，信源序列长度需达到 6.15×10^8 以上。这在实际中，编码器是难以实现的。

等长编码的方法很简单，无论信源符号的概率如何，都编成长度相等的码。为使编码真正有效，就必须增大信源序列长度 N，但这样做的代价是使编、译码的延时增大，同时使编、译码器的复杂程度增加。当 N 有限时，高传输效率的等长码往往要引入一定的失真。而变长码往往在码符号序列长度 N 不太大时即可获得编码效率高且无失真的信源编码。

6.3.2 无失真变长信源编码定理

要做到无失真地传输，变长码也必须是唯一可译码。无失真变长信源编码的基本问题就是要寻找最佳码。

首先讨论单个符号信源的变长编码定理，它是最简单也是最基本的变长编码定理。

定理 6.2 对于熵为 $H(X)$ 的离散无记忆信源

$$\begin{bmatrix} X \\ P(X) \end{bmatrix} = \begin{bmatrix} x_1, & x_2, & \cdots, & x_i, & \cdots, & x_n \\ p(x_1), & p(x_2), & \cdots, & p(x_i), & \cdots, & p(x_n) \end{bmatrix}$$

现将其编成 r 进制的码字，其平均码长应该满足下列关系

$$\frac{H(X)}{\log r} \leqslant \overline{L} < \frac{H(X)}{\log r} + 1 \tag{6.28}$$

证明：设信源符号 $X \in \{x_1, x_2, \cdots, x_i, \cdots, x_n\}$，概率为 $p(x_i)(i=1, 2, \cdots, n)$，若对 x_i 用一个长度为 l_i 的码字，使

$$1 - \frac{\log_2 p(x_i)}{\log_2 r} > l_i \geqslant -\frac{\log_2 p(x_i)}{\log_2 r} \quad\quad\quad (6.29)$$

只要规定 $-\dfrac{\log_2 p(x_i)}{\log_2 r}$ 为整数时，式（6.29）取等号，非整数时，取比它大一些的最接近的整数，则满足上式的整数必然存在。将式（6.29）分别乘以 $p(x_i)$，再对 i 求和，得

$$1 - \sum_{i=1}^{n} p(x_i) \frac{\log_2 p(x_i)}{\log_2 r} > \sum_{i=1}^{n} p(x_i) l_i \geqslant -\sum_{i=1}^{n} p(x_i) \frac{\log_2 p(x_i)}{\log_2 r}$$

对 l_i 取数学期望就是平均值 $\overline{L}$，故有

$$\frac{H(X)}{\log r} \leqslant \overline{L} < \frac{H(X)}{\log r} + 1$$

上述编码定理给出了最佳变长码的平均码长 $\overline{L}$ 的上限和下限。在尚未编出码字之前就能知道码长在什么范围内，这显然是很重要的。定理指出最佳变长码应该是与信源熵相匹配的编码，特别是下限更重要，因为它是信源压缩编码的极限。上述定理可以进一步推广到离散有限序列信源，于是有下面的定理。

无失真变长信源编码定理（香农第一定理）具体表述如下。

定理 6.3 设离散无记忆信源

$$\begin{bmatrix} X \\ P(X) \end{bmatrix} = \begin{bmatrix} x_1, & x_2, & \cdots, & x_i, & \cdots, & x_n \\ p(x_1), & p(x_2), & \cdots, & p(x_i), & \cdots, & p(x_n) \end{bmatrix}$$

其熵为 $H(X)$，其 N 次扩展信源为

$$\begin{bmatrix} X^N \\ P(X) \end{bmatrix} = \begin{Bmatrix} \alpha_1, & \alpha_2, & \cdots, & \alpha_i, & \cdots, & \alpha_{n^N} \\ p(\alpha_1), & p(\alpha_2), & \cdots, & p(\alpha_i), & \cdots, & p(\alpha_{n^N}) \end{Bmatrix}$$

其熵为 $H(X^N)$，现用码符号集 $A = \{a_1, a_2, \cdots, a_r\}$ 对 N 次扩展信源 X^N 进行编码，总可以找到一种编码方法构成唯一可译码，使信源 X 中的每个信源符号所需的码字平均长度满足

$$\frac{H(X)}{\log r} \leqslant \frac{\overline{L}_N}{N} < \frac{H(X)}{\log r} + \frac{1}{N} \quad\quad\quad (6.30)$$

或写成

$$H_r(X) \leqslant \frac{\overline{L}_N}{N} < H_r(X) + \frac{1}{N} \quad\quad\quad (6.31)$$

则有

$$N \to \infty \quad \lim_{N \to \infty} \frac{\overline{L}_N}{N} = H_r(X) \quad\quad\quad (6.32)$$

其中，$\overline{L}_N$ 是无记忆 N 次扩展信源 X^N 中每个信源符号 α_i 所对应的平均码长，即

$$\overline{L}_N = \sum_{i=1}^{n^N} p(\alpha_i) l_i$$

式中：l_i 为 α_i 所对应的码字长度；$\dfrac{\overline{L}_N}{N}$ 表示离散无记忆信源 X 中每个信源符号 x_i 所对应的平均码长。虽然 $\overline{L}$ 和 $\dfrac{\overline{L}_N}{N}$ 两者都表示每个原始信源符号 $x_i (i=1, 2, \cdots, n)$ 所需的码符号的平均数，但 $\dfrac{\overline{L}_N}{N}$ 是对 N 次扩展信源 X^N 符号序列 $\alpha_j (j=1, 2, \cdots, n^N)$ 进行编码得到的，而不

是直接对单个信源符号 x_i 进行编码得到的。

下面就定理的相关问题进行讨论。

1. 关于平均码长 $\overline{L}$ 的上、下界

要使唯一可译码存在，平均码长必须满足式（6.31）所规定的下界。此下界即为 $H_r(X)$，否则唯一可译码不存在。这是因为此时无法生成和信源符号一一对应的码字，在译码时必然带来失真或差错。同时也指出，最短的平均码长与信源熵是有关的。

而对于上界 $H_r(X)+\dfrac{1}{N}$，则并不需要一定满足，就是说大于这个上界也能构成唯一可译码，但作为变长码，通常希望平均码长越小越好。

2. 平均码长与信息传输的有效性

因为 $H_r(X) \leqslant \overline{L}$，故编码效率 $\eta = \dfrac{H_r(X)}{\overline{L}}$ 一定是小于或等于 1 的数，当 $\overline{L}=\dfrac{H(X)}{\log r}$ 时，即平均码长取其下界时，$\eta=1$，此时每码元平均携带的信息量为 $\dfrac{H(X)}{\overline{L}}=\log r$，此时码元符号独立且等概率，编码达到了极限情况。

这表明，平均码长越短，即 $\overline{L}$ 越接近它的极限值 $H_r(X)$，编码效率越接近 1，信息传输的有效性就越高。

3. 定理的另一种表述

结合式（6.3）中编码速率的定义式，定理又可表述为，若

$$H(X) \leqslant R < H(X) + \varepsilon \tag{6.33}$$

就存在唯一可译的变长编码。反之，若

$$R < H(X) \tag{6.34}$$

则不存在唯一可译的变长编码，不能实现无失真的信源编码，式中 ε 是任意正数。可见，信源熵是编码速率的临界值，当信源编码后平均每个信源符号所能携带的最大信息量超过这个临界值时，就能无失真译码，否则就不行。

香农第一定理是香农信息论的主要定理之一，其定理成立的条件是要求 $N \to \infty$，这很难做到实际上也不需要做到这一点，在绝大多数应用中，只要 $\dfrac{1}{N} \ll H(X)$，香农第一定理就能成立。这里，增大 N 值就是增加信源的扩展次数，这表明，在无失真信源编码中，采用扩展信源的手段，可以减少每一信源符号所需要的平均码元数，提高编码的有效性。但显然，减少平均码长是以增加了编码的复杂性为代价的。

证明：由定理 6.2，对符号序列信源，可得到类似结论

$$\frac{H(X^N)}{\log r} \leqslant \overline{L}_N < \frac{H(X^N)}{\log r} + 1 \tag{6.35}$$

由前面章节内容知，对离散、平稳、无记忆信源，有

$$H(X^N) = NH(X) \tag{6.36}$$

将式（6.35）代入式（6.36）得

$$\frac{NH(X)}{\log r} \leqslant \overline{L}_N < \frac{NH(X)}{\log r} + 1$$

即

$$\frac{H(X)}{\log r} \leqslant \frac{1}{N}\overline{L}_N < \frac{H(X)}{\log r} + \frac{1}{N}$$

$$H(X) \leqslant \frac{1}{N}\overline{L}_N \log r < H(X) + \frac{\log r}{N}$$

而平均每个符号的输出信息率为

$$R = \frac{\overline{L_N}}{N}\log r$$

当 N 足够大时

$$\frac{\log r}{N} < \varepsilon$$

所以

$$H(X) \leqslant R < H(X) + \varepsilon$$

定理得证。

【**例 6.2**】 设一离散无记忆信源的模型为

$$\begin{bmatrix} X \\ P \end{bmatrix} = \begin{bmatrix} x_1 & x_2 \\ \dfrac{4}{5} & \dfrac{1}{5} \end{bmatrix}$$

由〔例 6.1〕可知，此信源的熵为

$$H(X) = \frac{1}{5}\log_2 5 + \frac{4}{5}\log_2 \frac{5}{4} = 0.722(\text{bit}/\,\text{符号})$$

用二元码符号（0，1）来构造一个即时码（此时 $r=2$）

$$x_1 \to 0, \quad x_2 \to 1$$

平均码长为

$$\overline{L} = 1 \quad (\text{二元码符号}/\text{信源符号})$$

编码效率为

$$\eta = \frac{H(X)}{\overline{L}\log_2 r} = 0.722$$

根据香农第一定理的概念，现在为了提高编码的有效性，对此信源的二次扩展信源 X^2 进行编码，其二次扩展信源 X^2 和即时码见表 6.2。

表 6.2 二次扩展信源 X^2 和及时码

α_i	$p(\alpha_i)$	即时码	α_i	$p(\alpha_i)$	即时码
$x_1 x_1$	16/25	0	$x_2 x_1$	4/25	110
$x_1 x_2$	4/25	10	$x_2 x_2$	1/25	111

这个码的平均长度

$$\overline{L}_2 = \frac{16}{25}\times 1 + \frac{4}{25}\times 2 + \frac{4}{25}\times 3 + \frac{1}{25}\times 3 = \frac{39}{25}(\text{二元码符号}/\text{二个信源符号})$$

信源 X 中每一单个符号的平均码长为

$$\overline{L} = \frac{\overline{L}_2}{2} = \frac{39}{50} = 0.78(\text{二元码符号}/\text{信源符号})$$

由式（6.6）得

其编码效率为

$$\eta_2 = \frac{50 \times 0.722}{39} = 0.926$$

用同样方法可进一步对信源 X 的三次和四次扩展信源进行变长编码所得的编码效率分别为

$$\eta_3 = 0.964$$
$$\eta_4 = 0.981$$

可见编码复杂了一些，但信息传输率得到了提高。再将此例与［例 6.1］做比较可发现，对于同一信源，要求编码效率都达到 96% 时，变长码只需对二次扩展信源进行编码（$N=2$），而等长码则需要 $N \geqslant 6.15 \times 10^8$。

显然，用变长码编码时，N 不需要很大就可以达到相当高的编码效率，这是变长码的显著优点，且随着扩展次数的增加，编码效率越来越接近 1。

6.4　无失真信源编码基本方法

变长编码力求平均码长最短，此时对应的编码效率最高，信源的冗余得到最大限度的压缩。对给定的信源，使平均码长达到最小的编码方法称为最佳编码，香农第一定理指出了平均码长与信源信息熵之间的关系，同时也指出了可以通过编码使平均码长达到极限值，这是一个很重要的极限定理。但是对于如何去构造一个最佳码，定理并没有直接给出。本节就来介绍几种具体的变长编码方法：香农编码、霍夫曼编码、游程编码、算术编码。

6.4.1　香农编码

1948 年香农就提出能使信源与信道匹配的香农编码。二进制香农码的编码方法如下。

（1）将信源发出的 n 个消息符号按其概率的递减次序依次排列，为方便起见，令

$$p_1 \geqslant p_2 \geqslant \cdots \geqslant p_n$$

（2）按下式计算第 i 个信源符号的二进制码字的码长 l_i，取满足式（6.37）的整数为第 i 个码字的长度 l_i

$$-\log p(x_i) \leqslant l_i < -\log p(x_i) + 1 \tag{6.37}$$

（3）为了编成唯一可译码，计算第 i 个信源符号的累加概率

$$P_i = \sum_{k=1}^{i-1} p(x_k) \quad (i = 1, 2, \cdots, n) \tag{6.38}$$

（4）将累加概率 P_i（为小数）变换成二进制数。

（5）去除小数点，并根据码长，取小数点后 l_i 位数作为第 i 个信源符号的码字。

【例 6.3】　设信源共 7 个符号消息，

$$\begin{bmatrix} X \\ P \end{bmatrix} = \begin{bmatrix} x_1 & x_2 & x_3 & x_4 & x_5 & x_6 & x_7 \\ 0.20 & 0.19 & 0.18 & 0.17 & 0.15 & 0.10 & 0.01 \end{bmatrix}$$

求其对应的二进制香农编码。

解　（1）将信源发出的 n 个消息符号按其概率的递减次序依次排列，结果见表 6.3 中的第一、二列。

（2）计算第 i 个信源符号的二进制码字的码长 l_i，并取整。

以 x_3 为例，由于

$$-\log_2 p(x_3) = -\log_2 0.18 = 2.47$$
$$-\log_2 p(x_3) + 1 = -\log_2 0.18 + 1 = 3.47$$

根据式（6.37），则码长 l_3 应满足

$$2.47 \leqslant l_3 \leqslant 3.47$$

故 $l_3 = 3$，其他符号可用相同的方法，结果见表 6.3 第五列。

（3）计算第 i 个信源符号的累加概率，以 x_3 为例

$$P_3 = 0.2 + 0.19 = 0.39$$

其他符号可用相同的方法，结果见表 6.3 第三列。

（4）将累加概率 P_i（为小数）变换成二进制数，累加概率乘 2 取整，以 x_3 为例，有

$$0.39$$
$$\times\ 2 \longrightarrow \boxed{0}$$
$$0.78$$
$$\times\ 2 \longrightarrow \boxed{1}$$
$$1.56$$
$$\times\ 2 \longrightarrow \boxed{1}$$
$$1.12$$

根据码长 $l_3 = 3$，故码字为 011。其他符号可用相同的方法，结果见表 6.3 第六列。

表 6.3　　　　　　　　　　　　香　农　编　码

信源符号 x_i	概率 $p(x_i)$	累加概率 P_i	$-\log p(x_i)$	码字长度 l_i	二进制码字
x_1	0.20	0	2.34	3	000
x_2	0.19	0.2	2.41	3	001
x_3	0.18	0.39	2.48	3	011
x_4	0.17	0.57	2.56	3	100
x_5	0.15	0.74	2.74	3	101
x_6	0.10	0.89	3.34	4	1110
x_7	0.01	0.99	6.66	7	1111110

由表 6.3 可以看出，各代码组之间至少有一位数字不相同，故是唯一可译码，同时这 7 个代码组都不是延长码组，故属于即时码。由离散无记忆信源熵的定义，可计算出

$$H(X) = -\sum_{i=1}^{7} p(x_i) \log_2 p(x_i) = 2.61 \text{(bit/ 符号)}$$

信源符号的平均码长为

$$\overline{L} = \sum_{i=1}^{q} p(x_i) l_i = 3.14 \text{(码元 / 符号)}$$

平均信息传输速率

$$R = \frac{H(X)}{\overline{L}} = \frac{2.61}{3.14} = 0.831 \text{(bit/ 符号)}$$

因为是二进制，单符号信源编码，故其编码效率在数值上等于信息传输速率，即 $\eta = 83.1\%$。可见，香农编码的编码效率并不高，因此，其实用价值并不大，但却有深远的

理论意义。下面给出［例 6.3］香农编码的 Matlab 程序及仿真结果。

　　Matlab 程序如下。

```
%function c=shannon(p)% 函数名信源香农【输出变元组】=函数名（输入变元组）
p=input ('请输入概率向量: \ n');
% p=[ 0.26 0.25 0.20 0.14 0.10 0.05];% 概率 p
% p=[0.05 0.10 0.14 0.20 0.25 0.26];
% p=[0.2 0.19 0.18 0.17 0.15 0.10 0.01];
[p, index]=sort(p);% 冒泡法, 从小到大
p=fliplr(p);% 从大到小, 左右转置函数
n=length(p);% n=6
pa(1)=0;% 累加概率
for i=2:n% matlab 从 1 开始
    pa(i)=pa(i- 1) + p(i-1) ;
end
pa=sort(pa);
k=ceil(-log2(p));% 码长计算, 用于求大于数字的最小整数;
c=cell(1,n);% 生成元胞数组, 存码字;
for i=1:n
    c{i}='';
    tmp=pa(i);
    for j=1:k(i)
        tmp=tmp*2;% 实现二进制的方法
        if tmp<1%>=1
            c{i}(j)='0';% 当 tmp 小于 1 时, 就输出 0, 实现二进制编码
        else
          tmp=tmp- 1;
          c{i}(j)='1';% 当 tmp 大于 1 时, 就输出 1
        end
    end
end
c=fliplr(c);% 交换回原来的顺序
c(index)=c;% 这里的 index 是一个 trick, 他跟踪了现在的 p 的每个分量, 在原来的 p 里面的下标, 在
最后, 将依据这个下标来成码
H=0;
for i=1:length (p)
    if  p(i) ~=0
      H=H-p(i)*log2(p(i));
    end
end
display('编码:');c  % 编码
display('信源熵:');H  % 信源熵
L=sum(p.*k);          % 求平均码长
display('平均码长:'); L
```

```
display('编码效率为:'); Nn=H/L
```

仿真结果如图 6.6 所示。

请输入概率向量:

[0.20 0.19 0.18 0.17 0.15 0.10 0.01]

编码:

c=

'000'　'001'　'011'　'100'　'101'　'1110'　'1111110'

信源熵:

H=

　　2.6087

平均码长:

L=

　　3.1400

编码效率为:

Nn=

　　0.8308

图 6.6　香农编码 Matlab 仿真程序结果

6.4.2　霍夫曼编码

1952 年美国电信工程师 D. A. 霍夫曼提出了一种构造紧致码的方法，所得的码字是异前置的变长码，其平均码长最短，后人称之为霍夫曼编码。它是一种最佳的逐个符号的编码方法，其编码效率很高。

1. 二进制霍夫曼编码

下面首先给出二进制霍夫曼编码的方法，其编码过程如下。

（1）将信源 X 发出的 n 个消息符号按其概率的递减次序依次排列，为方便起见，假设

$$p_1 \geqslant p_2 \geqslant \cdots \geqslant p_n$$

（2）将两个概率最小的信源符号合并成一个"新符号"，并分别给这两个概率最小的符号分配 0 和 1 码元，从而得到只包含 $n-1$ 个符号的新信源，称为 X 信源的缩减信源 X_1。若两者概率相等，仍是按上述规则进行。

（3）将"新符号"和未参加信源缩减的符号仍按概率大小以递减次序排列，再将其最后两个概率最小的符号合并成一个"新符号"，并分别用 0 和 1 码元表示，这样又成了 $n-2$ 个符号的缩减信源 X_2。

（4）依次继续下去，直至信源最后只剩下两个符号为止。将这最后两个信源符号分别用 0 和 1 码元表示。然后从最后一级缩减信源开始，依编码路径向前返回（从右往左），就得出各信源符号所对应的码字。

下面通过具体的例子来说明编码过程。

【例 6.4】　设有离散无记忆信源

$$\begin{bmatrix} X \\ P \end{bmatrix} = \begin{bmatrix} x_1 & x_2 & x_3 & x_4 & x_5 \\ 0.4 & 0.2 & 0.2 & 0.1 & 0.1 \end{bmatrix}$$

对其进行二进制霍夫曼编码，编码过程如图 6.7 所示。

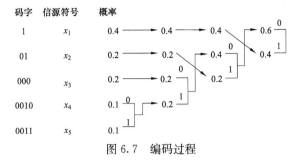

图 6.7　编码过程

该霍夫曼码的信源熵为

$$H(X) = -\sum_{i=1}^{5} p(x_i)\log_2 p(x_i) = 2.12(\text{bit}/\text{符号})$$

平均码长为

$$\overline{L} = \sum_{i=1}^{5} P(x_i)l_i = 0.4 \times 1 + 0.2 \times 2 + 0.2 \times$$
$$3 + 0.1 \times 4 + 0.1 \times 4 = 2.2(\text{码元}/\text{符号})$$

编码效率为

$$\eta = \frac{H(X)}{\overline{L}} = 96.5\%$$

下面给出［例 6.4］霍夫曼编码的 Matlab 程序及仿真结果。

Matlab 程序如下。

```
%function[h,H,L]=huffman(p)
%变量 p 为符号出现概率所组成的概率向量
%返回值 h 为利用 Huffman 编码算法编码后最后得到编码结果
%返回值 H 为信源熵
%返回值 L 为进行 Huffman 编码后所得编码的码字长度
p=input('请输入概率向量:\np=');
if(sum(p)～=1)
    p=p/sum(p);
end
p=sort(p);% 按降序排列
if length(find(p< 0))～=0
    error('Not a prob. vector,negative component(s)')
end
% 判断概率向量中是否有 0 元素,有 0 元素程序显示出错,终止运行
if sum(p▷1
error('Not a prob. vector,components do not add up to 1')
    end
% 判断所有符号出现概率之和是否大于 1,如果大于 1 程序显示出错,终止运行
% 计算信源熵
H=0;
```

```
for i= 1:length(p)
    if  p(i)~=0
        H=H-p(i)* log2(p(i));
    end
end
n= length(p);                    % 测定概率向量长度,将长度值赋给变量 n
q=p;
m=zeros(n-1,n);
for i=1:n-1
    [q,L]=sort(q);
    m(i,:)=[L(1:n-i+1),zeros(1,i-1)];
    q=[q(1)+q(2),q(3:n),1];
end
%上一 for 循环为确定编码树
for i=1:n-1
    c(i,:)=blanks(n*n);
end
%上一 for 循环生成一个空白的字符矩阵,即字符矩阵内不包含任何字符
    c(n-1,n)='1';
    c(n-1,2*n)='0';
for i=2:n-1
    c(n-i,1:n-1)=c(n-i+1,n* (find(m(n-i+1,:)==1))-(n-2):n* (find(m(n-i+1,:)==1)));
    c(n-i,n)='1';
    c(n-i,n+1:2*n-1)= c(n-i,1:n-1);
    c(n-i,2*n)='0';
    for j= 1:i-1
c(n-i,(j+1)*n+1:(j+2)*n)=c(n-i+1,n*(find(m(n-i+1,:)==j+1)-1)+1:n* find(m(n-i+1,:)==j+1));
    end
end
% 上一 for 循环嵌套,根据编码数进行循环编码
for i= 1:n
    C(i,1:n)=c(1,n* (find(m(1,:)==i)-1)+1:find(m(1,:)==i)*n);
    L1(i)=length(find(abs(C(i,:))~=32));
end
%上一 for 循环将编码结果赋值给 h,并计算每一码字的长度
L=sum(p.* L1);              % 求平均码长
for  i=0:n-1
    w(n-i,:)= C(i+1,:);
end
display('编码:');C=w
display('信源熵:');H
display('平均码长:');L
display('编码效率为:');Nn=H/L
```

仿真结果如图 6.8 所示。

从图 6.7 中的编码过程可以看出,霍夫曼编码方法得到的码一定是即时码。因为这种编码方法不会使任一码字的前缀为码字。这一点在用码树形式来表示的时候,看得更清楚。图 6.9 所示为用码树形式进行霍夫曼编码的过程,由于代表信源符号的节点都是终端节点,因此其编码不可能是其他终端节点对应的编码的前缀。

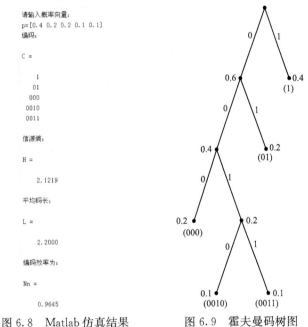

图 6.8 Matlab 仿真结果   图 6.9 霍夫曼码树图

另外,观察图 6.7 所示的编码过程可以看出,霍夫曼编码总是把概率大的符号安排在离根节点近的终端节点,所以其码长比较小,因此得到的编码整体平均码长也将比较小。

下面用另外一种方法对上述信源进行编码。

码字	信源符号	概率
00	x_1	0.4
10	x_2	0.2
11	x_3	0.2
010	x_4	0.1
011	x_5	0.1

该霍夫曼的平均码长为

$$\overline{L} = \sum_{i=1}^{5} P(x_i) l_i = 0.4 \times 1 + 0.2 \times 2 + 0.2 \times 3 + 0.1 \times 4 + 0.1 \times 4 = 2.2 (码元 / 符号)$$

编码效率为

$$\eta = \frac{H(X)}{\overline{L}} = 96.5\%$$

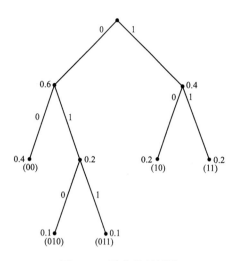

图 6.10　霍夫曼码树图

码树图如图 6.10 所示。

由此看到，霍夫曼编码方法是不唯一的，造成其不唯一的原因有以下两点。

（1）每次对缩减信源中两个概率最小的符号编码的时候，"0" 和 "1" 的分配是任意的。只要在各次缩减信源中保持码元分配的一致性，就能得到可分离码字。不同的码元分配，得到的码字不同，但码长不变。

（2）缩减信源时，当两个符号的概率相同的时候，排列的次序是随意的，所以会有不同的编码结果，编出的码都是正确的，但不同的排列次序得到的码长也不相同。

无论因为何种原因导致的不同的编码结果，其最后的平均码长一定是一样的。在例 6.4 中我们可以看到，第一种编码方法是将合并得到的"新符号"排在其他具有相同概率符号的后面，而第二种方法是将合并得到的"新符号"排在其他具有相同概率符号的前面。这两种方法得到的平均码长相等，都为 $\overline{L}=2.2$ 码元/符号，因为是对相同的信源进行编码，其熵值是一样的，故其编码效率也相等。在这种情况下，如何衡量这两种编码方法的优劣呢？为此，引入码字长度的方差。在相同的编码效率下，我们希望得到码长变化小的码，于是我们引入码长的方差。定义码字长度的方差为 l_i 与平均码长 $\overline{L}$ 之差的平方的数学期望，记为 σ^2，即

$$\sigma^2 = E[(l_i - \overline{L})^2] = \sum_{i=1}^{n} p(x_i)(l_i - \overline{L})^2 \qquad (6.39)$$

方差越小，说明各个码的长度越接近平均长度，编码器和解码器就可以比较简单，这样的码就认为是好码。下面分别计算例 6.4 中两种编码方法的方差。

$$\sigma_1^2 = \sum_{i=1}^{5} p(x_i)(l_i - \overline{L})^2 = 0.4(1-2.2)^2 + 0.2(2-2.2)^2 + 0.2(3-2.2)^2 +$$

$$(0.1+0.1)(4-2.2)^2 = 1.36$$

$$\sigma_2^2 = \sum_{i=1}^{5} p(x_i)(l_i - \overline{L})^2 = (0.4+0.2+0.2)(2-2.2)^2 + (0.1+0.1)(3-2.2)^2 = 0.16$$

第一种方法的方差大于第二种方法的方差，说明其各个码的长度偏离平均码长比第二种方法严重，码长变化较大，从编码的结果我们也看到，第一种方法的码长有 1，2，3，4 四种长度，而第二种只有 2，3 两种长度。所以是方差越小，各个码的长度越接近平均长度，码长变化越小。再来观察编码过程，不难发现，当缩减信源的概率分布重新排列时，第二种编码方法是使合并得来的概率和处于最高的位置，而这样做的结果是使合并的元素重复编码次数减少，因而使短码得到充分利用。

所以，我们可以得出结论：在霍夫曼编码过程中，对缩减信源的概率由大到小重新排列时，应使合并后的新符号尽可能排在靠前的位置，以使合并后的新符号重复编码的次数减少，从而充分利用短码。

【**例 6.5**】 一个信源包含 6 个符号消息，它们的出现概率分别为 0.3，0.2，0.15，0.15，0.1，0.1，信道基本符号为二进制码元，试用霍夫曼编码方法对该信源的 6 个符号进行信源编码，并求出代码组的平均长度和编码效率。

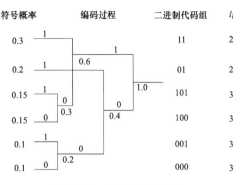

图 6.11 霍夫曼编码过程

解 根据霍夫曼编码的步骤，可得其编码过程和编码结果，如图 6.11 所示，此处采用了与前面例题不同的表示方法，读者可根据自身需要，自由选择。

由编码结果，求得平均码长为

$$\overline{L} = \sum_{i=1}^{6} p(x_i) l_i = 2.5 \,(\text{码元}/\text{符号})$$

信源熵为 $H(X) = -\sum_{i=1}^{6} p(x_i) \log p(x_i) = 2.471 \,(\text{bit}/\text{符号})$

由此可得其编码效率为

$$\eta = \frac{H(X)}{\overline{L}} = 98.8\%$$

接近于最佳编码。

通过上面的例题，可以总结出，霍夫曼编码具有以下三个特点。

（1）霍夫曼编码方法保证了概率大的符号对应于短码，概率小的符号对应于长码，使短码得到充分利用。这是因为其编码过程是以最小概率相加的方法来"缩减"参与排队的概率个数，因此概率越小，参与"缩减"的机会越多，对缩减的贡献越大，其对于消息的码字也越长，相反，概率越大，参与"缩减"的机会越少，其码字也越短。

（2）"0"和"1"分配的任意性和最小概率相加的方法使得编码不具有唯一性，尤其是在同时有几个消息符号概率相同的情况下，将会有多种排列选择，随之也就有多种可能的码字集合，但它们的平均码长都是相等的，因为每一种路径选择都是使用最小概率相加的方法，其实质都是遵循最佳编码的原则，因此霍夫曼编码是最佳编码。

（3）每次缩减信源的最后两个码字总是最后一位码元不同，前面各位码元相同；每次缩减信源的最长两个码字有相同的码长。

2. r 进制霍夫曼编码

二进制霍夫曼码的编码方法可以很容易推广到 r 进制的情况。不同的只是编码过程中构成缩减信源时，每次都是将 r 个概率最小的符号合并，并分别用 0，1，…，$(r-1)$ 码元表示。

为了使短码得到充分利用，以期获得最短的平均码长，在进行 r 进制霍夫曼编码时，必须使最后一步的缩减信源有 r 个信源符号，因此信源符号个数 n 必须满足

$$n = \alpha(r-1) + r \tag{6.40}$$

其中 α 表示缩减次数，因而 α 是正整数。$(r-1)$ 为每次缩减所减少的信源符号个数。对于二进制编码，$r=2$，式（6.40）变为

$$n = \alpha + 2 \tag{6.41}$$

因此，信源符号个数 n 为大于 2 的任意正整数时，总能找到一个 α 满足式（6.41）。对于 r 元码，n 为大于 2 的任意正整数时不一定能找到一个 α 使式（6.40）满足。因而在进行 r 进制霍夫曼编码时，若信源符号个数不满足式（6.40），则假设 t 个概率为零的虚假符号，此时 $n+t$ 便能满足式（6.40）。这样得到的 r 进制霍夫曼码一定是紧致码。

下面通过一个例子来说明 r 进制霍夫曼编码方法。

【例 6.6】 对离散无记忆信源 $\begin{bmatrix} X \\ P \end{bmatrix} = \begin{bmatrix} x_1 & x_2 & x_3 & x_4 & x_5 \\ 0.4 & 0.2 & 0.2 & 0.1 & 0.1 \end{bmatrix}$ 分别进行三元霍夫曼和四元霍夫曼编码，并求平均码长和编码效率。

解 编码过程分别如图 6.12 和图 6.13 所示。

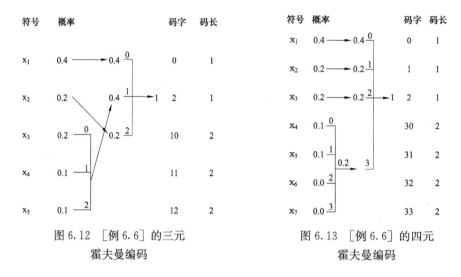

图 6.12 ［例 6.6］的三元
霍夫曼编码

图 6.13 ［例 6.6］的四元
霍夫曼编码

两种编码的平均码长分别为

$$\overline{L}_3 = \sum_{i=1}^{n} p(x_i) l_i = 1.4 \text{(码符号／信源符号)}$$

$$\overline{L}_4 = \sum_{i=1}^{n} p(x_i) l_i = 1.2 \text{(码符号／信源符号)}$$

编码效率为

$$\eta_3 = \frac{H(X)}{\overline{L}\log_2 r} = \frac{-\sum_i p(x_i)\log_2 p(x_i)}{\overline{L}_3 \log_2 r} = \frac{2.12}{1.4\log_2 3} = 95.54\%$$

$$\eta_4 = \frac{H(X)}{\overline{L}\log_2 r} = \frac{-\sum_i p(x_i)\log_2 p(x_i)}{\overline{L}_4 \log_2 r} = \frac{2.12}{1.2\log_2 4} = 88.33\%$$

这个例子中，从图 6.13 能够清楚看出为什么要增加概率为 0 的符号。增加概率为 0 的符号是为了将概率大的信源符号向编码树的上层"挤"，越向上层，码长短码的能够得到充分利用，进一步提高了压缩效果。

【例 6.7】 有一个含有 8 个消息的无记忆信源，其概率各自为 0.2，0.15，0.15，0.1，

0.1，0.1，0.1，0.1。试编成两种三进制霍夫曼码，使它们的平均码长相同，但具有不同的码长的方差。并计算其平均码长和方差，说明哪一种码更实用些。

解 对于三进制编码，信源 X 的符号个数 n 必须满足

$$n = (3-1)\alpha + 3$$

所以在本题中，必须增加一个信源符号，并设其概率为零，这样 $8+1 = (3-1)\alpha + 3$，能找到 $\alpha = 3$ 满足 (6.40)。列表编出两种三进制霍夫曼码。

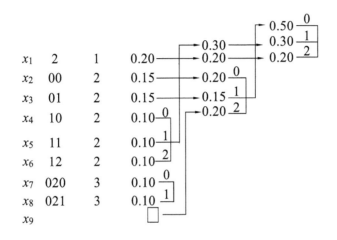

码 1 为

$$\overline{L}_1 = \sum_{i=1}^{8} P(x_i) l_i = 2(\text{三元码}/\text{信源符号})$$

$$\sigma_1^2 = \sum_{i=1}^{8} P(x_i)(l_i - \overline{L})^2 = 0.4$$

码 2 为

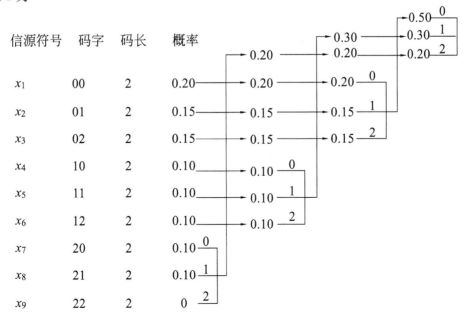

$$\overline{L_2} = \sum_{i=1}^{8} P(x_i) l_i = 2(\text{三元码 / 信源符号})$$

$$\sigma_1^2 = \sum_{i=1}^{8} P(x_i)(l_i - \overline{L})^2 = 0$$

码 1 和码 2 是平均码长相同的三进制非延长码,但它们方差不同,码 2 的方差为 0。所以,对于有限长的不同信源序列,用码 2 所编的码序列长度没有变化,并且相对来说码序列长度要短些。因此,码 2 更实用些。

霍夫曼编码是用概率匹配方法进行的信源编码,是信源给定后所有可能的唯一可译码中平均码长最短的码,即霍夫曼码是最佳即时编码,可以用计算机程序实现,目前它正广泛应用于文件传真、语音处理和图像处理的数据压缩中。

3. 霍夫曼编码应用中的一些问题

在实际问题中真正使用霍夫曼编码时,还需要进一步研究有关误差扩散、速率匹配和概率匹配等问题,下面分别加以讨论。

(1) 误差扩散问题。由于霍夫曼码是一类无失真信源最佳变长码,在研究这类无失真信源编码时认为信道传输是理想的,是不产生差错的,然而实际信道中总是存在噪声的,噪声引入后必然要破坏变长码的结构。同时由于变长码是不加同步的码,无法自动清洗所产生的影响,所以必然要产生误差的扩散,即噪声所影响的不仅是被干扰的码元,而是一直要扩散下去影响后面一系列码元,以至于在低信噪比下无法工作。目前对这类误差扩散还没有特别有效的克服方法,在工程上一般霍夫曼码只能适合于高信噪比(如误码率低于 10^{-6})的优质信道,以减小误差扩散带来的影响,也可采用定期清洗方法或者加检错纠错码来限制误差扩散。

(2) 速率匹配问题。一般情况下,信源符号以恒速输出,信道也是恒速传输的。由于绝大多数信源其消息是不等概率的,因而编成的变长码长度也是不相等的,这必然导致信源输出速率是变化的,因而不能直接由信道来传输,信源与信道之间必然存在一个速率匹配问题。在工程上,解决该问题的办法一般采用缓冲存储器的方法,即在信源与信道两者之间加一个类似于水库的缓存器,它变速输入,恒速输出,以解决两者速率的匹配。但是这个缓存器的容量选取显然与输入变速特性即信源统计特性和编码方法,以及输出速率密切相关,必须在实际的工程设计中进一步深入探讨,以解决可能发生的溢出和取空现象。

(3) 与信源统计特性相匹配的问题。变长码本身就是与信源统计特性相匹配的无失真信源编码,因此信源统计特性的变化对变长码影响很大,它主要体现在下面两点。

一是与信源消息种类多少的关系。一般变长码更适合于大的消息集,而不适合于小且概率分布相差很大的集合。小消息集合只有在很特殊情况下才能实现统计匹配,而一般小消息集合实现统计匹配的变长编码的基本思想是扩张信源。

下面通过例子来说明。

【例 6.8】 已知一信源包含两个符号 x_1 和 x_2,概率分别为 0.2 和 0.8。信道基本符号为 $\{0, 1\}$。

(1) 若编码规则为 $x_1 \to 0$,$x_2 \to 1$,求平均长度和编码效率 η。

(2) 若进行二重扩展并对扩展信源按最佳编码原则编码,再求平均长度和编码效率 η。

解 (1) 先求信源熵,再求平均长度和编码效率,结果为

$$\overline{L} = 0.2 \times 1 + 0.8 \times 1 = 1(\text{码元 / 信符})$$

$$H(X) = 0.2\log_2\frac{1}{0.2} + 0.8\log_2\frac{1}{0.8} = 0.721\,93(\text{bit/信符})$$

$$\eta = H(X)/\overline{L} = 0.721\,39$$
$$\approx 72.2\%$$

（2）对初始信源的两个消息进行二重扩展，得到的消息序列为 4 个。编码得到的即时码集合为（0，10，110，111）。根据最佳编码原则，消息序列、对应的概率、编码以及码长见表 6.4。

表 6.4 　　　　　　　　　　　[例 6.8] 表

α_i	$p(\alpha_i)$	码字	码长
x_1x_1	1/25	111	3
x_1x_2	4/25	110	3
x_2x_1	4/25	10	2
x_2x_2	16/25	0	1

该消息序列编码的平均码长为

$$\overline{L} = \frac{1}{25}\times3 + \frac{4}{25}\times3 + \frac{4}{25}\times2 + \frac{16}{25}\times1 = \frac{39}{25}(\text{码元}/2\text{个信符})$$

故有
$$\overline{L}/N = 39/50(\text{码元/信符})$$
$$\eta = \frac{H(X)}{\overline{L}/N} = \frac{0.721\,93}{39/50} \approx 0.926 = 92.6\%$$

比较（1）、（2）可见，经过二重扩展后，效率由 72.2% 上升到 92.6%。

还可以一直扩展下去，不断扩大信源消息集，以达到逐步实现完全统计匹配的目的。当扩展阶次越高，设备越复杂，所以在工程上只能在效率与复杂性方面进行折中平衡。

二是变长码是在信源概率特性已知情况下实现统计匹配的，如果信源统计特性不完全知道甚至完全不知道时，如何实现编码就成为通用编码所要研究的问题。

霍夫曼编码的不足是缺乏严格的构造性，信源符号与码字之间不能用某种有规律的数学方法对应起来，在信源存储与传输过程中必须首先存储与传输信源编码所形成的霍夫曼编码表，再通过查表的方法来进行编译码，这就会影响实际信源的压缩效率，且当 N 增大，信源符号数目增多，所需存储表的容量增大，故使实用时设备较复杂。尽管如此，由于霍夫曼编码是在信源给定情况下的最佳码，当 N 不是很大时，它能使无失真编码的效率接近于 1，便于硬件实现和计算机软件实现，到目前为止它仍是应用最为广泛的无失真信源编码方法之一。

6.4.3 算术编码

由前述内容已知，虽然霍夫曼编码是最佳码，但它一般更适合于大的消息集，对于二元信源这种小消息集合的编码，其基本思想是扩展信源，使信源消息集随着扩展阶次的增加不断扩大，才能使平均码长接近信源的熵，编码效率才高。另外，霍夫曼编码必须计算出所有 N 长信源序列的概率分布，并构造相应完整的码树，码表也相当大，因而当扩展阶次越高时，编码设备就越复杂。而算术编码则是从另外的角度解决上述问题的，它可直接对输入的信源符号序列进行编码输出，而无需计算出所有 N 长信源序列的概率分布及编码表。

算术编码是香农编码方法与累积概率分布函数的递推算法的结合，是香农编码的思想在信源序列上的应用。它是一种无失真的非分组信源编码，是香农编码方法在图像编码中的具体应用。

算术编码是从全序列出发，考虑符号之间的依赖关系，采用递推形式的连续编码。其基本思想是将一定的精度数值作为序列的编码，它不是将单个的信源符号映射成一个码字，而是将信源符号序列依累积概率分布函数的大小映射到［0，1］区间，每个符号序列均有一个唯一的小区间与之对应，因而可在小区间内取点来代表该符号序列。将此点的累积概率分布函数值用二进制数表示，取二进位小数点后的 l 位，作为信源符号序列的编码输出。只要这些区间不重叠，就可以编得即时码。同时由于码字与信源序列的累积概率分布函数相联系，既保证了码字的唯一性，又可以通过计算累积概率分布函数来进行编、译码，因而算术编码不需要存储和传送像霍夫曼码表一类的编码表。

算术编码是一种概率统计匹配编码，它也应该符合变长码编码的思想，即概率大的符号使用短码，概率小的符号使用长码，因此其码长与信源序列的概率成反比，取信源符号序列 X 的码长 l 为

$$l = \left\lceil \log \frac{1}{p(x)} \right\rceil \tag{6.42}$$

其中 $p(x)$ 表示信源符号序列 X 的概率，符号「」表示取大于或等于该值的最小整数。把累积概率分布函数写成二进位的小数，取其前 l 位，如果有尾数，就进位到第 l 位，这样就得到一个码字。

下面通过一个例子来简述算术编码的原理。

先从最简单的单符号信源入手，再推广到信源序列。设信源符号集为

$$X = \{x_0 \quad x_1 \quad x_2 \quad \cdots \quad x_{n-1}\}$$

相应的概率为 p_r, $r=0, 1, 2, \cdots, n-1$。

定义各个符号的累积概率分布函数为

$$F_r = \sum_{i=1}^{r-1} p_i (r = 0,1,2,\cdots,n-1) \tag{6.43}$$

由上式可得

$$p_r = F_{r+1} - F_r \tag{6.44}$$

F_{r+1} 和 F_r 作为累积概率分布函数，都是［0，1］区间内的正数，故可用此区间内的两个点表示，很显然，p_r 就是这两点间的长度。将这两点间的距离作为一个小区间，不同的符号有不同的累积概率分布函数，就有不同的小区间，它们之间互不重叠，也就是这样的小区间内的任意一个点可以作为该符号的代码。

下面计算序列的累积概率分布函数。为方便起见，先以独立的二元序列为例进行计算，再将结果推广到一般情况。假设有一序列 $X=100$，这种二元符号序列可按自然二进制数排列，即 000，001，010，011，100，101，110，111，则 X 的累积概率分布函数为

$$F(X) = p(000) + p(001) + p(010) + p(011)$$

由于是二元序列，只有"0"和"1"两个符号，根据归一律，两个三元符号的最后一位是"0"和"1"时，它们的概率和等于前两位的概率，依次类推，故有

$$p(000) + p(001) = p(00)$$
$$p(0000) + p(0001) = p(000)$$

$$p(0010) + p(0011) = p(001)$$
$$\vdots$$

因而当序列 $X = 100$ 后面接一个"0"，累积概率分布函数就成为

$$F(X_0) = p(0000) + p(0001) + p(0010) + p(0011) + p(0100) + p(0101) + p(0110) + p(0111)$$
$$= p(000) + p(001) + p(010) + p(011) = F(X)$$

若 X 后面接一个"1"，累积概率分布函数就成为

$$F(X_1) = p(0000) + p(0001) + p(0010) + p(0011) + p(0100) + p(0101) + p(0110)$$
$$+ p(0111) + p(1000)$$
$$= F(X) + p(1000)$$
$$= F(X) + p(100)p_0$$
$$= F(X) + p(X)p_0$$

即　　　　　$$\begin{cases} F(X_0) = F(X) \\ F(X_1) = F(X) + p(X)p_0 \end{cases} \tag{6.45}$$

由于是二元序列，由式（6.43）得累积概率为

$$F_0 = 0, \ F_1 = p_0 \tag{6.46}$$

所以 $F(X_0)$ 和 $F(X_1)$ 可统一写成

$$F(Xr) = F(X) + p(X)F_r, \ r = 0, 1 \tag{6.47}$$

其中 X_r 表示已知前面信源符号序列为 X，接着再输入符号为 r，而 $F(X)$ 由式（6.46）确定。同样可得信源符号序列所对应的概率为

$$p(X_r) = p(X)p_r, \ (r = 0, 1) \tag{6.48}$$

上述整个分析过程可用图 6.14 所示示意图来描述。$F(X)$ 把区间 $[0, 1]$ 分割成许多小区间，每个小区间的长度等于各序列的概率 $p(X)$，小区间内的任一点可用来代表这个序列。

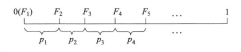

图 6.14　$F(X)$ 分割区间示意图

推广到多元序列，可得序列的累积概率分布函数的递推公式及序列的概率公式为

$$\begin{cases} F(Xa_r) = F(X) + p(X)F_r \\ p(Xa_r) = p(X)p_r \end{cases} \tag{6.49}$$

式（6.49）就是算术编码的基础。其中 Xa_r 表示 X 的增长（后续）序列，p_r 表示第 r 个符号的概率。用此递推公式可以逐位计算序列的累积概率分布函数。在起始时，可令 $F(\varphi) = 0$，$p(\varphi) = 1$，其中 φ 代表空集，只有一个符号 a_r 的序列就是 φa_r。得到累积概率分布函数 $F(X)$ 后，就可以用 $F(X)$ 来表示码字 C，码字的长度由公式（6.42）规定，具体过程为：把累积概率分布函数 $F(X)$ 写成二进位的小数，取小数点后前 l 位，如果有尾数，就进位到第 l 位，这样就得到一个码字。

例如：若 $F(X) = 0.10110001$，$p(X) = 1/17$，则 $l = 5$，考虑到 $F(X)$ 有尾数，故进位到第 l 位，得 $C = 0.10111$。这个 C 就可作为 X 的码字。下面通过一个例子来说明算术编码的过程。

【例 6.9】　设二元无记忆信源 $X = \{0, 1\}$，$p(0) = 1/4$，$p(1) = 3/4$。$X = 11111100$，对

其进行算术编码。

解　该序列的概率为

$$p(X = 11111100) = p^2(0)p^6(1) = (1/4)^2(3/4)^6$$

累积概率分布函数为

$$F(X) = p(00000000) + p(00000001) + p(00000010) + \cdots + p(11111011)$$
$$= 1 - p(11111111) - p(11111110) - p(11111101) - p(11111100)$$

按归一律取前 6 位得

$$F(X) = 1 - p(111111) = 1 - (3/4)^6 = 0.110100111$$

$$l = \left\lceil \log_2 \frac{1}{p(X)} \right\rceil = 7$$

从而得 $C = 0.1101010$，故 X 的码字为 1101010。并可计算信源熵 $H(X) = 0.811$（bit/符号），故其编码效率为

$$\eta = \frac{H(X)}{L} = \frac{0.811}{7/8} = 92\%$$

Matlab 程序如下。

```
%算术编码
%信源为二元信源,信源序列、码长均可自定义
s=input('请输入信源符号序列 s=');
n=length(s);
P=[input('请输入矩阵向量  P=')];
F=[0 P(1,1)];                      %累积分布函数 F(0)=0,F(1)=P(0)
Fs=0;As=1;                         %初始化
for k=1:1:n                        %信源序列长度
Fs=Fs+As*F(1,s(1,k)+1);            %信源序列累积分布函数
    As=As*P(1,s(1,k)+1);           %信源序列对应的区间宽度
end
L=ceil(abs(log2(1/As)));           %编码后码长
q=quantizer([3*n,3*n-1]);
c=num2bin(q,Fs);                   %将累积分布概率转化为二进制
c_B=c(2:L+1);                      %取小数点后长度为 L 的码字
%判断 L 位以后是否有尾数,若有尾数就进位到第 L 位
c_D=bin2dec(c_B);
c2=c(L+2:3*n);
c2_D=bin2dec(c2);
if c2_D~=0
    c_D=c_D+1;
    C=dec2bin(c_D,L);
else
    C=c_B;
end
H=sum(-P.*log2(P));
Nn=H/(length(mc_B)/n);
```

```
display('编码:'); C
display('编码效率:'); Nn
display('信源熵:');  H
```
编码结果如图 6.15 所示。

```
请输入信源符号序列s=[1 1 1 1 1 1 0 0]
请输入矩阵向量   P=[0.25 0.75]
编码:

C =

1101010

编码效率:

Nn =

    0.9272

信源熵:

H =

    0.8113
```

图 6.15　Matlab 实现的编码结果

【例 6.10】　有四个符号 a，b，c，d 构成简单序列 $X=abda$，各符号及其对应概率见表 6.5，进行算术编码。

表 6.5　　　　　　　　　　　各符号及其对应概率

符号	符号概率	符号累积概率	符号	符号概率	符号累积概率
a	0.100 (1/2)	0.000	c	0.001 (1/8)	0.110
b	0.010 (1/4)	0.100	d	0.001 (1/8)	0.111

解　算术编解码过程如下。

设起始状态为空序列 φ，则
$$F(\varphi)=0,\ p(\varphi)=1$$
由式（6.47）和式（6.48）可计算出下列一系列值。

$$\begin{cases} F(\varphi a)=F(\varphi)+p(\varphi)F_a=0+1\times 0=0 \\ p(\varphi a)=p(\varphi)p_a=1\times 0.1=0.1 \end{cases}$$

$$\begin{cases} F(ab)=F(a)+p(a)F_b=0+0.1\times 0.1=0.01 \\ p(ab)=p(a)p_b=0.1\times 0.01=0.001 \end{cases}$$

$$\begin{cases} F(abd)=F(ab)+p(ab)F_d \\ \quad=0.01+0.001\times 0.111=0.010\ 111 \\ p(abd)=p(ab)p_d \\ \quad=0.001\times 0.001=0.000\ 001 \end{cases}$$

$$
\begin{cases}
F(abda) = F(abd) + p(abd)F_a \\
\qquad\quad = 0.010\,111 + 0.000\,001 \times 0 = 0.010\,111 \\
p(abda) = p(abd)p_a \\
\qquad\quad = 0.000\,001 \times 0.1 = 0.000\,000\,1
\end{cases}
$$

由式（6.42）可计算其码长

$$
l = \left\lceil \log_2 \frac{1}{p(X)} \right\rceil = 6
$$

则编码后的码字为 010111。本例的 Matlab 仿真程序如下。

Matlab 程序如下。

```
clear all;
C=[input('请输入字符数组    C=')];%C=['a' 'b' 'c' 'd'];
s=input('请输入信源符号序列   s=');%s=['a' 'b' 'd' 'a'];
n=length(s);
P=[input('请输入符号概率   P=')];%P=[1/2 1/4 1/8 1/8];
P1=P;
for j=1:length(P1)
    innum=P1(j);
    N=3;
    P(j)=dchange2bin(innum,N);
end
F=[];
for j=1:length(P)
    if(j==1)
      F(j)=0;
    else
      F(j)=F(j-1)+ P(j-1);
    end
end
A=[];
code=[];
for i=1:1:n
    for j=1:length(C)
        if(find(s(i)==C(j)))
            % m(i)=j;
            if(i==1)
                A(i)=1*P(j);
                code(i)=0+1*F(j);
            elseif(i>=1)
                A(i)= A(i-1)*P(j)+0.0000000;
                code(i)=code(i-1)+A(i-1)*F(j)+0.0000000;%P(m(i-1))
            end
        end
```

```
        end
    end
end
display('符号累积概率为:'); F
%display('概率矩阵为:');A;
%display('符号编码矩阵为:');code; %   code=fprintf('% .6f',code)  % 输出数据小数点后
6位
code=code(max(i));
    K=0;
    T=0;
code1=code;
%========== 将小数转换为编码==================%
CODE=[];
while(code1-fix(code1)>=10^(-7))
    K=K+1;
  code1=code*10^K;
  if(fix(code1)==0)
    T=T+1;
    CODE(K)=0;
  else
    CODE(K)=fix(code1)-fix(code1/10)*10;
  end
end
display('编码后的码字:');CODE
```

仿真结果如图 6.16 所示。

上述编码过程，可以用下列单位区间的划分来描述，如图 6.17 所示。

由前面的分析过程和图 6.17 可以看出，算术编码把信源的任一给定序列和 [0，1] 的一个子区间联系在一起，该子区间的长度等于这个序列的概率。累积概率分布函数对区间的分割是一种比例相同的分割，只不过被分割的区间在缩小。编码过程从第一个符号开始，逐个处理。随着处理符号数目的增加，同序列联系在一起的区间长度越来越小。随着区间的缩小，区间首尾二进

请输入字符数组 C=['a' 'b' 'c' 'd']
请输入信源符号序列 s=['a' 'b' 'c' 'a']
请输入符号概率 P=[1/2 1/4 1/8 1/8]
符号累积概率为:
F=
  0 0.1000 0.1100 0.1110
编码后的码字:
CODE=
    0 1 0 1 1 1

图 6.16   Matlab 仿真结果

制代码相同位数越来越多，这些二进制代码唯一确定了输入符号序列，并可以唯一译码。概率大的符号对应区间大，描述它所需的比特少。随着输入序列长度的增加，平均编码所用比特数趋向信源熵。

可以证明，平均码长的极限为

$$\frac{H(X_1 X_2 \cdots X_n)}{n} \leqslant \frac{\overline{L}}{n} < \frac{H(X_1 X_2 \cdots X_n)}{n} + \frac{1}{n} \tag{6.50}$$

若信源无记忆则有

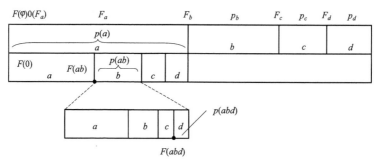

图 6.17　单位区间的划分

$$H(X) \leqslant \frac{\overline{L}}{n} < H(X) + \frac{1}{n} \tag{6.51}$$

n 是信源序列长度。可见其编码效率很高。这种按全序列进行的编码方法，随着信源序列 n 的增长，编码效率还会增高。

下面介绍算术编码的译码过程。

根据编码后的数值大小比较来进行，即判断码字 $F(x)$ 落在哪一个区间就可以得出一个相应的符号序列。

具体步骤如下。

（1）$F(abda)=0.010\ 111 < 0.1$，在 $[0，0.1]$ 间可译出第一个符号为 a。

（2）去掉被乘概率加权因子：$F(abda) \times 2 = 0.010\ 111 \times 10 = 0.101\ 11$，在 $[0.1，0.11]$ 间，第二个符号译为 b。

（3）去掉累积概率后再去掉被乘加权因子：$0.101\ 11 - 0.1 = 0.001\ 11 \Rightarrow 0.001\ 11 \times 4 = 0.001\ 11 \times 100 = 0.111$ 在 $[0.111，1]$ 之间，第三个符号译为 d。

（4）同上 $0.111 - 0.111 = 0.00 \Rightarrow 0.00 \times 8 = 0.00 \times 1000 = 0.00$ 在 $[0，0.1]$ 之间，第四个符号译为 a。

综上所述，译码后的总输出为：$X^{*} = abda = X$，即译码输出等于发送的原序列。

实际编码是用硬件或计算机软件实现。由于式（6.49）适合于递推运算，因此适合于实用。实际中，只需两个存储器把 $F(X)$ 和 $p(X)$ 存下来，然后根据输入符号和式（6.49），更新两个存储器中的数值。由于在编码过程中，每输入一个符号要进行乘法和加法运算，所以称此编码方法为算术编码。

算术编码从性能上看具有许多优点，特别是由于所需的参数很少，不像霍夫曼编码那样需要一个很大的码表，因此常设计成自适应算术编码来针对一些信源概率未知或非平稳情况。但是在实际实现时还有一些问题，如计算复杂性、计算的精度以及存储量等，随着这些问题的逐渐解决，算术编码正在进入实用阶段，但要扩大应用范围或进一步提高性能，降低造价，还需进一步改进。

6.4.4　游程编码

游程编码（run-length coding，RLC）又称"游程长度编码"或"行程编码"，是一种统计编码，该编码属于无损压缩编码，它是霍夫曼编码的一种改进和应用，主要用于黑、白二值文件的传真。文件传真是指一般文件、图纸、手写稿、表格、报纸等文件的传输，它们是黑白二值的，即相当于信源是二元信源。本节结合文件传真来讨论游程编码，为此，有必要先简单了解一下有关文件传真的知识、规定。

1. 一般规定与统计特性

国际电报电话咨询委员会 CCITT 从大量的国际文件传真资料中精选了 8 种试验用的标准文件样本作为信源,其中有打字文件、电路图、手写文稿、气象图等,分别称为 1 号至 8 号样张。样张选取的根据是传送的内容、形式、字号以及文字的疏密等。

数字文件传真是将一页文件分成 $n \times m$ 个像素,如果采用每个像素用一位二进制码（0 或者 1）直接编码,则一页文件的码元数就等于该页文件的像素数。

将单位长度 1mm 包含的像素数称为分辨率。分辨率越高,文件细节越清晰,文件质量越高。一页文件传送多少码元,主要取决于文件幅面大小和分辨率高低。文件幅面有不同的尺寸,最常用的 A4 幅面为 210mm×297mm。

CCITT 对选用的 8 种标准文件样张,建议使用以下两种分辨率。

(1) 水平分辨率：1728 像素/行（即 8 样点/mm）,垂直分辨率：3.85 行/mm。

(2) 水平分辨率：1728 像素/行（即 8 样点/mm）,垂直分辨率：7.7 行/mm。

我国根据汉字为方块字的特点,参照 CCITT 标准从大量的汉字文件传真中选了试用的 7 种标准样张,并使用下列两种分辨率。

(1) 水平分辨率：1728 像素/行（即 8 样点/mm）,垂直分辨率：4 行/mm。

(2) 水平分辨率：1728 像素/行（即 8 样点/mm）,垂直分辨率：8 行/mm。

一张 A4 幅面的二值文件,按照分辨率为 4 行/mm,共可分 297×4＝1188 行,每行有 1728 个像素,则整幅共有 1188×1728＝2052864 个像素,直接编码时需要传送大约 2.05Mbit,用 2400bit/s 的码率传送大约需要 14min。可见,直接存储和传输会占用大量的存储空间与通信时间。

原邮电部数据研究所根据汉字的特点,对我国文件传真试用的 7 种测试样张进行黑、白像素统计,在水平分辨率为 8 样点/mm 时,统计结果为

$$p_{白} = 93.3\%, \quad p_{黑} = 6.7\%$$

若仅考虑文件的一维统计特性,则像素熵为

$$H(X) = - p_{白} \log_2 p_{白} - p_{黑} \log_2 p_{黑} = - 0.933\log_2 0.933 - 0.677\log_2 0.677 = 0.3546(bit/ 符号)$$

从上述结果可以看出,如果一个像素不去除冗余度,采用每个像素用一位二进制码（0 或者 1）直接编码,需要用一位二进制码表示,含有一比特信息量。而采用与文件一维统计特性完全匹配的熵编码则只需 0.3546 比特,从节省传输时间和存储空间来说,必须进行数据压缩。即采用编码的方法去除冗余度,压缩文件,提高通信的有效性。

文本文件在传真时,将扫描分割后的文件用离散像素序列来表示。白纸黑字的二值文件采用二进制码进行编码,即表示背景即白色时像素用"0"码元,表示内容即黑字时像素用"1"码元。根据各类传真文件的特点可知:任意一个扫描行的像素序列均是由若干个连"0"像素序列及若干个连"1"像素序列组合而成,而且同一色调的像素绝大部分是前后相邻的,即连"0"和连"1"的概率很大,这样,我们就可以在传输这些大量出现的连"0"和连"1"像素序列时,通过像素类别（黑、白）加其重复次数的方式来表示,由此思路构成的一种编码方式即是游程编码。

2. 游程编码基本原理

"游程"即是指数字序列中连续出现相同符号的一段。游程编码的基本原理是:用一个符号

值或串长代替具有相同值的连续符号。这种处理使符号长度少于原始数据的长度，只在各行或者各列数据的代码发生变化时，记录该代码及相同代码重复的个数，从而实现数据的压缩。

例如：信源的序列为二元序列

$$0001000011111110010001$$

可变换成如下序列

$$31472131$$

这样，字符数量由 22 个减少为 8 个。可见，游程编码的位数远远少于原始字符串的位数，游程编码可以缩短数据，其效率的高低取决于信源符号的重复率，重复率越高，压缩效果越好。

一般连"0"这一段称为"0"游程，连"1"这一段称为"1"游程。而重复出现的同类像素的长度则称为游程长度。由于是二进制序列，"0"游程和"1"游程总是交替出现，用交替出现的"0"游程和"1"游程的长度来表示任意二元序列。这种序列称为游程长度序列，简称游程序列。它是一种一一对应的变换，也是可逆变换，称为游程变换。对上述例子，只要规定游程序列从"0"开始，由游程序列"31472131"可以很容易地恢复出原来的二元序列。

游程变换减弱了原序列符号间的相关性，并把二元序列变换成了多元序列，可以证明变换后的游程序列是独立序列，且经过游程变换后，序列的熵不变。这样就适合于用其他方法，如霍夫曼编码，进一步压缩信源，提高通信效率。

多元序列也存在相应的游程序列，但需要加标识码。例如 r 元序列，它可有 r 种游程，如果不加相应的标识码，则无法区分游程序列中的游程长度究竟是 r 种游程中的哪一个的长度，导致无法恢复原来的序列，成为不可逆的变换。由于增加的标识码可能会抵消游程变换带来的好处，故多元序列变换成游程序列再进行压缩编码没有多大意义。因此，游程编码主要适用于二元序列，对于多元信源，一般不能直接利用游程编码 。

对于实际中的二值灰度的文件传真，每一行总是若干个黑、白像素序列交叉出现，即由若干个连"0"（白色像素长度）、连"1"（黑色像素长度）组成，分别称之为白游程长和黑游程长，记为 l_W 和 l_B。不同的黑、白游程长度有不同的对应概率，这些概率称之为游程发生概率。有统计表明：

$$50\% \quad l_W \text{ 小于 18 个像素} \qquad 80\% l_W \text{ 小于 61 个像素}$$
$$50\% \quad l_B \text{ 小于 4 个像素} \qquad 80\% l_B \text{ 小于 6 个像素}$$

可见 l_W 一般远大于 l_B。又由前述可知，对我国文件传真试用的 7 种测试样张 ，在水平分辨率为 8 样点/mm 时，统计结果为

$$p_白 = 93.3\%, \quad p_黑 = 6.7\%$$

有了这些概率分布，对于不同的游程长度，就可以按照其不同的发生概率，分配不同的码字。

另外需注意的一点是，在实际的行扫描中，黑、白游程均可能第一个出现，为使格式统一，常规定第一游程为白游程，对实际上第一游程为黑游程的行信号，则在黑游程前插入一个长度为零的白游程，以此来满足第一游程为白游程的规定。

要对游程序列进行霍夫曼编码，首先要测定"0"游程长度和"1"游程长度的概率分布，即以游程长度为元素符号，构造一个新的信源，然后才能对游程序列进行霍夫曼编码。由于二元序列与游程变换序列的一一对应性，当二元序列的概率特性已知时，可据此计算出

游程序列的概率特性。下面进行具体分析。

3. 游程编码规则

先设二元序列为独立序列，令"0"和"1"的概率分别为 p_0 和 p_1，长度为 i 的"0"游程记为 l_i^0，则 0 游程长度概率为

$$p[l_i^0] = p_0^{l_i^0-1} p_1 \tag{6.52}$$

式中：$l_i^0 = 1$，2，…，游程长度至少是 1。从理论上来说，游程长度可以是无穷，但很长的游程实际出现的概率非常小。在计算 $p[l_i^0]$ 时，必然已有"0"出现，否则就不是"0"游程。若下一个符号是"1"，则游程长度为 1，其概率是 $p_1 = 1 - p_0$；若下一个符号为"0"，再下一个符号为"1"，则游程长度为 2，其概率将为 $p_0 p_1$。依次类推，可得到式 (6.52)。容易证明

$$\sum_{l_i^0=1}^{\infty} p[l_i^0] = \frac{p_1}{1-p_0} = 1 \tag{6.53}$$

同理可得"1"游程长度 l_j^1 的概率为

$$p[l_j^1] = p_1^{l_j^1-1} = p_0 \tag{6.54}$$

同样易证

$$\sum_{l_j^1=1}^{\infty} p[l_j^1] = \frac{p_0}{1-p_1} = 1 \tag{6.55}$$

于是可以构造出两个信源："0"游程长度信源和"1"游程长度信源，分别是

$$\begin{bmatrix} L_0 \\ P(L_0) \end{bmatrix} = \begin{Bmatrix} l_1^0 = 1 & l_2^0 = 2 & \cdots & l_i^0 = i & \cdots \\ p(l_1^0) & p(l_2^0) & \cdots & p(l_i^0) & \cdots \end{Bmatrix}, \ 0 \leqslant p(l_i^0) \leqslant 1, \ \sum_{l_i^0=1}^{\infty} p(l_i^0) = 1 \tag{6.56}$$

和 $$\begin{bmatrix} L_1 \\ P(L_1) \end{bmatrix} = \begin{Bmatrix} l_1^1 = 1 & l_2^1 = 2 & \cdots & l_i^1 = i & \cdots \\ p(l_1^1) & p(l_2^1) & \cdots & p(l_i^1) & \cdots \end{Bmatrix}, \ 0 \leqslant p(l_i^1) \leqslant 1, \ \sum_{l_i^1=1}^{\infty} p(l_i^1) = 1 \tag{6.57}$$

根据式 (6.52) 和式 (6.53)，可计算"0"游程长度的熵为

$$H[l_i^0] = -\sum_{l_i^0=1}^{\infty} p[l_i^0] \log_2 p[l_i^0] = -\sum_{l_i^0=1}^{\infty} p_0^{l_i^0-1} p_1 \log_2 [p_0^{l_i^0-1} - p_1] \tag{6.58}$$

$$= -\log_2 p_1 \sum_{l_i^0=1}^{\infty} p[l_i^0] - p_1 \sum_{l_i^0=1}^{\infty} p_0^{l_i^0-1} [l_i^0-1] \log_2 p_0$$

由 $\dfrac{dp_0^{l_i^0-1}}{dp_0} = [l_i^0-1] p_0^{l_i^0-2}$ 推导出

$$[l_i^0-1] p_0^{l_i^0-1} = p_0 \frac{dp_0^{l_i^0-1}}{dp_0} \tag{6.59}$$

式 (6.59) 代入式 (6.58) 得

$$H[l_i^0] = -\log_2 p_1 - p_1 p_0 \log_2 p_0 \sum_{l_i^0=1}^{\infty} \frac{\mathrm{d}}{\mathrm{d}p_0} p_0^{l_i^0-1}$$

$$= -\log_2 p_1 - p_1 p_0 \log_2 p_0 \frac{\mathrm{d}}{\mathrm{d}p_0} \sum_{l_i^0=1}^{\infty} p_0^{l_i^0-1}$$

$$= -\log_2 p_1 - p_1 p_0 \log_2 p_0 \frac{\mathrm{d}}{\mathrm{d}p_0} \left(\frac{1}{1-p_0} \right) \qquad (6.60)$$

$$= -\log_2 p_1 - p_1 p_0 \log_2 p_0 \frac{1}{(1-p_0)^2}$$

$$= \frac{H(p_0)}{p_1}$$

式中：$H(p_0)$ 为原二元序列的熵。

"0" 游程序列的平均游程长度

$$L_0 = E[l_i^0] = \sum_{l_i^0=1}^{\infty} l_i^0 p[l_i^0] = \sum l_i^0 p_0^{l_i^0-1} p_1$$

$$= p_1 \sum \frac{\mathrm{d}}{\mathrm{d}p_0} p_0^{l_i^0} = \frac{1}{p_1} \qquad (6.61)$$

同理，由式（6.54）和式（6.55）可得 "1" 游程长度的熵和平均游程长度

$$H[l_j^1] = \frac{H(p_0)}{p_0} \qquad (6.62)$$

$$L_1 = E[l_j^1] = \frac{1}{p_0} \qquad (6.63)$$

"0" 游程序列的熵与 "1" 游程序列的熵之和除以它们的平均游程长度之和，即为对应原二元序列的熵 $H(X)$，由式（6.60）至式（6.63）得

$$H(X) = \frac{H[l_i^0] + H[l_j^1]}{L_0 + L_1} = H(p_0) = H(p_1) \qquad (6.64)$$

可见游程变换后符号熵没有变。这很容易理解，因为游程变换是一一对应的可逆变换，所以变换后熵值不变。这也说明变换后的游程序列是独立序列。

对于有相关性的二元序列，也可以证明变换后的游程序列是独立序列，并且也有 $H(X) = \frac{H[l_i^0] + H[l_j^1]}{L_0 + L_1}$ 的结论。只是此时的 $H[l_i^0]$，$H[l_j^1]$，L_0 和 L_1 的具体表达形式不同，它们是相关符号的联合概率和条件概率的函数。由于游程变换有较好的去相关效果，因而对游程序列进行霍夫曼编码，可获得较高的编码效率。

假设 "0" 游程长度的霍夫曼编码效率为 η_0，"1" 游程长度的霍夫曼编码效率 η_1，由编码效率的定义和式（6.64）可得对应二元序列的编码效率

$$\eta = \frac{H[l_i^0] + H[l_j^1]}{\dfrac{H[l_i^0]}{\eta_0} + \dfrac{H[l_j^1]}{\eta_1}} \qquad (6.65)$$

假设 $\eta_0 > \eta_1$，则有

$$\eta_0 > \eta > \eta_1 \qquad (6.66)$$

当"0"游程和"1"游程的编码效率都很高时，采用游程编码的效率也很高，至少不会低于较小的那个效率。由式（6.65）还可看出，要想编码效率 η 尽可能高，应使式（6.65）的分母尽可能小，这就要求尽可能提高熵值较大的游程的编码效率，因为它在分母中占的比重较大。

理论上来说，游程长度可从 1 到无穷。要建立游程长度和码字之间的一一对应的码表是困难的。一般情况下，游程越长，出现的概率就越小；当游程长度趋向于无穷时，出现的概率也趋向于 0。按照霍夫曼码的编码规则，概率越小，码字越长，但小概率的码字对平均码长影响较小，所以在实际应用时，常对长码采用截断处理的方法。

取一个适当的 n 值，游程长度为 1，2，$\cdots$，2^{n-1}，2^n，所有大于 2^n 者，都按 2^n 来处理。然后按照霍夫曼码的编码规则，将上列 2^n 种概率从大到小排队，构成码树并得到相应的码字。由于所有长度大于等于 2^n 的游程，只有一个码字 C，为了区分这些长度，在 C 之后再加一个 n 位的自然码 A，代表余数。例如，当游程长度恰为 2^n 时，就用 $C\underbrace{00\cdots00}_{n\text{个}}$ 来表示。

游程长度为 2^n+1 时，用 $C\underbrace{00\cdots01}_{n\text{个}}$ 来表示，为 $2^{n+1}-1$ 时，用 $C\underbrace{11\cdots11}_{n\text{个}}$ 来表示。当游程长度大于或等于 2^{n+1} 时，就需要用两个或两个以上的 C。例如，游程长度为 2^{n+1}，码字 $C\underbrace{00\cdots00}_{n\text{个}}$ $C\underbrace{00\cdots00}_{n\text{个}}$；游程长度为 $2^{n+2}-1$ 的代码是 $C\underbrace{00\cdots00}_{n\text{个}}C\underbrace{11\cdots11}_{n\text{个}}$。依次类推，可得到所有游程长度的代码。

需要注意的是，"0"游程和"1"游程应分别编码，建立各自的码字和码表。两个码表中的码字可以重复，但 C 码必须不同。设 C_0 和 C_1 分别是"0"游程和"1"游程码表中的码字，当译码器碰到 $C_0\underbrace{00\cdots00}_{n\text{个}}$ 时，需要根据后面的码字来判断这个"0"游程的长度。若后面的码字是 C_1，则该"0"游程的长度为 2^n；若后面的码字是 C_0，则该"0"游程的长度大于 2^n。由此可见，C 码必须与两个码表中的码字都是异前置的。对于一般的二值图像编码，游程编码得到广泛的应用。

4. 实用例子：MH 码

MH 码是由游程编码及霍夫曼编码集合而成的一种改进型霍夫曼码。MH 码也是国际电话电报咨询委员会提出的文件、传真类一维数据压缩编码的国际标准。

由前面的分析可知，霍夫曼编码要求已知信源符号的概率分布。由于文件、传真类等文件的内容千差万别，概率分布各不相同时，为达到最佳编码，则必须实时调整编码表。为避免出现同时传输码字及编码表的情形，MH 码使用固定编码表进行编码，即在信源与信宿两端，利用预先确定的编码表各自独立进行编码和解码。

由于采用固定的编码表，对不同的信源，其编码效率也各不相同。为达到编码的高效和统一，国际电话电报咨询委员会为 MH 编码提供了 8 幅标准文件，作为标准参考信源（含打字文件、打字课本、电路图、手写文稿、气象图等）。经过对 8 幅参考信源的统计分析，计算出实际出现"黑"、"白"像素时的游程长度及相应的概率，并根据这些概率分布，最终确定出"黑"、"白"像素在某一游程长度时的霍夫曼编码表。

鉴于"黑"、"白"像素的游程长度在 0～63 之间的分布居多，为了进一步简化编译系统，更好地压缩码字长度，MH 码又在编码中对游程长度进行分割，并相应将长游程码（游程长度大于 64）分割为结尾码（终止码）和组合码（形成码）两部分，见表 6.6 及表 6.7。

表 6.6   **MH 码表（一）结尾码**

MH 码表（一）结尾码

RL 长度	白游程码字	黑游程码字	RL 长度	白游程码字	黑游程码字
0	00110101	0000110111	32	00011011	000001101010
1	000111	010	33	00010010	000001101011
2	0111	11	34	00010011	000011010010
3	1000	10	35	00010100	000011010011
4	1011	011	36	00010101	000011010100
5	1100	0011	37	00010110	000011010101
6	1110	0010	38	00010111	000011010110
7	1111	00011	39	00101000	000011010111
8	10011	00101	40	00101001	000001101100
9	10100	000100	41	00101010	000001101101
10	00111	0000100	42	00101011	000011011010
11	01000	0000101	43	00101100	000011011011
12	001000	0000111	44	00101101	000001010100
13	000011	00000100x	45	00000100	000001010101
14	110100	00000111	46	00000101	000001010110
15	110101	000011000	47	00001010	000001010111
16	101010	0000010111	48	00001011	000001100100
17	101011	0000011000	49	01010010	000001100101
18	0100111	0000001000	50	01010011	000001010010
19	0001100	00001100111	51	01010100	000001010011
20	0001000	00001101000	52	01010101	000000100100
21	0010111	00001101100	53	00100100	000000110111
22	0000011	00000110111	54	00100101	000000111000
23	0000100	00000101000	55	01011000	000000100111
24	0101000	00000010111	56	01011001	000000101000
25	0101011	00000011000	57	01011010	000001011000
26	0010011	000011001010	58	01011011	000001011001
27	0100100	000011001011	59	01001010	000000101011
28	0011000	000011001100	60	01001011	000000101100
29	00000010	000011001101	61	00110010	000001011010
30	00000011	000001101000	62	00110011	000001100110
31	00011010	000001101001	63	00110100	000001100111

表 6.7		MH 码表（二）组合基干码			

MH 码表（二）组合基干码

RL 长度	白游程码字	黑游程码字	RL 长度	白游程码字	黑游程码字
64	11011	0000001111	960	011010100	0000001110011
128	10010	000011001000	1024	011010101	0000001110100
192	010111	000011001001	1088	011010110	0000001110101
256	0110111	000001011011	1152	011010111	0000001110110
320	00110110	000000110011	1216	011011000	0000001110111
384	00110111	000000110100	1280	011011001	0000001010010
448	01100100	000000110101	1344	011011010	0000001010011
512	01100101	0000001101100	140	011011011	0000001010100
576	01101000	0000001101101	1472	010011000	0000001010101
640	01100111	0000001001010	1536	010011001	0000001011010
704	011001100	0000001001011	1600	010011010	0000001011011
768	011001101	0000001001100	1664	011000	0000001100100
832	011010010	0000001001101	1728	010011011	0000001100101
896	011010011	0000001110010	EOL	000000000001	000000000001

而对于加宽的纸型规定了一套加宽的 MH 组合码，见表 6.8。

表 6.8	MH 码表（三）供加大纸宽用的组合基干码（1792～2560，黑、白相同）		

游程长度	组合基干码码字	游程长度	组合基干码码字
1792	00000001000	2240	000000010110
1856	00000001100	2304	000000010111
1920	00000001101	2368	000000011100
1984	000000010010	2432	000000011101
2048	000000010011	2496	000000011110
2112	000000010100	2560	000000011111
2176	000000010101		

其具体编码规则如下。

（1）游程长度在 0～63 之间时，码字直接由相应的终止码表示。

（2）游程长度在 64～1728 之间时，码字由一个组合码加上一个终止码构成。

（3）每行必须以白游程开始，以一个同步码 EOL 结束，且每页文件也必须以同步码 EOL 开始。

（4）每行游程总和必须为 1728 个像素，否则该行出错。

（5）为达成同步操作，每行编码的传输时间最短为 20ms，最长为 5s；不足 20ms 的行，需在 EOL 码之前填入足够的"0"码元。

（6）连续 6 个 EOL 表示文件页传输的结束。

按编码规则，一页文件传真编码的最终格式如图 6.18 所示。其中，EOL 是行同步码，其码字为 000000000001，在正常的游程编码数据中不可能出现联 11 个 0，故 EOL 能够在出现突发差错时，重新建立行同步，控制差错不扩散到下一行，同时每一页结束时，转回控制（RTC）由 6 个 EOL 组成。

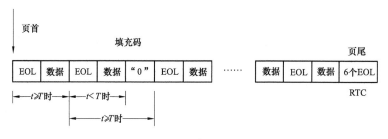

图 6.18　文件的行格式

现以具体示例说明说下。

【例 6.11】　若传真文件某行的扫描像素序列如表 6.9 上栏所示，现用 MH 码进行编码。

表 6.9　　　　　　　　　　　　　　　　扫 描 像 素 序 列

白游程	黑游程	白游程	黑游程	白游程	黑游程	同步码
22	6	53	66	1559	22	EOL
0000011	0010	00100100	00000011111	0100110010000100	0000011	000000000001

分析游程长度数据可知：白游程 22，黑游程 6，白游程 53，黑游程 22 均可查表直接获得编码。黑游程 66 和白游程 1559 则需采用组合码与终止码进行合成编码。其中，黑游程 66 的编码由长度为 64 的黑游程组合码与长度为 2 的黑游程终止码共同构成，码字为 0000001111 11。白游程 1559 的编码由长度为 1536 的白游程组合码与长度为 23 的白游程终止码组成，码字为 010011001 0000100。

6.5　限失真信源编码

由无失真离散信源编码问题可知：对于离散无记忆信源来说无损压缩编码的最小码率不能低于信源熵；而当编码速率低于信源熵时，译码就必然会发生差错。又由第 4 章中连续信源信息量的度量可知，实际上连续信源的绝对熵 $H(X)$ 为无限大，那么，要完全无失真的传输此类信源的信息，则信息传输率 R 也必须为无限大，这往往是不可能做到的。幸运的是，在实际生活中，人们一般并不要求完全无失真地恢复信源发出的消息，通常总是要求在保证一定质量（一定保真度）的条件下近似地重现原消息，也就是允许有一定的错误（失真）存在。换句话说，就是允许压缩信源输出的信息率。那么在一定程度失真的条件下，能够把信源压缩到什么程度，即最少需要多少比特数才能描述信源。也就是说，在允许一定程度失真的条件下，如何表示信源输出使失真最小，就是本节要讨论的问题。

在现实生活中有些失真是合理的并且允许的。例如在传输语音信号时，由于人耳接收信号的带宽和分辨率是有限的，就可以把频谱范围为 20Hz～20kHz 的语音信号去掉低端和高端的频率，看成带宽只有 300～3400Hz 的信号，这样传输的语音信号虽然有一些失真，人耳也是能分辨或感觉出来的，但这些失真实际上并不影响通信质量，或者说，这种失真是允许的。又如传输视频信号时，要把一个连续的动作完全无失真地呈现出来，需要用无穷多幅静态画面连续不断的传输并放映才可以。但是人的视觉有一种特性，叫做"视觉暂留性"。也就是说，人眼在某个视像消失后，仍可使该物图像在视网膜上滞留 0.1～0.4s。因此，视频信息可以以每秒 25 幅画面匀速放映，一系列静态画面就会因视觉暂留作用而造成一种连续的视觉印象，产生逼真的动感。在 1s 之内用 25 幅画面去模拟一个连续动作，肯定是有失真的，但是能满足人类通过视觉感知信息的要求，所以这种失真是允许的，也是合理的。另外，根据图像使用目的不同，也允许有不同程度的误差。

既然允许一定的失真存在，那么对信息率的要求便可降低，即允许压缩信源的信息率。信息率与允许失真之间的关系，就是信息率失真理论所研究的内容。

6.5.1 失真函数及保真度准则

信道中固有的噪声和不可避免的干扰，必然使信源的消息通过信道传输后造成误差和失真。在实际通信时，信号有一定的失真是可以容忍的。但当失真大于某一限度时，信息质量将被严重损伤，甚至丧失其实用价值。而要规定失真限度，就必须先有一个定量的失真测度，为此可引入失真函数。

1. 失真函数

设离散无记忆信源 $\begin{bmatrix} X \\ P(X) \end{bmatrix} = \begin{Bmatrix} x_1, & x_2, & \cdots, & x_i, & \cdots, & x_n \\ p(x_1), & p(x_2), & \cdots, & p(x_i), & \cdots, & p(x_n) \end{Bmatrix}$。信源符

号通过信道传送到接收端 Y，$\begin{bmatrix} Y \\ P(Y) \end{bmatrix} = \begin{Bmatrix} y_1, & y_2, & \cdots, & y_i, & \cdots, & y_m \\ p(y_1), & p(y_2), & \cdots, & p(y_i), & \cdots, & p(y_m) \end{Bmatrix}$。

对于每一对 (x, y)，指定一个非负的函数

$$d(x_i, y_j) \geqslant 0 \qquad \begin{matrix} (i = 1, 2, \cdots, n) \\ (j = 1, 2, \cdots, m) \end{matrix} \qquad (6.67)$$

式中 $d(x_i, y_j)$ 称为单个符号的失真函数（或称失真度）。用它来表示信源发出一个符号 x_i，而在接收端再现 y_j 所引起的误差和失真。通常较小的 d 值代表较小的失真，d 越大，失真也越大。一般当 $y = x$ 时，d 应为 0，y 与 x 不同时，d 应为正值。这种失真函数既适用于离散信源，也适合于连续信源。

因为信源变量 X 有 n 个符号，而接收端信宿变量 Y 有 m 个符号，所以 $d(x_i, y_j)$ 就有 $n \times m$ 个。可以把这 $n \times m$ 个 $d(x_i, y_j)$ 函数排列成矩阵形式，即

$$[D] = \begin{bmatrix} d(x_1, y_1) & d(x_1, y_2) & \cdots & d(x_1, y_m) \\ d(x_2, y_1) & d(x_2, y_2) & \cdots & d(x_2, y_m) \\ \cdots & \cdots & \cdots & \cdots \\ d(x_n, y_1) & d(x_n, y_2) & \cdots & d(x_n, y_m) \end{bmatrix} \qquad (6.68)$$

$[D]$ 称为失真矩阵。

失真函数有多种形式，应尽可能与信宿的主观特性相对应，即主观上的失真感觉应与 $d(x_i, y_j)$ 的值相对应。设 x 为信源输出信息，y 为信宿收到信息，则常用的失真函数有以下几个。

（1）平方误差失真函数。

$$d(x, y) = (x - y)^2 \qquad (6.69)$$

这种失真函数称为平方误差失真函数，相应的失真矩阵称为平方误差失真矩阵。假如信源符号代表信源输出信号的幅度值，则式（6.69）意味着较大的幅度失真要比较小的幅度失真引起的错误更为严重，严重的程度用平方表示。

（2）绝对失真函数

$$d(x, y) = |x - y| \qquad (6.70)$$

这种失真函数称为绝对失真函数，相应的失真矩阵称为绝对失真矩阵。它只考虑信宿接收到的幅值对信源发出的幅值的失真本身的大小。式（6.70）则反映信宿接收幅值偏离信源发出幅值的程度。

（3）相对失真函数。

$$d(x, y) = |x - y| / |x| \qquad (6.71)$$

这种失真函数称为相对失真函数，相应的失真矩阵称为相对失真矩阵。因为人对某些事物的主观感觉与客观实际并不一致，相对失真函数与主观特性比较匹配，式（6.71）则反映了信宿收到信息后主观感觉上的失真程度。

（4）汉明失真函数。

$$d(x_i, y_j) = \begin{cases} 0, & i = j \\ a & a > 0, i \neq j \end{cases} \qquad (6.72)$$

这种失真函数表示，当 $i = j$ 时，X 与 Y 的取值是一样的，用 Y 来代表 X 就没有误差，所以定义失真度为 0。当 $i \neq j$ 时，用 Y 代表 X 就有误差。所有不同的 i 和 j 引起的误差都等于 a，所以定义失真度为常数 a。当 $a = 1$ 时，此时的失真函数称为汉明失真函数，矩阵

$$[D] = \begin{bmatrix} 0 & 1 & \cdots & 1 \\ 1 & 0 & \cdots & 1 \\ \cdots & \cdots & \cdots & \cdots \\ 1 & 1 & \cdots & 0 \end{bmatrix} \qquad (6.73)$$

式（6.73）称为汉明失真矩阵。

前三种失真函数适用于连续信源，后一种适用于离散信源。均方失真和绝对失真只与 $(x - y)$ 有关，而不是分别与 x 及 y 有关，数学处理上比较方便；虽然相对失真与主观特性比较匹配，但在数学处理中较困难。

一般情况下根据实际信源的失真，可以定义不同的失真和误差的度量，所以失真函数 $d(x_i, y_j)$ 的函数形式可根据需要任意选取。另外还可以按其他标准，如引起的损失、风险、主观感觉上的差别大小等来定义失真度 $d(x_i, y_j)$。

【例 6.12】 二元对称信源，信源 $X = \{0, 1\}$，接收变量 $Y = \{0, 1\}$，汉明失真函数为

$$d(0, 0) = d(1, 1) = 0, d(0, 1) = d(1, 0) = 1$$

则失真矩阵

$$[D] = \begin{bmatrix} 0 & 1 \\ 1 & 0 \end{bmatrix}$$

它表示当发送信源符号 0（或符号 1）而接收后再现的仍是符号 0（或符号 1）时，则认为无失真或无错误存在。反之，当发送信源符号 0（或符号 1）而接收后再现的是符号 1（或符号 0）时，则认为有错误存在，并且这两种错误后果是等同的。

【例 6.13】 信源 $X = \{0, 1\}$，接收变量 $Y = \{0, 1, 2\}$，定义失真函数为

$$d(0, 0) = d(1, 1) = 0, d(0, 1) = d(1, 0) = 2, d(0, 2) = d(1, 2) = 1$$

则失真矩阵

$$[D] = \begin{bmatrix} 0 & 2 & 1 \\ 2 & 0 & 1 \end{bmatrix}$$

【例 6.14】 信源 $X = \{0, 1, 2\}$，接收变量 $Y = \{0, 1, 2\}$。失真函数定义为 $d(x_i, y_j) =$

$(x_i - y_i)^2$，则可得

$$d(0, 0) = d(1, 1) = d(2, 2) = 0$$

$$d(0, 1) = d(1, 0) = d(1, 2) = d(2, 1) = 1 \quad d(0, 2) = d(2, 0) = 4$$

故失真矩阵

$$[D] = \begin{bmatrix} 0 & 1 & 4 \\ 1 & 0 & 1 \\ 4 & 1 & 0 \end{bmatrix}$$

2. 平均失真度

由于 x_i 和 y_j 都是随机变量，所以失真函数 $d(x_i, y_j)$ 也是随机变量，它只能表示两个特定的具体符号 x_i 和 y_j 之间的失真，为了能在平均的意义上表示信道每传递一个符号所引起的失真的大小，只能用它的数学期望或统计平均值，因此将失真函数的数学期望称为平均失真度，记为

$$\overline{D} = E[d(x_i, y_j)] = \sum_{i=1}^{n} \sum_{j=1}^{m} p(x_i)p(y_j/x_i)d(x_i, y_j) \tag{6.74}$$

其中 $p(y_j/x_i)$ 为广义无扰信道转移概率。在实际问题中，信源符号的概率分布是已知的，而转移概率分布决定于编码方法或信道统计特性。故平均失真 $\overline{D}$ 是描述某一给定信源在某一广义无扰信道（或称为实验信道）传输下的失真大小，是从总体上对整个系统失真情况的描述，是信源统计特性 $p(x_i)$、信道统计特性 $p(y_j/x_i)$ 及人们规定的失真度 $d(x_i, y_j)$ 的函数。

对于连续随机变量同样可以定义平均失真为

$$\overline{D} = \int_{-\infty}^{\infty} \int_{-\infty}^{\infty} p_{xy}(x, y)d(x, y)\mathrm{d}x\mathrm{d}y \tag{6.75}$$

平均失真度 $\overline{D}$ 是对信源和信道进行了统计平均，如果信源和失真度一定，$\overline{D}$ 就只是信道统计特性的函数。

【例 6.15】 二元等概信源，通过信道转移概率矩阵 P 的信道传输，失真函数为汉明失真函数，信道转移矩阵为

$$P = \begin{matrix} & \begin{matrix} 0 & \quad 1 \end{matrix} \\ \begin{matrix} 0 \\ 1 \end{matrix} & \begin{bmatrix} 0.9 & 0.1 \\ 0.1 & 0.9 \end{bmatrix} \end{matrix}$$

求平均失真度 $\overline{D}$。

解 根据题意，二元等概信源为

$$\begin{bmatrix} X \\ P \end{bmatrix} = \begin{bmatrix} 0 & 1 \\ 0.5 & 0.5 \end{bmatrix}$$

失真函数

$$[D] = \begin{bmatrix} 0 & 1 \\ 1 & 0 \end{bmatrix}$$

则可得

$$\overline{D} = \sum_{i=1}^{n} \sum_{j=1}^{m} p(x_i)p(y_j/x_i)d(x_i, y_j) = 0.9$$

从单个符号失真度出发，可以得到单符号离散无记忆信源的 N 次扩展信源的失真函数和平均失真度。扩展信源的失真函数定义为

$$d(X, Y) = \sum_{l=1}^{N} d(X_l, Y_l) \tag{6.76}$$

其中：X——信源的一个发出序列，$X^N = X_1 X_2 \cdots X_l \cdots X_N$，$X_l \in \{x_1, x_2, \cdots, x_n\}$，$l=1, 2, \cdots, N$；

Y——信宿的一个接收序列，$Y^N = Y_1 Y_2 \cdots Y_l \cdots Y_N$，$Y_l \in \{y_1, y_2, \cdots, y_m\}$；$l=1, 2, \cdots, N$。

式（6.76）说明离散无记忆信道的 N 次扩展信道输入输出之间的失真，等于输入序列中对应单个信源符号失真度之和。

此时输入共有 n^N 个不同的符号：$a_i = (x_{i_1}, x_{i_2}, \cdots, x_{i_N})$，其中，$i_1, i_2, \cdots i_N = 1, 2, \cdots, n$；$x_{i_1}, x_{i_2}, \cdots, x_{i_N} \in \{x_1, x_2, \cdots, x_n\}$；$i=1, 2, \cdots, n^N$。

信道的输出共有 m^N 个不同的符号：$b_j = (y_{j_1}, y_{j_2}, \cdots, y_{j_N})$ 其中，$j_1, j_2, \cdots, j_N = 1, 2, \cdots, m$；$y_{j_1}, y_{j_2}, \cdots, y_{j_N} \in \{y_1, y_2, \cdots, y_m\}$；$j=1, 2, \cdots, m^N$。

同样可得 N 次扩展信源的平均失真度

$$\overline{D}(N) = E[d(X, Y)] = \sum_{X, Y} p(a) p(b/a) d(a, b) \tag{6.77}$$

则单个信源符号平均失真度

$$\overline{D}_N = \frac{1}{N}\overline{D}(N) \tag{6.78}$$

当信源和信道都是无记忆时，N 次扩展信源的平均失真度为

$$\overline{D}(N) = \sum_{l=1}^{N} \overline{D}_l \tag{6.79}$$

式中：$\overline{D}_l$ 为 N 次扩展信源中第 l 个分量的平均失真度。

对于信息容量为 C 的信道传输信息传输率为 R 的信源时，如果 $R>C$，就必须对信源压缩，使其压缩后传输率 R^* 小于信道容量 C，但同时要保证压缩所引入的失真不超过预先规定的限度。

而单个信源符号平均失真度

$$\overline{D}_N = \frac{1}{N}\sum_{l=1}^{N} \overline{D}_l \tag{6.80}$$

如果预先规定平均失真度 $\overline{D}$ 不能超过某一限定的值 D，即

$$\overline{D} \leqslant D \tag{6.81}$$

则 D 就是允许失真的上界。则称信源压缩后的失真度 $\overline{D}$ 不大于 D 的准则为保真度准则。信息压缩问题就是对于给定的信源，在满足保真度准则的前提下，使信息率尽可能小。

N 次扩展信源的保真度准则是平均失真度 $\overline{D}(N)$ 不大于允许度 ND，即

$$\overline{D}(N) \leqslant ND \tag{6.82}$$

把保真度准则作为对信道传递概率的约束，再求信道信息率 $R = I(X; Y)$ 的最小值就有实用意义了。保真度准则体现了限失真信源编码中的"限"。

6.5.2 信息率失真函数

当信源给定，单个符号失真度也给定时，选择信道使其满足保真度准则 $\overline{D} \leqslant D$。凡满足要求的信道称为 D 失真许可的试验信道，简称试验信道。所有试验信道构成的集合用 P_D 来表示，即

$$P_D = \{p(y_j/x_i): \overline{D} \leqslant D; i = 1, 2, \cdots, n; j = 1, 2, \cdots, m\} \quad (6.83)$$

对于离散无记忆信源的 N 次扩展信源和离散无记忆信道的 N 次扩展信道，相应的试验信道集合记为 $P_{D(N)}$，则

$$P_{D(N)} = \{p(b_j/a_i): \overline{D}(N) \leqslant ND; i = 1, 2, \cdots, n^N; j = 1, 2, \cdots, m^N\} \quad (6.84)$$

对于单符号信源和单符号信道，若信源给定，并定义了具体的失真度以后，人们总希望在允许一定失真的情况下，使信源必须传送给信宿的信息率越小越好。从信宿来看，就是在满足保真度准则 $\overline{D} \leqslant D$ 的条件下，寻找再现信源消息的最低平均信息量，而信宿获得的平均信息量可以用平均互信息 $I(X; Y)$ 来表示，这就变成了在满足保真度准则（$\overline{D} \leqslant D$）的条件下，寻找平均互信息 $I(X; Y)$ 最小值的问题。由第 2 章可知平均互信息 $I(X; Y)$ 是信道传递概率 $p(y_j/x_i)$ 的下凸函数，所以在 P_D 中一定可以找到某个试验信道，使 $I(X; Y)$ 达到最小，这个最小值就是在 $\overline{D} \leqslant D$ 的条件下，信源必须传送的最小平均信息量。即

$$R(D) = \min_{p(y_j/x_i) \in P_D} \{I(X; Y)\} \quad (6.85)$$

换句话说，式（6.85）表示在 D 允许信道 P_D 中可以寻找一个信道 $p(Y/X)$，使给定的信源经过此信道传输时，其信道传输率 $I(X; Y)$ 达到最小，这个最小值 $R(D)$ 就是信息率失真函数，简称率失真函数。对于给定信源，信息率失真函数 $R(D)$ 是在满足保真度准则（$\overline{D} \leqslant D$）的条件下，信源信息率允许压缩到的最小值。它与无失真编码中的熵一样，可作为失真编码的下限以及计算编码效率的根据。$R(D)$ 单位与互信息量具有相同的单位。

N 次扩展信源的信息率失真函数 $R_N(D)$

$$R_N(D) = \min_{p(V/U) \in P_{ND}} \{I(U; V)\} \quad (6.86)$$

它是在所有满足平均失真度 $\overline{D}(N) \leqslant ND$ 的 N 维试验信道集合中，寻找某个信道使 $I(X; Y)$ 取极小值。由此可知，在其他条件相同的条件下，对于不同的 N，$R_N(D)$ 是不同的。

对于离散无记忆平稳信源，可证明

$$R_N(D) = NR(D) \quad (6.87)$$

信息率失真函数 $R(D)$ 是假定信源给定的情况下，在用户可以容忍的失真度内再现信源消息所必须获得的最小平均信息量。它反映的是信源可压缩的程度。由式（6.85）可知率失真函数一旦找到，就与求极值过程中选择的试验信道不再有关，而只是信源特性的参量。这是因为在研究 $R(D)$ 时所引用的条件概率 $p(Y/X)$ 并没有实际信道的含义，只是为了求平均互信息的最小值而引用的、假象的可变试验信道。实际上这些信道反映的仅是不同的有失真编码或信源压缩，所以改变试验信道求平均互信息的最小值，实际上是选择一种编码方式使信息传输率为最小。

研究信息率失真函数是为了解决在已知信源和允许失真度 D 的条件下，使信源必须传送给信宿的信息率最小。即用尽可能少的码符号尽快地传送尽可能多的信源消息，以提高通

信的有效性，这即是信源编码要讨论的问题。

6.5.3 信息率失真函数的定义域（$D_{\min}$，$D_{\max}$）

信息率失真函数 $R(D)$ 中的自变量 D，是允许平均失真度。那么 D 是不是可以任意选取呢？当然不是。它必须根据固定信源 X 的统计特性 $P(X)$ 和选定的失真函数 $d(x_i, y_j)$，在平均失真度 $\overline{D}$ 的可能取值范围内，合理地选择某一值作为允许的平均失真度。所以率失真函数的定义域问题就是在信源和失真函数已知的情况下，讨论允许平均失真度 D 的最小和最大取值问题。

1. $D_{\min}$ 和 $R(D_{\min})$

根据平均失真度的定义，$\overline{D}$ 是非负函数 $d(x_i, y_j)$ 的数学期望，因此，平均失真度 $\overline{D}$ 也是一个非负的函数，显然其下限值为零，即 $D_{\min}=0$。那么，允许平均失真度 D 的下限也必然是零，这就是不允许任何失真的情况。

一般，当给定信源 $[X, P(X)]$ 及给定失真矩阵 D，信源的最小平均失真度为

$$D_{\min} = \min \sum_{j=1}^{m} \sum_{i=1}^{n} p(x_i) p(y_j/x_i) d(x_i, y_j) \tag{6.88}$$
$$= \sum_{i=1}^{n} p(x_i) \min \sum_{j=1}^{m} p(y_j/x_i) d(x_i, y_j)$$

由上式可知，若选择试验信道 $p(y_j/x_i)$ 使对每一个 x_i，其 $\sum_{j=1}^{m} p(y_j/x_i) d(x_i, y_j)$ 为最小，则总和值最小。当固定某个 x_i，那么对于不同的 y_j 其 $d(x_i, y_j)$ 不同（即在失真矩阵 D 中第 i 行的元素不同）。其中必有最小值，也可能是多个相同的最小值。我们可以选择这样的试验信道，当 $i=1, 2, \cdots, n$ 它满足

$$\begin{cases} \sum_{y_j} p(y_j/x_i) = 1, \ \text{所有} \ d(y_j/x_i) = \text{最小值的} \ y_j \in Y \\ p(y_j/x_i) = 0, \quad d(y_j/x_i) \neq \text{最小值的} \ y_j \in Y \end{cases} \tag{6.89}$$

则可得信源最小平均失真度为

$$D_{\min} = \sum_{i=1}^{n} p(x_i) \min_{j} d(x_i, y_j) \tag{6.90}$$

这相当于在失真矩阵的每一行找出一个最小的 $d(x_i, y_j)$，各行的最小 $d(x_i, y_j)$ 值都不同。对所有这些不同的最小值求数学期望，就是所谓信源的最小平均失真度。而允许平均失真度 D 能否达到其下限值零，与单个符号的失真函数有关。显然，只有当失真矩阵的每一行至少有一个零元素时，信源的平均失真度才能达到下限值零。

当 $D_{\min}=0$，也就是说信源不允许任何失真存在时，信息率至少应等于信源输出的平均信息量——信源熵。即

$$R(0) = H(X) \tag{6.91}$$

式（6.91）成立的条件是失真矩阵中每行至少有一个零，并每一列最多只有一个零。否则就表示信源符号中有些符号可以压缩、合并，而不带来任何失真。因此

$$R(D_{\min}) \leqslant H(X) \tag{6.92}$$

对于连续信源，由于其绝对熵为无穷大，所以有

$$\lim_{D \to 0} R(D) \to \infty \tag{6.93}$$

式（6.93）表明，要想无失真地传送连续信息，就要求信息率为无穷大。而实际信道的容量是有限的，所以要无失真地传输这种连续信息是不可能的，只有当允许失真，并且 $R(D)$ 为有限值时，连续信息的传送才有可能。

【**例6.16**】 删除信源 X 取值于 $\{0, 1\}$，Y 取值于 $\{0, 1, 2\}$，而失真矩阵为

$$D_{ij} = \begin{array}{cc} & \begin{array}{ccc} 0 & 1 & 2 \end{array} \\ \begin{array}{c} 0 \\ 1 \end{array} & \left[\begin{array}{ccc} 0 & 1 & \frac{1}{2} \\ 1 & 0 & \frac{1}{2} \end{array}\right] \end{array}$$

求：$D_{\min}$ 及其对应的信道。

解　由式（6.90）可知其最小允许失真度为

$$D_{\min} = \sum_{i=1}^{n} p(x_i) \min_j d(x_i, y_j) = \sum_{i=1}^{n} p(x_i) \cdot 0 = 0$$

由式（6.89）得满足最小允许失真度的试验信道是一个无噪无损的试验信道，信道矩阵为

$$P = \begin{array}{cc} & \begin{array}{ccc} 0 & 1 & 2 \end{array} \\ \begin{array}{c} 0 \\ 1 \end{array} & \left[\begin{array}{ccc} 1 & 0 & 0 \\ 0 & 1 & 0 \end{array}\right] \end{array}$$

可以看出，若取允许失真度 $D=D_{\min}=0$，则 P_D 集合中只有这个信道是唯一可取的试验信道，或者说无失真——对应的编码。由前面的讨论可知，在这个无噪无损的试验信道中，有

$$I(X; Y) = H(X)$$

因此

$$R(0) = \min_{p(y_j|x_i) \in P_D} \{I(X; Y)\} = H(X)$$

2. $D_{\max}$ 和 $R(D_{\max})$

根据率失真函数的定义，$R(D)$ 是在一定约束条件下平均互信息 $I(X; Y)$ 的极小值。由于 $I(X; Y)$ 是非负的，所以 $R(D)$ 也必然是非负的，即 $R(D) \geqslant 0$，故其下限值为 0。当 $R(D)$ 等于零时，对应的平均失真 D 最大，也就是 $R(D)$ 函数定义域的上界值 $D_{\max}$。当允许失真更大时，即 $D \geqslant D_{\max}$ 时，从数学意义上讲，由于 $R(D)$ 是非负函数，所以它仍只能等于零。由前面章节的讨论已知，这相当于输入 X 和输出 Y 统计独立的情况。意味着在接收端收不到信源发送的任何信息，与信源不发送任何信息是等效的。换句话说，传送信源符号的信息率可以压缩至零，而 $D_{\max}$ 是满足 $R(D)=0$ 的所有平均失真度 D 中的最小值。

根据前面分析，可以得到 $R(D)$ 的定义域为 $D \in [0, D_{\max}]$。

然而对于不同的实际信源，存在着不同类型的信源编码，即不同的试验信道特性 $p_{D_{\min}}$ 并可以求解出不同的信息率失真 $R(D)$ 函数，它与理论上最佳的 $R(D)$ 之间存在着差异，它反映了不同方式信源编码性能的优劣，这也正是 $R(D)$ 函数的理论价值所在。特别对于连续信源，无失真是毫无意义的，这时 $R(D)$ 函数具有更大的价值。

现在来计算 $D_{\max}$ 的值。由于 $I(X, Y)=0$ 的充要条件是 X 与 Y 统计独立，即对于所有的 $x \in X$ 和 $y \in Y$ 满足

$$p(y_j/x_i) = p(y_j) \quad (i = 1, 2, \cdots, n) \tag{6.94}$$

此时，X 和 Y 相互独立，等效于通信中断的情况，因此必有 $I(X；Y)=0$，也就是 $R(D)=0$。满足式（6.94）的试验信道有许多，相应地可求出许多平均失真值，这类平均失真值的下界就是 D_{max}，对应的试验信道设为 $p_D(y_j/x_i)$。因此，根据平均失真度定义，$R(D)=0$ 的平均失真度为

$$\overline{D} = \sum_{i=1}^{n} \sum_{j=1}^{m} p(x_i) p_D(y_j/x_i) d(x_i, y_j)$$

所以 D_{max} 就是在 $R(D)=0$ 的条件下，取 $\overline{D}$ 的最小值，即

$$D_{max} = \min_{p(y_j)} \sum_{i=1}^{n} \sum_{j=1}^{m} p(x_i) p(y_j) d(x_i, y_j)$$
$$= \min_{p(y_j)} \sum_{j=1}^{m} p(y_j) \sum_{i=1}^{n} p(x_i) d(x_i, y_j) \tag{6.95}$$

令

$$\sum_{i=1}^{n} p(x_i) d(x_i, y_j) = D_j \tag{6.96}$$

则

$$D_{max} = \min_{p(y_j)} \sum_{j=1}^{m} p(y_j) D_j \tag{6.97}$$

式（6.97）是用不同的概率分布 $\{p(y_j)\}$ 对 D_j 求数学期望，取数学期望当中最小的一个，即为 D_{max}。当 $p(x_i)$ 和 $d(x_i, y_j)$ 已给定时，必可计算出 D_j。D_j 随 j 的变化而变化。$p(y_j)$ 是任选的，只需满足非负性和归一性。若 D_s 是所有 D_j 当中最小的一个，我们可取 $p(y_s)=1$，其他 $p(y_j)$ 取为零，此时求得的数学期望必然最小，就等于 D_s，所以对 $\{p(y_j)\}$ 求 D_j 的数学期望的最小值，就等于求所有 D_j 当中最小值。由此得

$$D_{max} \min_j D_j = D_s \tag{6.98}$$

$$p(y_j) = \begin{cases} 1, & j = s \\ 0, & j \neq s \end{cases} \tag{6.99}$$

【例 6.17】 二元信源 $\begin{bmatrix} x_1 & x_2 \\ 0.4 & 0.6 \end{bmatrix}$，相应的失真矩阵 $\begin{bmatrix} \varepsilon & 0 \\ 0 & \varepsilon \end{bmatrix}$，计算 D_{max}。

解 先计算 D_j。由式（6.96）得

$$D_1 = 0.4\varepsilon, D_2 = 0.6\varepsilon$$

所以

$$D_{max} = \min(D_1, D_2) = 0.4\varepsilon$$

综上所述，率失真函数 $R(D)$ 的定义域为 (D_{min}, D_{max})。一般情况下 $D_{min} = 0$，$R(D_{min}) = H(X)$；当 $D \geq D_{max}$ 时 $R(D) = 0$；而当 $D_{min} \leq D \leq D_{max}$ 时，$H(X) > R(D) > 0$。

6.5.4 信息率失真函数的性质

1. 下凸性

在允许失真度 D 的定义域内，$R(D)$ 函数是允许失真度 D 的下凸函数。根据凸函数的定义只需证明对于任意 $0 \leq \theta \leq 1$，和任意平均失真度 $D_{min} \leq D'$，$D'' \leq D_{max}$，有

$$R[\theta D' + (1-\theta)D''] \leq \theta R(D') + (1-\theta)R(D'') \tag{6.100}$$

证明：对给定信源 X 并规定失真函数 $d(x_i, y_j)(i=1, 2, \cdots, n; j=1, 2, \cdots, m)$。设有两个试验信道 $p_1(y_j/x_i)$ 和 $p_2(y_j/x_i)$，它们达到对应的信息率失真函数为 $R(D')$ 和 $R(D'')$。Y_1 和 Y_2 分别表示这两个试验信道的输出变量。则在保真度准则

$$\overline{D}_1 = \sum_{i=1}^{n} \sum_{j=1}^{m} p(x_i) p_1(y_j/x_i) d(x_i, y_j) \leqslant D' \tag{6.101}$$

和

$$\overline{D}_2 = \sum_{i=1}^{n} \sum_{j=1}^{m} p(x_i) p_2(y_j/x_i) d(x_i, y_j) \leqslant D'' \tag{6.102}$$

下，分别有

$$I(X; Y_1) = \sum_{i=1}^{n} \sum_{j=1}^{m} p(x_i) p_1(y_j/x_i) \log_2 \frac{p_1(y_j/x_i)}{p_1(y_j)} = R(D') \tag{6.103}$$

$$I(X; Y_2) = \sum_{i=1}^{n} \sum_{j=1}^{m} p(x_i) p_2(y_j/x_i) \log_2 \frac{p_2(y_j/x_i)}{p_2(y_j)} = R(D'') \tag{6.104}$$

其中

$$p_1(y_j) = \sum_{i=1}^{n} p(x_i) p_1(y_j/x_i) \tag{6.105}$$

$$p_2(y_j) = \sum_{i=1}^{n} p(x_i) p_2(y_j/x_i) \tag{6.106}$$

现定义一个新的试验信道，其传递概率为

$$p(y_j/x_i) = \theta p_1(y_j/x_i) + (1-\theta) p_2(y_j/x_i) \tag{6.107}$$

新实验信道的平均失真度为

$$\begin{aligned}
\overline{D} &= \sum_{i=1}^{n} \sum_{j=1}^{m} p(x_i) p(y_j/x_i) d(x_i, y_j) \\
&= \sum_{i=1}^{n} \sum_{j=1}^{m} p(x_i) [\theta p_1(y_j/x_i) + (1-\theta) p_2(y_j/x_i)] d(x_i, y_j) \\
&= \theta \sum_{i=1}^{n} \sum_{j=1}^{m} p(x_i) p_1(y_j/x_i) d(x_i, y_j) + (1-\theta) \sum_{i=1}^{n} \sum_{j=1}^{m} p(x_i) p_2(y_j/x_i) d(x_i, y_j) \\
&= \theta \overline{D}_1 + (1-\theta) \overline{D}_2 \leqslant \theta D' + (1-\theta) D''
\end{aligned} \tag{6.108}$$

若选定允许平均失真度

$$D = \theta D' + (1-\theta) D'' \tag{6.109}$$

则新试验信道满足保真度准则 $\overline{D} \leqslant D$。但它不一定是达到信息率失真函数的试验信道。所以一般有

$$I(X; Y) \geqslant R(D) = R[\theta D' + (1-\theta) D''] \tag{6.110}$$

对于固定信源 X 来说，平均互信息是信道传递概率 $p(y_j/x_i)$ 的下凸函数，所以

$$\begin{aligned}
I(X; Y) &\leqslant \theta I(X; Y_1) + (1-\theta) I(X; Y_2) \\
&= \theta R(D') + (1-\theta) R(D'')
\end{aligned} \tag{6.111}$$

综合式（6.100）和式（6.111）得

$$R[\theta D' + (1-\theta) D''] \leqslant \theta R(D') + (1-\theta) R(D'') \tag{6.112}$$

可见 $R(D)$ 在定义域内是允许平均失真度 D 的下凸函数。

2. 连续性

由于 $I(X; Y)$ 是 $p(y_j/x_i)$ 的连续函数，由 $R(D)$ 的定义可知 $R(D)$ 是连续函数。

3. 单调递减性

$R(D)$ 是严格递减函数。这可利用 $R(D)$ 的下凸性来证明。即在 $D_{\min} < D < D_{\max}$ 范围内

$R(D)$ 不可能为常数。

证明：设区间 $[D', D'']$，且有 $D_{\min} < D' < D'' < D_{\max}$，若 $R(D)$ 函数在该区间上为常数，则 $R(D)$ 就不是严格递减的，现证明这一假设不成立。

设有两个试验信道 $p_1(y_j/x_i)$ 和 $p_2(y_j/x_i)$，它们分别达到对应的信息率失真函数为 $R(D')$ 和 $R(D_{\max})$。若 Y_1 和 Y_2 分别表示这两个试验信道的输出变量。则有平均失真度

$$\overline{D}_1 = \sum_{i=1}^{n} \sum_{j=1}^{m} p(x_i) p_1(y_j/x_i) d(x_i, y_j) \leqslant D'' \tag{6.113}$$
$$R(D') = I(X, Y_1)$$

$$\overline{D}_2 = \sum_{i=1}^{n} \sum_{j=1}^{m} p(x_i) p_2(y_j/x_i) d(x_i, y_j) \leqslant D_{\max} \tag{6.114}$$
$$R(D_{\max}) = I(X, Y_2) = 0$$

对于足够小的 ε，总能找到 ε>0，满足

$$D' < \varepsilon D_{\max} + (1-\varepsilon) D' < D'' \tag{6.115}$$

现也重新定义一个新的试验信道，设其信道传递概率为

$$p(y_j/x_i) = \varepsilon p_1(y_j/x_i) + (1-\varepsilon) p_2(y_j/x_i) \tag{6.116}$$

再设允许的平均失真度为

$$\overline{D} = \sum_{i=1}^{n} \sum_{j=1}^{m} p(x_i) p(y_j/x_i) d(x_i, y_j)$$
$$= \varepsilon \sum_{i=1}^{n} \sum_{j=1}^{m} p(x_i) p_1(y_j/x_i) d(x_i, y_j) + (1-\varepsilon) \sum_{i=1}^{n} \sum_{j=1}^{m} p(x_i) p_2(y_j/x_i) d(x_i, y_j)$$
$$\leqslant \varepsilon \overline{D}_1 + (1-\varepsilon) \overline{D}_2 \leqslant \varepsilon D_{\max} + (1-\varepsilon) D' = D$$
$$\tag{6.117}$$

即新试验信道是满足保真度准则的信道，但它并不一定是达到信息率失真函数的试验信道，故一般有

$$R(D) \leqslant I(X; Y) \tag{6.118}$$

因为平均互信息是信道转移函数 $p(y_j/x_i)$ 的下凸函数，则有

$$I(X; Y) \leqslant \varepsilon I(X; Y_1) + (1-\varepsilon) I(X; Y_2)$$
$$= (1-\varepsilon) R(D') < R(D') \tag{6.119}$$

由此得证，当 $D > D'$ 时，$R(D) > R(D')$。即 $R(D)$ 函数在区间 $[D', D'']$ 上不为常数。这与初始假设矛盾，因此 $R(D)$ 是严格递减的。

$R(D)$ 函数的严格递减性也很容易理解。根据率失真函数的定义，它是在平均失真度小于或等于允许的平均失真度 D 的所有信道集合 p_D 中，取平均互信息 $I(X; Y)$ 的最小值。当允许失真度扩大，p_D 集合也扩大，当然仍包含原来满足条件的所有信道。这时在扩大的 p_D 集合中找 $I(X; Y)$ 的最小值，显然这最小值或者不变，或者变小，所以 $R(D)$ 是非增的。

根据以上分析，可以归纳 $R(D)$ 的以下三个性质。

(1) $R(D)$ 是非负函数，其定义域为 $0 \sim D_{\max}$，其值为 $0 \sim H(X)$；当 $D > D_{\max}$ 时，$R(D) = 0$。

(2) $R(D)$ 是关于失真度 D 的下凸函数。

（3）$R(D)$ 是关于失真度 D 的严格递减函数。

由上述几点性质，可以画出一般信源（有记忆，无记忆）率失真函数 $R(D)$ 的典型曲线图，如图 6.19 所示。图中 $R(0)=H(X)$，$R(D_{max})=0$，决定了曲线边缘上的两个点。而在 0 和 D_{max} 之间，$R(D)$ 是单调递减的下凸函数。在连续信源的情况下，当 $D\rightarrow 0$ 时，$R(D)\rightarrow\infty$，曲线将不与 $R(D)$ 轴相交。

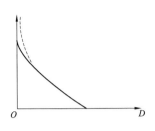

图 6.19　$R(D)$ 函数的典型曲线图

6.5.5　离散对称信源的 $R(D)$ 函数

对于离散对称信源，它的 $R(D)$ 函数也可以运用下一节将讨论的率失真函数的参量表达式来计算。但对于具有对称性的信源和失真矩阵，尤其是汉明失真的离散信源，我们可以运用一些技巧来求解 $R(D)$，从而简化计算过程。

对于离散信源，若规定失真函数为汉明失真，则汉明失真矩阵为

$$D_{ij}=\begin{array}{c}\\x_1\\x_2\\\vdots\\x_n\end{array}\begin{array}{cccc}y_1 & y_2 & \cdots & y_m\\\left[\begin{array}{cccc}0 & 1 & \cdots & 1\\1 & 0 & \cdots & 1\\\vdots & \vdots & \vdots & \vdots\\1 & 1 & \cdots & 0\end{array}\right]\end{array} \tag{6.120}$$

对于一般实验信道的信道矩阵

$$p=\begin{array}{c}\\x_1\\x_2\\\vdots\\x_n\end{array}\begin{array}{cccc}y_1 & y_2 & \cdots & y_m\\\left[\begin{array}{cccc}p(y_1/x_1) & p(y_2/x_1) & \cdots & p(y_m/x_1)\\p(y_1/x_2) & p(y_2/x_2) & \cdots & p(y_m/x_2)\\\vdots & \vdots & \vdots & \vdots\\p(y_1/x_n) & p(y_2/x_2) & \cdots & p(y_m/x_n)\end{array}\right]\end{array} \tag{6.121}$$

其平均失真度为

$$\overline{D}=\sum_{i=1}^{n}\sum_{j=1}^{m}p(x_i)p(y_j/x_i)d(x_i,y_j)=\sum_{i\neq j}p(x_i)p(y_j/x_i) \tag{6.122}$$

其中 $p(y_j/x_i)(i\neq j)$ 为信道在传送过程中把 x_i 传成 y_j 的错误转移概率，现定义 $p_{ei}=\sum_{i\neq j}p(y_j/x_i)(i=1,2,\cdots,n)$ 为信道把所有输入符号 $x_i(i=1,2,\cdots,n)$ 传错的错误转移概率。而由式（6.122）可知，平均失真度 $\overline{D}$ 就等于信道的平均错误转移概率 p_E，即

$$\overline{D}=\sum_{i\neq j}p(x_i)p(y_j/x_i)=\sum_{i=1}^{n}p(x_i)p_{ei}=p_E \tag{6.123}$$

这就说明在汉明失真度的情况下，平均失真度 $\overline{D}$ 等于平均错误转移概率 p_E。正因为如此，所以规定在汉明失真度的前提下，若

$$\overline{D}=D \tag{6.124}$$

试验信道集合 p_D 中的所有平均错误转移概率 p_E 都等于允许失真度 D，即

$$p_E=D \tag{6.125}$$

同时，由式（6.122）和式（6.123）可知，平均错误转移概率 p_E 的表达式为

$$p_E = \sum_{i \neq j} p(x_i) p(y_j/x_i) = \sum_{i \neq i}^n p(x_i y_j) \tag{6.126}$$

根据费诺不等式可以得出

$$H(X/Y) \leqslant H(p_E) + p_E \log_a(n-1) = H(D) + D \log_a(n-1) \tag{6.127}$$

式（6.127）表明，在汉明失真度的前提下，满足保真度准则 $\overline{D} = D$ 的试验信道的疑义度 $H(X/Y)$ 的最大值是允许失真度 D 的函数。此时，得平均互信息

$$I(X; Y) = H(X) - H(X/Y) \geqslant H(X) - [H(D) + D \log_a(n-1)] \tag{6.128}$$

根据费诺不等式当 $n=2$ 的时候有　　　$I(X/Y) \leqslant H(p_E) = H(D) \tag{6.129}$

所以得　　　　　　　　　　　　　$I(X; Y) \geqslant H(X) - H(D) \tag{6.130}$

这就是平均互信息的下限值。根据信息率失真函数的定义，若规定失真函数为汉明失真度，当 $0 \leqslant D \leqslant D_{max}$ 时，则给定信源 X 的信息率失真函数为

$$R(D) = H(X) - H(D) - D \log_a(n-1) \tag{6.131}$$

式（6.131）就是汉明失真度下，离散对称信源 X 的信息率失真函数 $R(D)$ 的一般表达式。

【例 6.18】　若有一个离散、等概率单消息（或无记忆）二元信源：$p(x_0) = p(x_1) = 1/2$，且采用汉明距离作为失真度量标准，即 $d(x_i, y_j) = \begin{cases} 0, & i=j \\ 1, & i \neq j \end{cases}$。若有一具体信源编码方案为：$N$ 个码元中允许错一个码元，实现时 N 个码元仅送 $N-1$ 个，剩下一个不送，在接收端用随机方式决定（为掷硬币方式）。此时，速率 R' 及平均失真 D 相应为

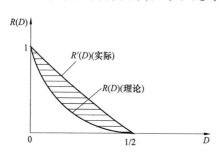

图 6.20　离散无记忆单符号二元等
概信源的 $R(D)$ 函数

$$R' = \frac{N-1}{N} = 1 - \frac{1}{N}$$

$$D = \frac{1}{N} \times \frac{1}{2} = \frac{1}{2N}$$

$$R'(D) = 1 - \frac{1}{N} = 1 - 2 \times \frac{1}{2N} = 1 - 2D$$

若已知这一类信源理论上的 $R(D) = H\left(\frac{1}{2}\right) - H(D)$，则其函数图如图 6.20 所示。

阴影范围表示实际信源编码方案与理论值间的差距，我们完全可以找到更好，即更靠近理论值，缩小阴影范围的信源编码，这就是工程界寻找好的信源编码的方向和任务。

【例 6.19】　二进制对称信源 $\begin{bmatrix} X \\ P(X) \end{bmatrix} = \begin{bmatrix} 0 & 1 \\ p & 1-p \end{bmatrix}$，$0 \leqslant p \leqslant \frac{1}{2}$；失真函数为汉明失真，$d = \begin{bmatrix} 0 & 1 \\ 1 & 0 \end{bmatrix}$，输出符号集 $Y \in \{0, 1\}$，求信息率失真的函数 $R(D)$。

解　根据式（6.131）得

$$R(D) = H(p) - H(D)$$

上式右边第一项是信源熵，第二项则是保证一定失真的条件下可能压缩的信息率。并且 $R(D)$ 不仅与 D 有关，还与 p 有关。

令 $R(D)=0$，求不同 p 时的 $D_{\max}$，即

$$R(D_{\max}) = H(p) - H(D_{\max}) = 0$$

$$H(p) = H(D_{\max})$$

可知　　　　　　　$D_{\max} = p$

对于不同的概率 p 值可以得一组 $R(D)$ 的曲线，如图 6.21 所示。

由图 6.21 可知，对于给定的允许平均失真 D，信源分布越趋近于等概率分布$\left(\text{即 } p \text{ 值越接近于} \dfrac{1}{2}\right)$，$R(D)$ 就越大，信源压缩的可能性就越小。反之若信源分布越不均匀，即信源剩余度越大，$R(D)$ 就越小，信源压缩的可能性就越大。

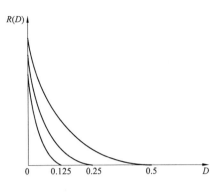

图 6.21　二进制对称信源和汉明失真时的 $R(D)$ 曲线

这也不难理解，因为在 D 给定的条件下，由最大离散熵定理可知，信源越趋于等概率分布，其熵越大，即不确定性越大，要消除这不确定性所需的信息传输率就越大，而 $R(D)$ 正是消除信源不确定性所必需的信息传输率。

6.5.6　信息率失真函数的计算

对于离散信源来说，求信息率失真函数 $R(D)$ 和求信道容量 C 类似，是在一个约束条件下求平均互信息极值的问题，只是约束条件不同。此外，C 是求平均互信息的条件极大值，而 $R(D)$ 是求平均互信息的条件极小值。一般情况下，在求极小值时难于求得封闭解，常采用参量表示法或迭代法求解。

1. 离散信息率失真函数的参量表示法

求 $R(D)$ 是平均互信息的条件极小值，即已知信源概率分布函数 $p(x_i)$ 和失真函数 $d(x_i, y_j)$，在满足保真度准则

$$\overline{D} \leqslant D \tag{6.132}$$

的条件下，在试验信道集合 P_D 中选择 $p(y_j/x_i)$ 使得平均互信息

$$I(X;Y) = \sum_{i=1}^{n} \sum_{j=1}^{m} p(x_i) p(y_j/x_i) \ln \frac{p(y_j/x_i)}{p(y_j)} \tag{6.133}$$

最小，并满足

$$\overline{D} = \sum_{i=1}^{n} \sum_{j=1}^{m} p(x_i) p(y_j/x_i) d(x_i, y_j) \tag{6.134}$$

$$\sum_{j=1}^{m} p(y_j/x_i) = 1 \quad (i = 1, 2, \cdots, n) \tag{6.135}$$

应用拉格朗日乘子法，原则上可以求出解来，但是要得到它的显式表达式通常比较困难，一般只能用参量形式来表达。下面介绍用拉格朗日乘子法求解 $R(D)$ 函数。

首先引入拉格朗日乘数 S 和 λ_i $(i=1, 2, \cdots, n)$，构造一个新的函数

$$\Phi = I(X;Y) - S\Big[\sum_{i=1}^{n} \sum_{j=1}^{m} p(x_i) p(y_j/x_i) d(x_i, y_j) - \overline{D}\Big] - \lambda_i\Big[\sum_{j=1}^{m} p(y_j/x_i) - 1\Big]$$

$$\tag{6.136}$$

令

$$\frac{\partial \Phi}{\partial p(y_j/x_i)} = 0 \quad \begin{cases} i = 1, 2, \cdots, n \\ j = 1, 2, \cdots, m \end{cases} \tag{6.137}$$

将式 (6.136) 代入式 (6.137) 得

$$-[1 + \ln p(y_j)]p(x_i) + [1 + \ln p(y_j/x_i)]p(x_i) - Sp(x_i)d(x_i, y_j) - \lambda_i = 0 \tag{6.138}$$

上式两边同除以 $p(x_i)$ 并令

$$\ln \beta_i = \frac{\lambda_i}{p(x_i)} \tag{6.139}$$

可以解得 mn 个关于 $p(y_j/x_i)$ 的方程

$$p(y_j/x_i) = \beta_i p(y_j) \exp[Sd(x_i, y_j)] (i = 1, 2, \cdots, n; j = 1, 2, \cdots, m) \tag{6.140}$$

上式两边对 j 求和得

$$1 = \beta_i \sum_{j=1}^{m} p(y_j) \exp[Sd(x_i, y_j)] \quad (i = 1, 2, \cdots, m) \tag{6.141}$$

式 (6.140) 两边乘以 $p(x_i)$ 再对 i 求和得

$$p(y_j) = p(y_j) \sum_{i=1}^{n} \beta_i p(x_i) \exp[Sd(x_i, y_j)] \tag{6.142}$$

由式 (6.141) 解出 β_i

$$\beta_i = \frac{1}{\sum_{j=1}^{m} P(y_j) \exp[Sd(x_i, y_j)]} \tag{6.143}$$

将 β_i 代入式 (6.142) 可以得到 m 个关于 $p(y_j)$ 的联立方程

$$\sum_i \frac{p(x_i) \exp[Sd(x_i, y_j)]}{\sum_j p(y_j) \exp[Sd(x_i, y_j)]} = 1 \quad (i = 1, 2, \cdots, n; j = 1, 2, \cdots, m) \tag{6.144}$$

由式 (6.144) 可解出以 S 为参量的 $p(y_j)$，式 (6.144) 可进一步改写为

$$p(y_j/x_i) = \frac{p(y_j) \exp[Sd(x_i, y_j)]}{\sum_j p(y_j) \exp[Sd(x_i, y_j)]} \quad (i = 1, 2, \cdots, n; j = 1, 2, \cdots, m) \tag{6.145}$$

将解出的 β_i 和 $p(y_j)$ 代入式 (6.140)，即可求得 mn 个以 S 为参量的 $p(y_j/x_i)$。

最后，将这 mn 个 $p(y_j/x_i)$ 分别代入式 (6.133)、式 (6.134) 和式 (6.135) 便可以得到以 S 参量的平均失真函数 $D(S)$ 和信息率失真函数 $R(S)$，即

$$D(S) = \sum_{i=1}^{n} \sum_{j=1}^{m} p(x_i) \beta_i p(y_j) d(x_i, y_j) \exp[Sd(x_i, y_j)] \tag{6.146}$$

$$\begin{aligned} R(S) &= \sum_{i=1}^{n} \sum_{j=1}^{m} p(x_i) \beta_i p(y_j) \exp[Sd(x_i, y_j)] \ln \frac{\beta_i p(y_j) \exp[Sd(x_i, y_j)]}{p(y_j)} \\ &= SD(S) + \sum_{i=1}^{n} \sum_{j=1}^{m} p(x_i) \beta_i p(y_j) \exp[Sd(x_i, y_j)] \ln \beta_i \\ &= SD(S) + \sum_{i=1}^{n} p(x_i) \ln \beta_i \sum_{j=1}^{m} p(y_j/x_i) \\ &= SD(S) + \sum_{i=1}^{n} p(x_i) \ln \beta_i \end{aligned} \tag{6.147}$$

一般情况下，参量 β_i 无法消去，因此得不到 $R(S)$ 的闭式解，只有在某些特定的问题才能消去参量 β_i，得到 $R(S)$ 的闭式解。若无法消去参量 β_i，就需要进行逐点计算。

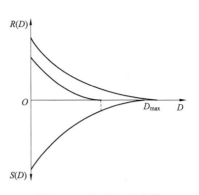

参量 S 对应的限定条件为式（6.136），因为它与允许失真度有关，所以以 S 为参量就相当于以 D 为参量。当参数 S 给定时，便可得到 D 和 R 的值，可以画出 $R(D)$ 的曲线，如图 6.22 所示。

下面求 S 的可能取值范围。可以证明，S 就是 $R(D)$ 函数的斜率。

图 6.22 $R(D)$ 的曲线

证明：

$$\frac{\mathrm{d}R}{\mathrm{d}D} = \frac{\partial R}{\partial D} + \frac{\partial R}{\partial S}\frac{\mathrm{d}S}{\mathrm{d}D} + \sum_{i=1}^{n}\frac{\partial R}{\partial \beta_i}\frac{\mathrm{d}\beta_i}{\mathrm{d}D}$$

$$= S + D\frac{\mathrm{d}S}{\mathrm{d}D} + \sum_{i=1}^{n}\frac{p(x_i)}{\beta_i}\frac{\mathrm{d}\beta_i}{\mathrm{d}D} \qquad (6.148)$$

$$= S + \left[D + \sum_{i=1}^{n}\frac{p(x_i)}{\beta_i}\frac{\mathrm{d}\beta_i}{\mathrm{d}S}\right]\frac{\mathrm{d}S}{\mathrm{d}D}$$

式（6.142）两边对 S 取导数得

$$\sum_{i=1}^{n}\left[p(x_i)\exp[Sd(x_i, y_j)]\right]\frac{\mathrm{d}\beta_i}{\mathrm{d}S} + p(x_i)d(x_i, y_j)\beta_i\exp[Sd(x_i, y_j)] = 0 \qquad (6.149)$$

上式两边乘以 $p(y_j)$ 并对 j 求和得

$$\sum_{i=1}^{n}\sum_{j=1}^{m}p(x_i)p(y_j)\exp[Sd(x_i, y_j)]\frac{\mathrm{d}\beta_i}{\mathrm{d}S}$$

$$+ \sum_{i=1}^{n}\sum_{j=1}^{m}p(x_i)p(y_j)d(x_i, y_j)\beta_i\exp[Sd(x_i, y_j)] \qquad (6.150)$$

$$= \sum_{i=1}^{n}\sum_{j=1}^{m}p(x_i)p(y_j)\exp[Sd(x_i, y_j)]\frac{\mathrm{d}\beta_i}{\mathrm{d}S} + D(S) = 0$$

由式（6.143）和式（6.150）得 $\qquad \left[\sum_{i=1}^{n}\frac{p(x_i)}{\beta_i}\frac{\mathrm{d}\beta_i}{\mathrm{d}S} + D\right] = 0$

代入式（6.148）得 $\qquad\qquad \frac{\mathrm{d}R}{\mathrm{d}D} = S \qquad (6.151)$

证明了参数 S 就是 $R(D)$ 函数的斜率。

由于 $R(D)$ 函数的严格递减和下凸性，斜率 S 必然是负值，且 $\frac{\mathrm{d}S}{\mathrm{d}D}>0$，即 S 是 D 的递增函数，D 从 0 变到 $D_{\max}$，S 将逐渐增加，如图 6.22 所示。

由式（6.146）可以看出，$D=0$ 时，该式左边为 0，而右边的 $p(x_i)$，$p(y_j)$，$d(x_i, y_j)$ 和 β_i 均为非负数，它们的积也是非负值，由于 $\exp[Sd(x_i, y_j)]$ 也是非负值，所以式（6.146）右边是 mn 项非负值之和，而这 mn 项不会都是零，只要有一项不为零，要使 $D=0$，就必须使 $S \to -\infty$。换句话说，S 的最小值趋于负无穷。由图 6.22 可见，这正是 $D=0$ 处 $R(D)$ 的斜率。

以后的 S 将随着 D 的增大而逐渐增大，到 $D_{\max}$ 时达到最大。这个最大值也是负值，可由式（6.146）算出。令 $D(S)=D_{\max}$，所得 $S=S_{\max}$。由于 $R(D)$ 的严格递减性，$S_{\max}$ 将是某一个负值，最大是零。

当 $D>D_{\max}$ 时，$R=0$，$S=0$，$\dfrac{\mathrm{d}R}{\mathrm{d}D}=0$。所以在 $D=D_{\max}$ 处，除某些特例外，S 将从某一个负值跳到零，也就是说，S 在此点不连续。但在 D 的定义域 $[0, D_{\max}]$ 内，除某些特例外，S 将是 D 的连续函数。

2. 离散信息率失真函数的迭代算法

计算信息率失真函数 $R(D)$ 的另一种方法是迭代算法。根据信息率失真函数 $R(D)$ 与信道容量的对偶关系可知，信息率失真函数 $R(D)$ 的计算也可以通过平均互信息的双重极小化来计算。

设离散信源的输入序列为 $\begin{bmatrix} X \\ P(X) \end{bmatrix} = \begin{bmatrix} x_1, & x_2, & \cdots, & x_i, & \cdots, & x_n \\ p(x_1), & p(x_2), & \cdots, & p(x_i), & \cdots, & p(x_n) \end{bmatrix}$

输出序列为 $\begin{bmatrix} X \\ P(Y) \end{bmatrix} = \begin{bmatrix} y_1, & y_2, & \cdots, & y_i, & \cdots, & y_m \\ p(y_1), & p(y_2), & \cdots, & p(y_i), & \cdots, & p(y_n) \end{bmatrix}$

单个字符的失真函数为 $\quad d_{ij} = d(x_i, y_i) \quad i=1,2,\cdots,n; \quad j=1,2,\cdots,m \quad$ (6.152)

$$R(D) = \min_{p(y_j)} \min_{p(y_j/x_i):D\leqslant D} \sum_{i=1}^{n}\sum_{j=1}^{m} p(x_i)p(y_j/x_i)\log\frac{p(y_j/x_i)}{p(x_i)} \quad (6.153)$$

设 $p^*(y_j)(j=1, 2, \cdots, m)$ 为达到 $R(D)$ 的输出 Y 的概率分布，$[p^*(y_j/x_i)]$ 为达到 $R(D)$ 的信道转移矩阵。这样，式（6.118）可改写成

$$R(D) = I(p^*(y_j), p^*(y_j)/x_i) \quad (6.154)$$

$$= \min_{p(y_j)} I(p(y_j), p^*(y_j/x_i) \quad (6.155)$$

$$= \min_{p(y_j)} \min_{p(y_j/x_i):D\leqslant D} I(p(y_j), p(y_j/x_i)) \quad (6.156)$$

式（6.156）中的第二个求极小值部分的表达式就是参量表示法中已经求过的平均互信息的极小值，式（6.145）便是得出的结论，所以，可以认为在固定 $p(y_j)(j=1, 2, \cdots, n)$ 和约束条件下，使平均互信息达到极小值的信道为

$$p^*(y_j/x_i) = \frac{p(y_j)\exp[Sd(x_i,y_j)]}{\sum\limits_{j} p(y_j)\exp[Sd(x_i,y_j)]} \quad (i=1,2,\cdots,n; \; j=1,2,\cdots,m) \quad (6.157)$$

由式（6.154）和式（6.155）可得

$$I[p(y_j), p^*(y_j/x_i)] = SD(S) - \sum_{i=1}^{n} p(x_i)\ln\sum_{j=1}^{m} p(y_j)\exp[Sd(x_i,y_j)] \quad (6.158)$$

然后，在 $p^*(y_j/x_i)$ 固定的条件下，求平均互信息对输出概率分布 $p(y_j)(j=1, 2, \cdots, n)$ 的极小值。

达到极小值的输出概率分布必满足

$$p^*(y_j) = \sum_{i=1}^{n} p(x_i)p^*(y_j/x_i) \quad (6.159)$$

现用詹森不等式证明式（6.159）。

设 $\{p(y_j)\}$ 是任意的输出概率分布，而设 $\{p^*(y_j)\}$ 是满足式（6.159）的输出概率

分布。因此有

$$\sum_{XY} p(x_i)p^*(y_j/x_i)\log\frac{p(x_i)p^*(y_j/x_i)}{p(x_i)p^*(y_j)} - \sum_{XY} p(x_i)p^*(y_j/x_i)\log\frac{p(x_i)p^*(y_j/x_i)}{p(x_i)p(y_j)}$$

$$= \sum_{XY} p(x_i)p^*(y_j/x_i)\log\frac{p(y_j)}{p^*(y_j)}$$

$$= \sum_{Y} p^*(y_j)\log\frac{p(y_j)}{p^*(y_j)}$$

$$\leqslant \log\sum_{Y} p^*(y_j)\frac{p(y_j)}{p^*(y_j)} = 0 \tag{6.160}$$

可见，满足式（6.160）的输出概率分布能使平均互信息达到最小值。

将式（6.157）代入式（6.159）即得到迭代公式

$$p^{(k+1)}(y_j) = p^{(k)}(y_j)\sum_{i=1}^{n}\frac{p(x_i)\exp[Sd(x_i,y_j)]}{\sum_{j}p^{(k)}(y_j)\exp[Sd(x_i,y_j)]} \tag{6.161}$$

$$p^{(k)}(y_j/x_i) = \frac{p^{(k)}(y_j)\exp[Sd(x_i,y_j)]}{\sum_{j}p^{(k)}(y_i)\exp[Sd(x_i,y_j)]} \tag{6.162}$$

在用式（6.161）、（6.162）进行迭代来计算信息率失真函数时，首先要选择某一种输出概率分布 $p^{(k)}(y_j)$ $j=1,2,\cdots,n$，由式（6.161）计算出 $p^{(k+1)}(y_j)$，并由式（6.162）计算出 $p^{(k)}(y_j/x_i)$；然后把分别计算的 $I[p^{(k)}(y_j),\ p^{(k)}(y_j/x_i)]$ 和 $I[p^{(k+1)}(y_j),\ p^{(k)}(y_j/x_i)]$ 进行比较。若两次计算的差值在允许范围内，则停止计算，认为已经达到 $R(D)$，反之，则继续迭代，继续计算，直至差值结果小到允许范围内。

可以证明，上述迭代算法是收敛的，证明过程从略。

6.5.7 连续信源的信息率失真函数

连续信源由于其信息量是无穷大的，要实现对其进行无失真传输是不可能的，也是没有必要的，因此，所有连续信源的传输都属于限失真范畴。连续信源的信息率失真函数理论就是在一定意义上定量分析信号的失真程度。本节我们就来讨论连续信源限失真传输的相关问题。

1. 连续信源信息率失真函数的参量表达式

设连续信源概率密度函数为 $p(x)$，试验信道的转移概率密度函数为 $p(y/x)$，输出的概率密度函数为 $p(y)$。

连续信源的失真函数一般选为平方误差失真

$$d(x,y) = (x-y)^2 \tag{6.163}$$

式（6.163）表明，信道的输入和输出之间的误差越大，则失真越严重，且该严重程度是随着误差的增大呈平方级增长。

连续信源的平均失真函数 $\overline{D}$ 定义为

$$\overline{D} = E[d(x,y)] = \int_{-\infty}^{+\infty}\int_{-\infty}^{+\infty}p(x)p(y/x)d(x,y)\mathrm{d}x\mathrm{d}y \tag{6.164}$$

同样，确定一个允许失真度 D，定义 P_D 为满足 $\overline{D}\leqslant D$ 的所有试验信道，则连续信源的信息率失真函数为

$$R(D) = \mathop{\mathrm{Inf}}_{p(y/x)\in P_D}\{I(X;Y)\} \tag{6.165}$$

上式中"Inf"指下确界，在连续信号中，一般不会有确定的极小值，但是一定存在下

确界。所谓下确界，是指一个数，连续集合中的所有数都大于这个数，但又不等于这个数，而这个数又是小于这个集合的数当中最大的一个。例如开区间（1，3）中我们找不到该集合的极小值，但我们能确定该集合中所有值都不会小于1，那么1就是我们所说的开区间（1，3）的下确界。这里的求下确界相当于离散信源中求极小值。

连续信源的信息率失真函数 $R(D)$ 同样满足 6.5.4 节中讨论的性质，同样有

$$D_{\min} = \int_{-\infty}^{+\infty} p(x) \operatorname*{Inf}_{y} d(x,y) \mathrm{d}x \tag{6.166}$$

$$D_{\max} = \operatorname{Inf} \int_{-\infty}^{+\infty} p(x) d(x,y) \mathrm{d}x \tag{6.167}$$

连续信源的 $R(D)$ 也是在 $D_{\min} \leqslant D \leqslant D_{\max}$ 内严格递减的，它的一般典型曲线如图 6.23 所示。在连续信源中，$R(D)$ 的计算仍然是求极值的问题，同样可以采用拉格朗日乘子法求出 $R(D)$ 函数的参量表达式，其形式与离散情况类似，只是求和变成了积分。

$$D(S) = \int_{-\infty}^{+\infty} \int_{-\infty}^{+\infty} \beta(x) p(x) p(y) \mathrm{e}^{Sd(x,y)} d(x,y) \mathrm{d}x \tag{6.168}$$

$$R(S) = SD(S) + \int_{-\infty}^{+\infty} p(x) \log_2 \beta(x) \mathrm{d}x \tag{6.169}$$

同样可以证明是的斜率，即

$$S = \frac{\mathrm{d}R}{\mathrm{d}D} \tag{6.170}$$

一般来说，在式（6.168）的积分存在的情况下，连续信源信息率失真函数 $R(D)$ 的是存在的，但是直接求解通常较难，只在某些特殊情况下求解才比较简单，一般要用迭代算法通过计算机来求解。

2. 高斯信源的信息率失真函数

假设连续信源的概率密度为一维正态分布函数，即

$$p(x) = \frac{1}{\sqrt{2\pi\sigma^2}} \exp\left[-\frac{(x-m)^2}{2\sigma^2}\right] \tag{6.171}$$

其数学期望 m 和方差 σ^2 分别为

$$m = \int_{-\infty}^{\infty} x p(x) \mathrm{d}x \tag{6.172}$$

$$\sigma^2 = \int_{-\infty}^{\infty} (x-m)^2 p(x) \mathrm{d}x \tag{6.173}$$

定义失真函数为

$$d(x,y) = (x-y)^2 \tag{6.174}$$

即把均方误差作为失真。这表明通信系统中输入、输出信号之间的误差越大，引起的失真越严重，严重程度随误差增大呈平方性增长。根据式的定义，平均失真函数为

$$\begin{aligned}
\overline{D} &= \int_{-\infty}^{\infty} \int_{-\infty}^{\infty} p(xy) d(x,y) \mathrm{d}x \mathrm{d}y \\
&= \int_{-\infty}^{\infty} \int_{-\infty}^{\infty} p(y) p(x/y) (x-y)^2 \mathrm{d}x \\
&= \int_{-\infty}^{\infty} p(y) \mathrm{d}y \int_{-\infty}^{\infty} p(x/y) (x-y)^2 \mathrm{d}x
\end{aligned} \tag{6.175}$$

令

$$D(y) = \int_{-\infty}^{\infty} p(x/y) (x-y)^2 \mathrm{d}x \tag{6.176}$$

比较式（6.173）和式（6.176）可知，$D(y)$ 代表输出变量 $Y=y$ 条件下，变量 X 的条件方差。

将 $D(y)$ 代入式（6.176）得

$$\overline{D} = \int_{-\infty}^{\infty} p(y)D(y)\mathrm{d}y \tag{6.177}$$

由限平均功率的最大连续熵定理，在条件下的最大熵为

$$H_{C\max}(X/y) = \frac{1}{2}\log_2 2\pi\mathrm{e}D(y) \tag{6.178}$$

即

$$H_C(X/y) = -\int_{-\infty}^{\infty} p(x/y)\log_2 p(x/y)\mathrm{d}x \leqslant \frac{1}{2}\log_2[2\pi\mathrm{e}D(y)] \tag{6.179}$$

根据条件熵的定义，信道疑义度为

$$\begin{aligned} H_C(X/Y) &= \int_{-\infty}^{\infty} p(y)H_C(X/y)\mathrm{d}y \\ &\leqslant \int_{-\infty}^{\infty} p(y)\frac{1}{2}\log_2[2\pi\mathrm{e}D(y)]\mathrm{d}y \\ &= \frac{1}{2}\log_2 2\pi\mathrm{e}\int_{-\infty}^{\infty} p(y)\mathrm{d}y + \frac{1}{2}\int_{-\infty}^{\infty} p(y)\log_2[D(y)]\mathrm{d}y \end{aligned} \tag{6.180}$$

其中

$$\int_{-\infty}^{\infty} p(y)\mathrm{d}y = 1$$

由詹森不等式 $\quad \int_{-\infty}^{\infty} p(y)\log_2[D(y)]\mathrm{d}y \leqslant \log_2\int_{-\infty}^{\infty} p(y)[D(y)]\mathrm{d}y \tag{6.181}$

并考虑式（6.177）的关系有

$$\begin{aligned} H_C(X/Y) &\leqslant \frac{1}{2}\log_2 2\pi\mathrm{e} + \frac{1}{2}\log_2\int_{-\infty}^{\infty} p(y)[D(y)]\mathrm{d}y \\ &= \frac{1}{2}\log_2 2\pi\mathrm{e} + \frac{1}{2}\log_2\overline{D} \\ &= \frac{1}{2}\log_2 2\pi\mathrm{e}\overline{D} \end{aligned} \tag{6.182}$$

在满足保真度准则 $\qquad\qquad \overline{D} \leqslant D \tag{6.183}$

的条件下必有

$$H_C(X/Y) \leqslant \frac{1}{2}\log_2 2\pi\mathrm{e}D \tag{6.184}$$

已知方差为 σ^2 的高斯信源熵为

$$H_C(X) = \frac{1}{2}\log_2 2\pi\mathrm{e}\sigma^2 \tag{6.185}$$

则平均互信息为

$$\begin{aligned} I_C(X;Y) &= H_C(X) - H_C(X/Y) \\ &\geqslant \frac{1}{2}\log_2 2\pi\mathrm{e}\sigma^2 - \frac{1}{2}\log_2 2\pi\mathrm{e}D = \frac{1}{2}\log_2\frac{\sigma^2}{D} \end{aligned} \tag{6.186}$$

由于 $R(D)$ 函数是试验信道满足保真度准则条件下的最小平均互信息，所以它满足上式，即

$$R(D) \geqslant \frac{1}{2}\log_2\left(\frac{\sigma^2}{D}\right) \tag{6.187}$$

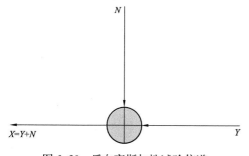

图 6.23　反向高斯加性试验信道

下面分别讨论 $\dfrac{\sigma^2}{D}$ 取不同值时 $R(D)$ 的函数值。为此，设计一个反向高斯加性试验信道，如图 6.23 所示。

首先讨论 $D<\sigma^2$ 的情况。

不失一般性，假设是均值为 0、方差为 D 的高斯随机变量，即

$$\int_{-\infty}^{\infty} n^2 p(n)\mathrm{d}n = D \tag{6.188}$$

Y 也是高斯随机变量，其均值为 0，方差为 σ^2-D，即

$$\int_{-\infty}^{\infty} y^2 p(y)\mathrm{d}y = \sigma^2-D \tag{6.189}$$

当 Y 与 N 相互统计独立，X 是 Y 和 N 的线性叠加，即 $X=Y+N$ 时，根据随机过程理论，此时的 X 是均值为 0、方差为 $(\sigma^2-D)+D=\sigma^2$ 的高斯随机变量，其连续熵的表达式与式形式相同，只是 σ^2 的含义略有差异。可以证明，此时的反向试验信道特性等于噪声概率密度函数，即 $p(x/y)=p(n)$。这个反向加性试验信道的平均失真度为

$$
\begin{aligned}
\overline{D} &= \int_{-\infty}^{\infty}\int_{-\infty}^{\infty} p(y)p(x/y)(x-y)^2\mathrm{d}x\mathrm{d}y \\
&= \int_{-\infty}^{\infty}\int_{-\infty}^{\infty} p(y)p(n)n^2\mathrm{d}n\mathrm{d}y \\
&= \int_{-\infty}^{\infty} p(y)\mathrm{d}y\int_{-\infty}^{\infty} p(n)n^2\mathrm{d}n \\
&= \int_{-\infty}^{\infty} p(n)n^2\mathrm{d}n = D
\end{aligned}
\tag{6.190}
$$

上式说明我们设计的反向加性高斯信道满足保真度准则，所以它是反向试验信道集合 $P_D=\{p(x/y):\overline{D}\leqslant D\}$ 的一个反向试验信道。由它的特性 $p(x/y)$ 决定的条件熵 $H_C(X/Y)$ 等于高斯随机变量 N 的熵，即

$$H_C(X/Y) = H_C(N) = \frac{1}{2}\log_2 2\pi\mathrm{e}D \tag{6.191}$$

通过这个反向试验信道的平均互信息为

$$
\begin{aligned}
I_C(X;Y) &= H_C(X) - H_C(X/Y) \\
&= \frac{1}{2}\log_2 2\pi\mathrm{e}\sigma^2 - \frac{1}{2}\log_2 2\pi\mathrm{e}D = \frac{1}{2}\log_2 \frac{\sigma^2}{D}
\end{aligned}
\tag{6.192}
$$

根据信息率失真函数的定义，在反向试验信道集合 P_D 中必有

$$R(D) \leqslant I_C(X;Y) = \frac{1}{2}\log_2 \frac{\sigma^2}{D} \tag{6.193}$$

因为 $D<\sigma^2$，所以

$$\frac{1}{2}\log_2 \frac{\sigma^2}{D} > 0 \tag{6.194}$$

综合式（6.187）和式（6.193）有

$$\frac{1}{2}\log_2 \frac{\sigma^2}{D} \leqslant R(D) \leqslant \frac{1}{2}\log_2 \frac{\sigma^2}{D} \tag{6.195}$$

得到条件下，高斯信源的信息率失真函数为

$$R(D) = \frac{1}{2}\log_2\frac{\sigma^2}{D} \tag{6.196}$$

当时 $D = \sigma^2$，易证明 $R(D) = 0$，于是 $R(\sigma^2) = 0$。考虑到率失真函数的单调递减性，当 $D > \sigma^2$ 时，有

$$R(D) \leqslant R(\sigma^2) = 0 \tag{6.197}$$

由于 $R(D)$ 非负，所以恒有 $\qquad R(D) = 0 \tag{6.198}$

综合以上讨论结果，可得高斯信源在均方误差失真度下的信息率失真函数为

$$R(D) = \begin{cases} \frac{1}{2}\log_2\frac{\sigma^2}{D}, & D < \sigma^2 \\ 0, & D \geqslant \sigma^2 \end{cases} \tag{6.199}$$

函数的曲线如图 6.24 所示。当信源均值不为 0 时，仍有式（6.199）的结论。因为高斯信源的熵只与随机变量的方差有关，与均值无关。

从图 6.24 可知以下结论。

（1）当 $D = 0$，$R(D) \rightarrow \infty$ 时，说明要无失真地传输连续信源所携带的信息，就要求信道的容量无穷大，这在实际当中是不可能的，也就是说要完全无失真地传输连续信源的信息量是不可能的。

（2）当 $D = \sigma^2$，$R(D) = 0$ 时，说明当允许失真等于信源的方差，只需要知道信源的均值 m 就可以了，而不需要再传输信源的任何信息。

（3）当 $D = 0.25\sigma^2$，$R(D) = 1$ 时，说明当允许失真等于或小于信源方差的 $\frac{1}{4}$ 时，连续信源的每个样本值最少需要一位二进制码元来传输，这就对应连续信源的量化编码方法，每一位二进制码只表示样本值的

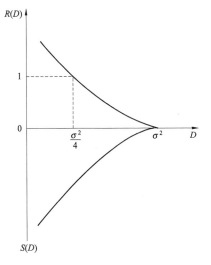

图 6.24 高斯分布连续信源 $R(D)$ 曲线

增或者减。连续信源无限多的幅值被一位二进制码元所替代，说明连续信源是可以被压缩的，连续信源的信息率失真函数正是连续信源量化、压缩的理论基础。

（4）由图 6.24 中还可以得出在 $R(D)$ 大于 0 的区域里，当 D 越小，即 D 比 σ^2 越小时，需要的 $R(D)$ 越大；反之当 D 越大，即 D 离 σ^2 越近时，需要的 $R(D)$ 越小。这里的 D 相当于编码过程中的噪声能量，而 $\frac{\sigma^2}{D}$ 相当于信噪比，信噪比要求越大，要求传输的信息率越高，反之亦然。

式（6.199）的结论经常近似地应用于语音信源和视频信源等连续信源的量化和编码当中，对限失真信源的编码压缩的研究和应用具有很大的理论和实际指导意义。

6.5.8 限失真信源编码定理

定理 6.4 设 $R(D)$ 是离散无记忆平稳信源的信息率失真函数，并选定该信源的失真函数 D 为有限值。对于任意的允许失真度 $D \geqslant 0$ 及任意小的正数 $\delta > 0$，若信息率 R 满足

$$R > R(D) \tag{6.200}$$

只要信源序列长度 N 足够长，则一定存在一种编码方式 C，使编码后的平均失真度 $\overline{D}(C)$ 不大于 $D+\varepsilon$，即

$$\overline{D}(C) \leqslant D+\varepsilon \tag{6.201}$$

反之，若

$$R < R(D) \tag{6.202}$$

则无论采用何种编码方式，必有

$$\overline{D}(C) > D \tag{6.203}$$

即译码平均失真度必大于允许失真度。

这就是限失真信源编码定理，也称为香农第三定理或保真度准则下的信源编码定理。

定理说明在允许失真度为 D 的条件下，信源最小的、可达到的信息传输率是信源的信息率失真函数 $R(D)$，也就是信源输出信息率压缩的理论下限值。现就相关问题进行讨论。

1. 香农第三定理与有效性

比较香农第一定理和香农第三定理可知，当信源给定后，无失真信源压缩的极限值是信源熵 $H(X)$，而有失真信源压缩的极限值是信息率失真函数 $R(D)$。在给定 D 后，由前面章节的分析可知

$$0 < R(D) < H(X) \tag{6.204}$$

由此可知，香农第三定理是限失真信源信息率压缩的理论基础。$R(D)$ 作为信源输出信息率压缩的理论下限值，可以作为衡量各种压缩编码方法性能优劣的一种尺度。限失真信源编码可从长的信源符号序列中去除剩余度或不必要的精度，保留由保真度准则确定的最必要的信息，提高通信的有效性。

2. 香农第三定理与通信系统的最优化

将香农第二定理与香农第三定理结合起来，有可能充分提高通信系统的有效性和可靠性，从而实现通信系统的最优化。

具体来讲，给定信源 X 和允许失真度 D，信源熵为 $H(X)$，规定失真函数后，可以求得信源的信息率失真函数 $R(D)$。设此信源通过某信道传输，为了提高通信的有效性，可以对给定的信源 X 先进行信源压缩编码。根据香农第三定理，编码后的信息传输率 R' 只要满足 $R' \geqslant R(D)$，就能使失真不会超过允许失真度 D。这时，信息率由 $H(X)$ 下降到了 R'。然后，把压缩后的信源消息通过信道传输，为了提高通信的可靠性，必须要加入特殊形式的必要的冗余度，从而实现纠错和检错，也就是信道编码，而根据香农第二定理，只要满足 $R' < C$，则存在一种信道编码，使压缩后的信源通过信道传输后，错误概率趋于零。

此时 R' 必须满足

$$C > R' \geqslant R(D) \tag{6.205}$$

因此在接收端再现信源的消息，总的失真或错误不会超过允许失真度 D。这样，在满足式（6.205）的情况下，可以通过信源编码和信道编码的合理搭配来提高通信系统的有效性和可靠性，最终实现通信系统的最优化。这就是说，要在点对点的通信中有效可靠地传输信息，可以把信源编码和信道编码分成两部分进行考虑，从而把一个复杂的问题简单化。

对于连续无记忆信源，无法进行无失真编码。在限失真情况下，连续无记忆情况则可通过离散无记忆信源的编码定理推广得出。由离散情况推广至连续情况，我们往往采用高等数学中引入积分概念时所采用的"分小取近似，求和取极限"的思想方法来进行分析，也就是说我们将连续情况划分为无限个离散情况进行整合处理。此时，失真量仍为非负，概率需用概率密度来代替，求和改为积分。但与离散情况相类似，对于连续信源来说当 $R<R(D)$ 时也不能找到一种连续信源编、译码器，使得其平均失真度不大于 D。

香农第三定理同样是一个指出存在性的定理，至于如何寻找最佳压缩编码方法，定理中没有给出。在实际应用中，该理论主要存在以下两类问题。

（1）符合实际信源的 $R(D)$ 函数的计算相当困难。首先，需要对实际信源的统计特性有确切的数学描述；其次，需要符合主客观实际的失真度量，否则不能求得符合主客观实际的 $R(D)$ 函数。另外，即便对实际信源有了确切的数学描述，又有符合主客观实际情况的失真测度，而率失真函数的计算也是相当困难的。

（2）即使求得了符合实际的信息率失真函数，还需要研究采用何种编码方法，才能达到或接近极限值 $R(D)$。这是香农第三定理在实际应用中存在的两大问题。伴随着计算机技术、通信及电子技术的迅猛发展，使得对于数据量的处理成为目前亟待解决的问题。率失真理论从理论上指出了解决数据压缩和解压缩问题的可能性，限失真信源编码定理给出了信源输出信息率压缩的理论极限值。目前，对实际信源的各种压缩方法，如对语音信号、电视信号和遥感图像等信源的各种压缩算法有了较大进展，出现了不少较为成熟的数据压缩算法及技术，同时对于视频数据和音频数据的压缩处理上也都制定出了一些国际标准。当然依然存在许多技术和问题有待提高和解决。

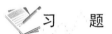 习   题

6.1   设某 $X:\{x_1, x_2, x_3, x_4, x_5, x_6\}$，其概率分布见表 6.10，表中也给出了对应的码 1，2，3，4，5，6。

表 6.10   **习题 6.1 表**

x_i	p_i	W(1)	W(2)	W(3)	W(4)	W(5)	W(6)
x_1	1/2	000	0	0	0	0	0
x_2	1/4	001	01	10	01	10	100
x_3	1/8	010	011	110	001	110	101
x_4	1/16	011	0111	1110	0001	1110	110
x_5	1/32	100	01111	11110	00001	1011	111
x_6	1/32	101	011111	111110	000001	1101	011

（1）试问表中哪些码是唯一可译码？

（2）试问表中哪些码是非延长码？

（3）求出表中唯一可译码的平均码长。

6.2   对信源 $\begin{bmatrix} X \\ P(X) \end{bmatrix} = \left\{ \begin{matrix} x_1 & x_2 & x_3 & x_4 & x_5 & x_6 & x_7 \\ 0.2 & 0.19 & 0.18 & 0.17 & 0.15 & 0.1 & 0.01 \end{matrix} \right\}$

编二进制和三进制霍夫曼码，计算各自的平均码长和编码效率。

6.3 设信源 $\begin{bmatrix} X \\ P(X) \end{bmatrix} = \left\{ \begin{matrix} x_1 & x_2 & x_3 & x_4 & x_5 & x_6 & x_7 & x_8 \\ \frac{1}{2} & \frac{1}{4} & \frac{1}{8} & \frac{1}{16} & \frac{1}{32} & \frac{1}{64} & \frac{1}{128} & \frac{1}{128} \end{matrix} \right\}$

(1) 编二进制香农码。

(2) 计算二进制香农码的平均码长和编码效率。

6.4 一信源产生概率为 $P(1)=0.005$，$P(0)=0.995$ 的统计独立二进制数符。这些数符组成长度为 100 的数符组。我们为每一个含有 3 个或少于 3 个"1"的源数符组提供一个二进制码字，所有码字的长度相等。

(1) 求出为所规定的所有源符组都提供码字所需的最小码长。

(2) 求信源发出一数符组，而编码器无相应码字的概率。

6.5 已知一个信源包含八个符号消息，它们的概率分布见表 6.11。

表 6.11   习题 6.5 表

A	B	C	D	E	F	G	H
0.1	0.18	0.4	0.05	0.06	0.1	0.07	0.04

(1) 该信源每秒钟内发出一个符号，求该信源的熵及信息传输速率。

(2) 对八个符号作二进制码元的霍夫曼编码，写出各代码组，并求出编码效率。

(3) 对八个符号作三进制码元的霍夫曼编码，写出各代码组，并求出编码效率。

6.6 某信源 X 的信源空间为

$$\begin{bmatrix} X \\ P(X) \end{bmatrix} = \left\{ \begin{matrix} x_1 & x_2 \\ 0.2 & 0.8 \end{matrix} \right\}$$

(1) 若用 U：$\{0, 1\}$ 进行无失真信源编码，试计算平均码长的下限值。

(2) 把信源 X 的 N 次无记忆扩展信源 X^N 编成有效码，试求 $N=2, 3, 4$ 时的平均码长。

(3) 计算上述 $N=1, 2, 3, 4$ 这四种码的信息率。

6.7 设信源 X 的信源空间为

$$\begin{bmatrix} X \\ P(X) \end{bmatrix} = \left\{ \begin{matrix} x_1 & x_2 & x_3 & x_4 & x_5 & x_6 & x_7 & x_8 \\ 0.2 & 0.1 & 0.3 & 0.2 & 0.05 & 0.05 & 0.05 & 0.05 \end{matrix} \right\}$$

符号集 U：$\{0, 1, 2\}$，试编出有效码，并计算其平均码长。

6.8 设某企业有四种可能出现的状态盈利、亏本、发展、倒闭，若这四种状态是等概率的，那么发送每个状态的消息量最少需要的二进制脉冲数是多少？又若四种状态出现的概率分别是：1/2，1/8，1/4，1/8，问在此情况下每消息所需的最少脉冲数是多少？应如何编码？

6.9 某独立二元信源 $\{0, 1\}$，其概率分布 $p(0)=\frac{1}{8}$，$p(1)=\frac{7}{8}$，试对序列 11101111 进行算术编码并求其平均码长。

6.10 设信源 X 的 N 次扩展信源 X^N，用霍夫曼编码法对它编码，而码符号 U：$\{\alpha_1, \alpha_2, \cdots, \alpha_r\}$，编码后所得的码符号可以看作一个新的信源

$$\begin{bmatrix} U \\ P(U) \end{bmatrix} = \left\{ \begin{matrix} \alpha_1 & \alpha_2 & \cdots & \alpha_r \\ p_1 & p_2 & \cdots & p_r \end{matrix} \right\}$$

试证明：当 $N \to \infty$ 时，$\lim\limits_{N \to \infty} p_i = \dfrac{1}{r}$ ($i = 1, 2 \cdots, r$)。

6.11 设平稳离散有记忆信源 $X = X_1 X_2 \cdots X_N$，如果用 r 进制符号集进行无失真信源编码，试证明当 $N \to \infty$ 时，平均码长 $\overline{L}$（每信源 X 的符号需要的码符号数）的极限值

$$\lim_{N \to \infty} L = H_{\infty r}$$

其中，$H_{\infty r}$ 表示 r 进制极限熵。

6.12 设离散无记忆信源符号 A、B、C 的概率分别为 5/9、1/3、1/9，应用算术编码方法对序列 CBBA 进行编码。

6.13 一个 16 个符号离散等概率信源，符号集为 $\{a_i, i = 1, \cdots, 16\}$。先将信源进行压缩，压缩后的符号集 $\{b_j, j = 1, \cdots, 8\}$，压缩算法为：$a_i \to b_i$，$i = 1, \cdots, 7$，$a_i \to b_8$，$i = 8, \cdots, 16$；再对 $\{b_j, j = 1, \cdots, 8\}$ 进行二元霍夫曼编码，然后传输；在接收端进行霍夫曼译码后，解压算法为 $b_i \to a_i$，$i = 1, \cdots, 7 b_8$，等概率地恢复成 $a_8 \cdots a_{16}$ 中的任何一个；采用汉明失真测度。

(1) 求信源符号与恢复符号之间的转移概率矩阵。

(2) 求信源编码器的码率。

(3) 求信源编码的平均失真。

(4) 已知在汉明失真测度下，包含 n 个符号的离散无记忆等概率信源的 $R(D)$ 函数表达式为

$$R(D) = \log \frac{n}{(n-1)^D} - H(D), \quad 0 \leqslant D \leqslant \frac{n-1}{n}$$

求为达到与现有编码器相同失真每信源符号理论上所需最少比特数。

6.14 信源 $\begin{bmatrix} X \\ P(x) \end{bmatrix} = \begin{bmatrix} 0, & 1 \\ \omega, & 1-\omega \end{bmatrix}$ $\left(\omega < \dfrac{1}{2}\right)$，失真矩阵为 $D = \begin{bmatrix} 0 & d \\ d & 0 \end{bmatrix}$，求此信源的 $D_{\min}$，$D_{\max}$ 和 $R(D)$。

6.15 输入符号为 $X \in \{0, 1\}$，输出符号为 $Y \in \{0, 1\}$，定义失真函数为

$$d(0,0) = d(1,1) = 0$$
$$d(0,1) = d(1,0) = 1$$

试求失真矩阵 d。

6.16 信源 X 的信源空间为

$$\begin{bmatrix} X \\ P(X) \end{bmatrix} = \begin{bmatrix} 0 & 1 \\ \omega & 1-\omega \end{bmatrix}$$

令 $\omega \leqslant 1/2$，设信道输出符号集 Y：$\{0, 1\}$，并选定汉明失真度，试求：

(1) $D_{\min}$，$R(D_{\min})$。

(2) $D_{\max}$，$R(D_{\max})$。

(3) 信源 X 在汉明失真度下的信息率失真函数 $R(D)$，并画出 $R(D)$ 的曲线。

(4) 计算 $R(1/8)$。

6.17 一个四进制等概信源

$$\begin{bmatrix} X \\ P(X) \end{bmatrix} = \begin{bmatrix} 0 & 1 & 2 & 3 \\ \dfrac{1}{4} & \dfrac{1}{4} & \dfrac{1}{4} & \dfrac{1}{4} \end{bmatrix}$$

接收符号集 Y：$\{0, 1, 2, 3\}$，其失真矩阵为

$$[D] = \begin{bmatrix} 0 & 1 & 1 & 1 \\ 1 & 0 & 1 & 1 \\ 1 & 1 & 0 & 1 \\ 1 & 1 & 1 & 0 \end{bmatrix}$$

(1) $D_{\min}$，$R(D_{\min})$；

(2) $D_{\max}$，$R(D_{\max})$；

(3) 试求 $R(D)$，并画出 $R(D)$ 的曲线（去 4 到 5 个点）。

6.18 散无记忆信源 U，其失真矩阵 $[D]$ 中，如每行至少有一个元素为零，并每列最多只有一个元素为零，试证明 $R(D) = H(U)$。

6.19 对于离散无记忆信源，有 $R_N(D) = NR(D)$，其中 N 为任意正整数，$D > D_{\min}$。

6.20 无记忆信源

$$\begin{bmatrix} X \\ P(X) \end{bmatrix} = \begin{bmatrix} x_1 & x_2 & x_3 \\ \dfrac{1}{3} & \dfrac{1}{3} & \dfrac{1}{3} \end{bmatrix}$$

其失真度为汉明失真度。

(1) 试求 $D_{\min}$，$R(D_{\min})$，并写出相应试验信道的信道矩阵。

(2) 试求 $D_{\max}$，$R(D_{\max})$，并写出相应试验信道的信道矩阵。

(3) 若允许平均失真度 $D = 1/8$，试问信源 $[U \cdot P]$ 的每一个信源符号平均最少由几个二进制码符号表示？

6.21 二元信源 $\begin{bmatrix} X \\ P(X) \end{bmatrix} = \begin{bmatrix} 0 & 1 \\ \dfrac{1}{2} & \dfrac{1}{2} \end{bmatrix}$，失真矩阵为 $d\begin{pmatrix} 0 & 2 \\ 2 & 0 \end{pmatrix}$，求 $D_{\max}$，$D_{\min}$ 与信源的 $R(D)$ 函数。

6.22 源为 $\begin{bmatrix} X \\ P(X) \end{bmatrix} = \begin{bmatrix} 0 & 1 \\ \dfrac{1}{2} & \dfrac{1}{2} \end{bmatrix}$，每秒发出 2.66 符号。将信源的输出符号通过一二元无噪信道传输，而信道每秒仅传送 2 个二元符号。

(1) 信源能否通过此信道进行无失真传输？

(2) 如果不能，那么允许多大的平均失真便可以通过此信道传输，设失真测度为汉明失真。

6.23 信源 X 的信源空间为

$$\begin{bmatrix} X \\ P(X) \end{bmatrix} = \begin{bmatrix} 0 & 1 \\ \omega & 1-\omega \end{bmatrix}$$

$\omega \leqslant 1/2$，失真度为汉明失真度，试求：

若允许平均失真度 $D = \omega/2$，试问每一个信源符号平均最少需要几个二进制码符号表示？

7　信　道　编　码

本章重点

(1) 通信系统的可靠性分析。

(2) 信道编码的基本思想及分类。

(3) 信道编码基本原理。

(4) 信道编码定理。

(5) 信道译码准则。

(6) 线性分组码的编译码基本原理。

(7) 循环码的编译码基本原理。

(8) 卷积码的图形描述、解析表示及维特比译码。

在信息传输系统中，为了提高有效性，可以将信源输出的消息经过信源编码来尽量减少冗余度；那么为了使变换后的符号更具有抗击信道中各种干扰的能力，我们也可以采用信道编码来提高传输可靠性。基于这一思路，在本章中首先讨论信道编译码的基本原理及分类；其次讨论信道编码定理，以及线性分组码、循环码和卷积码等三类主要编译码方法，最后简要介绍其他类型编码。

7.1　信道编码的基本概念

7.1.1　信道编码的分类

广义的信道编码是为特定信道传输而进行的传输信号设计与实现，常用的信道编码有以下几类。

(1) 描述编码：用于特定信号描述，如 NRZ、ASCII、Gray 等。

(2) 约束编码：用于对特定信号特性的约束，如用于减少直流分量的 $BI\Phi$ 码，用于同步检测的 Barker 码等。

(3) 扩频编码：将信号频谱扩展为近似白噪声谱并满足某些相关特性，如 m 字列、Gold 序列等。

(4) 纠错编码：用于检测与纠正信号传输过程中因噪声干扰导致的差错，如重复码、循环码、BCH 码、卷积码等。

纠错编码作为提高传输可靠性的最主要措施之一而被称为狭义信道编码，本章所述内容为狭义信道编码——纠错编码的基本原理及方法。

7.1.2　差错控制与差错编码

在通信系统中，信道是很重要的部分。当在有噪信道上传输数字信号时，由于实际信道存在噪声和干扰，因而会使发送的码字与信道传输后所接收的码字之间存在差异，称这种差异为差错。

无论何种干扰引起的差错，不外乎有两种形式，一是随机错误，即数据序列中的前后码元之间是否错误彼此无关，由随机噪声的干扰所引起。由于噪声的随机性，这种错误的特点为各码元是否发生错误是相互独立的，通常不会成片地出现错误。产生这种错误的信道称为无记忆信道或随机信道，例如太空信道、卫星信道、同轴电缆、光缆信道等。

另一种错误是突发错误，即序列中的一个错误的出现往往影响其他码元的错误，即错误之间有相关性，由突发噪声的干扰所引起。产生突发错误的信道称为突发信道或有记忆信道，例如短波信道、散射信道、移动通信信道、划痕、涂层缺损、有线信道等。

而不同的用户对可靠性的要求是不同的，例如，对于普通的电报，差错概率（误码率）在 10^{-3} 时是可以接受的；而对于一般数据传输系统来说，要求系统的差错概率在 $10^{-6} \sim 10^{-9}$ 的范围内，有的甚至要求有更低的差错率。因此，为了改善通信系统的传输质量，就必须从多种途径研究提高通信可靠性的方法：一方面要合理选择系统和调制解调方式，改善信道特性，另一方面就要利用纠错编码技术对差错进行控制，这是提高系统可靠性的一项极为有效的措施。

1. 差错控制的基本方式

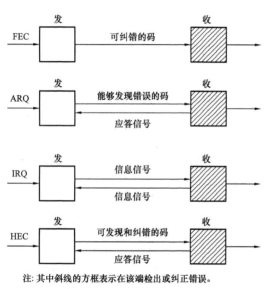

注：其中斜线的方框表示在该端检出或纠正错误。

图 7.1　差错控制的基本方式
注：其中斜线的方框表示在该端检出或纠正错误。

差错控制是针对某一特定的数据传输或存储系统，应用纠错或检错编码及其相应的其他技术（如反馈重传等）来提高整个系统数据传输可靠性的方法。在数字通信系统中，利用纠错码或检错码进行差错控制的基本形式主要分为四类：前向纠错（FEC）、自动请求重发（ARQ）、混合纠错（HEC）及前向信息反馈（IRQ）等方式，如图 7.1 所示。

（1）前向纠错方式（FEC）。这种方式是发信端采用某种在解码时能纠正一定程度传输差错的较复杂的编码方法，使接收端在收到编码信号时不仅能发现错码，还能够纠正错码。

前向纠错方式的主要优点是：不需要反馈信道，适用于一点发送多点接收的广播系统，译码延时固定，较适合于实时传输系统。但是这种方式要求预先确定信道的差错统计特性，以便选择合适的纠错码，否则难以达到误码率的要求。在计算机和集成电路广泛应用的今天，编译码的实现并不复杂，这种方式正在广泛应用于通信系统中。

（2）自动请求重发（ARQ）。这种方式在是发信端采用某种能发现一定程度传输差错的简单编码方法对所传信息进行编码，加入少量监督码元，在接收端则根据编码规则对收到的编码信号进行检查，一旦检测出（发现）有错码时，即向发信端发出询问的信号，要求重发。发信端收到询问信号时，立即重发已发生传输差错的那部分信息，直到正确接收为止。所谓发现差错是指在若干接收码元中知道有一个或一些是错的，但不一定知道错码的准确位置。

显然，应用 ARQ 方式必须有一反馈信道，一般适用于一个用户对一个用户（点对点）通信，且要求信源能够控制，系统收发两端必须互相配合，因此这种方式的控制电路比较复杂。该方式的优点是：编译码设备比较简单；在一定的多余度码元下，检错码的检测能力比纠错码的检测能力要高得多，因而整个系统的纠错能力极强，能获得极低的误码率；由于检错码的检测能力与信道干扰的变化基本无关，因此这种系统的适应性很强，特别适用于短波、散射、有线等干扰情况特别复杂的信道中。其缺点是由于反馈重传的次数与信道干扰情况有关，若信道干扰很频繁，则系统经常处于重传消息的状态，因此这种方式传送消息的连贯性和实时性较差。

（3）混合纠错方式（HFC）。这种方式是 FEC 与 ARQ 方式的结合。发送端发送的码不仅能够被检测出错误，而且还具有一定的纠错能力。接收端收到码组后，检查差错情况，如果差错在码的纠错能力以内，则自动进行纠正。如果信道干扰很严重，错误很多，超过了码的纠错能力，但能监测出来，则经反馈信道请求发送端重发这组数据。

这种方式在一定程度上避免了 FEC 方式要求复杂的译码设备和 ARQ 方式信息连贯性差的缺点，并能达到较低的误码率，因此在实际中的应用越来越广。

（4）前向信息反馈方式（IRQ）。这种方式也称回程校验方式，接收端把收到的数据，原封不动地通过反馈信道送回发送端，发送端比较发送的数据与反馈来的数据，从而发现错误，并且把错误的消息再次传送，直到发送端没有发现错误为止。

这种方式的优点是不需要纠错、检错编译码器，控制设备和检错设备都比较简单。缺点是需要和前向信道相同的反馈信道，且数据在前向信道传输中本来无错，而在反馈信道传输时可能产生差错，这样导致发送端误判接收端有错而进行重发；此外，当接收数据中某一码元由"1"错成"0"，而在反馈信道中恰巧该码元又由"0"错成"1"，从而使发送端发现不了错误造成误码输出。此外，发送端需要一定容量的存储器以存储发送码组，环路延时大，数据速率越高所需存储容量越大。由上可知，IRQ 方式适用于传输速率较低、信道差错率较低、具有双向传输线路及控制简单的系统中。

2. 差错编码的分类

随着数字通信技术的发展，人们已经研究开发了各种误码控制编码方案，各自建立在不同的数学模型基础上，并具有不同的检错与纠错特性，可以从不同的角度对误码控制编码进行分类。

按照误码控制的不同功能，可分为检错码、纠错码和纠删码等。检错码仅具备识别错码功能而无纠正错码功能；纠错码不仅具备识别错码功能，同时具备纠正错码功能；纠删码则不仅具备识别错码和纠正错码的功能，而且当错码超过纠正范围时可把无法纠错的信息删除。

按照误码产生的原因不同，可分为纠正随机错误的码与纠正突发性错误的码。前者主要用于产生独立的局部误码的信道，而后者主要用于产生大面积的连续误码的情况，例如磁带数码记录中磁粉脱落而发生的信息丢失。

按照信息码元与附加的监督码元之间的检验关系可分为线性码与非线性码。如果两者呈线性关系，即满足一组线性方程式就称为线性码；否则，两者关系不能用线性方程式来描述就称为非线性码。

按照信息码元与监督附加码元之间的约束方式之不同，可以分为分组码与卷积码。在分组码中，编码后的码元序列每 n 位分为一组，其中包括 k 位信息码元和 r 位附加监督码元，即 $n=k+r$，每组的监督码元仅与本组的信息码元有关，而与其他组的信息码元无关。卷积码则不同，虽然编码后码元序列也划分为码组，但每组的监督码元不但与本组的信息码元有关，而且与前面码组的信息码元也有约束关系。

按照信息码元在编码之后是否保持原来的形式不变，又可分为系统码与非系统码。在系统码中，编码后的信息码元序列保持原样不变，而在非系统码中，信息码元会改变其原有的信号序列。由于非系统码中原有码位发生了变化，使译码电路更为复杂，故较少选用。

根据编码过程中所选用的数字函数式或信息码元特性的不同，又包括多种编码方式。对于某种具体的数字设备，为了提高检错、纠错能力，通常同时选用几种差错编码方式。

7.2　信道编码的基本思想

信道编码的最终目的是提高信号传输的可靠性。信道编码的基本思路是根据一定的规律在待发送的信息码中加入一些附加码元，使编出的码按照一定的规律产生某种相关性，从而具有一定的检错或纠错能力。当经信道传输，在传输中若码字出现错误，收端能利用编码规律发现码的内在相关性受到破坏，从而按照一定的译码规则自动纠正错误，降低误码率。为保证传输过程的可靠性，信道编码的任务就是构造出以最小冗余度代价换取最大抗干扰性能的"好码"。

在数字通信系统中，信道中传输的均为 1、0 码，若存在一定的干扰将 1 干扰成 0，或将 0 干扰成 1，收端是无法发现错误的。如果在输出码序列中插入 1 位监督码后具有检出 1 位错码的能力，但不能予以纠正。随着插入的监督位数增加，便可以实现对传输码字的监督，即可以分辨出传输码字中哪位码出错了，并加以纠正，这便是检、纠错编码的原理。

7.2.1　纠错码的基本概念及其纠错能力

设信源编码器输出的二元数字信息序列为（0010101100001…），序列中每一个数字都是一个信息元素。为了适应信道的最佳传输而进行编码，首先需要对信息序列进行分组。一般是以截取相同长度的码元进行分组，每组长度为 k（即含有 k 个信息元），这种序列一般称为信息组或信息序列，例如上面的信息序列以 $k=2$ 分组为（00），（10），（10），（11），（00），…。如果将这样的信息组直接送入信道传输，它是没有任何抗干扰能力的，因为任意信息组中任一元素出错都会变成另一个信息组，例如信息组（00）某一位出错，将会变成（10）或（01），而它们代表着不同的信息组，因此在接收端就会判断错误。可见不管 k 的大小如何，直接传输信息组是无任何抗干扰能力的。

如果在各个信息组后按一定规律人为地添上一些数字，例如上例，在 $k=2$ 的信息组后再添上一位数字，使每一组的长度变为 3，这样的各组序列称之为码字，码字长度记为 n，本例中 $n=k+1$，其中每个码字的前两个码元为原来的信息组，称为信息元，它主要用来携带要传输的信息内容，后一个新添的码元称为监督元（或校验元），其作用是利用添加规则来监督传输是否出错。如果添监督元的规则为：新添监督元的符号（0 或 1）与前两个码元（信息元）符号（0 或 1）之和为 0（即模 2 和为 0），这样的码字共有 $2^k=8$ 个，除以上 4 个作为码字外，还有 4 个未被选中，即这 4 个码组不在发送之列，称之为禁用码组，而被

编码选中的 n 重即码字亦称为许用码组。对于接收端,若接受序列不在码字集合中,说明不是发送端所发出的码字,从而确定传输有错。因此这种变换后的码字就具有一定的抗干扰能力。

以上就是一种最简单的信道编码,在两位信息元之后添加了一位监督元,从而获得了抗干扰能力。一般来说,添加的监督元位数越多,码字的抗干扰能力就越强,不但能识别传输是否有错(检错),还可以根据编码规则确定哪一位出错(即纠错)。因此纠错编码的一般方法可归纳为:在传的信息码元之后按一定规律产生一些附加码元,经信道传输,在传输中若码字出现错误,收端能利用编码规律发现码的内在相关性受到破坏,从而按一定译码规则自动纠正错误,降低误码率 P_E。

由上可见,经编码后的码字比原来的信息码组码长增加了,其目的就是使编出的码按照一定规律产生某种相关性,从而具有一定的检错或纠错能力。这就是纠错编码的实质。在编码中新增的多余码元(监督元)是按一定规律加进去的,比如按照一组方程表达式或某种函数关系产生,从而使其与信息元之间建立了某种对应关系,码字内也就具有了某种特定的相关性,这种对应关系我们称之为校验关系。译码就是利用校验关系进行检错、纠错的。

在通信系统中,设发送的是码长为 n 的序列 $C=(c_0,c_1,\cdots,c_{n-1})$,通过信道传输到达接收端的序列为 $R=(r_0,r_1,\cdots,r_{n-1})$。由于信道中存在干扰,$R$ 序列中的某些码元可能与 C 序列中对应码元的值不同,即产生了错误。而二进制序列中的错误不外乎是 1 错成 0 或 0 错成 1,因此,如果把信道中的干扰也用二进制序列 $E=(e_0,e_1,\cdots,e_{n-1})$ 表示,则相应有错误的各位 e_i 取值为 1,无错的各位取值为 0,而 R 就是 C 与 E 序列模 2 相加的结果,我们称 E 为信道的错误图样或错型。例如,发送序列 $C=(11000)$,收到的序列 $R=(10001)$,根据上式:$R=C\oplus E$,可知接收矢量的第 2 位和第 5 位是错误的。

信道编码提供了对于信息传输发生错误的控制能力,这种控制能力由编码的纠错能力和检错能力来表征。检错是指当信息在信道上传输发生错误时,译码器能发现传输有误,并及时告诉接收者;而纠错则是指译码器能自动纠正这个错误。纠错编码之所以具有检错、纠错能力,是因为在信息码元之外加入了监督码。监督码不载信息,只是用来监督信息码在传输中有无差错。对用户来说是多余的,最终也不传输给用户。

纠错编码所提高的可靠性,是以牺牲信道利用率为代价换取的。一般来说,监督码引入越多,检错、纠错能力越强,但信道的传输效率下降也越多。

7.2.2　编码常用参数

为了今后学习的方便,除了上面讲到的基本概念外,还将再介绍一些编码中常用的参数。

1. 码率

一般把分组码记为 (n,k) 码,n 为编码输出的码字长度,k 为输入的信息组长度,在一个 (n,k) 码中,信息元位数 k 在码字长度 n 中所占的比重,称为码率 R,对于二元线性码它可等效为编码效率 η,即

$$\eta=R=\frac{k}{n} \tag{7.1}$$

码率是衡量所编的分组码有效性的一个基本参数,码率 R 越大,表明信息传输的效率越高。但对编码来说,每个码字中所加进的监督元越多,码字内的相关性越强,码字的纠错

能力越强。而监督元本身并不携带信息，单纯从信息传输的角度来说是多余的，一般来说，码字中冗余度越高，纠错能力越强，可靠性越高，而此时码的效率则降低了，所以信道编码必须注意综合考虑有效性与可靠性的问题，在满足一定纠错能力要求的情况下，总是力求设计码率尽可能高的编码。

2. 汉明距离与重量

定义 7.1 一个码字 C 中非零码元的个数称为该码字的（汉明）重量，简称码重，记为 $W(C)$。

若码字 C 是一个二进制序列，$W(C)$ 就是该码字的'1'码的个数。

定义 7.2 两个长度相同的不同码字 C 和 C' 中，对应位码元不同的码元数目称为这两个码字间的汉明距离，简称码距（或距离），记为 $d(C, C')$。

例如，［例 7.1］中，$d(C_2, C_3) = 2$。

在一个码集中，每个码字都有一个重量，每两个码字间都有一个码距，对于整个码集而言，还有以下两个定义。

定义 7.3 一个码集中非零码字的汉明重量的最小值称为该码的最小汉明重量，记为 $W_{\min}(C)$。

定义 7.4 一个码集中任两个码字间的汉明距离的最小值称为该码的最小汉明距离，记为 d_0。

例如，［例 7.1］中的最小汉明距离为 2。

一个 (n, k) 线性分组码共含有 2^k 个码字，每两个码字之间都有一个汉明距离 d，因此，要计算其最小距离，需要比较计算 $2^{k-1} \cdot (2^k - 1)$ 次。当 k 较大时计算量就很大。但对于 (n, k) 线性分组码，它具有以下特点：任意两个码字之和仍是线性分组码中的一个码字，因此两个码字之间的距离 $d(C_1, C_2)$ 必等于其中某一个码字 $C_3 = C_1 + C_2$ 的重量。

定理 7.1 (n, k) 线性分组码的最小距离等于非零码字的最小重量。即

$$d_0 = \min_{\substack{C, C' \in (n,k)}} \{d(C; C')\} = \min_{\substack{C_i \in (n,k) \\ C_i \neq 0}} W(C_i)$$

这样一来，(n, k) 线性分组码的最小距离计算只需检查 $2^k - 1$ 个非零码字的重量即可。

此外，码的距离和重量还满足三角不等式的关系，即

$$d(C_1; C_2) \leqslant d(C_1; C_3) + d(C_3; C_2) \tag{7.2}$$

$$W(C_1 + C_2) \leqslant W(C_1) + W(C_2) \tag{7.3}$$

该性质在研究线性分组码的特性时常用到。一种码的 d_0 值是一个重要参数，它决定了该码的纠错、检错能力。d_0 越大，抗干扰能力越好。

3. 码的纠、检错能力

定义 7.5 如果一种码的任一码字在传输中出现了 e 位或 e 位以下的错码，均能自动发现，则称该码的检错能力为 e。

定义 7.6 如果一种码的任一码字在传输中出现 t 位或 t 位以下的错误，均能自动纠正，则称该码的纠错能力为 t。

定义 7.7 如果一种码的任一码字在传输中出现 t 位或 t 位以下的错误，均能纠正，当

出现多于 t 位而少于 $e+1$ 个错误（$e>t$）时，此码能检出而不造成译码错误，则称该码能纠正 t 个错误同时检 e 个错误。

（n, k）分组码的纠、检错能力与其最小汉明距离 d_0 有着密切的关系，一般有以下结论。

定理 7.2 若码的最小距离满足 $d_0 \geqslant e+1$，则码的检错能力为 e。

定理 7.3 若码的最小距离满足 $d_0 \geqslant 2t+1$，则码的纠错能力为 t。

定理 7.4 若码的最小距离满足 $d_0 \geqslant e+t+1$（$e>t$），则该码能纠正 t 个错误同时检测 e 个错误。

以上结论可以用图 7.2 所示的几何图加以说明。

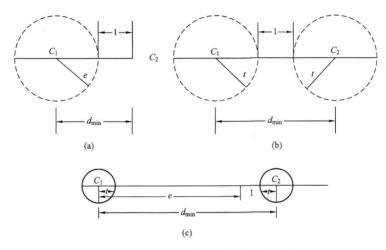

图 7.2 码距与检错和纠错能力的关系

图 7.2（a）中 C 表示某一码字，当误码不超过 e 个时，该码字的位置移动将不超过以它为圆心、以 e 为半径的圆（实际上是一个多维球），即该圆代表着码字在传输中出现 e 个以内误码的所有码组的集合，若码的最小距离满足 $d_0 \geqslant e+1$，则（n, k）分组码中除 C 这个码字外，其余码字均不在该圆中。这样当码字 C 在传输中出现 e 个以内误码时，接收码组必落在图 7.2（a）的圆内，而该圆内除 C 外均为禁用码组，从而可确定该接收码组有错。考虑到码字 C 的任意性，图 7.2（a）说明，当 $d_0 \geqslant e+1$ 时任意码字传输误码在 e 个以内的接收码组均在以其发送码字为圆心、以 e 为半径的圆中，而不会和其他许用码组混淆，使收端检出有错。即码的检错能力为 e。

图 7.2（b）中 C_1、C_2 分别表示任意两个码字，当各自误码不超过 t 个时发生误码后两码字的位置移动将各自不超过以 C_1、C_2 为圆心、以 t 为半径的圆。若码的最小距离满足 $d_0 \geqslant 2t+1$，则两圆不会相交（由图中可看出两圆至少有 1 位的差距），设 C_1 传输出错在 t 位以内变成 C_1'，其距离为

$$d(C_1; C_1') \leqslant t$$

根据距离的三角不等式可得

$$d(C_1'; C_2) \geqslant t$$

即

$$d(C_1'; C_2) \geqslant d(C_1; C_1')$$

根据最大似然译码规则，将 C_1' 译为 C_1 从而纠正了 t 位以内的错误。

定理 7.4 中"能纠正 t 个错误，同时检测 e 个错误"是指当误码不超过 t 个时系统能自动予以纠正；而当误码大于 t 个而小于 e 个时，则不能纠正但能检测出来。该定理的关系由图 7.2（c）反映，其结论请读者自行证明。

以上三个定理是纠错编码理论中最重要的基本理论之一，它说明了码的最小距离 d_0 与其纠、检错能力的关系，从 d_0 中可反映码的性能强弱；反过来我们也可根据以上定理的逆定理设计满足纠检错能力要求的 (n, k) 分组码。

7.3 信 道 编 码 定 理

7.3.1 错误概率与译码方法

信道编码是在编码时完成的一一对应的映射关系，理论上译码应该是编码的一个逆运算，但是由于信道在传输的过程中存在噪声，从而引起误码，所以译码过程实际上并不是进行简单的编码的逆运算。

定义 7.8 设信道的输入符号集 $X=\{x_1, x_2, x_3, \cdots, x_n\}$，输出符号集 $Y=\{y_1, y_2, y_3, \cdots, y_m\}$。译码规则就是一个译码函数：$F(y_j)=x_i (i=1, 2, \cdots, n; j=1, 2, \cdots, m)$。

很显然，对于有 n 个输入，m 个输出的信道而言，按照上述定义得到的译码规则共有 n^m 个。当然，在这么多的译码规则当中，并不是每一种都是合理的，因此我们需要讨论比较合理的译码规则即译码准则。

1. 错误概率

在确定译码规则 $F(y_j)=x_i (i=1, 2, \cdots, n; j=1, 2, \cdots, m)$ 之后，若输出端接收到的符号为 y_j，则可以译成 x_i。当发送端发送的就是 x_i，则此为正确译码；反之，若发送端发送的是 $x_k(k \neq i)$ 时，则为错误译码。于是，条件正确概率为

$$p[F(y_j)/y_j] = p(x_i/y_j) \tag{7.4}$$

条件错误概率为

$$p(e/y_j) = 1 - p(x_i/y_j) = 1 - p[F(y_j)/y_j] \tag{7.5}$$

则输出端经过译码后的平均错误概率 p_E 为

$$p_E = E[p(e/y_j)] = \sum_{j=1}^{m} p(y_j) p(e/y_j) \tag{7.6}$$

式（7.6）的含义是经过译码后，平均接收到一个符号所产生的错误大小。

在 n^m 个译码规则当中，要选择合理的译码规则，原则是使平均错误概率 p_E 最小，它是提高由给定信源、给定信道组成的信息传输系统可靠性的关键问题，因此我们需要讨论合理的译码规则即译码准则。

设信道的传递矩阵为（其 $n=3, m=3$）

$$P = \begin{bmatrix} p(y_1/x_1) & p(y_2/x_1) & p(y_3/x_1) \\ p(y_1/x_2) & p(y_2/x_2) & p(y_3/x_2) \\ p(y_1/x_3) & p(y_2/x_3) & p(y_3/x_3) \end{bmatrix} \tag{7.7}$$

由 $\quad p(x_i/y_j) = \dfrac{p(x_i)p(y_j/x_i)}{p(y_j)} = \dfrac{p(x_i)p(y_j/x_i)}{\sum\limits_{i=1}^{3} p(x_i)p(y_j/x_i)} \quad (i=1,2,3; j=1,2,3) \tag{7.8}$

可得 $n \times m$ 个确定的后验概率，这后验概率也可以排列成一个后验概率矩阵

$$P = \begin{bmatrix} p(x_1/y_1) & p(x_1/y_2) & p(x_1/y_3) \\ p(x_2/y_1) & p(x_2/y_2) & p(x_2/y_3) \\ p(x_3/y_1) & p(x_3/y_2) & p(x_3/y_3) \end{bmatrix} \tag{7.9}$$

由给定的信源 X 的概率分布和信道的转移概率，可求的信道输出端随机变量 Y 的 3 个概率分布

$$p(y_j) = \sum_{i=1}^{3} p(x_i) p(y_j/x_i) \qquad (j = 1, 2, 3) \tag{7.10}$$

式（7.8）和式（7.10）表明，对于给定的信源和给定信道来说，后验概率和信道输出随机变量的概率分布也是固定不变的。

再来分析式（7.6）的平均错误译码概率 p_E 的表达式。由于错误译码概率 p_E 为非负项之和，欲使 p_E 最小，那么应使式中每一项为最小，而式中 $F(y_j)$ 与译码规则无关，于是使 p_E 最小的条件变成了使 $p(e/y_j)$ 最小，又由式（7.5）可得出欲使 $p(e/y_j)$ 最小则要使 $p[F(y_j)/y_j]$ 为最大，从而引出了最大后验概率准则。

2. 最大后验概率译码准则

选择译码函数 $p(y_j) = x^*$，$x^* \in X$，$y_j \in Y$，使

$$p(x^*/y_j) \geqslant p(x_i/y_j) \quad (x_i \in X, x_i \neq x^*) \tag{7.11}$$

即在收到 y_j 的条件下，发出的是 x^* 的概率最大，就将 y_j 译为 x^*，这样就能使得 p_E 最小。

但一般来说，后验概率是难以确定的，所以应用起来并不方便，所以人们又引入了最大似然译码准则。

3. 最大似然译码准则

选择译码函数 $F(y_j) = x^*$，$x^* \in X$，$y_j \in Y$，使

$$p(y_j/x^*) p(x^*) \geqslant p(y_j/x_i) p(x_i) \quad (x_i \in X, x_i \neq x^*) \tag{7.12}$$

即在收到 y_j 的条件下，发出的是 x^* 的概率最大，就将 y_j 译为 x^*，这样就能使得 p_E 最小。

当信道输入符号为等概分布时

$$p(x^*) = p(x_i) \quad (i = 1, 2, \cdots, n) \tag{7.13}$$

则式（7.12）可简化为

$$p(y_j/x^*) \geqslant p(y_j/x_i) \quad (x_i \in X, x_i \neq x^*) \tag{7.14}$$

式（7.14）中的条件概率即为信道转移矩阵中的信道转移概率，即从信道矩阵中找到极大值，该值所对应的输入符号就是信源所发符号。可见当信道输入符号等概分布时，用最大似然译码准则来译码非常方便。

7.3.2 错误概率与编码方法

由前面分析可知，消息通过有噪信道传输时会发生错误，而错误概率与译码规则有关。从式（7.6）可知，不论采用什么译码方法，p_E 总不会等于或趋于零。也就是说，选择最佳译码规则只能使错误概率 p_E 有限地减小，无法使 p_E 任意地小。要想进一步减小错误概率 p_E，就必须优选信道编码方法。

1. 简单重复编码

例如，一个二进制对称信道如图 7.3 所示，其信道矩阵为 $P = \begin{bmatrix} 0.99 & 0.01 \\ 0.01 & 0.99 \end{bmatrix}$

若选择最佳译码规则

$$F(y_1) = x_1$$
$$F(y_2) = x_2$$

则总的平均错误概率（在输入分布为等概率分布条件下）

$$p_E = \sum_{j=1}^{2} p(y_j) p(e/y_j) = \frac{1}{2}(0.01 + 0.01) = 10^{-2}$$

对于一般传输系统来说（例如数字通信、数字传输等），这个错误概率已经很大了。一般要求系统的错误概率在 $10^{-6} \sim 10^{-9}$ 的数量级范围内，有的甚至要求更低的错误概率。

那么在上述统计特性的信道中，能否有办法使错误概率降低呢？实际经验告诉我们：只要在发送端把消息重复发几遍，就可以使接收端接收消息时错误减小，从而提高了通信的可靠性。

如在二进对称信道中，当发送消息（符号）0 时，不是只发一个 0 而是连续发三个 0，同样发送端（符号）1 时也连续发送三个 1。这是一种简单的重复编码，于是信道输入端有两个码字 000 和 111。但在输出端，由于信道干扰的作用各个码元都可能发生错误，则有 8 个可能的输出序列（见图 7.4）。显然，这样一种信道可以看成是三次无记忆扩展信道。其输入是在 8 个可能出现的二进序列中选用两个作为消息（符号），而输出端这 8 个可能的输出符号都是接收序列。这时信道矩阵为

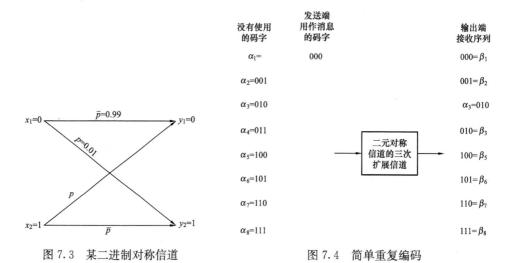

图 7.3　某二进制对称信道　　　　图 7.4　简单重复编码

$$P = \begin{bmatrix} \bar{p}^3 & \bar{p}^2 p & \bar{p}^2 p & \bar{p} p^2 & \bar{p}^2 p & \bar{p} p^2 & \bar{p} p^2 & p^3 \\ p^3 & \bar{p} p^2 & \bar{p} p^2 & \bar{p}^2 p & \bar{p} p^2 & \bar{p}^2 p & \bar{p}^2 p & \bar{p}^3 \end{bmatrix}$$

根据最大似然译码规则（假设输入是等概率的），即取信道矩阵中每列数值最大的元素所对应 x_i 为 x^*。可得简单重复编码的译码规则为

$$F(\beta_1) = \alpha_1 \qquad F(\beta_2) = \alpha_1 \qquad F(\beta_3) = \alpha_1 \qquad F(\beta_4) = \alpha_8$$

$$F(\beta_5) = \alpha_1 \qquad F(\beta_6) = \alpha_8 \qquad F(\beta_7) = \alpha_8 \qquad F(\beta_8) = \alpha_8$$

根据式（7.6）（在输入为等概率条件下）算出相应的平均错误概率为

$$p_E = \sum_{j=1}^{8} p(\beta_j) p(e/\beta_j) = \frac{1}{2} \sum_{j=1}^{8} p(e/\beta_j)$$

$$= \frac{1}{2} \left[p^3 + \bar{p}p^2 + \bar{p}p^2 + \bar{p}p^2 + \bar{p}p^2 + \bar{p}p^2 + \bar{p}p^2 + p^3 \right]$$

$$= p^3 + 3\bar{p}p^2 \approx 3 \times 10^{-4}$$

在这种情况下，可采用"择多译多"的译码规则，即根据信道输出端接收序列中"0"多还是"1"多。如果是"0"多则译码器就判决为"0"，如果是"1"就多判决为"1"。根据择多译码规则，同样可得到

$p_E =$ 错 3 个码元的概率＋错 2 个码的概率 $= p^3 + 3\bar{p}p^2 = 3 \times 10^{-4}$　　　（当 $p = 0.01$）

可见得到的平均错误概率与最大似然译码规则是一致的。同时，可知采用这种简单重复的编码方法，已把错误概率降低了约为两个数量级，如果进一步增大重复次数 L，则会继续降低平均错误概率 p_E，不难算出

$$L = 5 \qquad p_E = 10^{-5}$$

$$L = 7 \qquad p_E \approx 4 \times 10^{-7}$$

$$L = 9 \qquad p_E \approx 10^{-8}$$

$$L = 11 \qquad p_E \approx 5 \times 10^{-10}$$

另一方面，在重复编码次数 L 增大，平均错误概率 p_E 下降的同时，信息传输率也要减小。设简单重复编码后的新信源的符号个数为 M 个，由于

$$R = \frac{H(X)}{\bar{l}} = \frac{\log M}{L} \qquad (\text{bit/ 符号})$$

若传输每个码符号平均需要 t 秒钟，则编码后每秒钟传输的信息量

$$R_t = \frac{\log M}{Lt} \qquad (\text{bit/s})$$

由此可知，信息传输率表示：对 M 个信源符号，每个符号所携带的最大信息量 $\log M$，现用 K 个码符号来传输，平均每个码符号所带的信息量为 R。

如果设每秒间隔内传输一个码符号，则有

$$K = 1 \qquad M = 2 \qquad R = \frac{\log M}{K} = \log 2 = 1 \qquad (\text{bit/s})$$

$$K = 3 \qquad M = 2 \qquad R = \frac{\log M}{K} = \frac{\log 2}{3} = \frac{1}{3} \qquad (\text{bit/s})$$

$$K = 5 \qquad M = 2 \qquad R = \frac{\log M}{K} = \frac{\log 2}{5} = \frac{1}{5} \qquad (\text{bit/s})$$

$$\vdots$$

$$K = 11 \qquad M = 2 \qquad R = \frac{\log M}{n} = \frac{\log 2}{11} = \frac{1}{11} \qquad (\text{bit/s})$$

由此可见：利用简单重复编码来减小平均错误概率 p_E 是以降低信息传输率 R 作为代价的，p_E 和 R 的关系如图 7.5 所示。于是提出一个十分重要的问题，能否找到一种合适的编码方法使平均错误概率 p_E 充分小，而信息传输率 R 又可保持在一定水平上，从理论上讲这是可能的。这就是香农第二基本定律，即为有噪信道编码定理。

2. 消息符号个数

在一个二元信道的 n 次无记忆扩展信道中，输入端共有 2^n 个符号序列可能作为消息符号，现仅选其中 M 个作为消息符号传递，如图 7.6 所示。则当 M 选取大些，p_E 也跟着大，R 也大；当 M 选取小些，p_E 也会降低，R 也将降低。

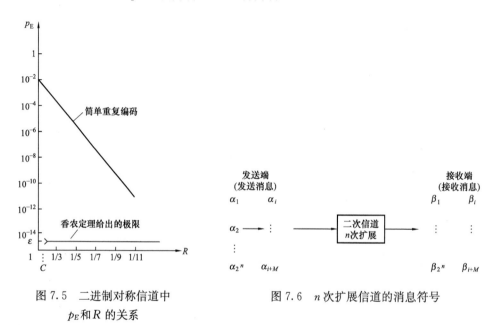

图 7.5　二进制对称信道中　　　　　　图 7.6　n 次扩展信道的消息符号
　　　　　　p_E 和 R 的关系

现在先看一下简单重复编码的方法为什么使信息率降低？在未重复编码以前，输入端是有两个消息（符号）的集合，假设为等概率分布则每个消息（符号）携带的信息量是 $\log M = 1$ 比特/符号。

简单重复（$L=3$）后，可以把信道看成是三次无记忆扩展信道。这时，发送端可供选择的消息符号数共有 8 个二进序列，$(x_1, x_2, \cdots, x_8)$，但是我们只选择了两个二进序列为消息 $M=2$。设输入消息符号为等概率分布，$p(x) = \frac{1}{M}$ 时，采用最大似然译码规则，有

$$p_E = \frac{1}{M} \sum_{Y, X-x} p(y \mid x) = 3 \times 10^{-4} \quad (\text{当 } p = 0.01)$$

而信息传输率 $\qquad R = \dfrac{\log M}{L} = \dfrac{\log 2}{3} = \dfrac{1}{3}(\text{bit/ 码符号})$

由此可知，这时每个消息携带的平均信息量仍是 1 比特。而传送一个消息需要付出的代

价却是三个二进码符号，所以 R 就降低到 1/3（bit/码符号）。

由此可见，若在扩展信道的输入端把 8 个可能作为消息的二进序列都作为消息，则每个消息携带的平均信息量就是 $\log M = \log 8 = 3$（bit），而传送一个消息所需的符号数仍是三个二进码符号，则可求得：$p_E = 3 \times 10^{-2}$，$R = 1$bit/码符号（$n=3$，$M=8$）。即 R 就提高到 1bit/码符号。这时的信道如图 7.7 所示。

现在采用的译码规则将与前不同，只能规定接收 8 个输出符号序列 β_j 与 α_i 一一对应。

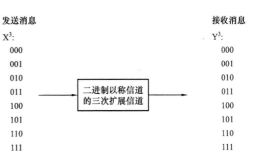

发送消息 X³:
000
001
010
011
100
101
110
111

接收消息 Y³:
000
001
010
011
100
101
110
111

图 7.7　二进制信道的三次扩展信道

这样，只要符号序列中有一个符号发生错误就会变成其他所用的码字，使输出译码造成错误。只有符号序列中每个符号都不发生错误才能正确传输出。所以得到正确传输概率为 $\bar{p}^3$，于是错误概率为

$$p_E = 1 - \bar{p}^3 \approx 3 \times 10^{-2} \quad (p = 0.01)$$

这时 p_E 反比单信道传输的 p_E 大 3 倍。

若在三次无记忆扩展信道中，取 $M=4$，取如下 4 个符号序列作为消息

$$0 \quad 0 \quad 0$$
$$0 \quad 1 \quad 1$$
$$1 \quad 0 \quad 0$$
$$1 \quad 1 \quad 0$$

按照最大似然译码规则，可计算出错误概率为 $p_E \approx 2 \times 10^{-2}$，与 $M=8$ 的情况比较，错误概率降低了，而信息传输率也随之降低，即为 $R = 2/3$（bit/码符号）。

再进一步观察发现，当 $n=3$，$M=4$ 时，由于从 $2^n = 2^3 = 8$ 个可供选择的消息符号中，取 $M=4$ 共有 C_8^4（70）中取法。不同的选取方法，亦即不同的编码方法，其平均错误概率是不相同的。现在消息符号 α_i（$i=1, 2, \cdots, 8$）为

$$\alpha_1 = 000 \quad \alpha_2 = 001 \quad \alpha_3 = 010 \quad \alpha_4 = 011$$
$$\alpha_5 = 100 \quad \alpha_6 = 101 \quad \alpha_7 = 110 \quad \alpha_8 = 111$$

设 $M=4$ 的第 1 种取法

$$\alpha_1 = 000 \quad \alpha_4 = 011 \quad \alpha_6 = 101 \quad \alpha_7 = 110$$

按照最大似然译码规则，可计算出错误概率的信息传输率分别为

$$p_E \approx 2 \times 10^{-2} \quad R = \frac{2}{3} \quad (\text{bit/ 码符号})$$

设 $M=4$ 的第 2 种取法

$$\alpha_1 = 000 \quad \alpha_4 = 011 \quad \alpha_5 = 100 \quad \alpha_7 = 110$$

按照最大似然译码规则，可计算出错误概率的信息传输率分别为

$$p_E \approx 2 \times 10^{-2} \quad R = \frac{2}{3}(\text{bit/ 码符号})$$

设 $M=4$ 的第 3 种取法

$$\alpha_1 = 000 \qquad \alpha_2 = 001 \qquad \alpha_3 = 010 \qquad \alpha_5 = 100$$

按照最大似然译码规则，可计算出错误概率的信息传输率分别为

$$p_E \approx 2.28 \times 10^{-2} \qquad R = \frac{2}{3}(\text{bit}/\text{码符号})$$

由此可见：输入消息符号个数 M 增大时，平均错误率显然是增大了，但信息传输率也增大了，反之亦然。错误概率与编码方法有很大关系。因此，采用增大 L 并适当增大 M 和合适的编码方法，可使得 p_E 降低，同时又保证信息传输率不减少。

7.3.3 有噪信道编码定理

1948 年，香农在他著名的论文《通信的数学理论》中给出了下述有关信息传输的最基本定理——有噪信道编码定理，即香农第二定理。

定理 7.5 设离散无记忆信道的信道容量为 C，信息传输率为 R，ε 为任意小的正数，则只要 $R < C$，总存在码长为 n，码字数为 $M = 2^{nR}$ 的一组码和相应的译码规则，使译码的平均错误概率任意小（$P_e < \varepsilon$）。

定理说明：任何信道的信道容量 C 是一个明确的分界点，当取分界点以下的信息传输率时，P_e 以指数趋于零；当取分界点以上的信息传输率时，P_e 以指数趋于 1。因此，在任何信道中信道容量是可达的、最大的可靠信息传输率。

香农第二定理也只是一个存在定理，它说明错误概率趋于零的好码是存在的。但从实用观点来看，定理并不是令人满意的。因为在定理的证明过程中，我们是完全"随机地"选择一组码。这个码是完全无规律的，因此这码无法具体构造和译码。尽管如此，信道编码定理仍然具有根本性的重要意义。它有助于指导各种通信系统的设计，有助于评价各种通信系统及编码的效率。为此，在 Shannon 1948 年发表文章后，科学家们致力于研究实际信道中的各种易于实现的实际纠错编码方法，赋予码以各种形式的数学结构。这方面的研究非常活跃，出现了代数编码、卷积码、循环码等。至今，已经发展有许多有趣和有效结构的码，并在实际通信系统中得到广泛的应用。

有噪信道编码定理方法中的基本思路如下。

(1) 连续使用信道多次，即在 n 次无记忆扩展信道中讨论，以便使大数定律有效。

(2) 随机地选取码字，也就是在 X^n 和符号序列集中随机地选取经常出现的高概率序列作为码字。

(3) 采用最大似然译码准则，也就是将接收序列译成与其距离最近的那个码字。

(4) 在随机编码的基础上，对所有的码书计算其平均错误概率，当 n 足够大时，此平均错误概率趋于零，由此证明得至少有一种好码存在。

也采用与上述相同的基本思路，但主要的区别在于译码规则。在编译时，随机地选择输入端 ε 典型序列 x 作为码字（注：ε 典型序列指那些平均自信息以任意小地接近信源熵的 N 长序列的集合，我们用 $G_{en}(X)$ 表示 X^n 中 x 的典型序列集，用 $G_{en}(Y)$ 表示 Y^n 中 y 的典型序列集，用 $G_{en}(XY)$ 表示 $X^n Y^n$ 联合空间中序列对 (x, y) 的联合典型序列集），因为它们是在输入端 X^n 集中经常、高概率出现的序列。而在译码时接收端 Y^n 集中，将接收序列 y 译成与它构成联合典型序列的那个码字。若只有唯一一个码字满足此性质，则判定这个码字为所发送的码字。根据联合典型序列的性质，所发送的码字与接收序列 y 构成联合典型序列的概率很高，它们之间是高概率密切相关的。

定理 7.6　若 x' 和 y' 是统计独立的随机序列对，并与 $P(xy)$ 有相同的边缘分布即 $(x', y') \sim P(x')P(y') = P(xy)$，则 $P[(x', y') \in G_{\varepsilon n}(XY)] \leqslant 2^{-n[I(X;Y)-3\varepsilon]}$。此定理的证明可参考相关书籍。

7.4　常用检错码

在介绍纠错码的一般理论之前，我们先介绍在实际中经常应用的一些检错码，这些码有的不一定能纳入纠错码的一般理论中来解释，但由于它们结构简单，易于实现，检错能力较高，因此在实际中是很常用的。

7.4.1　奇偶校验码

奇偶校验（或称监督）码是最简单的检错码，由于容易实现，所以应用广泛且久远。它实际上是一种只有一个校验元的 $(n, n-1)$ 分组码。

奇偶校验码的编码规则是在需要传送的信息序列后附加 1 位校验码元，使加入的这一位码元和各位信息码元模 2 和的结果为 0（偶校验）或 1（奇校验）。

一般地，由校验位构成的奇偶校验码条件为

$$\underbrace{a_{n-1} \oplus a_{n-2} \oplus \cdots \oplus a_2 \oplus a_1 \oplus a_0}_{(n-1)\text{位信息位}} \oplus \underbrace{a_0}_{1\text{位校验位}} = \begin{cases} 0(\text{偶校验}) \\ 1(\text{奇校验}) \end{cases} \tag{7.15}$$

式（7.15）中保证了每个许用码组（即码字）中"1"的个数为偶数（或奇数），所以称这种校验关系为奇偶校验。由于分组码中的每一个码字均按同一规则构成，故又称这种分组码为一致校验码，而式（7.15）为一致校验方程。在校验码的码集中，码字共有 2^{n-1} 个，它占码长为 n 的 2^n 个码字中的一半，其余一半则为禁用码字。

【例 7.1】　信息码为 10110（$k=5$），利用奇偶检验方式列出奇、偶校验码。

因信息码中已有三个"1"，它是奇数，此时构成的奇校验码为 101100。反之，偶检验码应为 101101。它们都是（6，5）奇偶校验码。

如果某一比特位出错了，比如说第一比特位从"1"变成"0"，那么"1"的数目就会变成 3（即'1'的数目为奇数），于是接收端就会在比特流中检出错误。另一方面，如果有两比特出错，比如说第五比特和第六比特位出错（即收到的码是 101110）。这种情况下，"1"的总数是 4（偶数），接收端将不能检出错误。

因此可以得出结论：奇偶检验码能检出所有奇数个比特位的错误，但不能检出任何偶数个比特位出错的情况。可见其检错能力是有限的，但由于该码构造简单，易于实现，且码率很高 $[R=(n-1)/n]$，因此成为一种最常用的基本检错码。在信道干扰不太严重、码长不太长的情况下很有用，特别是在电报、计算机内部的数据传送的输入输出设备中，经常应用这种码。

7.4.2　水平一致校验码

水平一致校验码是先把要传输的数据按适当长度分成若干组，每一组按行排列，每一行的信息码元均按奇偶校验码方式添加一位校验元，即按行校验，下面举例说明，见表 7.1。

表 7.1　　　　　　　　　　　　　水 平 一 致 校 验 码

信　息　元					校验元（偶）
1	1	0	1	0	1
0	1	0	0	1	0
1	1	0	0	1	1
1	1	1	0	0	1
0	0	1	1	1	1

表中待传信息数据有 25 个，每小组为 5 个信息元，均按水平（行）顺序排列，后面按偶校验添加校验元。整个编码结果见表 7.1，然后按顺序逐列传输，即 10110111100…10111，共 30 个码元。在接收端把收到的序列同样按表 7.1 格式排列，然后按原来确定的（奇）偶校验关系逐行检查。由于每行采用偶校验，从而可发现每一行在传输时产生的奇数个错误。不难看出，这种编码方式除了具备奇偶校验码的检错能力外，还能发现长度不超过表中行数的突发错误。因为对于这样的突发错误，分散至每一行最多只有一个错，根据奇偶校验关系在行校验时一定可以发现。这种编码方式的码率 R 与奇偶校验码相当。由本例看出，在不增加冗余度的情况下，这种编码方式的抗干扰能力得到加强。当然，其代价是编译码设备较奇偶校验码要复杂一些。

7.4.3　水平垂直一致校验码

水平垂直一致校验码属于二维奇偶校验，又称方阵码，其具体编码规则如下：将需要传送的信息序列编成方阵，首先在每一行的信息码元后加上一个校验元，即在行方向进行奇偶校验。其次方阵的每一列由不同信息序列中相同码位的码元排成，在每一列的最后也加上一个校验码元，进行列方向的检验。

仍以表 7.1 为例。其排列格式未变，见表 7.2。除了原来每个水平行后面加入了一个校验元外，对每个垂直的列（信息列）也按偶（或奇）校验关系加入一个校验元，则编码后整个码块共有 35 个码元。发送可按列的顺序从左至右进行，也可按行传输。接收端对收到的序列按表 7.2 的格式排列。然后，可分别对行和列进行校验运算，它可发现所有奇数错误和大多数偶数错误。另外，如果信息行数 l，列数 m，由于有行和列两种监督，所以对所有长度不大于 $l+1$ 或 $m+1$ 的突发错误（视按列还是按行的次序传输而定），以及其他非成对出错外的各类型错误均可发现；还可以根据某行某列均不满足监督关系，判断出该行该列交叉位置的码元有错，从而纠正这一位上的错误。这类码由于检错能力很强，因此在 ARQ 系统中得到广泛应用。

表 7.2　　　　　　　　　　　　水 平 垂 直 一 致 校 验 码

1	1	0	1	0	1
0	1	0	0	1	0
1	1	0	0	1	1
1	1	1	0	0	1
0	0	1	1	1	1
1	0	0	0	1	

7.4.4　等比码

等比码是从长度相等的所有二进数字序列中挑选出"1"的数目相同的序列作为码字

（许用码），其余序列作为禁用码。这就是说，在所有码字中，"1"的数目和"0"的数目之比是相同的，因而得名。又因一个码字中含"1"的个数称为码字的重量，这种码中各码字"1"的数目相同，故又名等重码、恒比码或定1码。

它是一种非线性码。若码长为 n，重量为 W，则这类码的码字个数为 C_n^W，禁用码字数目为 $2^n - C_n^W$。该码的检错能力很强，如同群计数法，除对称性的错误不能发现以外，所有其他类型错误均能发现。我国目前电传通信中普遍采用 2:3 等比码，就属此类码。该码共有（C_5^3）10 个许用码字，每个码字重量为 3，用来传送 10 个数字，而 4 个数字组成一个汉字，利用这种码就能传输汉字信息。经过多年来的实际使用证明，采用这种码后，使我国汉字电报的差错率大为降低。

目前在国际电报通用的 ARQ 通信系统中，应用三个"1"和 4 个"0"的 3:4 码，共有 35 个码字，正好可用来代表电传机中 32 个不同的数字与符号，经使用表明，应用这类码后，能使国际电报的误字率保持在 10^{-6} 以下。

以上介绍的各种检错码，一般不能纠错，检错能力也有限，它们之间的关联性不强，很难用统一方法进行分析。以后各节分析的各种码都具有不同的纠错能力，它们若用于检错，则检错能力很强。更为重要的是，它们已经建立了严格而完整的理论体系，对提高系统可靠性具有十分重要的实用价值。

7.5 几种重要的纠错码

检错码在发现差错后必须通过要求对方重发一遍来获得正确的信息，这在实时信息采集系统中可能是有困难的，因为在发现差错的时刻，可能信息源已经发生变化，即使在发方保留有原信息样本的情况下，也只有在差错率很低的条件下是比较可行的。当通信条件比较恶劣，差错出现频繁，以至多次重发仍然得不到一份正确的信息情况下，只采用"检错"手段就显得无能为力了。这时就要采用"纠错码"，它不但能发现差错，而且能将差错自动纠正过来，避免频繁重发所消耗的时间，从而大大提高了通信的可靠性。纠错码种类繁多，本节主要讲几种典型而实用的纠错码。

纠错编码就是引入剩余度，即在传输的信息码元后按照某种规则添加多余码元（监督码元或称校验元），以使信息发生错误后仍能在接收端恢复。其中最简单的就是只有一位监督码的奇偶校验码。我们知道，一位监督码能表示传送的码字有没有错误，但如果把监督码元变成 2 位，就有 00、01、10、11 四种组合，当用 00 来表示无错，那么其他三种组合便可以指出三位错码的位置。依次类推，当监督码元变为 r 位，它便可以指出 1 个错码的 $2^r - 1$ 的位置。如果信息位的位数为 k，监督位的位数为 r，那么要想让 r 位监督位指出码字当中一位错码的所有可能位置，则 k、r 必须满足

$$2^r - 1 \geqslant n \text{ 或者 } 2^r \geqslant r + k + 1 \tag{7.16}$$

其中 n 为编码后的码字长度，$n = k + r$。

将奇偶校验码的方法加以推广，在 k 个信息位后加上 r 个监督位（k 和 r 满足式(7.16)，每个监督位是某些信息位的模 2 和。即 r 个监督位是由 k 个信息位经过某种规则线性产生的，则称这种编码方法为线性分组码。将 k 个信息位放在前面，r 个监督位放在后面便构成了线性分组码的系统码。

7.5.1　线性分组码

线性分组码是信道编码中最基本且最重要的一类，其基本特征是它具有"线性"的结构，从而可以利用"线性空间"的数学工具来研究线性分组码，使得它的编码和译码容易实现，至今仍具有最广泛的应用。

线性分组码的编码方式是将信息序列进行分组，称其为信息组，每个信息组由相继的 k 位信息数字组成，然后按照一定的编码规则，把信息组变成 n 位的二进制数字序列，形成码字。其中非信息位的位组成的数字序列称为校验位，每一位校验位是所有信息位的线性组合。

即一个 (n, k) 线性分组码，是把从信源输出的以 k 个码元为一组的信息组 m，通过信道编码器后，变成长度为 $n \geqslant k$ 的码组（码字），C 作为 (n, k) 线性分组码的一个码字。

下面以 $(7, 4)$ 汉明码为例，详细说明线性分组码的产生方法及原理。

记线性分组码 $(7, 4)$ 为 $C = [c_6 c_5 c_4 c_3 c_2 c_1 c_0]$，其中信息位 $k=4$，监督位 $r=n-k=3$。假设信息位为 $[c_6 c_5 c_4 c_3] = [m_3 m_2 m_1 m_0]$，监督位为 $[c_2 c_1 c_0]$。假如在收端通过计算信息位和监督位之间的关系式，根据得到的结果便可以判断码字 C 中一位错码的位置。设 $[s_1 s_2 s_3]$ 来指明码字 C 中一位错码的 7 个可能位置，$s_1 s_2 s_3$ 称为校正子。

表 7.3　　　　　　　　$(7, 4)$ 线性分组码校正子和一位错码的对应信息

$s_1\ s_2\ s_3$	错码位置	$s_1\ s_2\ s_3$	错码位置
000	无错	011	c_3
001	c_0	101	c_4
010	c_1	110	c_5
100	c_2	111	c_6

由表 7.3 可得，当码字 C 中无错码时，校验子全为 0；当 c_2、c_4、c_5、c_6 出错时校正子 s_1 为 1；当 c_1、c_3、c_5、c_6 出错时校正子 s_2 为 1；当 c_0、c_3、c_4、c_6 出错时校正子 s_3 为 1；进一步可得校验关系式

$$\left. \begin{aligned} s_1 &= c_6 + c_5 + c_4 + c_2 \\ s_2 &= c_6 + c_5 + c_3 + c_1 \\ s_3 &= c_6 + c_4 + c_3 + c_0 \end{aligned} \right\} \tag{7.17}$$

这里的加法均指模 2 加，当式 (7.17) 中无错码时，便可化简为

$$\left. \begin{aligned} 0 &= c_6 + c_5 + c_4 + c_2 \\ 0 &= c_6 + c_5 + c_3 + c_1 \\ 0 &= c_6 + c_4 + c_3 + c_0 \end{aligned} \right\} \tag{7.18}$$

式 (7.18) 经过移项运算，可解出监督位

$$\left. \begin{aligned} c_2 &= c_6 + c_5 + c_4 \\ c_1 &= c_6 + c_5 + c_3 \\ c_0 &= c_6 + c_4 + c_3 \end{aligned} \right\} \tag{7.19}$$

式 (7.19) 便是监督位 $[c_2 c_1 c_0]$ 与信息位 $[c_6 c_5 c_4 c_3] = [m_3 m_2 m_1 m_0]$ 之间的监督关系式。可见只要得到信息位与监督位的关系式，则编码方法也就确定了。其结果见表 7.4。

表 7.4   **(7，4) 性分组码监督位计算结果**

信息位 $c_6 c_5 c_4 c_3$	监督位 $c_2 c_1 c_0$	信息位 $c_6 c_5 c_4 c_3$	监督位 $c_2 c_1 c_0$
0000	000	1000	111
0001	011	1001	100
0010	101	1010	010
0011	110	1011	001
0100	110	1100	001
0101	101	1101	010
0110	011	1110	100
0111	000	1111	111

接收端收到每个码组后，先用式（7.17）计算出 $s_1 s_2 s_3$，再按照表 7.3 判断错码的情况。例如，若接收码字为 0111010，按照式（7.17）计算出 $s_1 s_2 s_3$ 为 010，则根据表 7.3 可知有一位错码出现在 c_1 位上。

按照上述方法构造的线性分组码称为汉明码。从表 7.4 中可以得到（7，4）汉明码的最小码距为 3，即 $d_{min}=3$，因此可知这种码能够检出 2 个错码或者纠正 1 个错码。

1. 线性分组码的生成矩阵和一致校验矩阵

在式（7.19）的基础上，将监督位表示成所有信息位的线性组合形式，得

$$\left.\begin{aligned}
c_2 &= 1 \cdot c_6 + 1 \cdot c_5 + 1 \cdot c_4 + 0 \cdot c_3 \\
c_1 &= 1 \cdot c_6 + 1 \cdot c_5 + 0 \cdot c_4 + 1 \cdot c_3 \\
c_0 &= 1 \cdot c_6 + 0 \cdot c_5 + 1 \cdot c_4 + 1 \cdot c_3
\end{aligned}\right\} \tag{7.20}$$

式（7.20）也可以表示成

$$\left.\begin{aligned}
1 \cdot c_6 + 1 \cdot c_5 + 1 \cdot c_4 + 0 \cdot c_3 + 1 \cdot c_2 + 0 \cdot c_1 + 0 \cdot c_0 = 0 \\
1 \cdot c_6 + 1 \cdot c_5 + 0 \cdot c_4 + 1 \cdot c_3 + 0 \cdot c_2 + 1 \cdot c_1 + 0 \cdot c_0 = 0 \\
1 \cdot c_6 + 0 \cdot c_5 + 1 \cdot c_4 + 1 \cdot c_3 + 0 \cdot c_2 + 0 \cdot c_1 + 1 \cdot c_0 = 0
\end{aligned}\right\} \tag{7.21}$$

写成矩阵形式为

$$\begin{bmatrix} 1 & 1 & 1 & 0 & 1 & 0 & 0 \\ 1 & 1 & 0 & 1 & 0 & 1 & 0 \\ 1 & 0 & 1 & 1 & 0 & 0 & 1 \end{bmatrix} \begin{bmatrix} c_6 \\ c_5 \\ c_4 \\ c_3 \\ c_2 \\ c_1 \\ c_0 \end{bmatrix} = \begin{bmatrix} 0 \\ 0 \\ 0 \end{bmatrix} \tag{7.22}$$

令

$$H = \begin{bmatrix} 1 & 1 & 1 & 0 & 1 & 0 & 0 \\ 1 & 1 & 0 & 1 & 0 & 1 & 0 \\ 1 & 0 & 1 & 1 & 0 & 0 & 1 \end{bmatrix}$$

$$C = \begin{bmatrix} c_6 c_5 c_4 c_3 c_2 c_1 c_0 \end{bmatrix}$$

$$0 = \begin{bmatrix} 000 \end{bmatrix}$$

则式（7.22）可写为

$$HC^T = 0^T \tag{7.23}$$

称 H 为该（7，4）线性分组码的监督（或称一致校验矩阵）矩阵，只要一致校验矩阵

给定，则编码时监督位和信息位的关系就完全确定了。式（7.22）中的 H 矩阵还可以进一步改写成

$$H = \begin{bmatrix} 1 & 1 & 1 & 0 & \vdots & 1 & 0 & 0 \\ 1 & 1 & 0 & 1 & \vdots & 0 & 1 & 0 \\ 1 & 0 & 1 & 1 & \vdots & 0 & 0 & 1 \end{bmatrix} = [PI_r] \tag{7.24}$$

其中

$$\boldsymbol{P} = \begin{bmatrix} 1 & 1 & 1 & 0 \\ 1 & 1 & 0 & 1 \\ 1 & 0 & 1 & 1 \end{bmatrix}$$

可以看出 H 的行数就是监督关系式的个数，也是监督位的个数 r。右边的 I_r 为 $r \times r$ 阶单位方阵。通过线性代数的相关理论，可以验证 $[I_r]$ 的各行是线性无关的，所以 H 矩阵的各行应该是也线性无关的。否则某两个或者几个监督位的作用是一样的，也就不能纠正码字中一个错码的 n 个位置了。同时可以得出，只要监督矩阵 H 可以化简成 $[PI_r]$ 的形式，它的各行都是线性无关的。把具有 $[PI_r]$ 形式的监督矩阵称为是典型阵。

再将式（7.20）改写为

$$\left. \begin{aligned} c_6 &= 1 \cdot c_6 \\ c_5 &= 1 \cdot c_5 \\ c_4 &= 1 \cdot c_4 \\ c_3 &= 1 \cdot c_3 \\ c_2 &= 1 \cdot c_6 + 1 \cdot c_5 + 1 \cdot c_4 + 0 \cdot c_3 \\ c_1 &= 1 \cdot c_6 + 1 \cdot c_5 + 0 \cdot c_4 + 1 \cdot c_3 \\ c_0 &= 1 \cdot c_6 + 0 \cdot c_5 + 1 \cdot c_4 + 1 \cdot c_3 \end{aligned} \right\} \tag{7.25}$$

同样，把式（7.25）表示成矩阵形式

$$[c_6, c_5, c_4, c_3, c_2, c_1, c_0] = [c_6, c_5, c_4, c_3] \begin{bmatrix} 1 & 0 & 0 & 0 & 1 & 1 & 1 \\ 0 & 1 & 0 & 0 & 1 & 1 & 0 \\ 0 & 0 & 1 & 0 & 1 & 0 & 1 \\ 0 & 0 & 0 & 1 & 0 & 1 & 1 \end{bmatrix} \tag{7.26}$$

令

$$G = \begin{bmatrix} 1 & 0 & 0 & 0 & 1 & 1 & 1 \\ 0 & 1 & 0 & 0 & 1 & 1 & 0 \\ 0 & 0 & 1 & 0 & 1 & 0 & 1 \\ 0 & 0 & 0 & 1 & 0 & 1 & 1 \end{bmatrix}, m = [c_6, c_5, c_4, c_3]$$

式（7.26）可写为

$$C = mG \tag{7.27}$$

由式（7.27）可以看出，利用生成矩阵 G 可将信息位编成对应的码字，因而称 G 为该（7，4）线性分组码的生成矩阵。例如，若给定信息位 m 为 0111，则码字为

$$C = [c_6, c_5, c_4, c_3, c_2, c_1, c_0] = [0,1,1,1] \begin{bmatrix} 1 & 0 & 0 & 0 & 1 & 1 & 1 \\ 0 & 1 & 0 & 0 & 1 & 1 & 0 \\ 0 & 0 & 1 & 0 & 1 & 0 & 1 \\ 0 & 0 & 0 & 1 & 0 & 1 & 1 \end{bmatrix}$$

$$= [0 \ 1 \ 1 \ 1 \ 0 \ 0 \ 0]$$

因此，只要找到了生成矩阵 G，则编码就完全确定了。从生成矩阵 G 不难看出，G 矩阵可以改写成分块矩阵，即

$$G = \begin{bmatrix} 1 & 0 & 0 & 0 & \vdots & 1 & 1 & 1 \\ 0 & 1 & 0 & 0 & \vdots & 1 & 1 & 0 \\ 0 & 0 & 1 & 0 & \vdots & 1 & 0 & 1 \\ 0 & 0 & 0 & 1 & \vdots & 0 & 1 & 1 \end{bmatrix} = [I_k Q] \tag{7.28}$$

其中

$$Q = \begin{bmatrix} 1 & 0 & 0 & 0 \\ 0 & 1 & 0 & 0 \\ 0 & 0 & 1 & 0 \\ 0 & 0 & 0 & 1 \end{bmatrix}$$

左边的 I_k 为 $k \times k$ 阶单位方阵，比较式（7.24）和式（7.28）可知 $Q = P^T$，即生成矩阵和监督矩阵之间是可以相互转化的。我们把可以写成 $[I_k Q]$ 形式的 G 矩阵称为典型生成矩阵，由典型生成矩阵产生的码字称为系统码。

与 H 矩阵一样，G 矩阵的各行也要求是线性无关的。另外，由分析可知，当信息组 $m = [c_6, c_5, c_4, c_3]$ 中只有一个非零元素时，码字为生成矩阵的某一行，即生成矩阵的每一行都是一个合法码字。因此，假如能够找到 k 个线性无关的码字，则可以把它们作为生成矩阵，并由其产生其他码字。

对于某 (n, k) 线性分组码 C，在 2^k 个码字中 k 个独立码字组不止一种。对于同一码，当选取不同的独立码字组构成的生成矩阵 G 也不同。但可以经过若干次矩阵的初等变换后，都变成与其等价的标准生成矩阵式。

【例 7.2】 二元 $(7, 4)$ 码，若生成矩阵为

$$G_1 = \begin{bmatrix} 1 & 0 & 0 & 1 & 1 & 0 & 0 \\ 0 & 1 & 1 & 0 & 0 & 1 & 1 \\ 0 & 0 & 1 & 0 & 1 & 0 & 1 \\ 0 & 0 & 0 & 1 & 0 & 1 & 1 \end{bmatrix}$$

求所有码字。

解 由式（7.27）可得由 G_1 生成的 $(7, 4)$ 码，见表 7.5。

表 7.5 G_1 生成的 $(7, 4)$ 码

信息位	码字	信息位	码字
0000	0000000	1000	1001100
0001	0001011	1001	1000111
0010	0010101	1010	1011001
0011	0011110	1011	1010010
0100	0110011	1100	1111111
0101	0111000	1101	1110100
0110	0100110	1110	1101010
0111	0101101	1111	1100001

比较表 7.4 与表 7.5，它们的码字集合完全相同，只是选取了不同的一组独立码字作为生成矩阵 G_1。进一步，可将 G_1 经过若干次初等变换，得其标准生成矩阵 G_2。

$$G_1 = \begin{bmatrix} 1 & 0 & 0 & 1 & 1 & 0 & 0 \\ 0 & 1 & 1 & 0 & 0 & 1 & 1 \\ 0 & 0 & 1 & 0 & 1 & 0 & 1 \\ 0 & 0 & 0 & 1 & 0 & 1 & 1 \end{bmatrix} \xrightarrow[\text{①行和②行相加放入第③行}]{\text{②行和③行相加放入第②行}}$$

$$\begin{bmatrix} 1 & 0 & 0 & 0 & 1 & 1 & 1 \\ 0 & 1 & 0 & 0 & 1 & 1 & 0 \\ 0 & 0 & 1 & 0 & 1 & 0 & 1 \\ 0 & 0 & 0 & 1 & 0 & 1 & 1 \end{bmatrix} = G_2 = [I_4 \vdots Q_{4\times3}]$$

可见，G_2 与式（7.28）的 G 完全一致。由 G_2 生成的（7，4）码是系统码，见表 7.3。因此，G_1 和 G 是等价的。虽然 G_1 和 G 是等价的，生成完全相同的码字集合（7，4）码，但它们仍有不同。不同的是，G 生成的（7，4）码是系统码，而 G_1 生成的（7，4）码不是系统码，信息位不保持在码字的前 3 位。如当 $m=(1100)$ 时，由 G 生成的码字为（1100001），而由 G_1 生成的码字为（1111111）。这是因为 $n=7$ 位长的二元序列共有 $2^7 = 128$ 个，而在其中选取 $2^4 = 16$ 个作为一组许用码字，将有很多种选取方法。也就是 G_1 生成的（7，4）线性码是在这 128 个二元序列中选取了不同的二元序列作为许用码字。一般对于这个二元（7，4）码，我们采用它的标准生成矩阵 $G_1 = G_2$。

2. 线性分组码的 H 与纠错能力的关系

综上所述，(n, k) 线性分组码有如下重要性质。

（1）(n, k) 线性分组码由其生成矩阵 G 或校验矩阵 H 确定。因为 G 中每一行及其线性组合都是码字，所以由式（7.23）可得，线性分组码的生成矩阵和一致校验矩阵满足

$$G \cdot H^T = 0 \tag{7.29}$$

或

$$H \cdot G^T = 0^T \tag{7.30}$$

式中：0 为 $k \times (n-k)$ 阶零矩阵。

（2）封闭性。(n, k) 码中任意两个许用码字之和（逐位模二加运算）仍为许用码字；即若 C_i，$C_j \in (n, k)$，则 $C_i + C_j = C_k \in (n, k)$。

因为，若 C_i 和 C_j 为许用码字，由式（7.23）可得

$$C_i \cdot H^T = 0 \tag{7.31}$$

$$C_j \cdot H^T = 0 \tag{7.32}$$

因此，式（7.31）与式（7.32）相加，并令 $C_i + C_j = C_k$，得

$$C_i \cdot H^T + C_j \cdot H^T = (C_i + C_j) \cdot H^T = 0$$

所以 $C_k \cdot H^T = 0$，得 C_k 为许用码字。

（3）含有零码字。n 位长的零矢量 $(\overbrace{0\ 0\ \cdots 0}^{n})$ 为 (n, k) 线性分组码的许用码字。

（4）所有许用码字可由其中一组 k 个独立码字线性组合而成。常称这组 k 个独立码字为基底，在 2^k 个许用码字中，k 个独立许用码字（基底）不止只有一组。由这 k 个独立许用码字以行矢量排列可得 (n, k) 线性分组码的生成矩阵 G。同一 (n, k) 线性分组码可由不同的基底生成，虽然不同的基底构成的生成矩阵 G 有所不同，但它们是完全等价的。

（5）码的最小距离等于非零码的最小重量。即

$$d_{\min} = \min W(C_i) \qquad C_i \in (n, k), C_i \neq 0 \tag{7.33}$$

因为对于二元分组码有

$$d_{\min} = \min\{D(C_i, C_j) \quad C_i \neq C_j, \quad C_i, C_j \in (n,k)\}$$
$$= \min\{W(C_i + C_j) \quad C_i \neq C_j, \quad C_i, C_j \in (n,k)\}$$

由封闭性可得

$$d_{\min} = \min\{W(C_k) \quad C_k \neq 0, C_k \in (n,k)\}$$

由定理 7.2～7.4 可知，线性分组码的纠错能力与码的最小距离 $d_{\min}$ 有关。因此，$d_{\min}$ 是线性分组码的一个重要参数（有时直接写为 d），经常用 (n, k, d) 来表示最小距离为 d 的线性分组码。

那么，如何构造一个最小距离为 d 的 (n, k) 线性分组码呢？从下面定理可以得到最小距离 d 与 (n, k) 码的一致校验矩阵 H 的性质是密切相关的。

定理 7.7 设 (n, k) 线性分组码 C 的校验矩阵为 H，则码的最小距离为 d 的充要条件是 H 中任意 $d-1$ 个列矢量线性无关，且有 d 个列矢量线性相关。

证明：若 $C = (c_{n-1} c_{n-2} \cdots c_0) \in C$，则它满足 $C \cdot H^T = 0$，即

$$c_{n-1} h_{n-1} + c_{n-2} h_{n-2} + \cdots + c_0 h_0 = 0$$

式中：$h_{n-1}, \cdots, h_0$ 为 H 的 n 个列矢量。

先证必要性。

由 $d(C) = \min\limits_{C \neq 0, C \in C} W(C) = d$，则必有一个码字 C 具有 d 个非零分量，使上式成立，即 H 中一定有 d 个列矢量是线性相关的。若设 H 中有某 $d-1$ 个列矢量线性相关，即有不全为零的常数 $c_1, c_2 \cdots, c_{d-1}$，使成立

$$c_1 h_{i_1} + c_{n-2} h_{i_2} + \cdots + c_{d-1} h_{i_{d-1}} = 0$$

那么，令 $\widetilde{C} = (0 \cdots c_1 \cdots c_2 \cdots c_{d-1} \cdots 0)$，$\widetilde{C}$ 的 $i_1, i_2, \cdots, i_{d-1}$ 个分量是 $c_1, c_2, \cdots, c_{d-1}$，其余分量为零，则对这个矢量 $\widetilde{C}$ 满足 $\widetilde{C} \cdot H^T = 0$，即表明如此构造的矢量 $\widetilde{C}$ 是 C 的一个码字，但这个 $\widetilde{C}$ 的重量是 $d-1$，就将使 C 的最小距离为 $d-1$，与 $d(C) = d$ 矛盾。

再证充分性。

若 H 的任何 $d-1$ 列是线性无关的，并有 d 列是线性相关的，就可以仿必要性证明中的方法，构造出一个只有 d 个分量非零的码字，它的重量为 d，是码 C 的有最小重量的码字，则 $d(C) = d$。其中任何 $d-1$ 列线性无关，保证不了可能有重量小于 d 的码字存在。

由于码 (n, k) 的校验矩阵 H 是 $(n-k) \times n$ 矩阵，且其秩为 $n-k$，故 H 的任何 $n-k$ 列的列矢量是线性无关的，且一定有 $n-k+1$ 列的列矢量线性相关，由定理 7.2 可知必有 $d \leqslant n-k+1$。称 $n-k+1$ 是最小距离 d 的辛莱顿（Singleton）限。

定理 7.7 给我们指出了构造最小距离为 d 的线性分组码的思路。由定理可知，当所有列矢量相同，而其排列位置不同的 H 矩阵所对应的 (n, k) 码，都有相同的最小距离，则它们在纠错能力和码率上是完全等价的。对于分组码来说，系统码和非系统码的纠错能力是相同的。由于系统码的编、译码较非系统码简单，且 G 和 H 可以方便地互求，因此一般只讨论系统码。

【例 7.3】 $(7, 4)$ 分组码（见表 7.4）的标准生成矩阵为 G [见式 (7.28)]，它们的标准一致校验矩阵为 H。即

$$H = \begin{bmatrix} 1 & 1 & 1 & 0 & 1 & 0 & 0 \\ 1 & 1 & 0 & 1 & 0 & 1 & 0 \\ 1 & 0 & 1 & 0 & 0 & 0 & 1 \end{bmatrix} \tag{7.34}$$

从 H 中可以看到，任何 2 列相加均非零，即 2 列线性无关，而最少的相关列数为 3。（如从左向右数第 0、1 和 6 列之和为零，这 3 列线性相关。）由此得出码的最小距离 $d_{\min} = 3$，另从表 7.4 的码字中也可根据式 (7.33) 计算出 $d_{\min} = 3$，所以 G 或 H 生成的是 $(7，4，3)$ 码。

在 ［例 7.2 题］中 G_1 生成的 $(7，4)$ 码是非系统码。根据式 (7.27) 和 G_1 可得

$$(m_3 m_2 m_1 m_0) \begin{bmatrix} 1 & 0 & 0 & 1 & 1 & 0 & 0 \\ 0 & 1 & 1 & 0 & 0 & 1 & 1 \\ 0 & 0 & 1 & 0 & 1 & 0 & 1 \\ 0 & 0 & 0 & 1 & 0 & 1 & 1 \end{bmatrix} = (c_6 c_5 c_4 c_3 c_2 c_1 c_0)$$

$$\begin{cases} c_6 = m_3 \\ c_5 = m_2 \\ c_4 = m_2 + m_1 \\ c_3 = m_3 + m_0 \\ c_2 = m_3 + m_1 \\ c_1 = m_2 + m_0 \\ c_0 = m_2 + m_1 + m_0 \end{cases}$$

从上式可知，现在 $c_6 = m_3$，$c_5 = m_2$，重新改写上式得一致校验方程

$$\begin{cases} c_6 + c_5 + c_4 + c_2 = 0 \\ c_5 + c_4 + c_1 + c_0 = 0 \\ c_6 + c_4 + c_3 + c_0 = 0 \end{cases}$$

由此满足式 (7.29) 的与 G_1 对应的校验矩阵 H_1 为

$$H_1 = \begin{bmatrix} 1 & 1 & 1 & 0 & 1 & 0 & 0 \\ 0 & 1 & 1 & 0 & 0 & 1 & 1 \\ 1 & 0 & 1 & 1 & 0 & 0 & 1 \end{bmatrix} \tag{7.35}$$

从式 (7.35) 中可以看出，H_1 仍是任何两列相加均为非零，而最少的相关列数 3，所以 G_1 生成的也是 $(7，4，3)$ 码，其纠错能力、码率和所有码字与 G 生成的 $(7，4，3)$ 码完全相同，所以说 G_1 与 G 是等价的。

若由 $G_{k \times n}$ 生成 $(n，k)$ 线性码则将其 $H_{(n-k) \times n}$ 作为生成矩阵可生成得 $(n，n-k)$ 线性码，此两码互为对偶。因此满足 $G \cdot H^T = 0$，所以 $(n，k)$ 码与对偶码 $(n，n-k)$ 码的基底是两两正交的。

【**例 7.4**】 在 ［例 7.2］中 $(7，4)$ 线性码的生成矩阵为 G_1，它的一致校验矩阵为 H_1（见式 (7.35)），则由生成矩阵 G_1 生成的 $(7，4)$ 码见表 7.5，把校验矩阵 H_1 当做生成矩阵，可生成 $(7，3)$ 码，结果见表 7.6。

表 7.6 H_1 生成的 (7, 3) 码

信息位	码字	信息位	码字
000	0000000	100	1110100
001	1011001	101	0101101
010	0110011	110	1000111
011	1101010	111	0011110

如表 7.5 所示的 (7, 4, 3) 码, 它由 G_1 生成, 而 G_1 所得的校验矩阵为 H_1 [式 (7.64)], 则由 H_1 为生成矩阵可生成得 (7, 3, 4) 码 (见表 7.6)。(7, 3, 4) 码与 (7, 4, 3) 码互为对偶码。(7, 3, 4) 码共有 8 个码字, 此码的校验矩阵就是 G_1。观察 G_1 的列矢量, 其最小相关列的列数为 4, 得对偶码 $C^{\perp}$ 的最小距离等于 4。

3. 线性分组码的译码

由于信道存在干扰, 发送端发出的合法码字 (n, k), 接收端收到的可能是任何一个 n 维向量。那么, 接收端怎样发现或纠正错误呢? 这就是译码要解决的问题。

设发送的码字为二元码 $C = (c_{n-1} c_{n-2} \cdots c_1 c_0)$, 收到的二元矢量是 $R = (r_{n-1} r_{n-2} \cdots r_1 r_0)$, 记

$$E = R - C \tag{7.36}$$

称 E 为错误图样或错误矢量, 即

$$E = (e_{n-1} e_{n-2} \cdots e_1 e_0) = (r_{n-1} - c_{n-1}, r_{n-2} - c_{n-2} \cdots r_1 - c_1, r_0 - c_0)$$

若 $e_i = 1$, 表示第 i 位有错, 否则, 表示第 i 位无错。

前面讲到的最大似然译码法要求把 R 译成与之距离最近的码字。我们把纠错码的译码器分成两类。第一类称为完全译码器, 完全译码器把接收到的二元矢量 R 译成最近的码字 C; 第二类译码器称为限定距离 t 译码器, 该译码器选与 R 最近的码字 C, 当 $d_{\min}(R, C) \leqslant t$ 时, 则译码器就把 R 当成 C, 当 $d_{\min}(R, C) > t$, 译码器纠错失败, 这表明发生了一个错误位数超出要求 t 的错误, 不予纠错, 因而限定距离译码器实际上具备了纠错和检错功能。

(1) 标准阵列译码法 (最小距离译码)。标准阵列译码法是对线性分组码进行译码的最一般的方法, 这种方法的原理也是对解释线性分组码概念最直接的描述。

我们知道, 二元 (n, k) 码的 2^k 个码字集合是 n 维矢量空间的一个 k 维子空间。如果将整个 n 维矢量空间的 2^n 个矢量划分成 2^k 个子集: Γ_1, Γ_2, $\cdots$, Γ_{2^k}, 且这些子集不相交, 即彼此不含有公共的矢量, 每一个子集 Γ_i 包含且仅包含一个码字 $C_i (i = 1, 2, \cdots, 2^k)$, 而建立一一对应的关系

$$C_1 \leftrightarrow \Gamma_1, C_2 \leftrightarrow \Gamma_2, \cdots, C_{2^k} \leftrightarrow \Gamma_{2^k}$$

当发送一个码字 C_i, 而接收字为 R_i, 则 R_i 必属于且仅属于这些子集之一。如 R_i 落入 Γ_i 中, 则译码器可判断发送码字是 C_i。

这样做的风险是: 如子集 Γ_i 是对应原发送的码字, 则译码正确; 反之, 若 Γ_i 并不对应原发送的码字, 则译码错误。当然, 在有扰信道找到一个绝对无误的译码方案是不可能的, 但可以找到一种使译码错误概率最小的方案。那么, 怎样才能将 n 维矢量空间划分成符合上述要求的 2^k 个子集呢? 最一般的方法是按下列方法制作一个表。先把 2^k 个码矢量置于第一行, 并以零码矢 $C_1 = (0, 0, 0, \cdots, 0)$ 为最左面的元素, 在其余 $2^k \sim 2^n$ 个 n 重中选择一个

重量最轻的 n 重 E_2，并置 E_2 于零码矢 C_1 的下面，于是表的第二行是 E_2 和每个码矢 C_i 相加，并把 E_2+C_i 置于 C_i 的下面即同一列，完成第二行。第三行是再从其余的 n 重中任选一个重量最轻的 n 重 E_3 置于 C_i 的下面（第三行第一列），同理将 E_3+C_i 置于 C_i 之下完成第三行…依次类推，一直到全部 n 重用完为止。标准阵译码表见表 7.7。

表 7.7　　　　　　　　　　　标 准 阵 译 码 表

码字	C_1（陪集首）	C_2	…	C_i	…	C_{2^k}
禁用码字	E_2	C_2+E_2	…	C_i+E_2	…	$C_{2^k}+E_2$
	E_3	C_2+E_3	…	C_i+E_3	…	$C_{2^k}+E_3$
	…	…	…	…	…	…
	$E_{2^{n-k}}$	$C_2+E_{2^{n-k}}$	…	$C_i+E_{2^{n-k}}$	…	$C_{2^k}+E_{2^{n-k}}$

此表共有 2^{n-k} 行 2^k 列。其中每一列就是含有 C_i 的子集 Γ_i。从按照上述方法列出的表可以看出：表中同一行中没有两个 n 重是相同的，也没有一个 n 重出现在不同行中。所以所划分的子集 Γ_i 之间是互不相交的。即每个 n 重在此表中仅出现一次，这个表称为线性分组码的标准阵列。译码表或简称标准阵，而每一行称为一个陪集，每一行最左边的那个 n 重 E_i 称为陪集首。而表的第一行即为 (n,k) 分组码的全体，又称子群。

收到的 n 重 R 落在某一列中，则译码器就译成相应于该列最上面的码字。因此，若发送的码字为 C_i，收到的 $R=C_i+E_i$（$1\leqslant i\leqslant 2^{n-k}$，$E_1$ 是全 0 矢量），则能正确译码。如果收到的 $R=C_l+E_i$（$l\neq i$），则产生了错误译码。现在的问题是：如何划分陪集，使译码错误概率最小？这最终决定于如何挑选陪集首。因为一个陪集的划分主要取决于子群，而子群就是 2^k 个码字，这已确定，因此余下的问题就是如何决定陪集首。

在实际的二元信道中，产生一个错误的概率比产生两个错误的概率大，产生两个错误的概率比出三个错误的概率大……。也就是说，错误图样重量越轻，产生的可能性越大。因此，译码器必须首先保证能正确纠正这种出现可能性最大的错误图样，也就是重量最轻的错误图样。这相当于在构造译码表时要求挑选重量最轻的 n 重为陪集首，放在标准阵中的第一列，而以全 0 码字作为子群的陪集首。这样得到的标准阵能使译码错误概率最小。由于这样安排的译码表使得 C_i+E_i 与 C_i 的距离保证最小，因而也称为最小距离译码，所以标准阵列译码也是最佳译码法。

将构造一般 (n,k) 码标准阵列的方法归纳如下。

1）(n,k) 线性分组码的 2^k 个码字作第一行，全零矢量作其陪集首，即作为 E_1。

2）在剩下的禁用码组中挑选重量最小的 n 重作第二行的陪集首，以 E_2 表示，以此求出 C_2+E_2，C_3+E_2，…，$C_{2^k}+E_2$ 分别列于对应码字 C_i 所在列，从而构成第二行。

3）以步骤 2）所述方法，直至将 2^n 个矢量划分完毕。

【例 7.5】 以 $(6,3)$ 码为例排列出它的标准阵列。对于 $(6,3)$ 码，它的生成矩阵为

$$G_3 = \begin{pmatrix} 1 & 0 & 0 & 0 & 1 & 1 \\ 0 & 1 & 0 & 1 & 0 & 1 \\ 0 & 0 & 1 & 1 & 1 & 0 \end{pmatrix}$$

由 G_3 产生的 $(6,3)$ 码见表 7.8。

表 7.8 G_3 生成的（6，3）码

信息位	码字	信息位	码字
000	000000	100	100011
001	001110	101	101101
010	010101	110	110110
011	011011	111	111000

它的标准阵列见表 7.9。

表 7.9   （6，3）码标准阵列

000000	001110	010101	100011	011011	101101	110110	111000
000001	001111	010100	100010	011010	101100	110111	111001
000010	001100	010111	100001	011001	101111	110100	111010
000100	001010	010001	100111	011111	101001	110010	111100
001000	000110	011101	101011	010011	100101	111110	110000
010000	011110	000101	110011	001011	111101	100110	101000
100000	101110	110101	000011	111011	001101	010110	011000
001001	000111	011100	101010	010010	100100	111111	110001

由表 7.9 可以看到，用这种标准阵译码，需要把 2^n 个 n 重存储在译码器中。所以采用这种译码方法的译码器的复杂性随 n 指数增长，很不实用。能否简化查表的步骤呢？为此我们需引入伴随式的概念。

(2) 伴随式译码法。这里讨论线性码是如何应用一致校验方程来发现差错的。

设 (n,k) 线性分组码发送许用码字 $C=(c_{n-1}c_{n-2}\cdots c_1c_0)$，经信道传输后，接收的序列是 $R=(r_{n-1}r_{n-2}\cdots r_1r_0)$，错误图样为 $E=(e_{n-1}e_{n-2}\cdots e_1e_0)$。由于许用码字 C 满足式（7.29）或式（7.30），那么接收到序列 R 后，也可以用一致校验方程来判断 R 是否是许用码字。

$$R \cdot H^T = 0 \quad 或 \quad H \cdot R^T = 0^T$$

已知 $R=C+E$（当 E 为全零矢量时 R 为发送的许用码字 C），则有

$$R \cdot H^T = (C+E) \cdot H^T = C \cdot H^T + E \cdot H^T = 0 + E \cdot H^T = E \cdot H^T \tag{7.37}$$

或

$$H \cdot R^T = H \cdot (C+E)^T = H \cdot C^T + H \cdot E^T = 0^T + H \cdot E^T = H \cdot E^T \tag{7.38}$$

令

$$S = E \cdot H^T \quad 或 \quad S^T = H \cdot E^T \tag{7.39}$$

S 为 $(n-k)=r$ 长的矢量。若接收序列 R 无错，$E=0$（n 长的零矢量），则 $S=0$（r 长的零矢量）。若 $R \neq C$，则 $E \neq 0$，$S \neq 0$。这就表明 S 与发送的许用码字无关，仅与错误图样 E 有关，它只含有关错误图样的信息，故称 S 为 R 的伴随式（或校正子）。每个错误图样都有其相应的伴随式，只要不同的错误图样对应的是不同的伴随式，就可根据伴随式判断出所发生的错误图样 E，使差错得到检测和纠正。

【例 7.6】 表 7.4 给出的 (7，4) 线性分组码，已知该码的一致校验矩阵为

$$H = \begin{bmatrix} 1 & 1 & 1 & 0 & 1 & 0 & 0 \\ 1 & 1 & 0 & 1 & 0 & 1 & 0 \\ 1 & 0 & 1 & 1 & 0 & 0 & 1 \end{bmatrix}$$

1) 若传送时没有发生差错 $E_0 = (0000000)$，计算得

$$S_0 = (000)$$

2）若传输时发生一位码元差错，设 $E_1=(1000000)$，计算得

$$S_1=E_1\cdot H=(111)\quad \text{或}\ S_1^{\mathrm{T}}=\begin{bmatrix}1\\1\\1\end{bmatrix}$$

若传送的码字分别为 $C_1=(0011110)$ 和 $C_2=(1110100)$，都发生了 $E_1=(1000000)$ 的错误，接收序列为 $R_1=(1011110)$ 和 $R_2=(0110100)$，可计算得 $S_1=R_1\cdot H^{\mathrm{T}}=(111)$，$S_2=R_2\cdot H^{\mathrm{T}}=(111)$，可见，伴随式与发送码字无关，仅与错误图样有关。

若发生一位码元差错的错误图样 $E_3=(0010000)$，计算得 $S_3=E_3\cdot H^{\mathrm{T}}=(101)$，可见，当发生了 E_1 错误时 S_1 是 H 中第 1 列的列矢量；当发生了 E_3 错误时 S_3 是 H 中第 3 列的列矢量。依次类推，当发生一位差错在第 i 位上，其伴随式 S_i 正好是 H 中第 i 列的列矢量。当发生一位错误时 $[W(E)=1]$，共有 $n=7$ 种不同的错误图样，其伴随式正好对应 H 中不同的 7 列。而且这 7 列的列矢量都不同，则可由伴随式判断出在传输中发生了什么样的一位码元差错，使差错得以纠正。如当计算得 $S=(010)$，它是 H 中的第 6 列矢量，所以可认为 $E=(0000010)$。

3）若传递时发生二位码元差错，设 $E=(1010000)$ 因为 $E=(1010000)=(1000000)+(0010000)=E_1+E_3$ 可计算得

$$S^{\mathrm{T}}=H\cdot(E_1+E_3)^{\mathrm{T}}=H\cdot E_1+H\cdot E_3^{\mathrm{T}}=S_1^{\mathrm{T}}+S_3^{\mathrm{T}}$$

$$=\begin{bmatrix}1\\1\\1\end{bmatrix}+\begin{bmatrix}1\\0\\1\end{bmatrix}=\begin{bmatrix}0\\1\\0\end{bmatrix}$$

首先伴随式不为零，说明传送的码字发生了差错。但是伴随式又与 H 中第 6 列矢量相同，这是因为矩阵 H 中任意小于或等于 2 列线性无关，而最少 3 列就线性相关了。因此，任意 2 列之和就可能等于 H 中某一列，现 $E=(1010000)$ 的伴随式 S 同于 $E_1=(0000010)$ 的伴随式 S_1。因此（7，4）线性码用于纠正一位差错时，就无法再检测出发生 2 位差错的错误。若此（7，4）线性码只用于检测差错，则就可以检测出任意小于或等于 2 位差错的错误。但是若 $E=(0010100)$ 或 $E=(0001001)$，它们的伴随式仍是

$$S^{\mathrm{T}}=\begin{bmatrix}0\\1\\0\end{bmatrix}$$

这些发生二位码元错误的错误图样虽然不同，但所对应的伴随式却完全相同，因此无法判定到底是哪两位发生了差错，也就无法纠正发生二位码元的随机差错。

综上分析可知，它是完全满足定理 7.2～7.4 的。表 7.4 的（7，4）线性码的最小距离为 $d_{\min}=3$。故（7，4）线性码用于纠错时，只能纠正单个错误 $d_{\min}=2\times1+1$，用于检错时，只检测（发现）小于等于 2 个错误（$d_{\min}=2+1$），而用于纠正一位差错时，就无法再检测出发生 2 位差错的错误。

通过［例 7.6］的分析，就能易于理解一般 (n,k) 线性分组的纠错、伴随式、错误图样和检验矩阵之间的关系。

设 (n,k,d) 线性码的检验矩阵 $H=[h_{n-1}h_{n-2}\cdots h_1h_0]$，得

$$S^{\mathrm{T}} = H \cdot E^{\mathrm{T}} = [h_{n-1}h_{n-2}\cdots h_1 h_0] \cdot \begin{bmatrix} e_{n-1} \\ e_{n-2} \\ \vdots \\ e_1 \\ e_0 \end{bmatrix} \tag{7.40}$$

$$= h_{n-1}e_{n-1} + h_{n-2}e_{n-2} + \cdots + h_1 e_1 + h_0 e_0$$

或 $$S = e_{n-1}h_{n-1}{}^{\mathrm{T}} + e_{n-2}h_{n-2}{}^{\mathrm{T}} + \cdots + e_1 h_1{}^{\mathrm{T}} + e_0 h_0{}^{\mathrm{T}} \tag{7.41}$$

在二元码情况下，$e_i(i=n-1, \cdots, 1, 0) \in [0, 1]$，若码字传送时发生了第 i 位差错，则 $e_i=1$ 其余 $e_j=0$，得

$$S^{\mathrm{T}} = h_i \qquad 或 S = h_i{}^{\mathrm{T}}$$

伴随式恰是 H 的第 i 列。若接收序列的第 i 和第 j 位出错，则 $e_i=e_j=1$ 其余 $e_k=0$，得 $S^{\mathrm{T}}=h_i+h_j$ 或 $S=h_i{}^{\mathrm{T}}+h_j{}^{\mathrm{T}}$。

伴随式 S 是 H 的两列矢量和。依次类推，可得若发生若干位差错的伴随式是 H 中对应的若干列矢量之和。这使错误图样、伴随式与校验矩阵联系起来。当线性分组码的 H 给定后，由定理 7.7 决定 H 中 $d_{\min}-1$ 列线性无关，$d_{\min}$ 列线性相关。又根据定理 7.2~7.4 可以确定什么错误图样对应的伴随式可以纠正或检测（发现），什么差错不能检测和纠正。

采用伴随式译码可以把译码器的存储容量降很多，但由于 (n, k) 分组码的 n, k 通常都比较大，虽然采用简化译码表，但译码器的复杂性还是很高的。在线性分组码理论中，如何寻找简化译码器是最重要的研究课题之一，为了寻找更加简单的又比较实用的译码方法，仅有线性特性是不够的，还需要附加一些其他特性，例如循环特性，这就是下面要介绍的循环码。

7.5.2 循环码

循环码是线性分组码一个十分重要的子集。循环码最主要的特点就是它的任意码字经过循环移位后结果仍是该码中一个码字。由于循环码具有更多的结构对称特性，利用其代数结构和许多的代数性质加以研究，可以得出比较有效的编码方案，使得它的编译码电路比一般线性码更简单和易于实现。循环码的纠错能力极强，不仅可以纠正随机差错，还可以纠正突发差错。因此，循环码目前在各个领域中都有着极其广泛的应用。

1. 循环码的定义

如果 (n, k) 线性分组码 C 的任何一个码字 $C=(c_{n-1}c_{n-2}\cdots c_1 c_0)$ 向左（或右）循环位移一位，得到的 n 维向量 $C^{(1)}=(c_{n-2}c_{n-3}\cdots c_0 c_{n-1})$ 也是 C 的码字，则称此 (n, k) 线性分组码为循环码。

例如，码集 $\{111, 110, 011, 101\}$ 是循环码，而码集 $\{111, 000, 110, 101\}$ 不是循环码。因为 110 循环移位后的结果不在码集中。

2. 循环码的多项式描述

为了便于用代数理论来研究循环码的特性，可以把每个码字表示成一个多项式，码字的各个码元便是多项式的各个系数，从而将码字和多项式建立一一对应关系。

设 (n, k) 循环码的一个码字为 $C=(c_{n-1}c_{n-2}\cdots c_1 c_0)$，则该码字对应的多项式为

$$C(x) = c_{n-1}x^{n-1} + c_{n-2}x^{n-2} + \cdots + c_1 x + c_0 \tag{7.42}$$

其中，$C(x)$ 称为码字 C 的码多项式，多项式的系数就是码字各分量的值，x 为任意是

变量，其幂次 i 代表该分量所在的位置。

例如，(7，3) 循环码的码字如下。

0011110 对应的码多项式为 $x^4+x^3+x^2+x$；

1110100 对应的码多项式为 $x^6+x^5+x^4+x^2$。

这里的 x 并没有真正的值，它只是表明码字中码元 "1" 的位置，当码多项式中的 x^i 存在时，它表明该对应位上的码元为 "1"，反之则为 "0"，由此可见，码多项式和码字是一致的，只是它们表示形式不同而已。但涉及如下一些多项式的模的运算概念。

若多项式 $f(x)g(x)=h(x)$，则称 $f(x)$ 为 $h(x)$ 的因式，$h(x)$ 为 $f(x)$ 的倍式。若 $h(x) \neq f(x)g(x)$，则有如下欧几里得除法原理成立，即总存在商式 $q(x)$ 和余式 $r(x)$ 使得

$$h(x) = f(x)q(x) + r(x) \qquad 0 \leqslant \partial^0 r(x) \leqslant \partial^0 f(x) \tag{7.43}$$

式中：$\partial^0 r(x)$ 和 $\partial^0 f(x)$ 分别表示多项式 $r(x)$ 和 $f(x)$ 的最高次幂。

并称 $h(x)$ 和 $r(x)$ 模 $f(x)$ 相等，$r(x)$ 称为 $h(x)$ 模 $f(x)$ 的余式，记为

$$h(x) \equiv r(x) \quad \mathrm{mod} f(x) \tag{7.44}$$

多项式的模运算与整数的模运算类似，基本方法是长除法。如果多项式是二元的，则其相应的系数运算均为模 2 加和模 2 乘运算。

【例 7.7】 用长除法求多项式 $x^2(x^5+x^3+x)$ 模 x^6+1 的余式。

因为 $x^2(x^5+x^3+x) = (x+1)(x^6+1) + x^5+x^3+x+1$，或者由长除法

$$
\begin{array}{r}
x+1 \\
x^6+1 \overline{\smash{)}x^7+x^6+x^5+x^3} \\
\underline{x^7 + x} \\
x^6+x^5+x^3+x \\
\underline{x^6 + 1} \\
x^5+x^3+x+1
\end{array}
$$

所以 $x^2(x^5+x^3+x)$ 模 x^6+1 的余式为 x^5+x^3+x+1，可写成

$$x^2(x^5+x^3+x) \equiv x^5+x^3+x+1 \quad \mathrm{mod}(x^6+1)$$

若将循环码的一个码字 $C=(c_{n-1}c_{n-2}\cdots c_1 c_0)$ 左移一位变成码字 $C^{(1)}=(c_{n-2}c_{n-3}\cdots c_0 c_{n-1})$，则 $C^{(1)}$ 也是该循环码的一个码字，它们对应的码多项式分别为

$$C(x) = c_{n-1}x^{n-1} + c_{n-2}x^{n-2} + \cdots + c_1 x + c_0 \tag{7.45}$$

$$C^{(1)}(x) = c_{n-2}x^{n-1} + c_{n-3}x^{n-2} + \cdots + c_0 x + c_{n-1} \tag{7.46}$$

比较式 (7.45) 和式 (7.46) 可得

$$C^{(1)}(x) \equiv x C(x) \qquad \mathrm{mod}(x^n+1)$$

同理，$xC^{(1)}(x)$ 对应的码字 $C^{(2)}$ 相当于将码字 $C^{(1)}$ 左移一位，或说是将 C 左移两位，即

$$C^{(2)}(x) = c_{n-3}x^{n-1} + c_{n-4}x^{n-2} + \cdots + c_{n-1}x + c_{n-2}$$

$$\equiv x C^{(1)}(x) \quad \mathrm{mod}(x^n+1)$$

$$\equiv x^2 C(x) \qquad \mathrm{mod}(x^n+1)$$

依次类推，不难得出循环左移 i 位时有

$$C^{(i)}(x) \equiv x^i C(x) \qquad \mathrm{mod}(x^n+1) \qquad (i=0,1,2,\cdots,n-1) \tag{7.47}$$

其中，$C^{(i)}(x)$ 为 $C(x)$ 左移 i 位所得的码多项式。式 (7.47) 表明，(n, k) 循环码的任一码字的码多项式都是码多项式 $C(x)$ 的倍式。换句话说，若 (n, k) 循环码的码多项式

为 $C(x)$，则 $x^i C(x)$ 在模 (x^n+1) 的运算下所得余式也是该循环码组的一个码多项式。（为书写简单，上述式中的 bmod (x^n+1) 在码多项式的表示中可以不写出来。）

因此，循环码的循环移位操作可以转化为多项式的代数运算（多项式的模 (x^n+1) 求余运算），或者说，可以利用代数知识来精确分析循环码的特性。

3. 生成多项式和生成矩阵

(1) 生成多项式。观察循环码的所有码多项式，不难发现，除全 0 码外，它存在着一个特殊的多项式，这个多项式在循环码的构成中具有十分重要的意义，它就是该码的最低次多项式。它的特性可以用以下几个定理说明。

定理 7.8 一个二进制中 (n, k) 循环码中有唯一的非零最低次多项式 $g(x)$，且其常数项为 1。

证明：设 $g(x)$ 是码中次数最低的非零码多项式，令其具有如下的形式
$$g(x) = x^r + g_{r-1}x^{r-1} + \cdots + g_1 x + g_0$$

若 $g(x)$ 不唯一，则必存在另一个次数最低的码多项式，例如 $g'(x)=x^r+g'_{r-1}x^{r-1}+\cdots g'_1 x+g'_0$，因为循环码是线性分组码，所以 $g(x)+g'(x)=(g_{r-1}+g'_{r-1})x^{r-1}+\cdots+(g_1+g'_1)x+(g_0+g'_0)$ 是一个次数小于 r 的码多项式。若 $g(x)+g'(x)\neq 0$，则 $g(x)+g'(x)$ 是一个次数小于最低次数 r 的非零码多项式，这显然与 r 是最低次数相矛盾。因此，必有 $g(x)+g'(x)=0$，即 $g(x)=g'(x)$，即 $g(x)$ 是唯一的。

再证 $g_0=1$。

若 $g_0=0$，则有
$$g(x) = x^r + g_{r-1}x^{r-1} + \cdots + g_2 x^2 + g_1 x = x(x^{r-1}+g_{r-1}x^{r-2}+\cdots+g_2 x+g_1)$$

因为 $g(x)$ 是码多项式，则将其对应的码字右移 1 位后，得到一个非零码多项式，即 $x^{r-1}+g_{r-1}x^{r-2}+\cdots+g_2 x+g_1$，这也是循环码的码多项式，而它的次数小于 r，这与 $g(x)$ 是次数最低的非零码多项式的假设相矛盾，故 $g_0=1$。　　　　　[证毕]

上例 $(7, 4)$ 循环码，只有一个最低次多项式 x^3+x+1，而码中所有码多项式都是它的倍式，即由 x^3+x+1 可生成所有 $(7, 4)$ 循环码，我们把它称为该 $(7, 4)$ 循环码的生成多项式。

定义 7.9 如果一个码的所有码多项式都是多项式 $g(x)$ 的倍式，则称 $g(x)$ 生成该码，且称 $g(x)$ 为该码的生成多项式，所对应的码字称为生成子或生成子序列。

定理 7.9 在一个 (n, k) 循环码中，存在有唯一的 $n-k$ 次多项式 $g(x)=x^{n-k}+g_{n-k-1}x^{n-k-1}+\cdots+g_1 x+1$（其常数项 g_0 必等于 1），使得每一码多项式 $C(x)$ 都是 $g(x)$ 的倍式，且每一小于或等于 $n-1$ 次的 $g(x)$ 的倍式一定是码多项式。

（注：因 $g(x)$ 中 g_{n-k} 必为 1，所以在数学术语中称 $g(x)$ 为 $n-k$ 次首一多项式，即最高次数项系数为 1 的多项式。）

下面一个定理给出了循环码的生成多项式 $g(x)$ 应满足的条件。

定理 7.10 设 $g(x)$ 是 (n, k) 循环码 $[C(x)]$ 中的一个次数最低的多项式 $(g(x)\neq 0)$，则该循环码由 $g(x)$ 生成，并且 $g(x)|(x^n+1)$。

综上所述，可得出生成多项式 $g(x)$ 的性质：$g(x)$ 是循环码的码多项式中的一个唯一的最低次多项式，它具有首 1 末 1（末 1 指其常数项为 1）的形式。该码集中任一码多项式都是它的倍式，它本身必是多项式 x^n+1 的一个 $(n-k)$ 次的因式，由它可生成 2^k 个码字的

循环码。

从讨论中，可得到几个重要结论。

1）在二元域上找一个 (n, k) 循环码，就是找一个能除尽 x^n+1 的 $n-k$ 次具有首 1 末 1 形式的多项式 $g(x)$，为了寻找生成多项式，必须对 x^n+1 进行因式分解，这可用计算机来完成。

对于某些 n 值，x^n+1 只有很少的几个因式，因而码长为 n 的循环码也不多。仅对于很少的几个 n 值，才有较多的因式，这在一些参考书上已将因式分解列成表格，有兴趣的读者可参阅参考书目［5］。

2）如果 $C(x)$ 是 (n, k) 码的一个码多项式，则 $g(x)$ 一定能除尽 $C(x)$。反之，若 $g(x)|C(x)$，则次数小于等于 $n-1$ 的 $C(x)$ 必是码的码多项式。也就是说若 $C(x)$ 是码多项式，则

$$C(x) \equiv 0 \quad \mathrm{mod} g(x) \tag{7.48}$$

上述所有结论，虽然都是在二元域上讨论的，但都可以推广到多元域上。

【例 7.8】 求 $(7, 4)$ 循环码的生成多项式 $g(x)$ 及码多项式。

分解因式 x^7+1，得到 $x^7+1=(x+1)(x^3+x+1)(x^3+x^2+1)$ 分解如下。

1 次 $x+1$

3 次 x^3+x+1、x^3+x^2+1

4 次 $(x+1)(x^3+x+1)$、$(x+1)(x^3+x^2+1)$

6 次 $(x^3+x+1)(x^3+x^2+1)$

由于 $(7, 4)$ 码集中任一码多项式都是生成多项式 $g(x)$ 的倍式，它本身必是多项式 x^7+1 的一个 $(n-k)=7-4=3$ 次的因式，由它可生成 $2^k=2^4=16$ 个码字的循环码。现在 x^7+1 有两个 3 次因式，都可作为码的生成多项式。

对于 $(7, 4)$ 循环码，若选 $g(x)=x^3+x+1$ 为生成多项式，则码多项式

$$C(x) = m(x)g(x) = (m_3 x^3 + m_2 x^2 + m_1 x + m_0)(x^3 + x + 1)$$

同样，若选 $g(x)=x^3+x^2+1$，则码多项式

$$C(x) = m(x)g(x) = (m_3 x^3 + m_2 x^2 + m_1 x + m_0)(x^3 + x^2 + 1)$$

以 $g(x)=x^3+x+1$ 为例：当输入 $m=(0010)$，则有

$$m(x) = x$$
$$C(x) = x^4 + x^2 + x$$

则 $$C = (0010110)$$

依次将 (0000) 到 (1111) 全部代入，则可以得到全部循环码集，见表 7.10。

表 7.10 　　　　　　　$g(x)=x^3+x+1$ 生成的 $(7, 4)$ 码

信息位	码字	信息位	码字
0000	0000000	1000	1011000
0001	0001011	1001	1010011
0010	0010110	1010	1001110
0011	0011101	1011	1000101
0100	0101100	1100	1110100
0101	0100111	1101	1111111
0110	0111010	1110	1100010
0111	0110001	1111	1101001

当然，若选 $g(x)=(x+1)(x^3+x+1)$ 或 $g(x)=(x+1)(x^3+x^2+1)$，则可构造出两个不同的 (7, 3) 循环码；若选 $g(x)=(x^3+x+1)(x^3+x^2+1)$，则可构造出一个 (7, 1) 循环码，它就是重复码。由此可知，只要知道了 x^n+1 的因式分解式，用它的各个因式的乘积，便能得到很多个不同的循环码。但显然用上面的方法生成的循环码不是系统码，也就是说相应的 k 位信息位不是集中在码字矢量的左侧（最高位）。为了构成 (n, k) 系统循环码，可以认为码多项式应该具有如下的结构

$$C(x) = x^{n-k}m(x) + r(x) \tag{7.49}$$

其中 $r(x)$ 是与 $n-k$ 位校验元对应的 $n-k-1$ 次多项式。由式 (7.49) 可知，$C(x)$ 是 $g(x)$ 的倍式，因而有

$$C(x) = x^{n-k}m(x) + r(x) \equiv 0 \quad \mod g(x) \tag{7.50}$$

所以 $$r(x) \equiv x^{n-k}m(x) \quad \mod g(x) \tag{7.51}$$

也即将 $m(x)$ 移位 $n-k$ 次，然后用 $g(x)$ 相除，所得余式就是 $r(x)$（除法电路可用反馈位移寄存器来实现），从而由信息数字得到校验数字，实现循环码的编码。

可将构成系统码的具体步骤归纳如下。

1) 将信息多项式 $m(x)$ 乘以 x^{n-k}，即右移 $n-k$ 位。

2) $x^{n-k}m(x)$ 除以 $g(x)$，得到余式 $r(x)$（即校验位多项式）。

3) 写出码多项式 $C(x)=x^{n-k}m(x)+r(x)$。

【例 7.9】 已知 (7.3) 系统码的生成多项式 $g(x)=x^4+x^3+x^2+1$，求产生信息位为 $m=(011)$ 对应的循环码字。

解 已知输入 $m=(011)$ 时，信息多项式 $m(x)=x+1$，$n-k=4$

第一步：$x^{n-k}m(x)=x^4(x+1)=x^5+x^4$。

第二步：用生成多项式 $x^4+x^3+x^2+1$ 除 x^5+x^4，可得余式 $r(x)=x^3+x$。

第三步：$C(x)=x^{n-k}m(x)+r(x)=x^5+x^4+x^3+x$，则信息位 (011) 对应的码字为 0111010。

(2) 生成矩阵。由于 (n, k) 循环码共有 2^k 码字，肯定可以找到一个前 $k-1$ 位为 0，可以用生成多项式 $g(x)$ 表示的码字。由前面分析可知，$x^i g(x)(i=0, 1, 2, \cdots, k-1)$，所对应的码均为码字，所以可用 $x^i g(x)(i=0, 1, 2, \cdots, k-1)$ 作为生成矩阵 G 的 k 行。则码的生成矩阵 $G(x)$ 以多项式 $g(x)$ 形式表示为

$$G(x) = \begin{bmatrix} x^{k-1}g(x) \\ x^{k-2}g(x) \\ \vdots \\ xg(x) \\ g(x) \end{bmatrix} \tag{7.52}$$

取其系数即得相应的生成矩阵 $r(x)$

$$G(x) = \begin{bmatrix} g_{n-k} & g_{n-k-1} & \cdots & g_1 & g_0 & \overbrace{0 \quad 0 \quad \cdots \quad 0}^{k-1} \\ 0 & g_{n-k} & g_{n-k-1} & \cdots & g_1 & g_0 & 0 & \cdots & 0 \\ \underbrace{0 \quad \cdots \quad 0}_{k-1} & & g_{n-k} & \cdots & g_1 & g_0 \\ & & & \underbrace{\qquad\qquad}_{n-k-1} \end{bmatrix} \tag{7.53}$$

由式（7.52）可知，当输入信息位为 $(m_1 m_2 \cdots m_k)$ 时，相应的循环码多项式为

$$
\begin{aligned}
C(x) &= [m_1 m_2 \cdots m_k] G(x) \\
&= (m_k x^{k-1} + \cdots + m_2 x + m_1) G(x)
\end{aligned}
\tag{7.54}
$$

【例 7.10】 设 $g(x) = x^4 + x^3 + x^2 + 1$ 为 $[7, 3]$ 循环码的生成多项式，求生成矩阵。

解 依题意，生成多项式为

$$
G(x) = \begin{bmatrix} x^2(x^4 + x^3 + x^2 + 1) \\ x(x^4 + x^3 + x^2 + 1) \\ x^4 + x^3 + x^2 + 1 \end{bmatrix} = \begin{bmatrix} x^6 + x^5 + x^4 + x^2 \\ x^5 + x^4 + x^3 + x \\ x^4 + x^3 + x^2 + 1 \end{bmatrix}
$$

由多项式系数得到的生成矩阵为

$$
G = \begin{bmatrix} 1 & 1 & 1 & 0 & 1 & 0 & 0 \\ 0 & 1 & 1 & 1 & 0 & 1 & 0 \\ 0 & 0 & 1 & 1 & 1 & 0 & 1 \end{bmatrix}
$$

（3）系统生成矩阵和校验矩阵。由式（7.53）所示生成矩阵得到的循环码并非系统码。在系统码中码的最左 k 位是信息码元，随后是 $n-k$ 位校验码元。这相当于码多项式 $C(x)$ 的第 $n-1$ 次至 $n-k$ 的系数是信息位，其余的是校验位。因系统循环码生成矩阵必为 $[I_k P_{k \times r}]$ 的形式，与单位矩阵 I_k 每行对应的信息多项式为

$$
m_i(x) = m_i x^{k-i} = x^{k-i} \quad (i = 1, 2, \cdots, k)
\tag{7.55}
$$

由式（7.53）得相应的校验多项式为

$$
r_i(x) \equiv x^{n-k} m_i(x) \equiv x^{n-i} \quad \bmod g(x) \quad (i = 1, 2, \cdots, k)
\tag{7.56}
$$

由此得到生成矩阵中每行的码多项式为

$$
C_i(x) = x^{n-i} + r_i(x) \quad (i = 1, 2, \cdots, k)
\tag{7.57}
$$

则系统循环码生成矩阵多项式的一般表示为

$$
G(x) = \begin{bmatrix} C_1(x) \\ C_2(x) \\ \vdots \\ C_k(x) \end{bmatrix} = \begin{bmatrix} x^{n-1} + r_1(x) \\ x^{n-2} + r_2(x) \\ \vdots \\ x^{n-k} + r_k(x) \end{bmatrix}
\tag{7.58}
$$

另外，非系统生成矩阵通过矩阵初等变换可转换成系统生成矩阵。

【例 7.11】 设 $g(x) = x^4 + x^3 + x^2 + 1$ 为 $[7, 3]$ 循环码的生成多项式，求其系统生成矩阵。

解 由 [例 7.10] 可知生成矩阵为

$$
G = \begin{bmatrix} 1 & 1 & 1 & \vdots & 0 & 1 & 0 & 0 \\ 0 & 1 & 1 & \vdots & 1 & 0 & 1 & 0 \\ 0 & 0 & 1 & \vdots & 1 & 1 & 0 & 1 \end{bmatrix}
\tag{7.59}
$$

矩阵初等变换后得到系统生成矩阵

$$
G_1 = \begin{bmatrix} 1 & 0 & 0 & \vdots & 1 & 1 & 1 & 0 \\ 0 & 1 & 0 & \vdots & 0 & 1 & 1 & 1 \\ 0 & 0 & 1 & \vdots & 1 & 1 & 0 & 1 \end{bmatrix}
\tag{7.60}
$$

系统生成矩阵一旦得出，就可通过 $C = m G_1$，求得系统循环码 C。

由于 $g(x)$ 是 $x^n + 1$ 的因式，因而有

$$x^n + 1 = g(x)h(x) \tag{7.61}$$

由 $g(x)$ 可导出生成矩阵 G，那么由 $h(x)$ 是否可导出一致校验矩阵 H 呢？下面讨论这个问题。

因为 $g(x)h(x) = x^n + 1$，设

$$g(x) = g_r x^r + g_{r-1} x^{r-1} + \cdots + g_1 x + g_0$$

$$h(x) = h_k x^k + h_{k-1} x^{k-1} + \cdots + h_1 x + h_0$$

则 $(g_r x^r + g_{r-1} x^{r-1} + \cdots + g_1 x + g_0)(h_k x^k + h_{k-1} x^{k-1} + \cdots + h_1 x + h_0) = x^n + 1 \tag{7.62}$

比较上式可得 $g_r h_k = 1$，$g_0 h_0 = 1$，而 x^{n-1}，x^{n-2}，$\cdots$，x 等的系数均为 0，即

$$g_0 h_1 + g_1 h_0 = 0$$

$$g_0 h_2 + g_1 h_1 + g_2 h_0 = 0$$

$$\vdots$$

$$g_{r-i} h_{k-1} + g_{r-i+1} h_{k-2} + \cdots + g_{r-i+j} h_{k-j-1} = 0$$

$$\vdots$$

$$g_r h_{k-1} + g_{r-1} h_k = 0 \tag{7.63}$$

由此可知循环码的校验矩阵为

$$H = \begin{bmatrix} h_0 & h_1 & \cdots & h_k & 0 & \cdots & & & 0 \\ 0 & h_0 & h_1 & \cdots & h_k & 0 & \cdots & & 0 \\ \vdots & & & & & \vdots & & & \cdots \\ 0 & 0 & & \cdots & & & h_0 & h_1 & \cdots & h_k \end{bmatrix} \tag{7.64}$$

因此，H 由 $h(x)$ 的系数决定，故称 $h(x)$ 是循环码的校验多项式。应注意的是生成矩阵 G 式（7.53）的行向量为 $g(x)$ 系数的降幂排列，一致校验矩阵式（7.64）的行向量为 $h(x)$ 系数的升幂排列。反之，如果 G 为升幂排列，则对应的 H 应为降幂排列。若记 $h^*(x) = h_0 x^k + h_1 x^{k-1} + \cdots + h_{k-1} x + h_k$，则

$$H(x) = \begin{bmatrix} x^{n-k-1} h^*(x) \\ x^{n-k-2} h^*(x) \\ \vdots \\ x h^*(x) \\ h^*(x) \end{bmatrix} \tag{7.65}$$

【例 7.12】 $[7, 4]$ 循环码中，其生成多项式为 $g(x) = x^3 + x + 1$。求其生成矩阵和校验矩阵。

解 因为 $x^7 + 1 = (x+1)(x^3 + x + 1)(x^3 + x^2 + 1)$，根据式（7.61）有

$$h(x) = x^4 + x^2 + x + 1$$

则对应的 $h^* = (1, 1, 1, 0, 1)$，因此，得到生成矩阵和校验矩阵为

$$G = \begin{bmatrix} 1 & 0 & 1 & 1 & 0 & 0 & 0 \\ 0 & 1 & 0 & 1 & 1 & 0 & 0 \\ 0 & 0 & 1 & 0 & 1 & 1 & 0 \\ 0 & 0 & 0 & 1 & 0 & 1 & 1 \end{bmatrix} \qquad H = \begin{bmatrix} 1 & 1 & 1 & 0 & 1 & 0 & 0 \\ 0 & 1 & 1 & 1 & 0 & 1 & 0 \\ 0 & 0 & 1 & 1 & 1 & 0 & 1 \end{bmatrix}$$

容易验证 $GH^{\mathrm{T}} = 0$。

4. 循环码的编码及其实现

（1）多项式运算电路。由于多项式 $a(x)=a_nx^n+a_{n-1}x^{n-1}+\cdots+a_1x+a_0$ 表示的是时间序列 $a=(a_0，a_1，a_2，\cdots，a_{n-1}，a_n)$，因而多项式的计算表现为对时间序列的操作。对于二进制多项式系数的基本操作为模二加模二乘。

$a(x)$ 与 $b(x)$ 的相加电路如图 7.8 所示。若 $\partial^0 b(x)=m$ 小于 $\partial^0 a(x)=n$，则将 $b(x)$ 扩充为 n 次多项式，扩充的幂次项系数为 0。

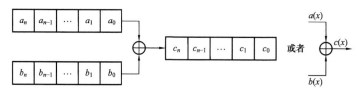

图 7.8　多项式相加 $c(x)=a(x)+b(x)$

多项式 $a(x)$ 乘以 x 等价为时间序列 a 延时 1 位，多项式 $a(x)$ 与多项式 $g(x)$ 的乘等价为 $a(x)$ 的不同移位后的相加，因为

$$a(x)g(x)=a(x)(g_1(x)+g_2(x))=a(x)g_1(x)+a(x)g_2(x)$$

多项式乘法电路如图 7.9 所示。$a(x)$ 与 $g(x)$ 的乘法一般电路如图 7.10 和图 7.11 所示。在乘法电路中总假设多项式的低位在前，电路中的所有寄存器初态为 0。

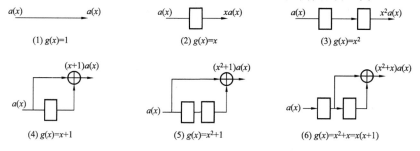

图 7.9　多项式乘法电路例

在图 7.10 和图 7.11 中符号 $\odot$ 为乘，对于模 2 运算，它等效于逻辑"与"。在实现上当 g_i 为 1 时此线路通，当 g_i 为 0 时此线路断。

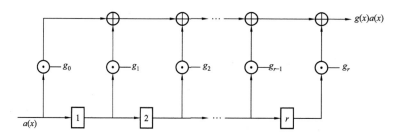

图 7.10　多项式乘法电路（一）

对于多项式模运算，先考虑如下简单情形。

如果 $g(x)=1$，则二进制系数多项式 $a(x)$ 模 $g(x)$ 的余式一定为 0，其实现电路如图 7.12 所示。

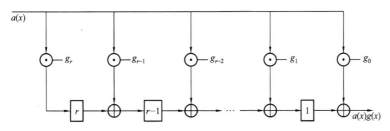

图 7.11　多项式乘法电路（二）

如果 $g(x)$ 是单项式 $g(x)=x^k$，那么
$a(x)$ 模 $g(x)$ 的余式是所有小于 $\partial^0 g(x)=k$
的低次幂部分

$$a(x)(\bmod x^k) = a_0 + a_1 x + \cdots + a_{k-1} x^{k-1}$$

相应的实现电路是对 $a(x)$ 低次幂部分的

图 7.12　多项式模 $g(x)=1$ 的运算电路

存储，进入电路输入顺序为 a_n，a_{n-1}，$\cdots$，a_1，a_0，如图 7.13 所示为运算电路例。

图 7.13　多项式模 x^k 的运算电路例

(a) $g(x)=x$；(b) $g(x)=x^2$

由于恒有

$$x^k(\bmod(1+x)) = 1 \quad (k=0,1,2,\cdots)$$

所以对于任意的 $a(x)$，$\partial^0 a(x)=n$，由长除法得

$$a(x)(\bmod(1+x)) = a_0 + a_1 + a_2 + \cdots + a_n \quad (\bmod 2)$$

完成此运算的电路如图 7.14 所示。其中寄存器的初态为 0。当 $a(x)$ 输入完成后，寄存器的
内容即是余式 $p(x)=a(x)(\bmod(1+x))$。输入 $a(x)$ 时开关 S1 通，S2 断。$a(x)$ 输入完成
后，S1 断，S2 通。

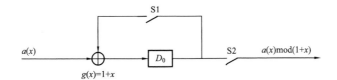

图 7.14　多项式模 $(x+1)$ 的运算电路

同样由长除法可以得到

$$a(x)(\bmod(1+x^2)) = \sum_{\substack{i=0,2,4,\cdots \\ i \leqslant n}} a_i + x \sum_{\substack{i=1,3,5,\cdots \\ i \leqslant n}} a_i = p_0 + p_1 x$$

完成此运算的电路如图 7.15 所示。

类似地，多项式模 $(1+x+x^2)$ 的运算电路如图 7.16 所示。

一般的多项式模 $g(x)=g_0+g_1 x+g_2 x^2+\cdots+g_r x^r$ 的运算电路如图 7.17 所示，移位寄

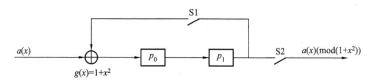

图 7.15 多项式模 (x^2+1) 的运算电路

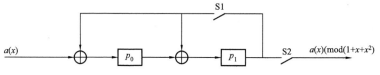

图 7.16 多项式模 (x^2+x+1) 的运算电路

存器初态全为 0。当 $a(x)$ 输入完后，移位寄存器内容 $(p_0, p_1, \cdots, p_r)$ 即是余式 $p(x)=p_0+p_1x+\cdots+p_{r-1}x^{r-1}=a(x)(\mathrm{mod}g(x))$。

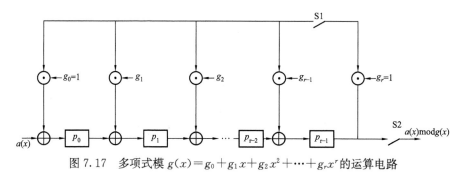

图 7.17 多项式模 $g(x)=g_0+g_1x+g_2x^2+\cdots+g_rx^r$ 的运算电路

（2）循环码编码电路。由于多项式的运算电路以及循环码的循环特性可以方便地得到循环码的循环电路。

1）非系统码编码电路。由多项式乘法电路和循环码式是生成多项式倍式的原理，多项式乘法电路图 7.10 或图 7.11 所示为循环码的非系统码编码电路，又称为循环码乘法编码电路，其中输入 $a(x)=m(x)$，$\partial^0 m(x)<k$，输出 $a(x)g(x)=c(x)$ 即是码式，$\partial^0 c(x)<k+r=n$。

2）系统码编码电路。循环码系统码的 r 级除法编码电路、求余式电路以及加法或开关电路组成，如图 7.18 所示，电路工作过程见表 7.11。在电路中，消息序列 (m) 由求余式电路的最后级反馈端输入等价为对 (m) 的 r 次移位，即完成 $x^r m(x)$ 运算。

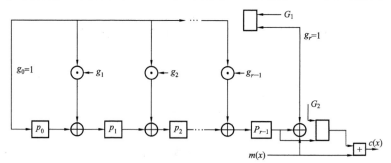

图 7.18 循环码系统码的 r 级除法编码电路

表 7.11 循环码系统码编码电路工作过程

时钟 t	门控信号 G_1/G_2	输入 $m(x)$	输出 $c(x)$
$t_0 \sim t_{k-1}$	1/0	$m(x)$	$x^r m(x)$
$t_k \sim t_{n-1}$	0/1	0	$(x^r m(x)) \bmod g(x)$

k 级除法编码电路由 $h(x)$ 构造，如图 7.19 所示，电路过程见表 7.12，其原理表述为

$$c_{n-k-j} = -\sum_{i=0}^{k-1} c_{n-j-i} h_i \quad (j = 1, 2, \cdots, r) \tag{7.66}$$

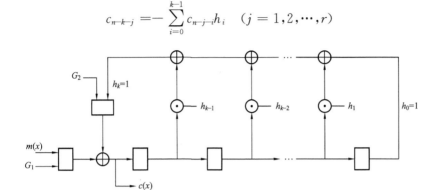

图 7.19 k 级循环码除法编码电路

表 7.12 k 级循环码除法编码电路工作过程

时钟 t	门控信号 G_1/G_2	输入 $m(x)$	输出 $c(x)$
$t_0 \sim t_{k-1}$	1/0	$m(x)$	$x^r m(x)$
$t_k \sim t_{n-1}$	0/1	0	$(x^r m(x)) \bmod g(x)$

【例 7.13】 生成 $(7, 4)$ 汉明循环码的生成多项式 $g(x) = x^3 + x^2 + 1$，r 级除法编码电路如图 7.20 所示，电路工作过程见表 7.13。注意，在系统码编码电路中，输入 $m(x)$ 和输出 $c(x)$ 在时间流顺序上都是高位在前。

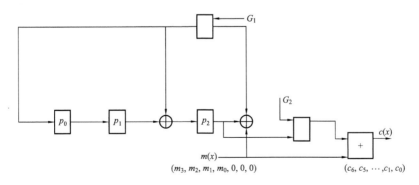

图 7.20 汉明系统循环码 r 级编码电路

图 7.20 所示的工作方程为

$$\begin{cases} p'_0 = p_2 + m \\ p'_1 = p_0 \\ p'_2 = p_1 + p_2 + m \end{cases}, \quad G_1 = 1, G_2 = 0 \qquad \begin{cases} p'_0 = 0 \\ p'_1 = p'_0, \quad G_1 = 0, G_2 = 1 \\ p'_2 = p'_1 \end{cases}$$

输出方程为 $c = p_2$。

表 7.13 **(7，4) 系统循环码编码电路工作过程**

时钟 t	消息 $m(x)$		移位寄存器状态 $p_0 \quad p_1 \quad p_2$			码字 $c(x)$		控制门 $G_1 \quad G_2$	
1	m_3	1	0	0	0	1	c_6	1	0
2	m_2	0	1	0	1	0	c_5	1	0
3	m_1	1	1	1	1	1	c_4	1	0
4	m_0	0	0	1	1	0	c_3	1	0
5	0	0	1	0	0	0	c_2	0	1
6	0	0	0	1	0	0	c_1	0	1
7	0	0	0	0	1	1	c_0	0	1

由表 7.13 可见，当 $m(x) = x^3 + x$，则

$$c(x) = (x^3(x^3 + x)) + [x^3(x^3 + x)(\mod(1 + x^2 + x^3))]$$
$$= (x^6 + x^4) + [x^6 + x^4(\mod(x^3 + x^2 + 1))]$$
$$= x^6 + x^4 + 1$$

5. 循环码的译码及其实现

(1) 伴随式的计算。假定传送一个循环码字

$$c = (c_0, c_1, \cdots, c_{n-1}) \tag{7.67}$$

在传输过程中出现形式为

$$e = (e_0, e_1, \cdots, e_{n-1}) \tag{7.68}$$

的错误。用多项式表示也就是发送码字多项式为

$$c(x) = c_0 + c_1 x + \cdots + c_{n-1} x^{n-1} \tag{7.69}$$

错误多项式为

$$e(x) = e_0 + e_1 x + \cdots + e_{n-1} x^{n-1} \tag{7.70}$$

于是接收多项式为

$$r(x) = r_0 + r_1 x + \cdots + r_{n-1} x^{n-1}$$
$$= c(x) + e(x) \tag{7.71}$$

其中 $$r_i = c_i + e_i \quad (i = 0, 1, 2, \cdots, n-1)$$

用生成多项式 $g(x)$ 除接收多项式，得到

$$r(x) = q(x) \cdot g(x) + s(x) \tag{7.72}$$

其中 $q(x)$ 为商式，$s(x)$ 为余式。由于码字多项式 $c(x)$ 是生成多项式 $g(x)$ 的倍式

$$c(x) = m(x) \cdot g(x) \tag{7.73}$$

所以式 (7.72) 中余式 $s(x)$ 是由错误多项式 $e(x)$ 决定的，和码字多项式无关。当没有错误时，$e(x) = 0$，则 $s(x)$ 等于零，所以 $s(x)$ 称为检验式或伴随式。

由于循环码的循环结构，使得伴随式 $s(x)$ 有如下性质。

定理 7.11 令 $s(x)$ 是接收多项式 $r(x) = r_0 + r_1 x + \cdots + r_{n-1} x^{n-1}$ 的伴随式，则 $xs(x)$ 被 $g(x)$ 除所得的余式 $s^{(1)}(x)$ 是 $r(x)$ 向右循环位移一位后 $r^{(1)}(x)$ 的伴随式。

证明：由式 (7.47) 知道 $r(x)$ 和 $r^{(1)}(x)$ 关系为

$$x \cdot r(x) = r_{n-1}(x^n + 1) + r^{(1)}(x)$$

所以 $$r^{(1)}(x) = r_{n-1}(x^n + 1) + xr(x)$$

设 $r(x)$ 除以 $g(x)$ 的商式为 $q(x)$，余式为 $s(x)$，即

$$r(x) = q(x)g(x) + s(x)$$

利用 $$x^n + 1 = h(x) \cdot g(x)$$

则 $$r^{(1)}(x) = [r_{n-1}h(x) + xq(x)]g(x) + xs(x)$$

如果 $xs(x)$ 除以 $g(x)$ 的商和余式为 $a(x)$ 和 $\rho(x)$，那么

$$r^{(1)}(x) = [r_{n-1}h(x) + xq(x) + a(x)]g(x) + \rho(x)$$

于是 $r^{(1)}(x)$ 的伴随式是 $xs(x)$ 除以 $g(x)$ 的余式 $\rho(x)$，记之为 $s^{(1)}(x)$。

类似的，把 $r(x)$ 连续循环移位 i 次，所得的多项式 $r^{(i)}(x)$ 的伴随多项式 $s^{(i)}(x)$ 是 $x^i \cdot s(x)$ 除以 $g(x)$ 后的余式。以上性质在循环码译码中非常有用。

计算接收多项式 $r(x)$ 的伴随式可利用图 7.21 所示电路进行。实际上它是一个除 $g(x)$ 的电路，只是对于生成多项式 $g(x)$ 要求 $g_0 = g_{n-k} = 1$。利用图 7.21 所示电路，当接收多项式 $r(x)$ 全部移入伴随式计算电路后，在寄存器中存放的就是 $r(x)$ 的伴随式 $s(x)$。如果还希望计算 $r^{(i)}(x)$ 的伴随式 $s^{(i)}(x)$，则只要把"门 1"断开，"门 2"保持接通，继续作 i 次反馈移位，这时在寄存器中的内容就是 $x^i \cdot s(x)$ 除 $g(x)$ 的余式，也就是 $r^{(i)}(x)$ 的伴随式 $s^{(i)}(x)$。

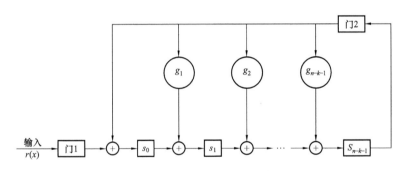

图 7.21　计算接收多项式 $r(x)$ 的伴随式电路

【例 7.14】　由 $g(x) = 1 + x + x^3$ 生成的 (7，4) 循环码，伴随式计算电路就是除 $g(x)$ 电路，如图 7.22 所示。

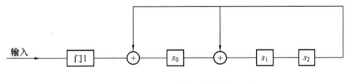

图 7.22　一个伴随式计算电路

接收到得矢量为 $r = (0010110)$，当 r 通过"门 1"从高位到低位输入到除法电路后，在寄存器中存放的是 r 的伴随式 $s = (101)$。如果这时把"门 1"断开，反馈寄存器电路再循环右移 1 位，则得到 $s^{(1)} = (100)$，它是 $r^{(1)} = (0001011)$ 的伴随式。

当接收矢量输入后，在寄存器中保存的不是 $r(x)$ 的伴随式，而是 $x^{n-k} \cdot r(x)$ 的伴随式，也就是 $r^{(n-k)}(x)$ 的伴随式。这是由于 $x^{n-k} \cdot r(x)$ 被 $g(x)$ 除时，商式 $a(x)$ 和余

式 $\rho(x)$ 为

$$x^{n-k}r(x) = a(x) \cdot g(x) + \rho(x)$$

因为
$$x^{n-k}r(x) = (r_k + r_{k-1}x + \cdots + r_{n-1}x^{n-k-1} + r_0x^{n-k} + \cdots + r_{k-1}x^{n-1})$$
$$+ (1+x^n)(r_k + r_{k+1}x + \cdots + r_{n-1}x^{n-k-1})$$
$$= r^{(n-k)}(x) + (1+x^n) \cdot b(x)$$

其中
$$b(x) = r_k + r_{k+1}x + \cdots + r_{n-1}x^{n-k-1}$$

以及
$$x^n - 1 = h(x) \cdot g(x)$$

所以
$$r^{(n-k)}(x) = a(x)g(x) + \rho(x) + (1+x^n)b(x)$$
$$= [a(x) + b(x) \cdot h(x)] \cdot g(x) + \rho(x)$$

因此 $\rho(x)$ 是 $r^{(n-k)}(x)$ 除以 $g(x)$ 后的余式，即

$$\rho(x) = s^{(n-k)}(x)$$

正如本节开头时说明的，接收多项式的伴随式是由错误多项式确定的。伴随多项式是 $n-k-1$ 次多项式，所以总共可有 2^{n-k} 种不同的伴随多项式。具有相同伴随多项式的错误形式全体构成一个陪集，每个伴随多项式对应一个陪集。如果选择陪集中重量最轻的错误多项式为陪集首项，根据接收多项式计算出伴随式，并认定这时发生错误形式是与伴随式相应的陪集首项。于是从接收多项式减去陪集首项对应的错误形式就达到了最大似然译码。

（2）循环译码的通用译码算法。根据（1）中的讨论，可以得到如下的译码算法。

1）计算接收多项式 $r(x)$ 对应的伴随式 $s(x)$。

2）根据伴随式 $s(x)$，查表寻找对应的错误多项式（陪集首项）。

3）把接收多项式和错误多项式相加就纠正了相应的错误。

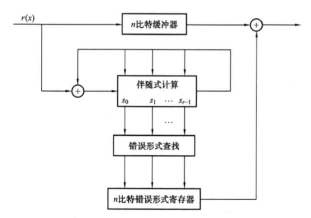

图 7.23 循环码的通用译码器

相应的译码器如图 7.23 所示。

译码之前首先把寄存器清零，接着接收多项式 $r(x)$ 从高位到低位依次输入到"n 比特缓冲寄存器"，把接收矢量保存起来；同时接收多项式 $r(x)$ 输入到伴随式计算电路，这是一个除法电路。当 $r(x)$ 全部进入伴随式计算电路后，在伴随寄存器中存放的就是响应的伴随式。用 $r=n-k(\text{bit})$ 的伴随式作为地址去查找 $n(\text{bit})$ 的错误形式，把错误形式放在 $n(\text{bit})$ 错误形式寄存器中；然后 $n(\text{bit})$ 缓冲器中存放的接收矢量与 $n(\text{bit})$ 错误形式同步输出并相加，达到纠错的目的。

伴随式计算电路和缓冲寄存器电路都比较容易实现，困难的是从伴随式去查找错误形式。对于一个 (n,k) 循环码来说伴随式长度为 $(n-k)$，地址数目为 $2^{(n-k)}$，当 n 和 k 很大时，无法实现这样查表。所以要利用循环码的代数特征来简化查表复杂性。

（3）梅吉特（Meggitt）译码器。在梅吉特译码器中，可以用串行方法对接收到的矢量

$$r(x) = r_0 + r_1x + \cdots + r_{n-1}x^{n-1} \tag{7.74}$$

逐个数据地译出。首先译最高位 r_{n-1}，这里把错误形式分为两大类

$$E_1 = \{e(x) \,|\, e_{n-1} = 1\} \tag{7.75}$$

$$E_0 = \{e(x) \,|\, e_{n-1} = 0\} \tag{7.76}$$

根据 $r(x)$ 的伴随式 $s(x)$，检查 $s(x)$ 对应的错误形式是否属于 E_1。如果不属于 E_1，则表明接收多项式中 r_{n-1} 是不错的，于是把接收缓存器循环向右移一位，输出 r_{n-1}，同时将伴随寄存器循环移位一次。这时缓存器中保存着矢量 $r^{(1)}(x) = r_{n-1} + r_0 x + \cdots + r_{n-2} x^{n-1}$，而伴随式寄存器中保存着 $r^{(1)}(x)$ 的伴随式 $s^{(1)}(x)$，再检查 $s^{(1)}(x)$ 对应的错误形式是否属于 E_1 来确定 r_{n-2} 有没有错误。

如果 $s(x)$ 对应的错误形式属于 E_1，这表明 r_{n-1} 出了错误，必须纠正它。这可由 $r_{n-1} \oplus e_{n-1}$ 来实现，得到修正的接收多项式为

$$\widetilde{r}(x) = r_0 + r_1 x + \cdots + r_{n-2} x^{n-2} + (r_{n-1} \oplus e_{n-1}) x^{n-1}$$

为了计算与

$$\widetilde{r}^{(1)}(x) = (r_{n-1} \oplus e_{n-1}) + r_0 x + \cdots + r_{n-2} x^{n-1}$$

对应的伴随式 $\widetilde{r}^{(1)}(x)$，只需把 e_{n-1} 反馈到伴随寄存器的输入端，将缓冲寄存器和伴随寄存器同时循环移位一次，就得到 $\widetilde{r}^{(1)}(x)$ 和 $\widetilde{s}^{(1)}(x)$。然后再译数据 r_{n-2}，过程与译 r_{n-1} 完全一样。每检测到一位错误，就纠正相应的接收数据，并清除它对伴随式的影响。这样进行 n 次译码后就停止。

若 $e(x)$ 是可纠正的错误形式，则译码结束后伴随式寄存器中的内容为全零，接收矢量 $r(x)$ 被正确译码。若寄存器中内容不全为零，则表示发生一个不可纠正的错误形式。

图 7.24 所示为一个 (n, k) 循环码的梅吉特译码器。

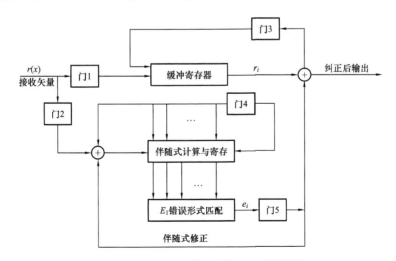

图 7.24 (n, k) 循环码的梅吉特译码器

梅吉特译码器的译码过程由下面 5 步组成。

1) 缓冲寄存器和伴随式寄存器清零，"门 1"、"门 2"、"门 4" 接通，"门 3"、"门 5" 断开，接收矢量逐位移入到伴随式计算与寄存电路，同时输入到缓冲寄存器。当全部输入后，

这时伴随寄存器中寄存的内容为 $r(x)$ 的伴随式 $s(x)$。

2)"门1"、"门2"断开,"门3"、"门4"、"门5"接通置 $i=0$,检查伴随式 $s(x)$ 对应的错误形式是否属于 E_1,若是则 E_1 错误形式匹配电路输出 "1",否则输出 "0"。

3)置 $i=i+1$,缓存器输出它的最高位缓存内容,E_1 错误形式匹配电路输出 e_{n-i} 相加,纠正该位接收符号的错误。同时把 e_{n-i} 反馈到伴随式计算与寄存电路的输入,以消除该位错误对于伴随式的影响。缓存器和伴随寄存器同时作一次循环位移,得到新的码字 $\tilde{r}^{(i)}(x)$ 和它的伴随式 $\tilde{s}^{(i)}(x)$。

4)利用新的伴随式 $\tilde{s}^{(i)}(x)$ 来检查是否与 E_1 错误形式相匹配,若是则 E_1 错误匹配电路输出 "1",否则输出 "0"。

5)若 $i=n$ 则译码结束,不然重复第 3)步。

如果译码终止后伴随寄存器中内容为全零,则表示成功地纠正了错误,不然表示出现了一个不可纠正的错误。

利用梅吉特译码器使得译码比通用译码器大为简单。特别在某些情况下可以用逻辑电路简单地判定伴随式对应的错误形式是否属于 E_1,这时译码就更简单。

【例 7.15】　由 $g(x)=1+x+x^3$ 生成的 (7,4) 循环码,这个码的最小 Hamming 距离是 3,可纠正所有 7 种一位错误。假设接收多项式为

$$r(x)=r_0+r_1x+r_2x^2+\cdots+r_6x^6$$

这时 7 种一位错误形式和它们对应的伴随式见表 7.14。

表 7.14　　　　　　　　　　　7 种一位错误形式及它们对应的伴随式

错误形式 $e(x)$	伴随式 $s(x)$	伴随式矢量 (s_0, s_1, s_2)
$e_6(x)=x^6$	$s(x)=1+x^2$	1 0 1
$e_5(x)=x^5$	$s(x)=1+x+x^2$	1 1 1
$e_4(x)=x^4$	$s(x)=x+x^2$	0 1 1
$e_3(x)=x^3$	$s(x)=1+x$	1 1 0
$e_2(x)=x^2$	$s(x)=x^2$	0 0 1
$e_1(x)=x$	$s(x)=x$	0 1 0
$e_0(x)=1$	$s(x)=1$	1 0 0

所有可纠正的错误形式中仅 $e_6(x)$ 在最高位出错,所以

$$E_1=\{e_6(x)\}\quad E_0=\{e_0(x),e_1(x),e_2(x),e_3(x),e_4(x),e_5(x)\}$$

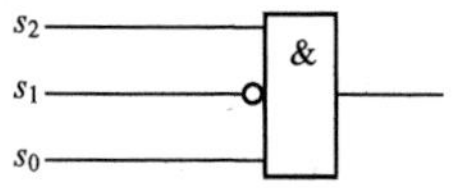

于是 E_1 错误形式匹配电路是非常简单的 "与门电路",如图 7.25 所示。

图 7.25　与门电路

相应的梅吉特译码电路如图 7.26 所示。

循环码的编码和检错相当简单,在 ARQ 方式中得到广泛应用。

用于 ARQ 的循环码,生成的多项式称为 CRC 多项式。常用 12 位或 16 位长 CRC 多项式有

$$CRC12(x)=x^{12}+x^{11}+x^3+x^2+x+1$$

$$CRC16(IBM)(x)=x^{16}+x^{15}+x^2+1$$

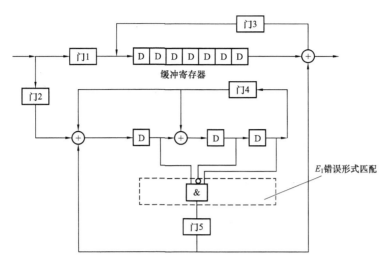

图 7.26 (7，4) 循环码的梅吉特译码器

$$\text{CRC16(ITU)}(x) = x^{16} + x^{12} + x^5 + 1$$

在第三代移动通信中采用的 8 位或 24 位长 CRC 多项式还有

$$\text{CRC8}(x) = x^8 + x^7 + x^4 + x^3 + x + 1$$

$$\text{CRC24}(x) = x^{24} + x^{23} + x^6 + x^5 + x + 1$$

循环码的纠错译码要达到码的最小距离限依赖于具体的循环码结构。在循环码中有一类很重要的子码，称为 BCH 码，它是于 1959～1960 年，由霍昆格姆（Hocquenghem）、博斯（Bose）和查德胡里（Chaudhuri）分别提出的。BCH 码是易于构造、能有效地纠正多个差错和应用最为广泛的一类好码。BCH 码除了有二元码外，还可有 q 元码。而且 BCH 码的生成多项式 $g(x)$ 与其码的最小距离之间有密切的联系，完全可以根据纠错能力和码长的要求，来选取生成多项式 $g(x)$，构造出所需的 BCH 码。

在 q 元 BCH 码中又有一类重要而特殊的子码，称为 RS 码。它是以发现者里德—索洛蒙（Reed—Solomon）的姓氏首字母命名的。它特别适合用于纠正突发错误，已被广泛用于无线通信及光、磁信息存储系统中。另外，在深空通信中，如在"探险者号"（Voyager）飞向木星和土星的航程中，就以 RS 码为外码，卷积码为内码的级联码实现信道编码的。

有关这些码的详细内容将涉及更多的数学知识，读者可参阅参考文献［6］、［7］。

7.5.3 卷积码

在信道编码中，与分组码相对应的另一类编码是卷积码。卷积码与分组码不同之处在于编码器是具有记忆的。在分组码编码中，消息数据被分成长度为 k 的分组，每个分组被编成长度为 n 的码字，编码速率 $R=k/n$。即分组编码器任何特定的时间单位内输出的 n 个码元的码组，仅取决于该时间单位内的 k 个信息位。而卷积码编码器在特定的时间内所产生的 n 个码元，不仅取决于这个特定时间段内输入的 k 个信息位，还与前 m 个时间段内的信息组有关，所以卷积码编码器中必须有存储记忆单元。卷积码一般可用 (n,k,m) 来表示，其中 k 为编码器输入码元数，n 为编码器输出码元数，m 为输入的信息组在编码器中需要存储的单位时间数，也被称为卷积码的记忆长度（段）。因为一段消息不仅影响当前编码输出，还会影响其后 $m-1$ 段的编码输出，因此 m 称为编码器的约束长度（段）。（注意，约束长度的定义并无统一标准，也有称（$m-1$）为约束长度。）卷积码的编码效率为 $R=k/n$。

典型的卷积码一般选择 n 和 $k(k<n)$ 值较小，码率较低，但存储器 m 可取较大值，以获得既简单又高性能的信道编码。

1. 卷积码编码

下面以二元（3，1，3）卷积码为例，来说明卷积码的编码过程。

图 7.27 所示为一个二元（3，1，3）卷积码的编码器结构图。它是由 $k=1$（即一个输入端）、$n=3$（即 3 个输出端）、$m=3$（存储器的级数）所组成的有限状态记忆系统。通过编码器可以输出 3 位码 c_{10}，c_{11}，c_{12}。

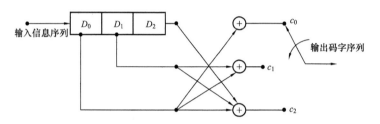

图 7.27　二元（3，1，3）卷积码结构图

若信息流为 110……，移位寄存器的初始状态全为 0，当第一段信息 1 输入时，移位寄存器的状态变为 $D_0=1$，$D_1=0$，$D_2=0$，则输出码字由图 7.27 中的叠加关系得出 $c_0=1$，$c_1=1$，$c_2=1$；当第二段信息 1 输入时，移位寄存器的状态右移一位变为 $D_0=1$，$D_1=1$，$D_2=0$，则输出码字为 $c_0=1$，$c_1=0$，$c_2=0$；当第三段信息 0 输入时，移位寄存器的状态又右移一位变为 $D_0=0$，$D_1=1$，$D_2=1$，则输出码字 $c_0=0$，$c_1=1$，$c_2=0$；当第四段信息再输入时，输出码字已经与第一段信息没有关系了，因为它已经从移位寄存器中移出去了。因此第四个码字的输出只与第四段信息及 D_0D_1 的状态有关，也就是说一个信息段只会影响到 m 个输出码字，该卷积码的约束度为 3。

卷积码与分组码相似，具有纠正随机错误、突发错误或同时纠正这两种错误的能力，对于许多实际的差错，卷积码的性能优于分组码。由图 7.27 所示的卷积码编码器结构可以看出，该系统属于时序网络，其描述方法很多，一般可分为两类，即解析法和图形法。在解析法中又可分为离散卷积法、生成矩阵法、码多项式法；在图形法中有状态图法、树图法和格图法等。

（1）卷积码的生成矩阵。卷积码也属于线性码，也可以通过生成矩阵来描述其编码过程。

下面以（3，1，3）卷积码为例，讨论卷积码的生成矩阵和校验矩阵。

把给定的信息序列（m_1，m_2，m_3，…）进行分组，使每个信息组只包含一个信息数字，并将信息组按顺序逐次送入编码器，编码器输出的对应码序列为

$$(c_{10} \quad c_{11} \quad c_{12}, \quad c_{20} \quad c_{21} \quad c_{22}, c_{30} \quad c_{31} \quad c_{32}, \cdots)$$

并且设输出的 3 位码子与信息组数字满足以下关系

$$c_{i0} = m_i$$
$$c_{i1} = m_i + m_{i-1}$$
$$c_{i2} = m_i + m_{i-1} + m_{i-2} \tag{7.77}$$

上式表明，当前的 3 位码字与当前的信息组数字及过去的二个信息组数字有关，且满足一定的线性关系。

令
$$m = (m_1, m_2, m_3, \cdots)$$
$$C = (c_{10}c_{11}c_{12}, c_{20}c_{21}c_{22}, c_{30}c_{31}c_{32}, \cdots)$$

利用式（7.77），可以得到 m 和 C 满足以下关系

$$C = \begin{bmatrix} m_1 & m_1 & m_1 & & & & & \\ & & m_2 & m_1+m_2 & m_1+m_2 & & m_2+m_3 & m_1+m_2+m_3 \\ & & & & m_3 & & & \\ \vdots & & & \vdots & & \vdots & & \vdots \end{bmatrix} \tag{7.78}$$

通过矩阵之间的关系转换，可以得出

$$C = (m_1 m_2 m_3 m_4 \cdots) \begin{bmatrix} 111 & 011 & 001 & 000 & 000 & \cdots \\ 000 & 111 & 011 & 001 & 000 & \cdots \\ 000 & 000 & 111 & 011 & 001 & \cdots \\ 000 & 000 & 000 & 111 & 011 & \cdots \\ & \vdots & \vdots & \vdots & & \end{bmatrix} \tag{7.79}$$

式（7.79）中的矩阵为半无限矩阵。式（7.79）可改写为
$$C = mG_\infty \tag{7.80}$$

其中
$$G_\infty = \begin{bmatrix} 111 & 011 & 001 & 000 & 000 & \cdots \\ & 111 & 011 & 001 & 000 & \cdots \\ & & 111 & 011 & 001 & \cdots \\ & & & 111 & 011 & \cdots \\ & & & & \ddots \end{bmatrix}$$

称为卷积码的生成矩阵。

由上述过程可以看出，(3，1，3) 卷积码的生成矩阵 G_∞ 中每一行都是第一行每次右移 3 位（因为码长 $n=3$），也可以说，G_∞ 是完全由第一行确定的。而第一行也只有前面 9 位（3 组）数字起作用（因为 $n=3$，又 $m=3$，即 3 组信息组之间有约束关系，所以码字中总的约束长度为 $n \times m = 9$）。

生成矩阵 G_∞ 还可以写成下列形式

$$G_\infty = \begin{bmatrix} G_1 & G_2 & G_3 & 0 & 0 & \cdots \\ & G_1 & G_2 & G_3 & 0 & \cdots \\ & & G_1 & G_2 & G_3 & \cdots \\ & & & G_1 & G_2 & \cdots \\ & & & & \ddots \end{bmatrix} \tag{7.81}$$

式中：$G_1 = [1\ 1\ 1]$、$G_2 = [0\ 1\ 1]$、$G_3 = [0\ 0\ 1]$、$0 = [000]$。

由式（7.81）可知，生成矩阵 G_∞ 中每一行由生成子矩阵 G_1、G_2、G_3 和零矩阵组成，而且是由第一行逐次右移形成其他各行。因此 G_∞ 的第一行记为 g_∞，称为基本生成矩阵。

$$g_\infty = [G_1\ \ G_2\ \ G_3\ \ 0\ \ 0\cdots] \tag{7.82}$$

若输入信息序列为 (110010101⋯)，则对应的码字为

$$C = mG_\infty = (110 \quad 010 \quad 101 \quad \cdots) \begin{bmatrix} 111 & 011 & 001 & 000 & 000 & \cdots \\ & 111 & 011 & 001 & 000 & \cdots \\ & & 111 & 011 & 001 & \cdots \\ & & & 111 & 011 & \cdots \\ & & & & \ddots \end{bmatrix}$$

$$= (111 \quad 100 \quad 010 \quad 001 \quad \cdots)$$

（2）卷积码的生成多项式。卷积码也可以用生成多项式来表示输入序列、输出序列、编码器中移位寄存器与模 2 和的连接关系。

这里仍然以（3，1，3）卷积码为例：输入序列 11001… 可表示为

$$m(x) = m_1 + m_2 x + m_5 x^4 \cdots \tag{7.83}$$

其中，$m_1 m_2 m_3 m_4 \cdots$ 为输入的二进制信息序列，x 表示移位算子（延迟算子）。

可用多项式表示移位寄存器各级与模 2 加的连接关系。若某级寄存器与模 2 加相连接，则相应多项式系数为 1；不连接，则相应多项式系数为 0。

$$\begin{cases} g_1(x) = 1 \\ g_2(x) = 1 + x \\ g_3(x) = 1 + x + x^2 \end{cases} \tag{7.84}$$

其中多项式的最低阶项对应于寄存器的输入端。利用生成多项式与输入序列多项式相乘，可以产生输出序列多项式，即得输出序列。

输出序列 $C(x)$ 由 $m(x)g_1(x)$、$m(x)g_2(x)$ 及 $m(x)g_3(x)$ 交织产生。

【例 7.16】 当（3，1，3）卷积码的输入序列 $m = [11001]$ 时，移位寄存器的初始状态为全 0，求输出序列。

解 依题意有
$$m(x) = 1 + x + x^4 \tag{7.85}$$
$$m(x)g_1(x) = (1 + x + x^4) \times 1 = 1 + x + x^4 \tag{7.86}$$
$$m(x)g_2(x) = (1 + x + x^4) \times (1 + x) = 1 + x^2 + x^4 + x^5 \tag{7.87}$$
$$m(x)g_3(x) = (1 + x + x^4) \times (1 + x + x^2) = 1 + x^3 + x^4 + x^5 + x^6 \tag{7.88}$$

对式（7.86）～式（7.88）进行交织
$$m(x)g_1(x) = 1 + 1 \cdot x + 0 \cdot x^2 + 0 \cdot x^3 + 1 \cdot x^4 + 0 \cdot x^5 + 0 \cdot x^6$$
$$m(x)g_2(x) = 1 + 0 \cdot x + 1 \cdot x^2 + 0 \cdot x^3 + 1 \cdot x^4 + 1 \cdot x^5 + 0 \cdot x^6$$
$$\underline{m(x)g_3(x) = 1 + 0 \cdot x + 0 \cdot x^2 + 1 \cdot x^3 + 1 \cdot x^4 + 1 \cdot x^5 + 1 \cdot x^6}$$
$$C(x) = (1,1,1) + (1,0,0)x + (0,1,0)x^2 + (0,0,1)x^3 + (1,1,1)x^4 + (0,1,1)x^5 + (0,0,1)x^6$$
$$C = 111 \quad 100 \quad 010 \quad 001 \quad 111 \quad 011 \quad 001$$

（3）卷积码的图形描述。

1）树状图。编码器在移位过程中可能产生的各种序列，可用树状图来描述。该图由结点和树枝组成，最初的结点为根结点（最左边的结点）。编码从根结点开始，根据输入信息码元是 1 或者 0 在结点处分叉。

仍以（3，1，3）卷积码为例，移位寄存器的初始状态取 00；$a = 00$，并把该 a 标注于起始节点处。

当输入码元是 0 时，由节点出发走上支路。

当输入码元是 1 时，由节点出发走下支路。

当该编码器第 1 位输入比特为 0 时，则走上支路，此时移存器的输出码"000"就写在上支路的上方；当该编码器第 1 位输入比特为 1 时，则走下支路，此时移存器的输出码"111"就写在图中下支路的上方。在输入第 2 比特时，移位寄存器右移一位，此时上支路情况下的移位寄存器的状态为 00，即 a，并标注于上支路节点处；此时下支路情况下的移位寄存器状态为 10，即 b，并标注于下支路节点处；同时上下支路都将分两权。以后每一个新输入比特都会使上下支路各分两权。经过 4 个输入比特后，得到的该编码器的树状图如图 7.28 所

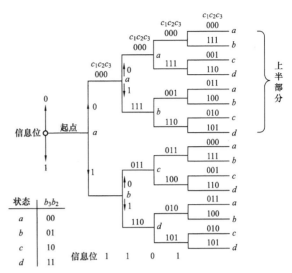

图 7.28 （3，1，3）卷积码的树状图

示。树状图中，节点上标注的 a 表示 $M_1M_2=00$，b 表示 $M_1M_2=01$，c 表示 $M_1M_2=10$，d 表示 $M_1M_2=11$。若输入数据序列 $m=(01101\cdots)$，则对应的输出码序列为 $C=(000\quad 111\quad 110\quad 010\quad 110\cdots)$。

一般地，对于 $(n，k，m)$ 卷积码来说，从每个节点发出 2^k 条分支，每条分支上标有 n（bit）编码输出数据，最多可能有 2^{m-1} 种不同状态。

2）网格图。网格图是根据时间的推移来反映状态的转移，使编码全过程跃然纸上。它以状态为纵轴，以时间为横轴，将状态转移展开于时间轴上。

网格图有助于发现卷积码的性能特征，有助于译码算法的推导，是分析研究卷积码的最得力工具之一。

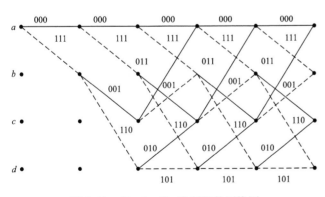

图 7.29 （3，1，3）卷积码的网格图

（3，1，3）卷积码的网格图如图 7.29 所示，网格图中，把树状图中具有相同状态的节点合并在一起；约定用实线表示输入信息码元为 0 时产生的输出，虚线表示输入信息码元为 1 时产生的输出；支路上标注的码元为输出比特；自上而下的 4 行节点分别表示 a，b，c，d 的四种状态。网格图中的状态通常有 2^{n-1} 种，图形从第 n 个节点开始重复，且完全相同。

3）状态图。由于编码器的输出取决于输入和编码器的状态，所以也可以用状态转移图来表示卷积码的状态转移过程。状态转移图用圆圈代表状态，箭头代表转移，与箭头对应的标注，比如 0/010，表示输入信息 0 时编出码字 010。每个状态都有两个箭头发出，对应输入分别是 0、1 两种情况下的转移路径。

对于图 7.30 所示的（3.1.3）卷积码，假如输入信息序列是 11010…，从图 7.31 所示

状态图可以容易地找到输入/输出和状态的转移，见表 7.15。

$$a \to b \to d \to c \to b \to \cdots$$

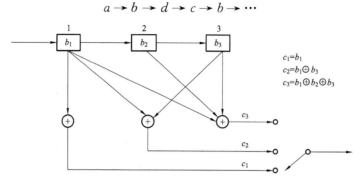

$c_1 = b_1$
$c_2 = b_1 \oplus b_3$
$c_3 = b_1 \oplus b_2 \oplus b_3$

图 7.30　（3，1，3）卷积码的结构图

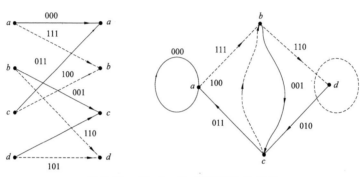

图 7.31　（3，1，3）卷积码的状态图

表 7.15　　　　　　　　　　寄存器状态和输入输出码元的关系

b_1	1	1	0	1	0	0	0
$b_3 b_2$	00	01	11	10	01	10	00
状态	a	b	d	c	b	c	a

2. 卷积码的译码

卷积码的译码方法主要有代数译码和概率译码两种。

代数译码是从码的代数结构出发，以一个约束度的接收序列为单位，对该接收序列的信息码组进行译码。代数译码中，用矩阵描述比较方便。典型算法是大数逻辑译码，又称门限译码。

概率译码是从信道的统计特性出发，以远大于约束度的接收序列为单位，对信息码组进行最大似然的判决。典型算法有 Viterbi 译码、序列译码等。

（1）大树逻辑译码。大树逻辑译码是卷积码代数译码的最主要方法，它也可以用于循环码的译码。该译码方法是从线性码的伴随式出发，找到一组特殊的能够检查信息位置是否发生错误的方程组，从而实现纠错译码。这里还以（3，1，3）卷积码为例，简单介绍一下大树逻辑译码的原理。

由于式（7.77）可以表示为

$$m_i + c_{i0} = 0$$
$$m_i + m_{i-1} + c_{i1} = 0$$

$$m_i + m_{i-1} + m_{i-2} + c_{i2} = 0 \tag{7.89}$$

令

$$C_0 = (c_{i-2}c_{i-2,1}c_{i-2,2}, c_{i-1}c_{i-1,1}c_{i-1,2}, c_ic_{i1}c_{i2})$$

由式 (7.89) 可得

$$\begin{bmatrix} 0 & 0 & 0 & 1 & 0 & 0 & 1 & 1 & 0 \\ 1 & 0 & 0 & 1 & 0 & 0 & 1 & 0 & 1 \end{bmatrix} C_0^{\mathrm{T}} = 0 \tag{7.90}$$

令

$$H = \begin{bmatrix} 0 & 0 & 0 & 1 & 0 & 0 & 1 & 1 & 0 \\ 1 & 0 & 0 & 1 & 0 & 0 & 1 & 0 & 1 \end{bmatrix} \tag{7.91}$$

H 称为 (3，1，3) 卷积码的基本一致校验矩阵。它可以判断第 $i-2$，$i-1$，i 个分组码是否码序列中的 3 个码分组，与线性码的一致校验矩阵一样，起着校验作用，但它只对 3 个码起校验作用。

令

$$C = (c_{10} \quad c_{11} \quad c_{12}, \quad c_{20} \quad c_{21} \quad c_{22}, \quad c_{30} \quad c_{31} \quad c_{32}, \quad \cdots)$$

由式 (7.89) 可得如下关系式

$$\begin{aligned} m_1 + c_{11} &= 0 \\ m_1 + c_{12} &= 0 \\ m_1 + m_2 + c_{21} &= 0 \\ m_1 + m_2 + c_{22} &= 0 \\ m_2 + m_3 + c_{31} &= 0 \\ m_1 + m_2 + m_3 + c_{32} &= 0 \\ m_3 + m_4 + c_{41} &= 0 \\ m_2 + m_3 + m_4 + c_{42} &= 0 \\ m_4 + m_5 + c_{51} &= 0 \\ m_3 + m_4 + m_5 + c_{52} &= 0 \end{aligned} \tag{7.92}$$

则有

$$\begin{bmatrix} 1 & 1 & 0 & 0 & 0 & 0 & \cdots \\ 1 & 0 & 1 & 0 & 0 & 0 & \cdots \\ 1 & 0 & 0 & 1 & 1 & 0 & 0 & 0 & 0 & \cdots \\ 1 & 0 & 0 & 1 & 0 & 1 & 0 & 0 & 0 & \cdots \\ 0 & 0 & 0 & 1 & 0 & 0 & 1 & 1 & 0 & 0 & 0 & 0 & \cdots \\ 1 & 0 & 0 & 1 & 0 & 0 & 1 & 0 & 1 & 0 & 0 & 0 & \cdots \\ 0 & 0 & 0 & 0 & 0 & 0 & 1 & 0 & 0 & 1 & 1 & 0 & 0 & 0 & 0 & \cdots \\ 0 & 0 & 0 & 1 & 0 & 0 & 1 & 0 & 0 & 1 & 0 & 1 & 0 & 0 & 0 & \cdots \\ 0 & 0 & 0 & 0 & 0 & 0 & 0 & 0 & 0 & 1 & 0 & 0 & 1 & 1 & 0 & 0 & 0 & 0 & \cdots \\ 0 & 0 & 0 & 0 & 0 & 0 & 1 & 0 & 0 & 1 & 0 & 0 & 1 & 0 & 1 & 0 & 0 & 0 & \cdots \\ & & & & & & & \vdots & & & & & & & & \end{bmatrix} \cdot C^{\mathrm{T}} = 0 \tag{7.93}$$

记系数矩阵为 H，称为 (3，1，3) 卷积码的一致校验矩阵。

式 (7.93) 中的校验矩阵可写为

$$H = \begin{bmatrix} P_1^{\mathrm{T}} & I & & & & & & & \\ P_2^{\mathrm{T}} & 0 & P_1^{\mathrm{T}} & I & & & & & \\ P_3^{\mathrm{T}} & 0 & P_2^{\mathrm{T}} & 0 & P_1^{\mathrm{T}} & I & & & \\ 0 & 0 & P_3^{\mathrm{T}} & 0 & P_2^{\mathrm{T}} & 0 & P_1^{\mathrm{T}} & I & \\ 0 & 0 & 0 & 0 & P_3^{\mathrm{T}} & 0 & P_2^{\mathrm{T}} & 0 & P_1^{\mathrm{T}} & I \\ & & & & \vdots & & & & & \cdots \end{bmatrix} \tag{7.94}$$

式中：P_i^T 为 $(n-k)×k=2×1$ 维矩阵，0 为 $(n-k)×(n-k)=2×2$ 维全 0 方阵，I 为 $(n-k)×(n-k)=2×2$ 维单位阵。

由循环码的生成矩阵 G 和检验矩阵 H 的表示式可知，G 和 H 有一定的关系，由 G 可以得到 H，反之，由 H 可以得到 G。

令 C 为发送码字序列，E 为错误图样序列，则接收序列为

$$R = C + E$$

定义接收序列的伴随式为

$$S = RH^T$$

由于 $CH^T=0$，则有

$$S = RH^T = (C+E)H^T = EH^T \tag{7.95}$$

接收序列的伴随式包含了错误序列信息，可用于译码。

(2) 维特比译码。维特比译码算法是对最大似然译码法的改进。最大似然译码的思路是把接收序列与所有可能的发送序列相比较，选择一种码距最小的序列作为发送序列。因此，如果发送一个 k 位的序列，计算机就要把它和 2^k 种可能的序列进行比较，当 k 较大时，显然是不现实的。1976 年维特比提出了 Viterbi 算法。Viterbi 算法不是一次比较所有可能的序列（路径），而是根据网络图每接收一段就计算一段，比较一段，挑选出码距最小的路径，存储起来，最后选择的那条路径就是具有最大似然函数（或最小码距）的路径，作为解码器的输出序列，维特比译码法对存储级数 r 较小的码来说比较容易实现。下面仍以 (3，1，3) 卷积码的例子来说明维特比译码。

设现在要发送的信息位为 1101，为了使移位存储器中的信息位全部移出，在信息位后再加三个 0，所以编码输出为 111 010 010 100 001 011 000，假设经过调制，信道，解调，硬判决后输出 111 110 010 110 001 011 000，其中第 4 位和第 11 位码元出现错误。

由于这是 $(n，k，m)=(3，1，3)$ 的卷积码，它的约束度为 3，所以首先要考察前 $3n=9$ 位码元，即接收序列中的 "111 010 010"。由图 7.30，即此码的网格图可以看出，沿路径的每一级上有 4 个状态，每种状态有两条路径可以到达，这样从前一级到后一级就有 8 条路径。通过比较网格图中每条路径和接收序列之间的汉明距离，可以筛选出四条路径。例如，由出发点状态 a 经过三级路径后到达状态 a 的两条路径中上面的一条为 "000 000 000"，它与接收序列中的 "111 010 010" 的汉明距离等于 5；下面的一条为 "111 001 011"，它与接收序列中的 "111 010 010" 的汉明距离等于 3。同样，由出发点状态 a 经过三级路径后到达状态 b、c、d 的路径也分别有两条，也可以计算出每个状态的两条路径与接收序列中的 "111 010 010" 的汉明距离。最后通过对比，将每个状态汉明距离最小的一条路径保留，称为幸存路径，如图 7.32 所示。若两条路径的汉明距离相等，则任意保留一条。这样就从 8 条路径中筛选出四条来，见表 7.16。

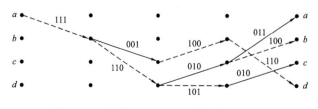

图 7.32　对应位 "1101" 的幸存路径网格图

表 7.16　　　　　　　　　　　　　　维特比算法解码第一步计算结果

序号	路径	对应序列	汉明距	幸存否
1	aaaa	000 000 000	5	否
2	abcd	111 001 011	3	是
3	aaab	000 000 111	4	否
4	abcd	111 001 100	6	是
5	aabc	000 111 001	7	否
6	abdc	111 110 010	1	是
7	aabd	000 111 110	6	否
8	abdd	111 110 101	4	是

　　接下来继续考察接收序列中的后继 3 位"110"。现在保留的 4 条路径的基础上，增加一级，又有 8 条可能路径，这一次只需要计算新增一级对应的各条路径与接收序列中的后继 3 位"110"的汉明距离，计算后与先前计算的汉明距离相加，可以得到总的汉明距离，计算结果见表 7.17。表中最小的总距离等于 2，其路径是 $abdc+b$，相应的序列为 111 110 010 100。它与发送的序列相同，故对应的发送信息位为 1101。如果还有后续的信息位，可以继续按照上述算法进行解码。

表 7.17　　　　　　　　　　　　　　维特比算法解码第二步计算结果

序号	路径	原幸存路径的距离	新增路径段	新增距离	总距离	幸存否
1	$abca+a$	3	aa	2	5	否
2	$abdc+a$	1	ca	2	3	是
3	$abca+b$	3	ab	1	4	否
4	$abdc+b$	1	cb	1	2	是
5	$abcb+c$	4	bc	3	7	否
6	$abdd+c$	4	dc	1	5	是
7	$abcb+d$	4	bd	0	4	是
8	$abdd+d$	4	dd	2	6	否

　　维特比算法通过比较和筛选的方法使实现的计算复杂度大大降低。在格形图上，每个状态都有若干条路径进入，那么某个时刻会聚在某个状态的路径与接收序列的距离不同，如果选择最小距离的路径保留，其他路径舍弃，则从每个状态出发的路径只有 1 条。所以，只需要存储与状态数相等的路径数即可，大大减小了存储量。

　　维特比译码器的复杂性与 (n, k, m) 卷积码中的 k 和 m 有关，(n, k, m) 卷积码的状态数为 2^{km}，对每一时刻要做 2^{km} 次"加一比一存"操作，每一操作包括 2^k 次加法和 2^{k-1} 次比较，同时要保留 2^k 条幸存路径。由此可见，维特比算法的复杂度与信道质量无关，其计算量和存储量都随约束长度 m 和信息元分组 k 呈指数增长。因此，在约束长度和信息元分组较大时并不适用，实用中 m 不大于 10。它在卫星和深空通信中有广泛的应用，在解决码间串扰和数据压缩中也可应用。

 习 题

7.1 设有一离散信道，其信道矩阵为

$$[P] = \begin{bmatrix} \frac{1}{2} & \frac{1}{4} & \frac{1}{4} \\ \frac{1}{4} & \frac{1}{2} & \frac{1}{4} \\ \frac{1}{4} & \frac{1}{4} & \frac{1}{2} \end{bmatrix}$$

(1) 当信源 X 的概率分布为 $p(x_1)=2/3$，$p(x_2)=p(x_3)=1/6$ 时，按最大后验概率准则选择译码函数，并计算其平均错误译码概率 P_{emin}。

(2) 当信源是等概信源时，按最大似然译码准则选择译码函数，并计算其平均错误译码概率 P_{emin}。

7.2 设某信道的信道矩阵为

$$[P] = \begin{bmatrix} 0.5 & 0.3 & 0.2 \\ 0.2 & 0.3 & 0.5 \\ 0.3 & 0.3 & 0.4 \end{bmatrix}$$

其输入符号等概分布，在最大似然译码准则下，有三种不同的译码规则，试求之，并计算出它们对应的平均错误概率。

7.3 一种（6，3）线性分组码的生成矩阵为

$$[G] = \begin{bmatrix} 1 & 0 & 0 & 0 & 1 & 1 \\ 0 & 1 & 0 & 1 & 0 & 1 \\ 0 & 0 & 1 & 1 & 1 & 0 \end{bmatrix}$$

(1) 写出所有的许用码字。

(2) 写出相应的一致监督矩阵。

(3) 如果接收码字分别为 $R_1=111100$，$R_2=100001$，$R_3=001011$，试根据最大似然法则进行译码。

7.4 一种（8，4）系统码 $C=\{c_0，c_1，c_2，c_3，c_4，c_5，c_6，c_7\}$，其一致监督方程为

$$c_4 = c_1 + c_2 + c_3$$
$$c_5 = c_0 + c_1 + c_2$$
$$c_6 = c_0 + c_1 + c_3$$
$$c_7 = c_0 + c_2 + c_3$$

(1) 写出该码的一致监督矩阵 H 和生成矩阵 G。

(2) 证明其最小码距等于 4。

(3) 构造其对偶码的监督方程。

7.5 已知一种（7，4）循环码的生成多项式为 $g(x)=x^3+x^2+1$。

(1) 信息码字为 [1010] 时的非系统循环码字。

(2) 信息码字为 [1010] 时的系统循环码字。

(3) 生成矩阵的标准形式（典型生成矩阵）$[G]$。

(4) 当错误图样为 $e=[0010000]$ 时，求校验子向量 $[S]$。

7.6 证明循环码 C 中次数最低的非零码子多项式是唯一的。

7.7 令 $g(x)=g_0+g_1x+\cdots+g_{r-1}+x^{r-1}+x^r$ 是一个 (n,k) 循环码 C 中次数最低的非零码子多项式，证明其常数项 g_0 必为 1。

7.8 证明 (n,k) 循环码的生成多项式 $g(x)$ 是 x^{n+1} 的因式。

7.9 试证明：线性分组码的最小码距为 $d_{\min}=d$，当且仅当其一致效验矩阵 H 中任意 $d-1$ 列线性无关，某 d 列线性相关。

7.10 某循环码的生成多项式 $g(x)=x^4+x+1$。如果想发送一串信息 110001… 的前 6 位并加上 CRC 校验，发码应如何安排？收码又如何检验？

7.11 设有约束长度为 9 的卷积码，其基本生成矩阵为

$$g=\begin{bmatrix} 101 & 000 & 001 \\ 011 & 001 & 000 \end{bmatrix}$$

(1) 写出 $G(D)$ 和 $H(D)$。

(2) 输入序列 $U=[1\ 0\ 1\ 1\ 0\ 1\cdots]$ 时，其对应的卷积码的输出序列。

8　密码学基础

本章重点

(1) 密码学的基本概念。

(2) 保密通信系统的数学模型。

(3) 古典密码体制（单表体制、多表体制、换位密码）。

(4) 现代加密体制（DES、RAS）。

(5) 密码的安全性测度。

(6) 密码技术的应用。

随着信息技术和产业的高速发展，人们的各种活动都通过互联网及其他信息系统紧密的联系在一起，网络中传输的信息十分繁杂，各种信息系统中不但存储和处理大量有关国家政治、经济、军事和外交方面的资料数据，而且还存储和处理大量有关企业、团体、个人的重要数据，涉及财产、账务、个人隐私等问题。因此，信息的安全与保密事关到国家安全和社会稳定，有必要对信息加以保护，防止信息在传输和存储中被截获、盗用、泄露或篡改。信息安全离不开密码学，密码技术作为信息安全的关键技术，可用于保证信息的完整性、真实性、可控性和不可否认性。

关于密码学的研究历史可追溯到数千年前，使密码学真正成为一门科学是 1949 年 Shannon 发表的《Communiation Theory of Secret Systems》一文之后。在这篇著名的论文中，香农提出了通用的保密通信系统数学模型，用信息论的观点对信息的保密问题作了全面论述，使信息论成为研究密码学的重要理论基础。密码学获得大发展是 1976 年 Diffie 和 Hellman 发表的《密码学的新方向》一文提出的崭新的密码体制——公开密钥密码体制，导致了密码学发展史上的一场革命；以及在 1977 年美国国家标准局，公开了 DES 加密算法，并广泛用于商用数据加密，从此揭开了密码学神秘的面纱，这一时期标志着密码学的诞生。近 20 年来，密码学无论在理论上还是应用上都取得了飞速的发展，如今，正值网络信息时代，大量网络信息以数据形式存在计算机系统中，并通过公共信道进行传输，信息的安全和保密至关重要，这给密码学的研究以巨大的推动力，为密码学的研究提供了广阔的前景。本章将围绕密码学的基本概念、传统加密体制、现代加密体制及密码的安全性等方面进行研究。

8.1　密码学的基本概念

密码学是研究密码系统或通信系统的安全问题的科学。它包括密码编码学和密码分析学两个分支，前者研究和设计各种安全性高的有效密码算法和协议，以满足对信息进行加密或认证的要求；后者是在未知密钥情况下研究破译密码或伪造认证信息，实现窃取获取已加密的信息或进行诈骗破坏活动。

　　密码用于将信息保密而不被破译，也可用于抵抗对手的主动攻击。其基本思想是隐藏和伪装需要保密的信息，使非授权者不能获取信息。密码技术是通信双方按约定的法则进行信息特殊变换的一种重要保密手段。变换前的信息为原始的信息，也就是需要被密码保护的信息，被称为明文 P（Plaintext）。变换后的不可读形式的信息称为密文 C（Cipbertext）。依照约定的法则，变明文为密文，称为加密（Encryption）变换；变密文为明文，称为解密（Decryption）变换。进行明密变换的法则，称为密码的体制。指示这种变换的参数，称为密钥。值得一提的是，密码学中术语"系统或者体制"（System）、"方案"（Scheme）和"算法"（Algorithm）本质上都是一回事。

　　密码在早期仅对文字或数码进行加、解密变换，随着通信技术的发展，对语音、图像、数据等都可实施加、解密变换。在加密和解密过程中，加密密钥和解密密钥相同，或从一个易得出另一个的密码体制称为单钥密码体制；若加密密钥和解密密钥不相同，而且从一个难以得出另一个的密码体制，称为双钥密码体制，它使加密能力和解密能力分开。凡截取已加密了的消息的任何人，是非授权的、截取机密的人。一般情况，截取者不知道密钥。

　　密码分析是在未知密钥的情况下，恢复出密文中隐藏的明文信息的过程。成功的密码分析能恢复出明文或密钥，也能够发现密码体制的弱点。

　　对密码进行分析的尝试也称为攻击。通常可以假定攻击者知道用于加密的算法，一种可能的攻击方法是对所有可能的密钥进行尝试，如果密钥空间非常大，这种方法是不现实的。因此，攻击者必须依赖对密文的分析进行攻击，如各种统计方法。

8.2　保密通信系统的数学模型

　　保密系统设计的基本思想是伪装信息，目的是使授权者以外的任何未授权者即使完全准确地接收到了信道上传输的信号也不能理解其真正含义。一般保密通信系统的数学模型如图 8.1 所示。

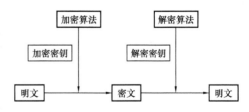

图 8.1　保密通信系统的数学模型

　　在图 8.1 中，发端除了信源外，还有一个密钥源。在传输信息前，首先从密钥源中选出任一加密密钥 k_e，并通过某一安全途径传给接收方。信源发出的消息 P 称为明文，明文 P 用加密算法 E 和密钥 k_e 变换后形成密文 C，然后在开放信道中传输。在传送过程中可能出现密文截取者。收端收到密文 C 后，利用解密算法 D 和密钥 k_d 进行变换，从而恢复出原明文 P。

　　保密通信系统工作原理可以用数学符号描述

$$M = \langle P, C, K, E, D \rangle \tag{8.1}$$

　　其中 P 是产生消息的源，亦称消息空间或明文空间，表示全体可能出现的明文集合，其输出的消息为 L 长的信源序列。密钥源 K 是产生密钥序列的源，称密钥空间，一般设计为离散无记忆等概分布的源。通常明文空间和密钥空间是彼此统计独立的。C 为密文空间，表示全体可能出现的密文集合；E 表示加密算法，它将明文空间输出的明文 P 在密钥 k 控制下变换成密文；一般密文符号集与明文符号集相同，且输出的序列长度相等。D 表示解密算法，即是合法接收者对接收的密文进行解密变换。由于合法接收者知道密钥和解密变换

D，很容易从密文中恢复出明文。设 k_e，$k_d \in K$ 分别对应加密密钥和解密密钥。则各个符号之间的关系可表示成

$$C = E(S, k_e) \tag{8.2}$$

$$P = D(C, k_d) \tag{8.3}$$

通常合法接收者知道密钥序列 k 和密钥空间，而截取者是不知道密钥序列 k 和密钥空间。一般密钥会通过保密信道传送给合法的接收者，或者也可由发送者与接收者事先商定好。而截取者收到密文，即使知道加密算法，但因不知道特定的密钥 k，就无法获得信息，可见，系统所用的特定密钥很重要，必须保密好，另外也不能使截取者从密文中获取密钥。

密码最重要的作用是保证信息的安全。因此，香农给出了理想保密性的定义。即一个保密系统，对于任意明文 p 和任意密文 c，都有

$$p(p/c) = p(p) \tag{8.4}$$

则称此保密系统是理想的保密系统。

式（8.4）表明，如果观察到密文 c 后，明文 p 的后验概率仍然等于该明文的先验概率，即加密后的密文 c 与明文 p 是相互独立的，这时如果攻击者仅获得了密文，从密文中是得不到关于明文的任何信息的。这就实现了理想的保密。

对于密码系统安全性的评价，通常以它所编制的密文是否容易被破译为主要标准，通常分为理论保密性和实际保密性两种标准。理论保密性是指截取者在具有无限的时间和计算资源的条件下，密码系统抗破译的能力。实际保密性是指截取者在一定的计算资源及其他限制的条件下，密码系统抗破译的能力。即在理论上，完全保密的密码系统是存在的，但在实际应用中，这样的密码系统有许多技术上的困难。因此，一个安全的现代密码系统应当满足以下几点。

（1）系统即使达不到理论上不可破译，也应当是实际上不可破译的。

（2）系统的保密性不依赖于对加密、解密算法和系统的保密，而仅仅依赖于密钥的保密性。

（3）加密、解密运算简单快捷，易于实现。

（4）加密、解密算法适用于所有密钥空间的元素。

事实上，由于信息是具有时间性的，同一信息在不同的时间阶段，其价值是不一样的，所以，密码系统的安全性要求也是有时间性的，即只要在某个时间段内密文不被破译，就认为这个密码系统是安全的。

8.3　古典密码体制的基本类型

古典密码体制是指密钥不能公开的密码体制，是现代密码学的渊源，其特点是加密和解密使用同一密钥，或虽使用不同密钥但能由加密密钥方便地导出其解密密钥，这种体制称为密钥体制或单密钥体制。古典密码体制主要有两种基本算法：替代算法和置换算法。替代算法指的是用一个或多个代替表将明文字母或数码等代替为密文。它又分为单字母代换算法和多字母代换算法。单字母代换算法又分为单表代换算法和多表代换算法。置换移位算法是按照规定的图形和线路，改变明文字母或数码等的位置成为密文。古典密码体制中涉及的加密

解密算法相对都比较简单，用手工或机械操作即可实现对明文加密、对密文解密的功能，即使是当时声称是不可破解的一些密码，在今天看来绝大部分已毫无安全可言，并已不再采用。然而，研究这些密码的设计思想和原理，对于理解密码的构建、密码分析以及学习现代密码学都是十分有用的。

8.3.1 单表代换密码

单表代换密码是对明文中的每个字母都用一个固定密文字母代替。加密过程中是从明文字母表到密文字母表一一对应的映射。即映射函数为

$$f: P^L \sim C^n \tag{8.5}$$

若明文字符集为 $P=\{a_1, a_2, \cdots, a_{q-1}\}$；则相应的密文字符集为 $C=\{f(a_1), f(a_2), \cdots, f(a_{q-1})\}$。设明文 $P=(p_1 p_2 p_3 \cdots)$，则密文为

$$C = E(P) = f(p_1)f(p_2)f(p_3)\cdots = (c_1 c_2 c_3 \cdots) \tag{8.6}$$

映射函数 f 是一个可逆函数，为 f^{-1}，此时密钥就是一个固定的代换字母表。那么，对于密文的解密过程为

$$P = D(C) = f^{-1}(c_1)f^{-1}(c_2)f^{-1}(c_3)\cdots = (p_1 p_2 p_3 \cdots) \tag{8.7}$$

1. 凯撒密码

单表代换密码最著名的替代算法是在高炉战争中凯撒使用过的凯撒密码。凯撒密码将字母表用了一种顺序替代的方法来进行加密，这种方法也称移位代换密码或加法密码。设明文字符集为 $P=\{a_1, a_2, \cdots, a_{q-1}\}$，密钥为 k，其加密变换为

$$E(i) = i + k \equiv j \mod(q) \quad (0 \leqslant i,j \leqslant q-1) \tag{8.8}$$

其中 i, j 都是集 P 的下标，这样可得到一个固定的代换字母表。

凯撒加密变换的代换字母表见表 8.1。

表 8.1 凯撒密码的代换字母表

P	a	b	c	d	e	f	g	h	i	j	k	l	m
C	D	E	F	G	H	I	J	K	L	M	N	O	P
P	n	o	p	q	r	s	t	u	v	w	x	y	z
C	Q	R	S	T	U	V	W	X	Y	Z	A	B	C

从表 8.1 中可以看出，凯撒加密算法通过把明文的 26 个字母每个推后三个得到密文字母，从而实现加密的效果。而解密算法可用代换表对密文进行反向变换替代。

例如，若明文为 student，凯撒密码对应的密文则为 VWXGHQW。

凯撒密码中的密钥就是字母移动的位数，选择一个新的移动位数，就得到一个新的密钥。由于英文字母为 26 个，因此凯撒密码仅有 26 个可能的密钥，非常不安全。为了加强安全性，人们想出了更进一步的方法：密文字母表不再是简单偏移，而是随机生成的一个对照表，这样密钥量就会大幅度的提高，共有 26! 个可能的密钥。这就是下面要介绍的随机代换密码。

2. 随机代换密码

随机代换密码是将英文字母表进行随机抽取并排列成代换密码表，见表 8.2，由于 26 个英文字母是随机排列的，所以共有 26! 个不同的排列，也即有 26! 个密钥。

表 8.2   随 机 代 换 密 码 表

P	a	b	c	d	e	f	g	h	i	j	k	l	m
C	F	S	G	Q	U	W	Y	K	V	M	B	O	L
P	n	o	p	q	r	s	t	u	v	w	x	y	z
C	T	R	E	D	H	P	A	X	J	Z	I	C	N

此时，若明文为 student，对应的密文则为 PAXQUTA。

由于随机代换密码法的密钥有 26! 个，密钥显得太复杂也不容易记忆，因而在使用时必须保存密钥表，否则，将无法正确完成加密和解密过程，这是一个很致命的弱点。所以实际应用当中，常常用密钥句子来加密。即选择一个句子或词组作为密钥形成代换字母表。具体方法是：先写出正常顺序的明文字母表，再从特定字母处开始把密钥句子或词组中的字母依次写入字母表（特定字母也是密钥的一部分），同时删除其中的重复字母，并把 26 个字母中未出现在密钥中的剩余的字母按字母表的自然顺序依次填写在密钥之后和密钥之前即可。

【例 8.1】 以密钥句子为 I am a student 构成随机代换密码表。

首先，将密钥句子删去重复字母后为 Iamstuden，再选择特定字母 a 为开始书写密钥句子的特定字母，则该密钥句子所产生的代换字母表见表 8.3。

表 8.3   密钥句子的代换字母表

P	a	b	c	d	e	f	g	h	i	j	k	l	m
C	I	A	M	S	T	U	D	E	N	B	C	F	G
P	n	o	p	q	r	s	t	u	v	w	x	y	z
C	H	J	K	L	O	P	Q	R	V	W	X	Y	Z

此时，若明文为 student，对应的密文则为 PQRSTHQ。

该方法的特点是密钥句子或词组以及特定开始字母均可随意选择，且易于记忆，所以构成的密钥量也是很大的。不过，有更好的加密手段，就会有更好的解密手段。而且无论怎样的改变字母表中的字母顺序，密码都有可能被人破解。由于英文单词中各字母出现的频度是不一样的，例如字母 e 的出现频度最高等，通过对字母频度的统计就可以很容易地对替换密码进行破译。为了抗击字母频度分析，可以通过运用不止一个替换表来进行替换，从而掩盖了密文的一些统计特征。这样就产生了多表代换密码。

8.3.2 多表代换密码

多表代换密码是以一系列代换表依次对明文的字符进行代换的加密方法。其特点是将一个明文字符由多个密文字符来代换，这样就有可能把单个字母的自然频度隐藏起来或者均匀化。

1. Vigenere 密码

Vigenere 密码是以移位代换为基础的周期代换密码，是一种典型的多表代换密码。在 Vigenere 密码中，由任意指定的 d 个字符序列组成加密密钥，然后以 d 为周期进行加密。

设明文字符集 $P = \{a_1, a_2, \cdots, a_{q-1}\}$；而密钥 $k = \{k_1 k_2 \cdots k_d\}$，$k_l \in P$，即 d 个密钥字符由 P 中选取。令 i 为明文字符集 P 中字符的下标，$l_1, l_2, \cdots, l_d$ 为密钥 $k_1, k_2, \cdots, k_d$ 字符的下标，则加密变换为

$$E_{K_1}(i) = i + l_1 \equiv j_1 \quad (\mathrm{mod})q$$
$$E_{K2}(i+1) = i + 1 + l_2 \equiv j_2 \quad \mathrm{mod}(q)$$
$$E_{K3}(i+2) = i + 2 + l_3 \equiv j_3 \quad \mathrm{mod}(q)$$
$$\vdots$$
$$E_{k_d}(i+d) = i + d + l_d \equiv j_d \quad \mathrm{mod}(q) \tag{8.9}$$

其中 j_1，j_2，…，j_d 为密文的下标。周期性延伸即可得到全部密文。

加密密钥字符依次逐个作用于明文信息字符。明文信息长度往往会大于密钥字符串长度，而明文的每一个字符都需要有一个对应的密钥字符，因此密钥就需要不断循环，直至明文每一个字符都对应一个密钥字符。

例如：26 个英文字母组成的明文字符集 P，$q=26$，选用密钥为 dog，对明文为 System 进行加密。

解　由于密钥为 dog，因而 $d=3$，根据 Vigenere 密码原理可得
$$l_1 = 4; \quad l_2 = 14; \quad l_3 = 7$$
加密过程如下。

明文	$s=$ S	y	s	t	e	m
明文字母下标 i	18	24	18	19	4	12
密钥	$k=$ d	o	g	d	o	g
密钥字母下标 l	3	14	7	3	14	7
密文字母下标 j	21	12	25	22	18	19
密文	$c=$ V	m	y	w	r	s

在这个例子中，每三个明文字母一组进行加密（因为密钥 $d=3$），每组中的第一个字母后推 3 位（mod 26）变成第一个密文；第二字母后推 14 位（mod 26）变成第二个密文、第三字母后推 6 位（mod 26）变成第三个密文。这样就把一组明文加密了，下一组明文再用同样的方式加密，依次类推，直到明文结束为止。其中同一明文字母 s 在不同位置被加密成不同的字母。因而这种变换能够改变单个字母的自然频度，破译相对于单表代换困难一些。

【例 8.2】　如果密钥字为 RADIO，明文为 this message is fake，则加密的过程如下。

明文：t h i s m e s s a g e i s f a k e
密钥：R A D I O R A D I O R A D I O R A
密文：K H L A A V S V I U V I V N O B E

对明文中的第一个字符 t，对应的密钥字符为 R，它对应需要向后推 17 个字母，T 向后推 17 个字母取模 26，因此其对应的密文字符为 K。上面的加密过程中，可以清晰地看到，密钥 RADIO 被重复使用。

多表密码加密算法结果将使得对单表置换用的简单频率分析方法失效。这种加密方法中分组的大小与密钥的长度有关，如果在所有的密钥用完后，明文还没有完，可以对密钥进行再次循环使用。若有 20 个单个字母密钥，那么每隔 20 个字母的明文都被同一密钥加密，这称为密码的周期。在经典密码学中，密码周期越长越难破译，但使用计算机就能够轻易破译具有很长周期的代换密码。

2. 韦维纳姆密码

若代换密码的密钥是随机的字符序列且永不重复，则没有足够的信息使这种密码被译。当一个密码只用过一次时，这种密码称之为一次一密钥密码体制。该种体制可用如下所示数学模型来描述。

令明文为 $P=s_1 s_2 \cdots$ 的比特流，密钥 $K=k_1 k_2 \cdots$ 为密钥比特流，则维纳姆产生的密文比特流为

$$C=(p_i+k_i) \quad (\mathrm{mod}2) \quad (i=1,2\cdots) \tag{8.10}$$

维纳姆密码对每一明文和密钥取"异或"操作，这在计算机系统中是非常易于实现的。实际上维纳姆算法就是维吉尼亚加密算法模 2 的情况。

由于当 k_i 为 0 或 1 时，$k_i \oplus k_i = 0$，即可用同样运算实现密解过程。

$$c_i \oplus k_i = p_i \oplus k_i \oplus k_i = p_i \tag{8.11}$$

例如：若明文字符 S 为 11100010，密钥 K 为 11001111，密文结果为

$$c_i = (p_i+k_i)(\mathrm{mod} \quad 2)=p_i \oplus k_i$$

即
$$C=00101101$$

这种密码体制又称为完全的理想保密体制，但是，该体制也存在致命的缺点，就是需要很长的随机密钥，如何才能生成与明文消息一样长的随机序列并加以保存呢？许多年来众多密码学者为此做出艰苦的努力，得到了一些逼近方法。

假设用书中（或文件中）的课文作为以移位字母表构造的代换密码中的密钥序列（可看成是非周期维吉尼亚密码），这种密码就称为滚动式密钥密码，所以维纳姆密码的密钥被重复使用就相当于滚动密钥。若两明文序列 P_1 和 P_2 以同一密钥流 加密而产生相应的密文 C_1 和 C_2，则

$$C_1 = c_1^{(1)} c_2^{(1)} c_3^{(1)} \cdots$$
$$C_2 = c_2^{(2)} c_2^{(2)} c_3^{(2)} \cdots$$
$$c_i^{(j)} = (p_i^{(j)}+k_i)(\mathrm{mod} \quad 2) \quad j=1,2,i=1,2,\cdots$$

所以
$$c = c_i^{(1)} + c_i^{(2)} = ((p_i^{(1)}+k_i)+(p_i^{(2)}+k_i))(\mathrm{mod} \quad 2)$$
$$= (p_i^{(1)}+p_i^{(2)})(\mathrm{mod} \quad 2) \quad (i=1,2,3,\cdots) \tag{8.12}$$

由式（8.12）可知：密文流 C 等价于用 P_2 对 P_1 加密所产生的流，且不再是不可译的了。值得说明的是，要破译这种密码，可通过找到明文而不是密钥来解决，一旦知道了明文，密钥很容易就可以通过求 $k_i = c_i \oplus p_i$ 来获得。

8.3.3 转置密码

转置密码是一种早期的加密方法，它是在不改变明文消息所包含字母的基础上，对明文字母按照某种规律重排而构成。由于排列的方法不同，因而可获得多种密码。例如若颠倒明文的书写次序，会得到倒序密码；若将明文字母交替排列在多行上，然后再按逐行顺序发送，可构成栅栏密码等。在转置密码中最具代表性的是列转置密码。

列转置密码是把明文消息按照行顺序排成一个预定宽度的矩阵，密文则按矩阵中列的方向读出。解密时，首先要决定书写明文消息的图形，然后用密文字母总数除以加密长度，其商为行数（有余数时行数加 1），余数代表前面几列有字母，依次将密文按列顺序由上到下逐列填满，然后再按行读出，即可恢复原文内容。

【例 8.3】 对明文 COMPUTER GRAPHICS MAY BE SLOW BUT ATLEASTTIE'S

EXPENSIVE 进行长度为 10 的转置加密。

先把明文分成 10 个字母—组的分组，分好的 5 组每组占一行，把明文写成 5 行。

C	O	M	P	U	T	E	R	G	R
A	P	H	I	C	S	M	A	Y	B
E	S	L	O	W	B	U	T	A	T
L	E	A	S	T	T	I	E	S	E
X	P	E	N	S	I	V	E		

再把这些排列好的明文按列组合就是对应的密文。

密文：CAELX OPSEP MHLAE PIOSN UCWTS TSBTTI EMUIV RATEE GYAS RBTE

由于转置密码方法只是在数学上进行了某种排列，其密文字符和明文字符相同，因而没有改变其原字母的频率，因此对密文的频数分析可有助于破译。这给了密码分析者很好的线索，他能用各种技术去决定字母的准确顺序，以得到明文。为了增加抗击字母频度分析的能力，密文往往可以通过多次换位来增强安全性。

以上介绍的传统密码体制的安全性依赖一种"智慧"，即尚未发现其安全缺陷便认为是安全的，而现代密码学将基于更严格和更科学的基础。

8.4 现代密码体制

现代加密技术充分应用了计算机、通信等手段，通过复杂的多步运算来转换信息，并且一个数据加密系统主要的安全性是基于密钥的。现代数据加密体制主要分为公钥体制和私钥体制。私钥体制又称单钥体制或对称加密体制，其加密、解密密钥相同。公钥体制又称为双钥体制或非对称加密体制，其加密、解密密钥不同，可以公开加密密钥，而仅需保密解密密钥，从而具有数字签名、鉴别等功能，被广泛应用于金融、商业等社会生活各领域。根据各种安全技术和应用的需求，人们提出了许多加密的算法。DES、AES、IDEA、RSA 等算法被公认为是优秀的密码体制，在广泛的应用过程中，它们的安全性和性能不断得到人们的肯定，从而成为流行的密码体制。

对称加密体制以 DES（Data Encryption Standard）算法为典型代表，非对称加密体制通常以 RSA（Rivest Shamir Ad1eman）算法为代表。

8.4.1 对称密码体制

1977 年 1 月，美国政府颁布采纳 IBM 公司设计的方案作为非机密数据的正式数据加密标准。这就是 DES（Data Encryption Standard）加密标准。后来，ISO 也将 DES 作为数据加密标准。DES 算法对信息的加密和解密都使用相同的密钥，即加密密钥也可以用作解密密钥。这种方法在密码学中称为对称加密算法，也称为对称密码体制或单钥密码体制。对称密码体系通常分为两大类，一类是分组密码（如 DES、AES 算法），另一类是序列密码（如 RC4 算法）。由于发送信息的通道往往是不可靠的或者不安全的，所以在对称密码系统中，必须用不同于发送信息的另外一个安全信道来发送密钥。

DES 算法在 ATM、磁卡及智能卡、加油站、高速公路收费站以及电子商务等领域得到广泛应用，其基本思想来源于分组密码算法，即将明文划分成固定的 n 比特的数据组，然后以组为单位，在密钥的控制下进行一系列的线性或非线性的变换而得到密文，这就是分组密码体制。分组密码一次变换一组数据，当给定一个密钥后，分组变换成同样长度的一个密文分组。若明文分组相同，那么密文分组也相同。对称加密算法的计算速度非常快，因此被广泛应用于对大量数据的加密过程。DES 算法的加密过程是在通信网络的两端，双方约定一致的加密密钥和解密密钥，在通信的源点用密钥对核心数据进行 DES 加密，然后以密码形式在公共通信网中传输到通信网络的终点，数据到达目的地后，用同样的密钥对密码数据进行解密，来再现明码形式的核心数据。这样，便保证了核心数据（如 PIN、MAC 等）在公共通信网中传输的安全性和可靠性。下面介绍 DES 算法原理。

1. DES 算法描述

DES 加密算法是一类对二元数据进行加密的算法，明文数据分组长度以及密文分组均为 64bit，对大于 64bit 的明文只要按每 64bit 一组进行切割，而对小于 64bit 的明文只要在后面补 "0" 即可。另一方面，DES 所用的加密或解密密钥长度也是 64bit，其中含 8bit 奇偶校验位，有效密钥长度为 56bit，实际加密时仅采用其中的 48bit。DES 整个体制是公开的，其系统的安全性主要依赖密钥和算法。

DES 加密算法是将 64 位明文序列用特殊的 64 位密文序列代替，而所选用的运算方法使得当密钥仅改变一位时，就可以使密文中的每一位大约有 50% 的可能改变。因此，若采用了错误的密钥，则解密码位平均有一半是错误的。在 DES 算法中，明文以 64 位为单位分成块，首先经过初始置换 IP 变换后，按 IP 置换将明文重新排列，得到一个乱序的 64 位明文组，然后将其分成左右两半部分，每部分 32 位，前 32 位作为 L_0，后 32 位作为 R_0。将 64 位密钥经过固有的密钥算法，得到 16 个子密钥，用 K_1，K_2，K_3，…，K_{16} 表示。再由子密钥控制进行 16 轮完全相同的加密迭代，得到 L_1、R_1 … L_{16}、R_{16}。迭代方法是将子密钥与 64 位乱序明文数据的右半部分相结合，然后再与其左半部分相结合，结果作为新的右半部分；结合前的右半部分作为新的左半部分，这一系列步骤组成一轮迭代，这种轮换要重复 16 次。最后一轮迭代之后，再将 L_{16}、R_{16} 进行初始置换 IP^{-1} 的逆置换，就得到了 64 位的密文。DES 算法流程图如图 8.2 所示。

由图 8.2 可知，DES 的加密过程主要由加密处理、加密变换和子密钥生成几个部分组成。

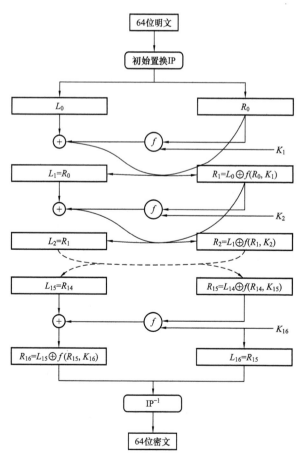

图 8.2 DES 算法流程图

（1）加密处理过程。加密处理过程主要经过初始变换、加密处理和最后换位三个步骤。

1）初始变换。加密处理首先要对 64 位明文按一定规律进行变换，得到一个乱序的 64 位明文组，其目的在于打乱原来明文的次序。具体变换规则按表 8.4 所示的初始换位表 IP 进行置换。表中的数值表示输入位被置换后的新位置。它是把 64 位明文先按顺序分成八组，每组包括 8 位，然后每组排一列，共排成 8 列。因为是 64 位明文，所以也将产生 8 行明文，最后把排列好的明文进行行交换。例如输入明文的第 1、2、3、4、5、6、7、8 位分成一组，排在第 8 列；输入明文的第 25、26、27、28、29、30、31、32 位分成一组，排在第 5 列；输入明文的第 57、58、59、60、61、62、63、64 位分成一组，排在第 1 列，依次类推，64 位数据构成一个方阵。排在方阵第一行的 8 个明文是第 57、49、41、33、25、17、9、1 位，第 8 行的 8 个明文是第 64、56、48、40、32、24、16、8 位。然后将该方阵第 1 行换至第 5 行，第 2 行换至第 1 行，第 3 行换至第 6 行，第 4 行换至第 2 行，第 5 行换至第 7 行，第 6 行换至第 3 行，第 8 行换至第 4 行。这样输入的第 58 位，在输出的时候被置换到第 1 位；输入的第 7 位，在输出时被置换到第 64 位。以上初始置换结果见表 8.5。L_0、R_0 则是换位输出后的两部分，L_0 是输出的左 32 位，R_0 是右 32 位，例如，设置换前的输入值为 $D_1D_2D_3\cdots D_{64}$，则经过初始置换后的结果为：$L_0=D_{58}D_{50}\cdots D_8$；$R_0=D_{57}D_{49}\cdots D_7$。

表 8.4　　　　　　　　　　　　初始置换表 IP

58	50	42	34	26	18	10	2
60	52	44	36	28	20	12	4
62	54	46	38	30	22	14	6
64	56	48	40	32	24	16	8
57	49	41	33	25	17	9	1
59	51	43	35	27	19	11	3
61	53	45	37	29	21	13	5
63	55	47	39	31	23	15	7

表 8.5　　　　　　　　　　　　逆初始置 IP^{-1}

40	8	48	16	56	24	64	32
39	7	47	15	55	23	63	31
38	6	46	14	54	22	62	30
37	5	45	13	53	21	61	29
36	4	44	12	52	20	60	28
35	3	43	11	51	19	59	27
34	2	42	10	50	18	58	26
33	1	41	9	49	17	57	25

2）加密处理。初始换位的 64 位输出分为左、右两个 32 位，分别记为 L_0 和 R_0，从 L_0、

R_0 到 L_{16}、R_{16}，共进行 16 轮循环加密变换。由图 8.1 可知，在每一轮的循环中，右半部分需要经过一系列的子加密过程，这个子加密过程也称为 f 函数，子加密过程包括扩展置换、异或运算、S 盒置换和直接置换。其中，经过 i 轮处理后的左右 32 位分别为 L_i 和 R_i，则可做如下定义

$$L_i = R_{i-1} \tag{8.13}$$
$$R_i = L_{i-1} \oplus f(R_{i-1}, K_i) \quad (i = 1, 2, \cdots, 16) \tag{8.14}$$

其中，K_i 是向第 i 轮输入的 48 位子密钥，L_{i-1} 和 R_{i-1} 分别是第 $i-1$ 轮的输出，f 是 Mangler 函数，$\oplus$ 表示异或运算。

3）最后换位。进行 16 轮的加密变换之后，最后生成 L_{16} 和 R_{16}，其中 R_{16} 为 L_{15} 与 $f(R_{15}, K_{16})$ 做模二运算的结果，L_{16} 是 R_{15} 的直接赋值。L_{16} 和 R_{16} 合成 64 位的比特串，再按照表 8.6 所示的换位表（比特串的下标列表）进行逆置换后按表中行读出得到输出的 64 位密文组。逆置换正好是初始置换的逆运算，例如，第 1 位经过初始置换后，处于第 40 位，而通过逆置换，又将第 40 位换回到第 1 位，其逆置换规则见表 8.5。值得注意的是，R_{16} 一定排在 L_{16} 前面。经过置换 PC^{-1} 后生成的比特串就是 64 位的密文，即 DES 算法加密的结果。

（2）加密变换过程。加密变换过程是 DES 算法中最重要和最关键的部分。在 DES 的设计过程中其他组件都是满足线性关系的元件，只有在 f 函数的实现过程中，存在着一个唯一的非线性变换的组件——S 盒，其实现原理是将 R_{i-1} 先通过 E 元件扩展后，其结果与子密钥 K_i 进行异或，并把其结果送入选择压缩运算 S 盒，最后把 S 盒的输出进行 IP^{-1} 置换得到 $f\{R_{i-1}, K_i\}$。

扩展置换 E 的作用就是通过重复某些位将初始换位得到的 64 位中的右半部分（32 位）按照表 8.6 的扩展运算扩展为 48 位。扩展有三个目的：第一，它产生了与子密钥同长度的数据以进行异或运算；第二，它提供了更长的结果，使得在以后的子加密过程中能进行压缩；第三，它产生雪崩效应（avalanche effect），这也是扩展置换最主要的目的，使得输入的一位将影响两个替换，所以输出对输入的依赖性将传播的更快（雪崩效应）。其扩展规律是按照将右边 32 位数据位进行模 4 运算，模 4 运算中周期为 0 和 1 的数据重复一次，周期为 2 和 3 的数据不重复，因而 32 位中就有 16 位要重复，加上原来的 32 位即成 48 位。按照这一规律 32 位中第 32、1、4、5、8、9、12、13、16、17、20、21、24、25、28、29 各位要重复一次。扩展置换的置换方法与初始置换相同，只是置换表不同，扩展置换表见表 8.6。最后将表格中的数据按行读出，可得 48 位明文输出数据。

表 8.6			扩 展 运 算 E		
32	1	2	3	4	5
4	5	6	7	8	9
8	9	10	11	12	13
12	13	14	15	16	17
16	17	18	19	20	21
20	21	22	23	24	25
24	25	26	27	28	29
28	29	30	31	32	1

　　由 E 输出的 48 位明文数据与子密钥产生器输出的 48 位子密钥逐位模 2 相加进行加密，输出 48 位密文组。

　　选择压缩运算 S 将来自加密运算的 48 位密文数据自左至右按顺序分成 8 组，每组 6 位，分别通过 8 个 S 盒子后输出 4 位，共 32 位。先假设 S 的 6 个输入端为 $x_0 x_1 x_2 x_3 x_4 x_5$，按照把 S 输入变量中首尾两项（$x_0 x_5$）看成是控制 S 盒中 4 个不同行号，将其余的 4 项（$x_1 x_2 x_3 x_4$）作为确定不同列号，查如表 8.7 所示的 S-盒子表，便得到 S_i 的输出。

表 8.7　　　　　　　　　　　　　　　　　S-盒　子

	0	1	2	3	4	5	6	7	8	9	10	11	12	13	14	15	
0	14	4	13	1	2	15	11	8	3	10	6	12	5	9	0	7	
1	0	15	7	4	14	2	13	1	10	6	12	11	9	5	3	8	S_1
2	4	1	14	8	13	6	2	11	15	12	9	7	3	10	5	0	
3	15	12	8	2	4	9	1	7	5	11	3	14	10	0	6	13	
0	15	1	8	14	6	11	3	4	9	7	2	13	12	0	5	10	
1	3	13	4	7	15	2	8	14	12	0	1	10	6	9	11	5	S_2
2	0	14	7	11	10	4	13	1	5	8	12	6	9	3	2	15	
3	13	8	10	1	3	15	4	2	11	6	7	12	0	5	14	9	
0	10	0	9	14	6	3	15	5	1	13	12	7	11	4	2	8	
1	13	7	0	9	3	4	6	10	2	8	5	14	12	11	15	1	S_3
2	13	6	4	9	8	15	3	0	11	1	1	12	5	10	14	7	
3	1	10	13	0	6	9	8	7	4	15	14	3	11	5	2	12	
0	7	13	14	3	0	6	9	10	1	2	8	5	11	12	4	15	
1	13	8	11	5	6	15	0	3	4	7	2	12	1	10	14	9	S_4
2	10	6	9	0	12	11	7	13	15	1	3	14	5	2	8	4	
3	3	15	0	6	10	1	13	8	9	4	5	11	12	7	2	14	
0	2	12	4	1	7	10	11	6	8	5	3	15	13	0	14	9	
1	14	11	2	12	4	7	13	1	5	0	15	10	3	9	8	6	S_5
2	4	2	1	11	10	13	7	8	15	9	12	5	6	3	0	14	
3	11	8	12	7	1	14	2	13	6	15	0	9	10	4	5	3	
0	12	1	10	16	9	2	6	8	0	13	3	4	14	7	5	11	
1	10	15	4	2	7	12	9	5	6	1	13	14	0	11	3	8	S_6
2	9	14	15	5	2	8	12	3	7	0	4	10	1	13	11	6	
3	4	3	2	12	9	5	15	10	11	14	1	7	6	0	8	13	
0	4	11	2	14	15	0	8	13	3	12	9	7	5	10	6	1	
1	13	0	11	7	4	9	1	10	14	3	5	12	2	15	8	6	S_7
2	1	4	11	13	12	3	7	14	10	15	6	8	0	5	9	2	
3	6	11	13	8	1	4	10	7	9	5	0	15	14	2	3	12	
0	13	2	8	4	6	15	11	1	10	9	3	14	5	0	12	7	
1	1	15	13	8	10	3	7	4	12	5	6	11	0	14	9	2	S_8
2	7	11	4	1	9	12	14	2	0	6	10	13	15	3	5	8	
3	2	1	14	7	4	10	8	13	15	12	9	0	3	5	6	11	

上表列出了 DES 中使用的 8 个 S 盒。每个 S 盒将 6 位输入变为 4 位输出。给定输入后，输出行由外侧两位确定，列由内侧的 4 位确定，例如 S_5 的六位输入为"011011"，其外侧位为"01"，内侧位为"1101"，而每张表的第一行为"00"，第一列为"0000"。因此在 S_5 中的对应输出为"1001"（十进制的 9），即第 2 行，第 13 列。8 个 S 盒子按此进行，共输出 32 位。DES 算法设计者们希望明文经加密后输出的密文与明文之间，以及密文与密钥之间不存在任何统计关联，因此，S 盒的设计是实现 DES 算法的关键。但迄今为止，设计者未曾完全公开有关 DES 中 S 盒的设计准则，为了使 S 盒实现较好的混淆功能，一般来说，S 盒的设计规则必须满足以下条件。

1) 对于任何一个 S 盒而言，S 盒为非线性函数。由前面的分析可以看出，S 盒实现的是一个 6 输入 4 输出的功能，没有任何线性方程式能等价 S 盒的输入输出关系。

2) 改变 S 盒的任何一位的输入时，则至少有两个或两个以上的输出位会因此而变。

3) 固定某一位的输入时，S 盒所有输出结果中，其"0"、"1"的个数应当接近相等。

将 S_1 至 S_8 盒输出的 32 位数据进行置换运算 P 变换，这样就完成了 $f(R，K)$ 的变换。置换运算 P 变换是坐标变换。该置换把每个输入位映射到输出位，任意一位不能被映射两次，也不能略去，具体变换规律见表 8.8。该表的使用方法与初始置换相同。

表 8.8 置 换 运 算 P

16	7	20	21
29	12	28	17
1	5	23	26
5	18	31	10
2	8	24	14
32	27	3	9
19	13	30	6
22	11	4	15

根据图 8.2 所示的 DES 算法流程图可知，置换 P 输出的 32 位数据还要与左边 32 位即 R_i-1 逐位模 2 加运算，所得结果作为下一轮迭代用的右边数据段，并将右边 R_i-1 并行送到左边寄存器，作为下一轮用的左边数据。

（3）子密钥生成过程。16 次迭代是在 16 个子密钥控制下进行的。在 DES 中，初始密钥通常为 64 位，并规定第 8、16、24、32、40、48、56、64 位是奇偶校验位，不参与 DES 运算，故有效密钥长度为 56 位。即 64 位密钥首先通过压缩换位变换 PC^{-1} 去掉每个字节的第 8 位，用作奇偶校验。因此，密钥的位数由 64 位减至 56 位，其压缩换位表见表 8.9。

表 8.9 压 缩 置 换 PC^{-1}

57	49	41	33	25	17	9
1	58	50	42	34	26	18
10	2	59	51	43	35	27
19	11	3	60	52	44	36
63	55	47	39	31	23	15
7	62	54	46	38	30	22
14	6	61	53	45	37	29
21	13	5	28	20	12	4

输入的 64 位密钥通过压缩换位得到 56 位的密钥，此 56 位分成 C_0、D_0 两部分，各为 28 位。即 $C_0=K_{57}K_{49}K_{41}\cdots K_{52}K_{44}K_{36}$，$D_0=K_{63}K_{55}K_{47}\cdots K_{20}K_{12}K_4$。然后 C_0 和 D_0 分别进行第一次循环左移操作生成 C_1 和 D_1，将 C_1（28 位）和 D_1（28 位）合成 56 位，再通过如表 8.10 所示的压缩换位 PC^{-2} 输出 48 位的子密钥 K_1，再将 C_1 和 D_1 进行循环左移和 PC^{-2} 压缩换位，得到子密钥 $K_2\cdots$ 依次类推，得到 16 个子密钥。不过要注意的是，16 次循环移位的左移位数要依据表 8.11 所示的规则进行。即在产生子密钥的过程中，L_1、L_2、L_9、L_{16} 是循环左移 1 位，其余都是左移 2 位。

表 8.10 压 缩 置 换 PC^{-2}

14	17	11	24	1	5
3	28	15	6	21	10
23	19	12	4	26	8
16	7	27	20	13	2
41	52	31	37	47	55
30	40	51	45	33	48
44	49	39	56	34	53
46	42	50	36	29	32

表 8.11 每轮左移次数的规定

迭代轮数	1	2	3	4	5	6	7	8	9	10	11	12	13	14	15	16
左移次数	1	1	2	2	2	2	2	2	1	2	2	2	2	2	2	1

2. 解密处理过程

从密文到明文的解密过程可采用与加密完全相同的算法。不过解密要用加密的逆变换，就是把上面的最后换位表和初始换位表完全倒过来变换，且第一次迭代时用 K_{16}，第二次用 K_{15}，……，最后一次用 K_1，算法本身并没有任何变化，这里不再赘述。

DES 的保密性仅取决于对密钥的保密，而算法是公开的。DES 内部的复杂结构是至今没有找到捷径破译方法的根本原因。DES 算法具有极高安全性，到目前为止，除了用穷举搜索法对 DES 算法进行攻击外，还没有发现更有效的办法。

对称加密算法的加密密钥与解密密钥的密码体制是相同的，这种加密方法密钥较短、算法公开、计算量小、加密速度快、加密效率高，信息交换双方都不必彼此研究和交换专用的加密算法。如果在交换阶段密钥未曾泄露，那么机密性和报文完整性就可以得以保证。但对称加密技术也存在一些不足，如果交换一方有 N 个交换对象，那么他就要维护 N 个私有密钥，这就使密钥管理和使用难度增大。对称加密存在的另一个问题是双方共享一把私有密钥，交换双方的任何信息都是通过这把密钥加密后传送给对方的，没有密钥，解密就不可行。因此，对称密码技术进行安全通信前需要以安全方式进行密钥交换。且对称加密是建立在共同保守秘密的基础之上，在管理和分发密钥过程中，任何一方的泄密都会造成密钥的失效，存在着潜在的危险和管理难度。

8.4.2 公钥密码体制

1976 年，美国斯坦福大学的两名学者迪菲（Diffie）和赫尔曼（Hellman）为解决 DES

算法密钥利用公开信道传输分发的问题，提出一种新的密钥交换协议，允许在不安全媒体上的通信双方交换信息，安全地达成一致的密钥，这就是"公开密钥系统"。Diffie-Hellman首次发表的公开密钥算法出现在 Diffie 和 Hellman 的论文中。这篇影响深远的论文奠定了公开密钥密码编码学。由于该算法本身限于密钥交换的用途，被许多商用产品用作密钥交换技术，因此该算法通常称之为 Diffie-Hellman 密钥交换。这种密钥交换技术的目的在于使得两个用户安全地交换一个秘密密钥以便用于以后的报文加密。在公开密钥码系统中，加密密钥不同于解密密钥，并且解密密钥不能根据加密密钥计算出来。加密密钥称为公开密钥（public-key，公钥），应该公开；解密密钥称为私人密钥（private-key，私钥），必须保密。这样就不必考虑如何安全地传输密钥。

1. 非对称加密信息交换原理

相对于"对称加密算法"，公开密钥方法也称为"非对称加密算法"。与对称加密算法不同，非对称加密算法中加密和解密使用的是两个不同的密钥：公开密钥和私有密钥，且公开密钥与私有密钥是一对密钥。如果用公开密钥对数据进行加密，只有用对应的私有密钥才能解密；如果用私有密钥对数据进行加密，那么只有用对应的公开密钥才能解密。每个用户可以得到唯一的一对密钥，其中一个是公开的，另一个是保密的。公开密钥保存在公共区域，可在用户中传递。而私钥必须存放在安全保密的地方。非对称加密算法的模型如图 8.3 所示。

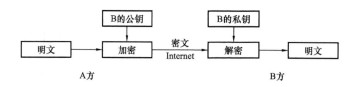

图 8.3 非对称加密算法模型

从图 8.3 可以得出：接收方 B 生成一对密钥并将其中的一把作为公开密钥向其他方公开；得到该公用密钥的发送方 A 使用该密钥对机密信息进行加密形成密文，通过 Internet 发送给接收方 B；接收方 B 收到密文后，用自己保存的另一把私有密钥对收到信息进行解密，形成明文。接收方 B 只能用其私有密钥解密由其公开密钥加密后的信息。在这个过程中，不必担心发送方送过来的消息被第三者截获。因为即使信息被人截获，由于无法获得对应的私有密钥，最终还是无法读懂这个消息。

2. RSA 公钥密码算法

1977 年，即 Diffie-Hellman 的论文发表一年后，美国麻省理工学院（MIT）的三名研究人员 Rivest、Shamir 和 Adleman 根据这一想法开发了一种实用方法，这就是 RSA 算法，其名称来自于三个发明者的姓名首字母。RSA 是一个基于数论的非对称（公开钥）密码体制，是一种分组密码体制。它的安全性是基于大整数素因子分解的困难性，而大整数因子分解问题是数学上的著名难题，至今没有有效的方法予以解决，因此可以确保 RSA 算法的安全性，1983 年 RSA 正式被采用为标准。RSA 系统是公钥系统的最具有典型意义的方法，也是目前使用最广泛的非对称加密算法，大多数使用公钥密码进行加密和数字签名的产品和标准使用的都是 RSA 算法。

RSA 算法是建立在大数分解和素数检测的理论基础上的，也是一种分组密码体制。它的思路是：两个大素数相乘在计算上是容易实现的，但将它们的乘积分解为两个大素数的因子的计算量却相当巨大，甚至在计算机上也是不可实现的。所谓素数检测，是指判断给定的一个整数是否为素数。RSA 的安全性基于数论中大整数的素因子分解的困难性。

（1）有关概念和数论的基本结论。

1）素数：一个大于 1 的整数，如果只能被 1 和它自己整除，则称该数为素数。

2）两个整数 p 和 q，除了 1 以外，再无其他公约数，则称 p 和 q 互素。

3）用 $gcd(p, q)$ 表示 p 和 q 的最大公约数，如 $gcd(3, 6)=3$。

4）如果 $gcd(p, q)=1$，此时必存在有整数 x 和 y 使得 $px+qy=1$。

5）用欧拉函数 $\varphi(n)$ 表示整数 n 与小于 n 且与 n 互素的正整数的个数。

6）任何一个素数 p，有 $\varphi(p)=p-1$。

7）用 $n|p$ 表示 p 可以被 n 整除，此时必然存在整数 x，使得 $p=xn$。

8）若 $p\equiv q(\bmod n)$，$a\equiv b(\bmod n)$，则 $p\pm a\equiv q\pm b(\bmod n)$ 且 $pa\equiv qb(\bmod n)$。

9）若 $gcd(x, y)=1$，且 $x|p$ 与 $y|p$，则 $xy|p$。

10）若 $gcd(p, q)=1$，则 $\varphi(p)\varphi(q)=(p-1)(q-1)$。

11）对任意整数 x 和任一素数 p 满足 $x^p\equiv 1(\bmod p)$，若 $gcd(x, p)=1$，还存在 $x^{p-1}\equiv 1(\bmod p)$。

12）若 p 和 q 互素，则 $p^{\varphi(q)}\equiv 1[\bmod \varphi(q)]$。

（2）RSA 工作原理。

第一步：任意选取两个互异的大素数（一般达到 100 位以上的十进制数）p 和 q（保密）。

第二步：计算 $n=pq$（公开），则欧拉函数值 $\varphi(n)=(p-1)(q-1)$（保密）。

第三步：任意选取一个大整数 e，使得 $1<e<\varphi(n)$ 并且 $gcd(\varphi(n), e)=1$（公开），整数 e 作为加密密钥。

第四步：确定解密密钥 d，使得 $1<d<\varphi(n)$ 且 $d\times e\equiv 1(\bmod \varphi(n))$，根据 e、p 和 q 可以容易地计算出 d。

第五步：加密过程。将明文消息 $m(m<n)$ 加密为密文 c，计算方法为 $c=m^e(\bmod n)$，就得到了加密后的消息 c。

第六步：解密过程。收端收到密文 c 后，计算 $m=c^d(\bmod n)$，从而完成对 c 的解密。

在 RSA 加密中：$\{e, n\}$ 两个数构成公钥，可以告诉别人；$\{d, n\}$ 两个数构成私钥自己保留，不让任何人知道。别人给你发送信息时使用 e 加密，这样只有拥有 d 的你能够对其解密。给别人发送的信息使用 d 加密，只要别人能用 e 解开就证明信息是由你发送的，构成了签名机制。

【例 8.4】 对消息 $m=3$ 进行 RSA 加密和解密。

解 加密。

（1）找到两个素数 $p=7$，$q=13$。

（2）计算 $n=pq=91$

$$\varphi(n)=(p-1)(q-1)=72$$

（3）取 $e=5$，满足 $1<e<\varphi(n)$ 并且 e 和 $\varphi(n)$ 互素，即 $gcd(e, \varphi(n))=1$

（4）找到满足 $ed\equiv 1(\mathrm{mod}\varphi(n))$ 的数 d：因为 $72\times(-2)+5\times 29=1$，即 $5\times 29\equiv 1(\mathrm{mod}\ 72)$，所以 d 就选 29。于是找到公开密钥 $(e，n)=(5，72)$，私钥 $(d，n)=(29，72)$。

（5）计算密文 $c=m^e(\mathrm{mod}\ n)=4^5(\mathrm{mod}\ 72)=16$

即用 e 对 m 加密后获得加密信息 $c=16$。

解密 $\qquad\qquad\qquad m=c^d(\mathrm{mod}\ n)=16^{29}(\mathrm{mod}\ 72)=4$

即用 d 对 c 解密后获得 $m=4$，该值和原始信息 m 相等。

e 的逆乘 d 应满足 $d\neq ne+1$，若 d 不满足，应重新选取 e 和 d。

因为 e 和 d 互逆，公开密钥加密方法也允许采用这样的方式对加密信息进行"签名"，以便接收方能确定签名不是伪造的。

【例 8.5】 对于一条英文报文"I am fun"来说，若用（01，26）对英文字母进行编码，则 $01\to A$，$02\to B$，…，$26\to Z$，空格为 27。此时上述消息的数字化形式为：09 27 01 13 27 06 21 14。第一组 09 可加密为：$(9)^5=9(\mathrm{mod}\ 72)$。依次，可求出其余加密后的报文数字为：$C=09\ 27\quad 01\ 61\quad 27\quad 00\quad 45\ 56$。收方收到密文 C 后，再用解密密钥进行解密，得到明文 M 为：$M=C^d(\mathrm{mod}\ 72)$。若对第一组 09 解密，则作如下变换：$(09)^{29}\equiv 9(\mathrm{mod}\ 72)$。从而恢复出全明文。

上面两个例子仅用于说明 RSA 算法的基本原理，在实际使用当中，n、e 和 d 的取值都很大才能保证 RSA 算法的安全性。

RSA 算法的安全性在于计算两个大数目素数的乘积 n 很容易。而要对一个由两个素数组成的有上百位（甚至上千位）长的数字进行因式分解则是非常困难的，这就是所谓的单向函数。

分析 RSA 的安全性可知，其与大数分解时密切相关的。如果窃取者能从 n 分解出 p 和 q，则他就能求出 $\varphi(n)$，从而根据公开的 e 求出 d，但直接分解 n 是极其困难的，这也是一个著名的数学难题。迄今为止，尚未找到一种高效算法能加以分解。表 8.12 给出了用计算机分解不同大小的 n 所需要的时间（计算机操作速度是设为每微秒一次）。

表 8.12 计算机分解不同大小的 n 所需要的时间

n 的十进制位数	50	75	100	200	300	500
时间	3.9 小时	104 天	74 年	3.8×10^9 年	4.5×10^{15} 年	4.2×10^{29} 年

由此可见，随着 n 位数的增大，分解工作变得越来越困难，当 n 达到 200 位时，分解 n 几乎不可能，此时可认为 RSA 是高度保密的。另外，也有人尝试过不用分解 n 的方法来破译 RSA，而是直接用计算 $\varphi(n)$ 的方法求出 e 和 d，但可以证明，这些绝对不比直接分解 n 更容易，因此，RSA 算法是较为安全的。

RSA 算法的加密密钥和加密算法分开，使得密钥分配更为方便。它特别符合计算机网络环境。对于网上的大量用户，可以将加密密钥用电话簿的方式印出。如果某用户想与另一用户进行保密通信，只需从公钥簿上查出对方的加密密钥，用它对所传送的信息加密发出即可。对方收到信息后，用仅为自己所知的解密密钥将信息脱密，了解报文的内容。由此可看出，RSA 算法解决了大量网络用户密钥管理的难题，这是公钥密码系统相对于对称密码系统最突出的优点。其主要缺点如下。

（1）产生密钥很麻烦，受到素数产生技术的限制，因而难以做到一次一密。

（2）安全性，RSA 的安全性依赖于大数的因子分解，但并没有从理论上证明破译 RSA 的难度与大数分解难度等价。目前，人们已能分解 140 多个十进制位的大素数，这就要求使用更长的密钥，可能导致速度更慢。

由以上分析可知，非对称加密算法的保密性比较好，它消除了最终用户交换密钥的需要，但加密和解密花费时间长、速度慢，它不适合于对文件加密而只适用于对少量数据进行加密。在实践中，为了保证密码系统的安全、可靠及使用效率，可以采用将 RSA 和 DES 相结合的综合保密系统，则可以弥补 RSA 的缺憾。即 DES 用于明文加密，RSA 用于 DES 密钥的加密。由于 DES 加密速度快，适合加密较长的报文；而 RSA 可解决 DES 密钥管理分发的问题。

虽然非对称加密算法研制的最初理念与目标是旨在解决对称加密算法中密钥的分发问题，实际上它不但很好地解决了这个问题，还可利用非对称加密算法来完成对电子信息的数字签名以防止对信息的否认与抵赖；同时还可以利用数字签名较容易地发现攻击者对信息的非法篡改，以保护数据信息的完整性。

8.5 密码体制的安全性

评价密码体制安全性有不同的途径，包括无条件安全性、计算安全性、可证明安全性。

（1）无条件安全性。如果密码分析者具有无限的计算能力，密码体制也不能被攻破，那么这个密码体制就是无条件安全的。例如只有单个的明文用给定的密钥加密，移位密码和代换密码都是无条件安全的。一次一密乱码本（One-time Pad）对于唯密文攻击是无条件安全的，因为敌手即使获得很多密文信息、具有无限的计算资源，仍然不能获得明文的任何信息。如果一个密码体制对于唯密文攻击是无条件安全的，我们称该密码体制具有完善保密性（perfect secrecy）。如果明文空间是自然语言，所有其他的密码系统在唯密文攻击中都是可破的，因为只要简单地一个接一个地去试每种可能的密钥，并且检查所得明文是否都在明文空间中，这种方法称为蛮力攻击（Brute Force Attack）。

（2）计算安全性。密码学更关心在计算上不可破译的密码系统。如果攻破一个密码体制的最好的算法用现在或将来可得到的资源都不能在足够长的时间内破译，这个密码体制被认为在计算上是安全的。目前还没有任何一个实际的密码体制被证明是计算上安全的，因为我们知道的只是攻破一个密码体制的当前的最好算法，也许还存在一个我们现在还没有发现的更好的攻击算法。实际上，密码体制对某一种类型的攻击（如蛮力攻击）是计算上安全的，但对其他类型的攻击可能是计算上不安全的。

（3）可证明安全性。另一种安全性度量是把密码体制的安全性归约为某个经过深入研究的数学难题。例如如果给定的密码体制是可以破解的，那么就存在一种有效的方法解决大数的因子分解问题，而因子分解问题目前不存在有效的解决方法，于是称该密码体制是可证明安全的，即可证明攻破该密码体制比解决大数因子分解问题更难。可证明安全性只是说明密码体制的安全与一个问题是相关的，并没有证明密码体制是安全的，可证明安全性也有时候被称为归约安全性。

8.6 密码技术的应用

8.6.1 数字信封

数字信封又称"电子信封"技术，是公钥密码体制在实际中的一个应用，它是用加密技术来保证只有规定的特定收信人才能阅读通信的内容。具体过程如图 8.4 所示。

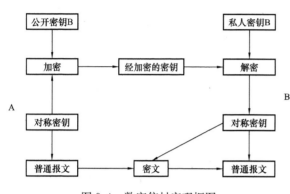

图 8.4 数字信封实现框图

从图 8.4 可以得出数字信封的具体操作方法：每当发信方 A 需要发送信息时首先生成一个对称密钥，用这个对称密钥加密所需发送的报文；然后用收信方 B 的公开密钥加密这个对称密钥，连同加密了的报文一同传输到收信方。收信方 B 首先使用自己的私有密钥解密被加密的对称密钥，再用该对称密钥解密出真正的报文。

数字信封结合了秘密密钥加密技术和公开密钥加密技术的优点，在外层使用公开密钥加密技术，享受到公开密钥技术的灵活性；由于内层的对称密钥长度通常较短，从而使得公开密钥加密的相对低效率被限制在最低限度；可克服秘密密钥加密中秘密密钥分发困难和公开密钥加密中加密时间长的问题。数字信封由于可以在每次传送中使用不同的对称密钥，使系统有了额外的安全保证。

8.6.2 信息认证技术

信息系统安全的一个重要方面是防止攻击者对系统的主动攻击，例如，伪装、篡改信息等，这就需要对信息进行认证。认证技术的应用主要有两个方面，一是指对数据产生者的身份进行验证，即验证信息的发送者是真正的，而非假冒的，有时我们把这种方法又称为数据来源验证；另一方面认证也能验证数据的完整性，保证信息在传输或存储过程中未被篡改、重现或延迟等。具体地说，消息认证是使通信中的消息接收者能确定：消息来源于被指定的发送者；消息是发送给预期的接收者；消息的内容是完整可信的（即在传输过程中没有被修改或替换）及消息的序号和时间的有效性等四项内容。

其中第二项是公钥密码体制本身的特性（用预期接收者的公钥加密的信息只有预期接收者才能解密），而第一项和第四项要利用公钥密码体制或对称密码体制进行数字签名来实现。为实现消息内容的完整性，确保任何对数据的非法篡改都将被检测出来，需要采取消息认证码 MAC（Message Authentication Code），下面先介绍消息认证算法（Message Authentication Algorithm），再介绍数字签名（digital signature）。

1. MAC

所谓消息认证码，就是附加在消息后面的经过加密的一个消息摘要，是用来保证信息完整性的一项安全技术，它是由 Ron Rivest 发明的一种单项加密算法，其加密结果是不能解密的。发送端把原信息加密成摘要，然后把消息摘要和原信息一起发送到接收端，接收端也把原消息加密为摘要，看两个摘要是否相同，若相同，则表明信息的完整，否则不完整。

把原信息加密成消息摘要的函数称为单向散列函数。单向散列函数是一个接收任意长度的消息串并输出一个较小固定长度字符串（散列值）的数学函数。这样的函数设计成不仅从一个消息的散列值中恢复该消息是困难的，而且即使告诉我们所有散列值的长度，我们也不能找到两个具有相同散列值的消息。事实上，要找到两个具有相同的 128 比特散列函数值的消息，需要测试 2^{64} 个散列值。换句话说，一个文件的散列值是该文件很小的唯一"手印"，即使对输入串做很小的更改，都将导致散列值急剧地变化。即使在输入串中有 1bit 改变了，都将导致散列值大约一半数目的比特发生变化。这种性质称为雪崩效应（Avalanche Effect）。

若将消息摘要记作 MD（Message Digest），即

$$MAC = MD = f_K(M)$$

其中 f_K 表示采用密钥 K 加密的一个单向散列函数。如果你知道 M，那么很容易计算 H。但是知道 M 和 f，要计算 H 是很不容易的，而且在计算上是不可行的。由于加密的功能要求，f_K 常常将原消息 M "搅乱"（hash）得面目全非，故常称之为 Hash 单向函数。

如果你对一个消息做单向散列，结果将短得多，但仍然是唯一数（至少在统计上是这样的）。这可以作为一个消息所有人的证明，而不需要泄露实际消息内容。例如不需要保留关于有版权的文件数据库，只需要储存每个文件的散列值即可，这样一来不仅节省了储存空间，也提供了很高的安全性。如果需要证明版权，所有人可以给出原文件并证明它散列到哪个值。

散列函数也可以用来证明文件没有被更改，因为在文件中即使添加一个字符都会完全改变它的散列值。

接收端接收到 M'（以 "'" 表示可能与发送信号不同）和相应的 MAC 后，对 M' 也用相同的密钥 K 进行相同的加密运算而产生 $MD'=f_K(M')$。如果消息 $M'\neq M$ 或 MAC 被改动，则必定是 $MD\neq MD'$，接收端就会作出拒收的决定。只有当 $M'=M$ 及 MAC 未被改动的情况下，$MD=MD'$，这就完成了消息认证的功能。

作为消息认证码的 MD，有三个重要的特征。

（1）对任意给定的消息 M 要容易计算出 $MD=f_K(M)$。

（2）不可能从 MD 反推出消息 M。

（3）任意两个消息 M_1，M_2，不能产生相同的 MD，即 $MD_1\neq MD_2$。

以上特征，要由 Hash 函数 f_K 来保证。为了满足第三个条件，MD 至少要有 128 比特长。现在流行的典型的 MD 算法有 MD2，MD4，MD5 和 SHA-1（Secure Hash Algorithm-1）等，都是由美国 NIST（National Institute of Standard and Technology）公布的联邦信息处理标准（Federal Information Processing Standards，FIPS）。其中 MD2 是 1989 年公布的适用于 8-bit 计算机的算法，其余都适用于 32-bit 计算机应用。从密码体制看，只是前面介绍过的对称密钥体制，非对称密钥体制的一种应用扩展。

2. 数字签名

长期以来，人们一直沿用将手写签字作为签署文件、条件和命令以及签订契约合同的认证依据。随着社会的信息化，人们希望能通过通信网进行更为迅速、及时的远距离贸易合同签字，因此，电子化的数字签字应运而生，并开始用于商业通信系统，如电子文件作业系统和电子数据交换系统等。

数字签名（Digital Signature）主要用于对数字消息（Digital Message）进行签名，实现

前面提到的第一、四项功能，主要解决三个问题：接收方能确认信息确定来自指定的发送者；发送者不能否认所发信息的内容；接收者不能伪造信息内容。

数字签名是一种以电子形式给一个消息签名的方法。数字签名和通常签名的主要区别在于：一是签名问题，通常的签名是被签名文件的一个物理组成部分，而数字签名不是物理地附在被签文件的后面，而是用一个签名算法去签一个消息；二是验签问题，通常的签名通过与一个认证签名的比较来验证签名的真伪，而数字签名利用公开的验证算法来验证签名的真伪，任何人都可以验证数字签名，数字签名的运用主要用来防止对消息的伪造和替换；三是数字签名能有效地防止被签消息的重复利用。

数字签名利用公开的密钥算法和对称密钥算法都可以获得数字签名，但公钥密码体制更适合于数字签名。图 8.5 所示为利用公钥密码体制进行数字签名的原理过程，对消息 M 并未加密也可以不经 Hash 函数变成 MAC。当消息发送者 A 只对消息 M 进行签名时，他先用自己私有密钥对 M 进行"解密"得到 $C=(M, K_d)$，这样任何人，包括接收者在内，由于不知道发送者的私有密钥，所以不能伪造发送者的签名。消息接收者 B 收到 C 后进行如下操作以验证签名：在公开的签名信息文件中查出 A 的公开的加密密钥 K_e，并用 K_e 对 C 进行一次"加密"运算，得到 $M'=E(C, K_e)$，检查 M' 是否正确。

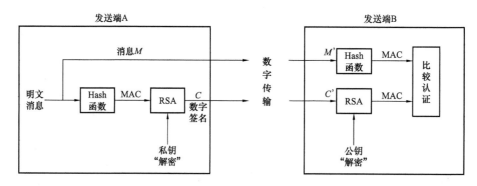

图 8.5　数字签名原理

如果 M' 是正确的，那么 B 就可以断定 M' 确实是 A 发来的数据。因为只有 A 才知道 K_d（保密的），该方法保证在 K_e 公开的前提下，任何人无法通过计算得到 K_d。如果 M' 不正确，那么 B 就拒绝接收报文。

在数字签名和验证过程中，接收方无法伪造消息，因为他得不到 K_d。发送方也无法抵赖他所发送过的消息，因为只有他才知道正确的 K_d。

由于运算速度的关系，人们实际很少用公钥算法加密，即使使用公钥算法签名，也往往不直接对消息 M 本身签名，而是将消息经过单向 Hash 函数或 MD5 算法压缩成数据量较小的 $H(M)$，然后再对 $H(M)$ 签名。数字签名算法 DSA（Digital Signature Algorithm）是美国国家标准与技术学会（NIST）于 1994 年公布的一个数字签名标准。它是一个公开密钥数字签名算法，用于检验数据的完整性和确认数字签名的合法性，其具体算法描述如下。

（1）密钥建立。

1）选 L 比特长的素数 p，其中 $512 \leq p \leq 1024$，且要求 L 为 64 的整数倍。

2）选 160 比特长的素数 q，满足 $qz=p-1$，其中 z 为任意自然数。

3）选小于 $p-1$ 的任意数 h，并计算 $g=h^z \bmod p$。

4) 随机地选 x 使 $0<x<q$ 并计算 $y=g^x \bmod p$。

则建立起的公钥为 (p, q, g, y)，其中 y 为公开密钥，私钥为 x，且 p, q 和 g 是公开的，可以由一组网络用户共享，每个用户都可以据此建立自己私钥和公钥。

（2）签名过程。

1) 发送者为每一个需要签名的信息选一个被称为 "nonce"（即只用一次的数）的随机数 K，且 $1<K<q$。

2) 计算 $r=(g^K \bmod p) \bmod q$ 及 $s=(K^{-1}(H(M)+xr)) \bmod q$。

因为 M 实际上是由明文转换成的一个数，比如用 ASCII 码代表字母，将所有 ASCII 字码连成二进符号串看成一个很大的数代表明文。因此，被签名的是用 Hash 函数压缩过的摘要 MD，$H(M)$ 就表示这个过程。将发送者签名 r 和 s 附加与消息 M 就完成了数字签名。

（3）签名认证。接收者接到 r 和 s 后作如下的计算。

1) 计算 $w=s^{-1} (\bmod q)$。

2) 用 w 和 r 分别计算 $U_1=(H(M) \times w)(\bmod q)$ 和 $U_2=(r \times W)(\bmod q)$。

3) 计算 $V=[(g^{U_1} \times y^{U_2})(\bmod p)](\bmod q)$。

4) 验算 $V=r$，签名被证实。

数字签名是可信的，因为任何人都可以验证签名的有效性。签名是不可防伪的，除了合法的签名者之外，任何其他人伪造其签名是困难的。签名是不可复制的，即对一个消息的签名不能通过复制变为另一个消息的签名。如果对一个消息的签名是从别处复制得到的，则任何人都可以发现消息与签名之间的不一致性，从而可以拒绝签名的消息。签名的消息是不可改变的，因为经签名的消息不能被篡改，一旦签名的消息被篡改，则任何人都可以发现消息与签名之间的不一致性。签名也是不可抵赖的，表现在签名者事后不能否认自己的签名。

随着计算机信息网络的迅速发展，特别是电子商务的兴起，数字签名的使用越来越普遍。数字签名是防止信息欺诈行为的重要保障。

3. 时间戳

时间戳（time - stamp）技术是数字签名技术一种变种的应用。在电子商务交易文件中，时间是十分重要的信息。在书面合同中，文件签署的日期和签名一样均是十分重要的防止文件被伪造和篡改的关键性内容。数字时间戳服务（digital time stamp service，DTS）是网上电子商务安全服务项目之一，能提供电子文件的日期和时间信息的安全保护。书面签署文件的时间是由签署人自己写上的，而数字时间戳则不然，它是由认证单位 DTS 来加的，以 DTS 收到文件的时间为依据。

时间戳可以根据产生方式的不同分成两类。

（1）自建时间戳：此类时间戳是通过时间接收设备（如 GPS，CDMA 移动通信终端，北斗卫星定位终端）来获取时间到时间戳服务器上，并通过时间戳服务器签发时间戳证书。此种时间戳可用来企业内部责任认定，在法庭认证时并不具备法律效力。因其在通过时间接收设备接收时间时存在被篡改的可能，故此不能作为法律依据。

（2）具有法律效力的时间戳：它是由我国中科院国家授时中心与北京联合信任技术服务有限公司负责建设的我国第三方可信时间戳认证服务。由国家授时中心负责时间的授时与守时监测。因其守时监测功能而保障时间戳证书中的时间的准确性和不被篡改。

时间戳是一个经加密后形成的凭证文档，它包括三个部分。

(1) 需加时间戳的文件的摘要（digest）。

(2) DTS 收到文件的日期和时间。

(3) DTS 的数字签名。

一般来说，时间戳产生的过程为：用户首先将需要加时间戳的文件用 Hash 编码加密形成摘要，然后将该摘要发送到 DTS，DTS 在加入了收到文件摘要的日期和时间信息后再对该文件加密（数字签名），然后送回用户。此时用户的文件已经具有时间戳点，查看该文件时不仅可以查看用户的签名信息，还可以查看反签名人信息，也就是时间戳服务签名信息。这样，用户才会确信此文件确实是来自签名人和签名时的时间，因为签名人的真实身份是通过权威的第三方认证的。时间戳的应用原理图如图 8.6 所示。

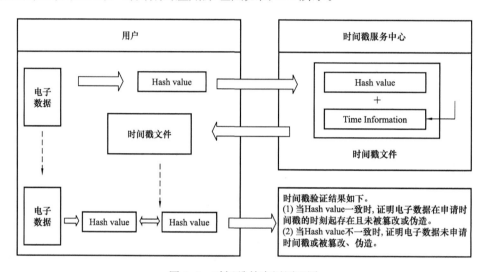

图 8.6　时间戳的应用原理图

密码技术处于信息安全保密建设中的核心技术地位。密码技术在古代就已经得到了一些应用，但仅限于外交和军事战争等重要领域。随着现代计算机技术的飞速发展，密码技术正在不断向更多其他领域渗透。目前，密码已经发展成为集代数、数论、信息论、概率论于一身，并与通信、计算机网络和微电子等技术紧密结合的一门综合性学科。人们对量子密码、神经网络密码、混沌密码、基因密码等新型密码的研究和应用，也表明了密码具有很强的生命力和广阔的应用前景。

 习　　题

8.1　古典密码体制和现代密码体制的主要区别是什么？

8.2　利用替换加密算法，密钥 $K=$ dog 对明文 $X=$ teacher 加密。

8.3　利用凯撒密码对明文 He is a student 加密。

8.4　描述 DES 的加密思想。

8.5　一个公钥密码体制的一般定义是什么？

8.6 在 RSA 公约体制中，如果截取了发给其他用户的密文 $C=10$，若此用户的公钥 $e=5$，$n=35$，试分析明文的内容。

8.7 对称密码体制和非对称密码体制各有何优、缺点？

8.8 设 RSA 公钥密码体制中的模数 $n=35$，试证其加密密钥与解密密钥一定相同。

8.9 试分析信息摘要的产生过程。

8.10 简述数字签名的实现过程。

8.11 试分析数字时间戳的应用范围。

9 信息理论与编码的应用

本章重点

(1) 信息论在多媒体通信中的应用。
(2) 信息熵在热力学中的应用。
(3) 信息论在生命科学中的应用。
(4) 信息论在经济学中的应用。
(5) 信息论在哲学中的应用。

信息论是由通信技术、概率论与数理统计及随机过程相结合而逐步发展起来的长期用于通信工程实践中的一门应用型科学。自从美国著名应用数学家香农 1948 年在《贝尔系统技术杂志》上发表著名论文"通信的数学理论"以来，以通信理论为核心的经典信息论得到迅猛发展，经过几十年的发展，信息论已远远超越了原来的领域，形成了一门综合的新兴学科，并广泛渗透到其他学科，进入了更为广阔的领域。下面，我们将简要介绍信息论在多媒体通信、生命科学、医学、经济学及哲学等方面的应用。

9.1 信息论在多媒体通信中的应用

多媒体通信是信息高速公路建设中的一项关键技术。它作为一种新兴的信息技术，是多媒体、通信、计算机和网络等相互渗透和发展的产物。多媒体中的"多媒体"即为多媒体数据，是由在内容上相互关联的文本、图像、图形、音频及视频等媒体数据构成的一种复合信息实体。

从前面的学习中我们知道，信息论的核心是一个严密的数学演绎系统，是通信工程方面较为完整的理论基础，信息论中的几个主要定理是信息传输和信息压缩理论的理论基础。在多媒体系统中，需要对多媒体数据进行获取、处理、存储、传输和播放等工作。未经压缩处理的多媒体数据量非常巨大，这样一来就给数据的存储和传输带来很大的困难，所以必须对这些数据进行压缩。随着多媒体业务不断发展，新的压缩标准和编码方法不断出现，适用范围也在逐渐扩大，为了获得可靠的传输效果，还必须对多媒体数据进行适应于信道传输的编码方法，也使信息论在多媒体通信中得以广泛应用。

9.1.1 语音压缩编码

近几十年来，语音压缩编码技术得到了快速发展和广泛应用，在移动通信、卫星通信、多媒体技术以及 IP 电话通信中得到普遍应用，起着举足轻重的作用。语音编码就是将模拟语音信号数字化，数字化之后作为数字信号传输、存储或处理，以充分利用数字信号处理的各种技术。为了减小存储空间或降低传输比特率节省带宽，还需要对数字化之后的语音信号进行压缩编码，这就是语音压缩编码技术。

语音压缩编码技术有许多种，归纳起来大致可以分为波形编码、参数编码和混合编码三类。

（1）波形编码。波形编码方法是将语音信号作为一般波形信号来处理，使重建的语音波形与原始语音波形尽量保持一致。波形编码具有适应能力强和话音质量好等优点，但所需要的编码速率比较高，一般在 16～64kbit/s 以上能得到较高的编码质量，当码率进一步降低时，其性能会下降得很快。波形编码方式包括脉冲编码调制（PCM）、自适应增量调制（ADM）、自适应差分编码（ADPCM）、自适应预测编码（APC）和自适应变换编码（ATC）等。

（2）参数编码。参数编码是一种对语音参数进行分析合成的方法。首先根据不同的信号源，如语言信号、自然声音等形式建立特征模型，通过提取特征参数和进行编码处理，力图使重建的声音信号尽可能高的保持原声音的语意，但重建信号的波形同原声音信号的波形可能会有相当大的差别。

语音的基本参数是基音周期、共振峰、语音谱、声强等，如果能得到这些语音基本参数，就可以不对语音的波形进行编码，而只要记录和传输这些参数就能实现声音数据的压缩。这些语音基本参数可以通过分析人的发音器官的结构及语音生成的原理，建立语音生成的物理或数学模型通过实验获得。得到语音参数后，就可以对其进行线性预测编码。参数编码技术可实现低速率的声音信号编码，比特率可压缩到 2～4.8kbit/s，但声音的质量只能达到中等。

（3）混合型编码。混合型编码是一种在应用参数编码技术的基础上，引用波形编码准则去优化激励源信号的方案。它克服了原有波形编码压缩率低和参量编码语音质量低的弱点，力图保持波形编码的高质量和参量编码的低速率，在 4～16kbit/s 速率上获得高质量的合成声音信号。混合型编码典型算法有码本激励线性预测（CELP）、多脉冲线性预测（MP-LPC）、矢量和激励线性预测（VSELP）等。

在混合编码中，比特率、质量、复杂度、处理时延是其 4 个主要技术指标，实现者的任务是力图使上述 4 个参量及其关系达到综合最佳化，因而必须充分利用线性预测技术和综合分析技术。国际上，现有语音信号压缩编码标准的审议主要在 ITU-T 下设的第 15 研究组（SG15）进行，相应的标准化建议为 G.7XX 系列，多由 ITU 发表。语音信号压缩编码的国际标准及参数见表 9.1。

表 9.1 语音信号压缩编码的国际标准及参数

压缩标准	压缩方法	码率（kbit/s）	时延（ms）	复杂度（MIPS）	语音质量	颁布年代
G.711	PCM	64			4.5	1972 年
G.722	SB-ADPCM	64/56/48			/	1986 年
G.726	VBR-ADPCM	40/32/24/16		3	4.2/4.0/3.2/2.0	1990 年
G.727	嵌入式 ADPCM	40/32/24/16			/	1990 年
G.728	LD-CELP	16			4.3	1992 年
G.729	CS-ACELP	8		20	4.0	1996 年
G.729A						1996 年
G.729B	附加了静噪压缩方案					1996 年
G.723.1	MP-MLQ/ACELP	6.3/5.3		16	3.x	1996 年
G.722.1	MLT	24/32				1999 年
G.722.2	AMR-WB	6.6～23.85				2002 年

表 9.2 是表 9.1 中压缩方法的全拼及中文含义。

表 9.2　　　　　　　　　　语音信号压缩编码的压缩方法

缩写	全拼	中文含义
PCM	Pluse Code Modulation	脉冲编码调制
ADPCM	Adaptive Differential Pluse Code Modulation	自适应脉冲编码调制
SB-ADPCM	Sub Band- Adaptive Differential Pluse Code Modulation	子带-自适应差分脉冲编码调制
VBR-ADPCM	Variable Bit Rate Adaptive Differential Pulse Code Modulation	可变比特率自适应差分脉码调制
嵌入式 ADPCM	Embedded Adaptive Differential Pluse Code Modulation	嵌入式自适应脉冲编码调制
LD-CELP	Low Delay- Code Excited Linear Prediction	低时延码激励线性预测编码
CS-ACELP	Conjugate Structure- Algebraic Code Excited Linear Prediction	共扼结构代数码本激励线性预测编码
MP-MLQ/ACELP	Multipulse Maximum Likelihood Quantization/ Algebraic Code Excited Linear Prediction	多脉冲最大似然量化码激励线性预测编码
MLT	Modulated Lapped Transform	重叠调制变换
AMR-WB	Adaptive Multi-Rate Compression-Wide Band	自适应多速率宽带编码

9.1.2　图像压缩编码

图像编码的信源是各种类型的图像信息。图像压缩编码的目的是以尽量少的比特数表征图像，同时保持复原图像的质量，使它符合预定应用场合的要求。

衡量一种图像压缩编码方法优劣的重要指标有压缩比、算法复杂度及解压缩的图像质量。其中压缩比用来衡量数据压缩的程度，目前常用的定义式为

$$P_\tau = \frac{L_s - L_d}{L_s} \qquad (9.1)$$

式中：L_s 为源代码长度，L_d 为压缩后代码长度。

注：压缩比的物理意义是被压缩掉的数据占原数据的百分比。压缩比也可简单地用编码前后的数据量之比来表示，显然压缩比越高越好。

目前，经过 40 余年研究，已经对各类图像比如静止图像（图片）、可视电话、电视会议、常规电视以及高清晰度电视制定了相应编码的国际标准，见表 9.3。

表 9.3　　　　　　　　　　图像编码的国际标准

标准	压缩比	应用范围
JBIG	10（无失真）	二值图像，也可以用于多值无失真压缩
JPEG	4（无失真）10~24（限失真）	连续色调多值静止图像
H. 261	10~100（限失真）	$n*64k$（其中 $n=1, 2, \cdots, 30$）
MPEGI	10~50（限失真）	视频图像存储 CD - ROM
MPEGII	5~100（限失真）	常规电视、广播电视、HDTV
MPEGIV	≥50（限失真）	低码率活动图像

下面仅以 JPEG 标准和 MPEG 标准为例介绍信息论理论中压缩编码的具体应用。

1. JPEG 标准

JPEG 是 Joint Photographic Experts Group（联合图像专家组）的缩写。JPEG 是由国际标准组织和国际电话电报咨询委员会所建立的一个数字影像压缩标准，主要是用于静态影像压缩。JPEG 标准完成于 1992 年。

JPEG 标准是一个适用范围很广的静态图像数据压缩标准，既可用于灰度图像又可用于彩色图像。JPEG 标准定义了两种基本压缩算法。一种是基于 DPCM 的无损压缩算法。主要采用霍夫曼码、算术码来实现，它们是建立在 DPCM 基础上的，一般压缩倍数不大，在 4 倍左右，其实现的原理性方框图如图 9.1 所示。

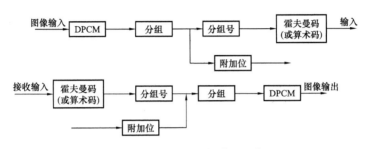

图 9.1　JPEG 的无损编码系统

JPEG 标准的另一种压缩算法是基于 DCT 变换的有损压缩算法。利用离散余弦变换（DCT）将影像数据中的高频部分去除，仅保留重要的低频信息，以达到高压缩率的目的，适用于一般连续色调、多级灰阶、彩色或黑白静止图像压缩，这种方法又被称为 JPEG 基本系统。JPEG 基本系统编码器框图如图 9.2 所示。

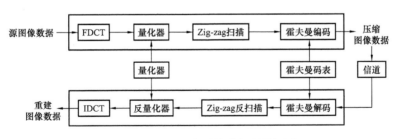

图 9.2　JPEG 基本系统编解码器框图

编码器主要由正向离散余弦变换（FDCT）、量化、Zig-zag 扫描和熵编码四个部分组成。编码时，输入图像首先被分成 8×8 的图像块，依次将每个图像块经过 FDCT 变换为 64 个 DCT 系数，其中，最左上角的一个为直流系数（DC），另外的 63 个系数称为交流系数（AC）。量化后，对每个块的 DC 系数进行差分脉冲调制编码（DPCM），其余 63 个 AC 系数经过 Zig-zag 扫描转变为一维序列，进行游程编码，然后再对 DC 系数的差值和 AC 系数游程编码的码字进行基于统计特性的霍夫曼熵编码。

相应地，解码器也包括霍夫曼解码、Zig-zag 反扫描、反量化和 IDCT 四个主要部分，与编码时的步骤相反。

2. MPEG 标准

MPEG 是 Moving Picture Experts Group（运动图像专家组）的简写。运动图像也称视

频,是十分重要的信息源。据统计,人类接收的信息大约 70% 来自于视觉。标准化是产业化成功的前提,为此国际电信联盟 ITU,国际标准化组织 ISO 和国际电子学委员会 IEC 等国际组织都成立了专门的机构,致力于制订运动图像压缩编码的国际标准。

MPEG 专家组建于 1988 年,专门负责为 CD 建立视频和音频标准,而成员都是视频、音频及系统领域的技术专家。他们成功将声音和影像的记录脱离了传统的模拟方式,建立了 ISO/IEC1172 压缩编码标准,并制定出 MPEG 格式,令视听传播方面进入了数码化时代。MPEG 标准主要有 MPEG-1、MPEG-2、MPEG-4、MPEG-7 及 MPEG-21 共五个。MPEG 标准的视频压缩编码技术主要利用了具有运动补偿的帧间压缩编码技术以减小时间冗余度,利用 DCT 技术以减小图像的空间冗余度,利用熵编码则在信息表示方面减小了统计冗余度。这几种技术的综合运用,大大增强了压缩性能。

(1) MPEG-1 标准。MPEG-1 于 1992 年 11 月正式被批准为国际标准,1993 年 8 月公布。该标准主要是针对数字存储媒体,但它也被用于数字电话网络上的视频传输,如非对称数字用户线路(ADSL),视频点播和教育网路等。它是为工业级标准而设计的,可适用于不同带宽的设备,如 CD-ROM、Video-CD、CD-I 等。编码速率最高可达 4～5Mbit/s,传输速率为 1.5Mbit/s。

MPEG-1 的基本算法对于每秒 24～30 逐行扫描帧,分辨率 360×280 的运动图像有很好的压缩效果。但随着速率的提高,其解码后的图像质量有所降低,并且它没有定义用于对额外数据流进行编码的格式,因此这种机制未被广泛采用。

(2) MPEG-2 标准。随着 MPEG-1 标准制定的成功,人们对音频和视频的需求进一步提高,要求 MPEG 标准支持更高的质量、更高的分辨率和更多的应用领域,因此于 1994 年制定了 MPEG-2 标准。MPEG-2 是 MPEG-1 的兼容扩展,广泛应用于速率在 2～20Mbps 和各种分辨率的视频及其音频的编码表示,是一种高质量视频的压缩标准,可以为广播、有线电视网、电缆网络以及卫星直播提供广播级的数字视频。MPEG-2 在 NTSC 制式下的分辨率可达 720×486,MPEG-2 还可提供广播级的视像和 CD 级的音质,其音频编码可提供左右中及两个环绕声道,以及一个重低音声道和多达 7 个伴音声道。同时,由于 MPEG-2 的出色性能表现,已能适用于 HDTV,使得原打算为 HDTV 设计的 MPEG-3,还没出世就被抛弃了。

(3) MPEG-4 标准。MPEG-4 旨在将众多的多媒体应用集于一个完整的框架内,为不同性质的视频、音频数据制定通用的编码方案,提出基于内容的视频对象 VO(Video Object)的编码标准。它不仅针对一定比特率下(4800～6400bps)的视频、音频编码,更加注重于多媒体系统的交互性和灵活性。为了达到这个目标,它引入了对象基表达的概念,用来表达视听对象;MPEG-4 的编码系统是开放的,且扩充了编码的数据类型,由自然数据对象扩展到计算机生成的合成数据对象,采用合成对象/自然对象混合编码算法,为各种多媒体应用提供了一个灵活的框架和一套开放的编码工具,不同的应用可选取不同的算法。因此,基于内容的压缩编码是 MPEG-4 研究的热点。由于 MPEG-1 和 MPEG-2 标准都属于高层媒体的表示与结构标准,其交互性及灵活性较低,而计算机网络具有很高的灵活性和交互性,但它遵循的标准却与 MPEG 标准不兼容。MPEG-4 视频格式大大优于 MPEG-1 与 MPEG-2,视频质量与分辨率高而数据率相对较低。因而,MPEG-4 的制订有效地促进了三网的融合。

（4）MPEG-7。网络应用最重要的目标之一就是进行多媒体通信，而其中的关键就是多媒体信息的检索和访问，这样 MPEG-7 就应运而生。MPEG-7 的工作于 1996 年启动，名称叫做多媒体内容描述接口，目的是制定一套描述符标准，用来描述各种类型的多媒体信息及它们之间的关系，以便更快更有效地检索信息。这些媒体材料可包括静态图像、图形、3D 模型、声音、话音、电视以及在多媒体演示中它们之间的组合关系。MPEG-7 的应用领域包括数字图书馆，例如图像目录、音乐词典等；广播媒体的选择，例如无线电频道，TV 频道等；多媒体编辑，例如个人电子新闻服务，多媒体创作等。

9.1.3 数字卫星电视系统中的信道编码

数字卫星电视系统（Digital Video Broadcasting System，DVB-S），又称 DVB-S 数字卫星电视系统。数字卫星电视是近几年迅速发展起来的，它是利用地球同步卫星将数字编码压缩的电视信号传输到用户端的一种广播电视形式。目前世界上许多国家都在发展数字卫星电视系统。

数字卫星电视系统主要有两种方式。一种是将数字电视信号传送到有线电视前端，再由有线电视台转换成模拟电视传送到用户家中。这种形式已经在世界各国普及应用多年。另一种方式是将数字电视信号直接传送到用户家中即 Direct to Home（DTH）方式。

DVB-S 系统传输的是通用的 MPEG-2 视音频码流。为了获得可靠的传输效果，DVB-S 系统还规定了一个严谨、完善的信道编码方案，使其适应通道传输特性并保证数据在卫星信道上传输的可靠性。DVB-S 系统具有广泛的适应性，卫星转发器带宽可以从 26MHz 到 72MHz，转发器功率可以从 49dBW 到 61dBW。DVB-S 信道编码系统的结构如图 9.3 所示。

图 9.3 DVB-S 信道编码系统的结构框图

从 MPEG-2 传送复用器来的 TS 流就是 Tranmit Stream，即传输码流。TS 流为固定数据包格式，包长为 188 字节，包括 1 同步字节和 187 个数据字节。该据码流先经过能量扩散，以改善数据的统计特性。接着进行 R-S 编码，它属于信道编码系统中的外编码。R-S 编码后是卷积交织，它主要用来分散由于某些突发错误引起的一连串长的错误。卷积交织之后是卷积编码，它属于信道编码系统的内编码。卷积编码后，让码流通过平方根升余弦滤波器（基带成形电路）滤波，改善数据流的频谱特性，以适应信道的传输特性。最后再进行 QPSK 数字调制，以提高系统的频带利用率和抗干扰能力。

9.1.4 数字喷泉

随着因特网的迅猛发展，人们在享受信息传递的方便与快捷的同时也对通信系统的服务能力和范围提出了更高的要求，有限的网络带宽与迅速增长的网络数据量和下载规模之间形成了一对亟需解决的矛盾。

针对这一问题，John Byers 及 Michael Luby 等人于 1998 年首次提出了数字喷泉（Digital Fountain）的概念，它是针对大规模数据分发和可靠广播的应用特点而提出的一种理想的解决方案，但当时并未给出实用数字喷泉码设计方案。2002 年，Luby 提出了第一种实用数字喷泉码——LT 码。之后，Shokrollahi 又提出了性能更佳的 Raptor 码，实现了近乎理想的编译码性能。在学术理论日渐完善的同时，数字喷泉码也日益受到产业界的关注，获得了越来越多的应用。1998 年，M. Luby、A. Shokrollahi 等人联合创立了 Digital Fountain 公司（简称 DF 公司），以推广数字喷泉概念的实际应用，很快便引起了包括 MIT、UC Berkeley、纽约大学、多伦多大学、日本住友电工等机构和单位的关注。目前，已有越来越多的学者和机构开始致力于喷泉编码的研究，数字喷泉在数据分发与广播应用上也获得了越来越多的支持与采纳。

数字喷泉具有类似于水喷泉的特性：当你在水喷泉下给水杯接水时，你只想接到足够量的水来解渴，而不必关心是那一点水流入你的杯中。类似地，借助数字喷泉编码技术一个客户端从一个或多个服务器接收编码包，一旦收到足够的编码包，那么该客户端就可以重构原文件。而具体接收到编码包序列中的哪些编码包却并没有关系。

喷泉码最初是为删除信道设计的，其最大的特点就是码率无关性，即编码器可以生成的编码符号的个数是无限且灵活的，译码器只需接收到任意足够数目的编码符号就能还原数据。因此不管删除信道的删除概率多大，编码器能源源不断地产生编码符号直到译码器还原出源文件。正是由于喷泉码的这个特性，使得喷泉码在删除信道中获得了逼近香农限的性能。喷泉码的应用范围很广，主要可以概括为如下几个方面。

（1）在广域网、国际互联网、卫星网上进行高速大文件传输。以 RS 码（Reed-solomon codes）为代表的前向纠错编码通过硬件实现，按照保护小块数据的要求设计，主要是对受到破坏的多个比特或单个比特进行检测和校正。而 LT 码意在保护大型文件，而且这种技术以软件方式实现，速度非常快。由于没有了 TCP 的网络时延影响吞吐量，喷泉码可以在互联网，无线网，移动网及卫星网上提供接近网络带宽速度的大文件传输。

（2）在无线网、移动网提供质量完善的流媒体点播或广播。利用喷泉码技术来处理 Internet 最为头疼的流式视频、音频、视频游戏、MP3 文件等，可以提供质量完善的流媒体点播或广播。

（3）在 3G 移动网、数字电视广播网、电信组播网及卫星广播系统提供无需反馈信道的可靠性数据广播。由于不需反馈，用户数量的增长对于发送方来说没有任何影响，发送方可以服务任意数量的用户。

2005 年，DF 公司先后与美国第二大卫星广播公司 Sirius 公司以及全球第一大手机厂商诺基亚公司签署协议，向他们的后续产品提供数字喷泉技术的支持。特别值得一提的是，Digital Fountain 公司设计的系统 Raptor 码已经被 DVB-H 标准和 3GPP 组织的多媒体广播和多播业务（MBMS）标准采用，该公司的 Digital Fountain RaptoFEC 技术将成为 3GPP 流式文件下载服务的 MBMS 标准的一部分。

9.2　信息熵在热力学中的应用

1948 年香农创立了信息论，提出了信息的测度问题。他采用热力学中"熵"的名称，用于信息的度量。香农在使用这一名称时曾征求著名数学家冯·诺依曼的意见，商量后才采用这一名称的。香农在当时对信息熵和热力学熵之间的内在联系并没有直接兴趣，而是独立地提出信息的度量的。那么，信息熵与热力学熵之间有无内在的联系？如果有，又有怎样的联系？下面就围绕此问题展开讨论。

热力学熵是系统紊乱程度的测度。那么，何谓测度？测度是指对"度"进行测量（广义）来达到刻画事物的目的。也就是说，我们有可能通过热力学熵来刻画系统紊乱的程度。

1872 年波尔兹曼在研究气体分子运动过程中，对熵首先提出了微观解释，后经普朗克·吉布斯进一步研究，解释更为明确。在统计热力学中，物理系统的宏观量熵可以用系统的微观状态几率的对数来表示。

即熵

$$S = K \ln \Omega \tag{9.2}$$

式中：K 为波尔兹曼常数；Ω 为系统的微观状态几率。这个量 S 就是表示，在由大量粒子（分子、原子）构成的系统中，粒子之间无规则的排列程度。或者说，表示系统的紊乱程度。系统越"乱"、熵就趣大；系统越有序，熵就越小。例如，假设一个容器中有 n 个气体分子，在某瞬间一些分子的运动速度很高，另一些分子的速度低，而且任何一个分子具有能量的概率都由对所有分子相同的一个概率密度分布给出。因而，n 个气体分子分布在各能级上的排列组合方式以及系统的微观状态可以很大。假如另有一个系统，具有相同的能量，但高能分子和低能分子在任何时刻都分开在两个容器中，因而微观状态数比前一系统要少得多，所以前一系统的熵一定比后一系统的熵大。这是因为第二个系统较有秩序些，它们的高、低能分子不是混在一起而是分开的，这个系统是有序的，不是杂乱的。所以，一个物理系统的热力学熵是它的无组织程度的度量，是系统无序状态的描述，是状态无序性的表现。系统越无序，熵就越大；系统越"整齐"，熵就越小。

可以由图 9.4 所示两幅图片的对比，对有序和无序有一个感性的认识。当没有接通电源时，电子处于无序状态，如图 9.4（a）所示，接通电源后，电子由无序变为有序，如图 9.4（b）所示，系统的熵值也同时发生了变化。

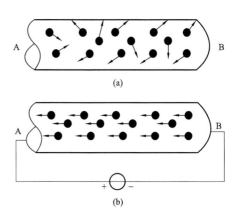

图 9.4 电流的成因
（a）无序；（b）有序

熵值越小，意味着系统越"整齐"和"集中"，也就越有序；熵值越大，意味着系统越"混乱"和"分散"，无序程度越高。

由热力学第二定律可以发现，一个系统在孤立的封闭状态下，总是由有序走向无序，进而使熵增加，它不需要附加任何条件。若要由无序走向有序，则需要在一定的附加条件下才能实现。例如，在分子运动论的实验中，我们将一滴墨水滴入清水中，墨水就会四处扩散，直至呈均匀分布，即走向无序。若要想由扩散后的水里恢复出原来的那一滴墨水，在无附加的情况下是不可能实现的，即均匀分布后，混合程度达到最高，熵达到最大值。熵增加也就意味着系统有序性减少或本身在退化，熵值极大意味着系统的平衡破坏或死亡来临。

信息熵用来表征物理系统运动状态的不确定性（无序性），而通过通信收到消息后则使得不确定性减少，即确定的（有序）信源熵值小，不确定的（无序的）信源熵值大，所以我们可以用信息熵来度量不确定（紊乱）程度。在信息论中信息熵只会减少，不可能增加，即信息熵不增原理。这是由于在信息传输中，人们总试图将无序的信息进行整合来方便分析，故信息只会减少，不会增加。

信息论本身是用数学方法研究信息的计量、传递、交换和存储的一门学科。香农以概率论和数理统计为数学工具，他采用对数作为信息量的测度，给出了"信息熵"的数学公式。虽然香农提出了信息熵及相关概念，但他并未指出信息熵与热力学熵之间的关系。这种同一函数、同一名称的出现在物理学界引起了许多物理学家的极大兴趣。1956 年，法国物理学家 L. 布里渊在他的专著《科学与信息论》中提出香农信息熵与热力学熵的数学表达式只差一个符号，其他是一致的，故在一定场合下我们将信息熵也称为负熵。这是因为获取信息后，消除或部分消除了不确定性，信息熵只会减少。

在通信过程中不可避免地会受到外来因素的干扰，使接收到的信息中存在噪声，信息变得模糊不清，信息量减少。若信号被噪声所淹没，信息全部丢失。

通过之前的学习，我们可以发现：信息熵是消除不确定度所需要的信息的测度，热力学熵是系统混乱程度的测度。也就是说，通过增加信息有利于混乱的系统有序化；相反，丢失信息则使系统混乱程度增加。很显然，一个系统有序化程度越高，热熵就越小，即需获取的信息越多。相反，所丢失的信息越多。

既然如此，信息熵与热力学熵间有无内在的定量关系？布里渊给出了答案。

对于 M 个等概率状态的物理系统，若输入能量为 Q，对应热力学熵的变化即为

$$\Delta S = \frac{Q}{T} = k\ln M \qquad (9.3)$$

式中：k 为波尔兹曼常数，即 $k=1.38\times10^{-23}$J/K；T 为绝对温度。

假定该物理系统只有两个等概状态，即 $M=2$，那么平均信息量为 $\log_2 2=1$（bit）。系统获得 1bit 的信息量，系统的热力学熵相应变化 $\Delta S=k\ln 2$（J/K）。即系统若增加 1bit 信息量，则相当于是系统的热力学熵减少 $k\ln 2$（J/K）。故热熵与信息熵在数量上的关系为

$$1(\text{bit}) = k\ln 2(\text{J/K}) \qquad (9.4)$$

即要获取 1bit 信息，相应地要消耗 0.957×10^{-23}J/K 的能量。由此可见，对于信息的获取必须借助一定的物质过程，并伴随着相应能量的消耗。

例如：假若使得计算机里的信息量增加 1bit，则其热力学熵在理论上应减少 $\Delta S=k\ln 2$，而这种减少是由于计算机向环境放热（或者说是环境从计算机吸热），那么环境至少增加相应的熵。计算机在温度 T 下处理每个 bit，至少要消耗的能量值为 $kT\ln 2$，这部分能量转化为热向环境释放。

熵最初是用来描述微观粒子运动状态的复杂度，在信息论中用它来描述一个信号状态的复杂度。当然，实际中的诸如气象场、温度场等也可以用熵来描述内部的复杂度，甚至在人文社科类中也体现出了熵的思想。通过理解信息熵与热力学熵间的关系及熵的思想在各领域的不同应用，我们可以从另一个角度来对相关学科进行进一步理解、分析。信息论中的熵理论与熵方法被爱因斯坦称为整个科学首要法则。熵理论作为一个发展中的理论，它当然存在待进一步研究的空间，进而让其应用于人们的实践中去，服务于社会。

9.3 信息论在生命科学中的应用

生命体是一个复杂系统，生命过程是一个极端复杂的过程，需要物质和能量的支持。生物体同时也是一个信息系统，该系统控制着生物的遗传、生长和发育，所有的信息都储存在生物体的遗传物质中。在生命科学研究中，不仅需要用物理、化学和生物学方法研究物质基础、能量转换、代谢过程等，还需要用信息科学方法研究生命信息特别是遗传信息的组织、复制、传递、表达及其作用。

现代生命科学的进步表现在使各独立学科之间相互分立并列的状态不复存在，从封闭走向开放，并出现了许多相关的边缘学科和交叉学科。生命科学信息学分属于信息科学，它是信息科学中的一个重要分支。信息论与生命科学有着紧密的联系，生命系统本质上是离散的信息系统，在探索生命科学的研究过程中，信息论起到了非常重要的作用。

9.3.1 信息论在生物学中的应用

近几十年来，随着生物学的迅速发展，人们对生命现象的研究，已经从整体深入到细胞、分子水平和量子水平上。尤其是 20 世纪 80 年代末随着人类基因组计划（Human genome project）的启动，生物学数据大量出现。为了揭示大量原始实验数据中所蕴藏的内在规律，从而更好地认识生命这一复杂的现象，就要在获得了海量的原始数据之后对它们进行释读和加工，使之成为具有明确生物意义的生物信息。生物信息学就是在这样的背景下兴起的一门新兴交叉学科，它已是当今生命科学和自然科学的两大前沿领域之一，同时也将是 21 世纪自然科学的核心领域之一。

生物信息学以核酸和蛋白质等生物大分子的序列、结构、功能及其相互关系为主要研究对象，以数学、信息学、计算机科学等为主要手段，以计算机硬件、软件和计算机网络为主要工具，对生物大分子数据进行存储、管理、注释、加工，以达到阐明和理解大量生物数据蕴含的生物意义为目的。在大量信息和理性知识的基础上，探索生命起源、生物进化以及细胞、器官和个体的发生、发育、病变、衰亡等生命科学中的重大问题。

生物信息学中遗传信息方面的进展和成效，充分显示了信息理论在生物学研究方面的重要作用和地位。

众所周知，所有生物都是由细胞组成的。从信息处理角度看，细胞本身就构成一个完整的可独立存在的信息处理基本单元。生物体是由各种功能不同的细胞聚集而成的并行信息处理网络，所有的信息存储在生物体内的遗传物质中，该信息系统控制着生物的遗传和生长。要揭示生命的工作机制，需要用信息科学的方法去研究生物信息的组织、复制、传递、表达。从信息学的角度看，生物分子包括 DNA 分子、RNA 分子和蛋白质分子，是生物信息的载体，染色体是遗传物质的载体，遗传信息的基本单位是基因（gene），遗传信息由蛋白质组表达。生物分子所传递的信息包括遗传信息、功能信息、结构信息、进化信息。

9.3.2 信息论在医学中的应用

医学是研究人的生命活动的本质、研究疾病发生发展的规律、研究如何诊断疾病和防治疾病以保护和增进人类健康的科学。近几十年来，在现代科学技术的推动下，控制论、信息论在医学上的应用，使现代医学出现了一个迅速发展的新局面。

运用信息理论来分析生命系统，可以把生命系统看作是传递与接收信息的调节控制系统。生命系统中各部分之间的相互影响、相互作用，可以看作是信息的传递，而生命过程中的调节、控制与适应性的机制，也可以看作是系统对信息的接收、存储、处理与输出的问题。

信息理论的研究，可以对机体在上述情况下的信息关系作定量的描述，以确定系统的抗干扰能力，从而对疾病的轻重程度，机体的愈合能力作出数量上的划分。但是，由于生命机体毕竟是十分复杂的系统，我们在应用信息理论的观点与方法研究生命规律时，要考虑生命现象本身固有的特点，不可简单地、机械地搬用。下面就以具体的例子来说明信息论在医学领域的应用。

1. 医学图像的配准

当前，医学成像手段多种多样，按照成像设备的不同，可以将解剖结构图像和功能图像分为以下几个主要种类，见表9.4。

表 9.4   **医 学 图 像 种 类**

解剖结构图像	功能图像	解剖结构图像	功能图像
X射线透视图（X-ray）	正电子发射断层成像图（PET）	磁共振图（MRI）	功能磁共振图像（fMRI）
计算机断层扫描图（CT）	单光子发射断层成像图（SPET）	B超扫描图	

其中，X射线透视图、CT图和B超扫描图是医院常采用的医学图像。

表中所涉及的英文缩写的全拼如下。

PET：Positron Emission Tomography

CT：   Computed Tomography

SPET：Single Photon Emission Tomography

MRI：Magnetic Resonance Imaging

fMRI：functional magnetic resonance imaging

医学成像模式从大的方面来说可分为两类：解剖成像和功能成像。解剖成像模式主要描述人体形态信息，包括X射线、CT、MRI等。功能成像模式主要描述人体脏器代谢信息，包括PET、SPET等。

目前这两类成像设备的研究都取得了很大的进展，所成图像的分辨率和图像质量都有了很大的提高。但由于成像原理不同而造成的图像信息的局限性，使得单一使用其中一类图像的效果并不理想，而多种图像的利用又必须借助医生的空间想象和推测去综合判断他们所要的信息，其准确性会受到影响，甚至一些有用信息可能被遗漏。因此，解决这个问题的有效方法就是，以医学图像配准技术为基础，利用信息融合技术，将两幅图像融合在一起，充分利用图像的各自优势，将人体的多方面信息在一幅图像上同时表现出来，从而更加直观地提供人体解剖生理和病理等信息。在这一过程中，图像配准技术是图像融合的关键和难点。

医学图像配准技术是将不同的两幅图像或两组图像的信息进行处理，使得这两幅或两组图像之间建立起一个空间位置上的一一对应的关系，这样图像中所包含的信息也就相互对应起来，有利于不同图像之间有用信息的互补，产生独立的两幅或两组图像所不能呈现出来的附加信息，提高图像在临床诊断和治疗中的辅助作用。

在多模医学图像配准中，虽然待配准图像来源于不同的成像设备，但是它们基于相同的人体解剖结构，待配准图像空间位置完全一致时，图像之间相互表达的信息为最大，因此互信息可以作为图像配准的相似度测度。

2. 基于互信息的医学图像配准

将互信息的概念应用到医学图像配准中，主要是用互信息描述两幅医学图像之间信息的相关程度。互信息配准的基础在于：对同一组织不同条件下的成像，它们的对应像素之间的灰度值在统计学上是相关的。基于互信息配准就是寻求一种空间变换关系，使得经过该空间变换后两幅图像间的互信息达到最大。完整的配准过程包括相似度测量函数，空间变换，插值算法以及优化算法。由于篇幅所限，此处仅介绍涉及信息论中互信息的部分。

我们可以把参加配准的两幅图像 F 和 R 看成是两个随机变量，那么，两幅图像灰度信息之间的统计相关性可以用互信息表示

$$I(R,F) = H(R) + H(F) - H(RF) \tag{9.5}$$

其中 $H(R)$、$H(F)$ 分别为 R、F 图像的熵，反映了该图像中像素灰度的分布情况，灰度级别越多，灰度越分散，熵就越大。$H(RF)$ 为联合熵。

由式（9.5）互信息和熵的关系以及第 2 章中图 2.4 各种熵的关系可以知道，互信息给出了一幅图像包含另一图像的信息量。当采用互信息作为图像配准模型时，即可认为两幅基于共同解剖结构的图像达到最佳配准时，它们对应的像素特征的灰度互信息应该最大。

同一场景的多模态图像是场景中目标的不同特性的度量。一般来说，不同模态图像中，同一目标有着极为不同的亮度值，例如骨骼在 CT 中是高亮区，在 MR 中对应的则是暗区域，因此，图像之间的灰度值并不是一些独立的量，而是统计意义上度量相关的。

假设 R 是参考图像，F 是浮动图像。T_a 是将浮动图像 F 映射到参考图像 R 上的空间变换，其中 α 是变换参数。若 p 是参考图像 R 中的一个体素，p 点上的灰度值为 r，则与之相对应的浮动图像上的体素为 $T_a(p)$，$T_a(p)$ 位置上的图像灰度值为 f。而图像灰度 r 和 f 之间的统计依赖性或者说 r 中包含 f 的信息可以由变量 $R=\{r\}$ 和变量 $F=\{f\}$ 之间的互信息 $MI(R，F)$ 来度量

$$r = R(p) \tag{9.6}$$

$$f = F(T_a(p)) \tag{9.7}$$

$$MI(R,F) = \sum_{r,f} p_{R,T_a(F)}(r,f) \log \frac{p_{R,T_a(F)}(r,f)}{p_R(r) \cdot p_{T_a(F)}(f)} \tag{9.8}$$

其中 $p_{R,T_a(F)}(r，f)$ 是图像灰度对（$r，f$）的联合概率分布，$p_R(r)$ 和 $p_{T_a(F)}(f)$ 分别是图像灰度 r 和 f 各自的边缘概率分布。这些概率分布可以通过对图像重叠区域的联合直方图和边缘直方图进行简单的归一化处理得到

$$p_{R,T_a(F)}(r,f) = \frac{h_{R,T_a(F)}(r,f)}{\sum_r \sum_f h_{R,T_a(F)^{(r,f)}}} \tag{9.9}$$

$$p_R(r) = \sum_f h_{R,T_a(F)}(r,f) \tag{9.10}$$

$$p_F(r) = \sum_r h_{R,T_a(F)}(r,f) \tag{9.11}$$

其中式（9.9）~式（9.11）中的联合直方图可以通过统计两幅图像重叠区域中对应位置的图像灰度对的出现次数来得到。图像灰度对（$r，f$）的联合概率分布 $p_{R,T_a(F)}$ 以及图像之间的互信息 $MI(R，F)$ 依赖于空间变换 T_a。

基于互信息的配准准则为：当图像 R 和 F 配准时，两幅图像之间的互信息 $MI(R，F)$

达到最大值，即

$$\alpha^* = \arg \max_{\alpha} MI(R,F)$$

【例 9.1】 CT 和 MR 脑部图像拼接。

作为图像相似度测量，互信息并不直接依赖于图像的灰度值，而是根据图像灰度在各自图像中的相对出现概率以及图像灰度对在两幅图像重叠区域内的共同出现概率来度量不同图像之间的对应关系。因此，互信息对于图像灰度的改变或者灰度之间一对一的变化并不敏感，它可以处理不同模态图像之间存在的正的或者负的对应关系的情况，例如在图 9.5（a）、（b）所示的 CT 和 MR（T2）图像之间就是一种负的对应关系。

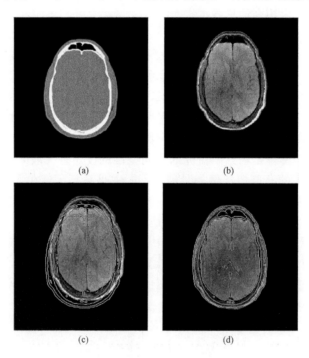

图 9.5　医学图像配准的例子

(a) 配准前 CT 图像；(b) 配准前 MR 图像；
(c) 配准前重叠图像；(d) 配准后重叠图像

与其他基于体素的配准标准不同，基于互信息的配准标准不仅对不同模态图像的对应体素之间的灰度关系不作任何假设，也不对所应用的图像模态加以约束，正是以上这些特点，使得互信息可以成功地应用于多模态图像配准中，并已经被广泛的使用到各种各样的临床应用中。

9.4　信息论在经济学中的应用

经济信息论是信息论在经济领域的应用。根据信息论的原理和方法，用电子计算机和现代化通信工具来解决经济信息的收集、存储、传递、处理等问题，是经济信息论的主要内容和基本任务。经济信息论不同于信息经济学，后者主要研究信息与信息技术的经济效果的。

经济信息论的基本概念如熵、信息效率、编码和译码等，都是从信息论移用过来的。熵是反映系统的不确定性的数量表述。经济信息量的作用是消除经济系统的不确定性，信息量等于熵的减少量。经济信息源在于经济活动本身。随着经济活动规模不断扩大，分工协作关系更加发达，经济信息量与日俱增，对经济信息的要求，如可靠和准确的程度、及时性、是否经济等越来越高，而经济信息对于经济管理特别是决策、计划和预测的作用，也以空前的速度在增长，经济决策过程是同信息周转过程融合在一起的。编制和执行计划，都要对所用的信息做出正确、周密的理解和说明。而预测就是对过去和现在的信息进行加工，提供关于未来变动趋势的信息。

信息经济学一方面可以用信息科学的观点和方法来重新认识和探讨经济活动的规律，另一方面也可以用经济学的观点来研究信息的一半问题，特别是信息价值的问题。

早在 20 世纪 20 年代，美国经济学家奈特（F. H. Knight），就已把信息与市场竞争、企业利润的不确定性、风险联系起来，认识到企业为了获取市场信息必须进行投入的重要性。他在 1921 年出版的《风险、不确定性和利润》一书中，发现了"信息是一种主要的商品"，并注意到各种组织都参与信息活动且有大量投资用于信息活动。1959 年美国经济学家马尔萨克（J. Marschak）发表《信息经济学评论》一文，首次使用了信息经济学一词，讨论了信息的获得使概率的后验条件分布与先验的分布有差别的问题。稍后，另一位美国经济学家斯蒂格勒（G. J. Stigler，1982 年度诺贝尔经济学奖获得者，被誉为信息经济学的创始人）于 1961 年在《政治经济学杂志》上发表题为《信息经济学》的著名论文，研究了信息的成本和价值，以及信息对价格、工资和其他生产要素的影响。维克里（W. Vickrey）1961 年在所得税和投标、拍卖的研究中解决了在信息分布不对称条件下使掌握较多信息者有效地运用其信息以获取利益并优化资源配置的问题；莫里斯（J. Mirrlees）1974—1976 年间在维克里研究的基础上建立和完善了委托人和代理人之间关系的激励机制设计理论，两人因从事非对称信息条件下的激励理论研究而同获 1996 年度诺贝尔经济学奖。

9.5 信息论在哲学中的应用

事物的复杂性之一，就是表现在事物内部运动的多元素之间的相互作用和不断变化，以及同外部环境诸事物的多种关系与互动。事物的规律性，就在这些复杂的系统关系中，对于联系着的客体孤立地研究任何一个事物，都不可能认清它的本来面目和内在本质，更不能掌握它的运动规律，从而带来负面效应。哲学思维作为客观事物在人们头脑里的反映，如果忽略了客观事物的多元素和多层次，以及它们间的相互依存和相互作用，即使是看来没多大作用的"一个"，就会在思维的屏上留下"空白"。

恩格斯说过："相互作用是我们从现代自然科学的观点考察整个运动着的物质时，首先遇到的东西"，所以，它"是事物的真正的终绝原因"。管理科学运行中糟糕的事，就出在你没把具有"相互作用"的事物，进入到人们正确的哲学思维的视野，因而也就看不见这种可能发生的"蝴蝶"效应。

9.5.1 信息论在认识论中的应用

信息概念对于认识论的研究具有重要意义。作为客体的所知系统与作为主体的能知系统，用信息耦合的方式结合起来，可以形成一个圆圈式的信息接收、存储、加工和输出的过程。在科学反映阶段，分析活动时信息量趋于灼减，综合活动时信息量则趋于扩展。这两种趋势既相互对立，又相互依存，构成了分析与综合的基础。在所知与能知系统之间存在着同构异质的关系。在这种信息耦合的关系中，否认所知系统对能知系统的作用是主观唯心主义观点，否认能知系统对所知系统的反作用是静观的唯物主义观点。

信息论中对通信系统模型描述为：信源→信源编码→信道编码→信道→信道译码→信源译码→信宿。对于人的认识过程同样可以做相同的类比，即大脑的信息传输模型如图 9.6 所示。

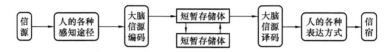

图 9.6　大脑的信息传输模型

图中信源是人认识的对象，信宿是知识表达的对象，编码是指大脑使用已掌握知识对信源进行推理与压缩，然后传递到大脑记忆体；译码指大脑对知识进行推理与扩展后表达出去。

人在认识过程中先组合知识点，再按霍夫曼编码原理用旧知识对新知识进行"编码"，对容易理解的知识给予简单的逻辑推理思考，对于复杂的知识给予复杂的类比推理，从而使信息尽可能多地传递给大脑。例如背英语单词时，没人愿意背字典，因信息量大且"编码"效率不高。但是参考辅助参考书如《GRE 词汇精选》时，我们会发现里面的单词已经赋予了词根词缀法、分拆联想记忆法、拼音发音记忆法等；例如背 ABACUS 时，书中用中文发音"爱拨个死"表示"很喜欢拨算盘"来帮助记忆"算盘"这个意思。这样我们背起来就轻松多了。

我们用保真度准则下的信源编码定理来解释信息在大脑中的储存过程：我们经常看书是需要跳读，略读，提取重点，目的在于尽可能地压缩知识量达到大脑接受范围。而压缩的知识可以在大脑中进行解压，虽然存在失真，但是不影响整体的知识的把握。例如背诵单词时，也许在短期内可以记住中文意思，但是写作文时仍需要查字典以明确正确的拼写与用法，这就是因为压缩后存在着失真。

9.5.2　信息论在哲学思考中的应用

现代信息论的研究与发展，进一步丰富与深化了马克思主义哲学的基本原理，诸如信息论与哲学基本问题，辩证信息观，信息认识论，思维信息论，真理信息说等，都从不同的侧面，正在不断地补充、丰富与深化着辩证唯物主义的哲学原理。

1. 信息是事物之间的辩证联系

信息在运动与转换过程中，所发生的变化率亦即不同状态之间的信息差异，被称为信息度量，简称信息量。当一个事物由选择的多种可能性或不确定性，一旦转化为它的确定性的结果时，这个事物的不确定性即被消除，它由此也就获得了一定的信息量。例如，从"西安正在申请举办 2011 年世园会"这条具有不确定性的信息，到转化为"西安获准举办 2011 年世园会"的确定性信息的时候，由于消除了好多种不确定性，所以人们获得了极大的信息量。可见事物的不确定性越大，经过转换被消除的不确定性越多，那么从中所获得的信息量也就越大。所以，信息量是以被消除的不确定性的多少来度量的。这就表明了信息是从不确定性的可能向确定性的结果转化的特殊形式。这就是说，信息在形式上是不确定的，但其度量（信息量）却决定了它在内容上则是确定性的。或者说，信息是以不确定的形式来反映确定性的内容，一旦不确定性被消除亦即不确定性的信息形式转化为确定性的信息度量时，反映客观事物的形式也就转化为反映事物的内容了。由此看来，信息概念极其深刻地反映了客观事物中形式与内容的对立统一关系，生动地揭示了事物发展过程中从不确定性到确定性的辩证运动，并且具体阐明了事物运动与转化过程中由不确定性转化为确定性的信息中介的科学内涵。

系统的无序化也就是系统的无组织化，系统的有序化即是系统的组织化。在没有外界干扰的情况下，一个系统总是自发地从有序转变为无序，它的熵也总是增加的，由此而服从熵增定律。所以，熵就是这个系统的无序程度的量度。然而，在远离热力学平衡的状态下，由于系统能从外部环境中输入负熵流，这就使得该系统能够朝着有序化的方向发展下去，由此而提高系统的组织化程度，或即增大该系统的信息量，从而系统的结构也就转化成为耗散结构了，此时该系统便遵循非平衡热力学定律。所以，运用信息概念来描述系统的运动过程时，信息在系统运动中就可以看成是负熵，这样信息量越大，负熵也就越大（熵值便越小），表明该系统的有序化程度越高，无序化程度便越低。由此可见，一个系统的无序化与有序化，或者无组织化与组织化（熵与信息），它们是对立统一的，并且在一定的条件下，通过信息这个中介，实现着相互之间的转化。例如，生物的生长发育过程，就是一个由无序化或组织程度较低，向有序化或组织程度较高的方向不断转化与发展的进化过程，这个转化与发展是通过遗传信息作为传递中介而实现的，DNA 遗传信息的转录——RNA 遗传信息的转译蛋白质。

2. 思想工作的信息反馈机制

将信息反馈模式引进思想工作中来，可以探索建立起思想工作的信息反馈机制，用以取代思想工作中传统的信息单向机制。

（1）信息单向机制。在传统的或老式的思想工作中，做思想工作的人往往被尊为教育者，思想工作对象成为受教育者。或者说，前者是主动教育者，后者是被动受教育者。此种思想教育的基本方式是正面教育，批评教育和帮助教育，有时也简称为"正教"，"批教"和"帮教"。总之，是教育者教育受教育者，也是被教育者接受教育者的教育。所以，在思想教育过程中，其思想信息的传输一般是单向传输式：思想教育者信息输入受教育者信息输出。显然，从信息论的角度来看，在传统的思想工作过程中，思想信息从思想教育者流向受教育者，完全是单向式的流动，没有思想信息的反馈，所以也就没有思想信息的循环与闭合了。为此，这种传统的思想工作机制，便被称为信息单向机制。

（2）信息反馈机制。现代的或新式的思想工作，提倡思想工作的主体和客体应当建立起双向互动的工作关系：一是思想工作主体除了向自己的工作对象（客体）传输必要的思想信息外，同时也应当积极主动地接收并鼓励对方给自己反馈相关的思想信息；二是思想工作客体在认真听取思想工作者（主体）传输思想信息之后，也应当主动积极地向对方反馈自己相关的思想信息。正因为如此，所以这种信息反馈机制也称为信息双向机制。思想工作的信息反馈机制示意图如图 9.7 所示。

从信息论来看，在现代的思想工作过程中，思想信息在思想工作的主体和客体之间是双向流动的；由于有了思想工作中客体的信息反馈，所以在思想工作的主客体之间，思想信息

图 9.7　思想工作的信息反馈机制示意图

便实现了循环与闭合，从而也就大大提高了思想工作的速度和效果。

　　对比分析这两种思想工作机制后发现，信息反馈机制比起信息单向机制来，显然具有以下几个突出的优点：其一，由于思想工作主体不再以教育者的身份出现，由此而实现了主、客体在思想信息交流中的对等；其二，正是思想信息交流的对等地位，确保了主体才能及时和有效地获得客体的思想信息反馈；其三，思想信息交流与反馈的相互对等，体现了当代思想工作的人本主义、民主精神和开放意识；其四，信息反馈机制将会大大提高思想工作的效率；其五，信息反馈机制也将会避免思想工作中某些误解、隔阂，尤其可避免意外事故的发生。

参 考 文 献

[1] 周荫清. 信息理论基础 [M]. 4 版. 北京：北京航空航天大学出版社，2012.

[2] 陈运. 信息论与编码 [M]. 2 版. 北京：电子工业出版社，2010.

[3] 傅祖芸. 信息论——基础理论与应用 [M]. 北京：电子工业出版社，2005.

[4] 吕锋，王虹，刘皓春，等. 信息理论与编码 [M]. 北京：人民邮电出版社，2004.

[5] Thomas MC, Thomas JA. Elements of Information Theory [M]. 北京：清华大学出版社，2003.

[6] 朱雪龙. 应用信息论基础 [M]. 北京：清华大学出版社，2001.

[7] 姜丹. 信息论与编码 [M]. 北京：中国科学技术出版社，2001.

[8] 王新梅，肖国镇. 纠错码——原理与方法（修订版）[M]. 西安：西安电子科技大学出版社，2001.

[9] 仇佩亮. 信息论及其应用 [M]. 杭州：浙江大学出版社，2000.

[10] S G Wilson. Digital Modulation and Coding [M]. 北京：电子工业出版社，1998.

[11] 钟义信. 信息科学原理 [M]. 北京：北京邮电大学出版社，1996.

[12] 周迥檗，丁晓明. 信源编码原理 [M]. 北京：人民邮电出版社，1996.

[13] 常迥. 信息理论基础 [M]. 北京：清华大学出版社，1993.

[14] 姜丹，钱玉美. 信息理论与编码 [M]. 合肥：中国科学技术大学出版社，1992.

[15] Roman s. Coding and Information Theroy [M]. Springer – Verlag, Berlin/Heidelberg/New York，1992.

[16] S Benedetto, E Biglieri, V Castellani. Digital Transmission Theory [M]. Prentice‐Hall Inc. 1987.

[17] 吴伯修，归绍升，祝宗泰. 信息论与编码 [M]. 北京：电子工业出版社，1987.

[18] 孟庆生. 信息论 [M]. 西安：西安交通大学出版社，1986.

[19] 王育民，梁传甲. 信息与编码理论 [M]. 西安：西北电讯工程学院出版社，1986.

[20] Feinstein A. Foundations of Information Theory [M]. New York, McGraw-Hill, 1985.

[21] [苏] 捷莫尼科夫中 E，等. 信息工程理论基础 [M]. 高远，高慈，高彬，译. 北京：机械工业出版社，1985.

[22] [美] 汉明 RW. 编码和信息理论 [M]. 朱雪龙，译. 北京：科学出版社，1984.

[23] Gailager RG. Information Theory and Reliable Communication [M]. John wiley 8LSons, 1968.

[24] Jones DS. Elementary Information Theory [M]. Clarendon Press. Oxford，1979.

[25] Ash R. Information Theory [M]. John Willey and Son, 1965.

[26] 吴伟陵. 信息处理与编码（修订本）[M]. 北京：人民邮电出版社，2007.

[27] 张树京，齐立心. 信息论与信息传输 [M]. 北京：清华大学出版社，北京：交通大学出版社，2005.

[28] 沈连丰，叶芸慧. 信息论与编码 [M]. 北京：科学出版社，2004.

[29] 傅祖芸. 信息理论与编码学习辅导及精选题解 [M]. 北京：电子工业出版社，2004.